한번에 끝내주기!

택시운전

자격시험 총정리문제

서울 경기 인천

대한민국 대표브랜드

국가자격 시험문제 전문출판

에듀크라운
국가자격시험문제 전문출판

CROWN
Publishing.Co

최고의 적중률!! 최고의 합격률!!

크라운출판사
자동차운전면허서적사업부
http://www.crownbook.com

제1편 교통 및 여객자동차운수사업 법규

01 **여객 자동차 운수 사업법의 목적** ◐ ① 운수 사업에 관한 질서 확립, ② 여객의 원활한 운송, ③ 운수 사업의 종합적인 발달을 도모, ④ 공공복리 증진

02 **여객 자동차 운송 사업의 종류** ◐ ① 여객 자동차 운송 사업, ② 자동차 대여 사업, ③ 여객 자동차 터미널 사업 및 여객 자동차 운송 플랫폼 사업

03 **여객 자동차 운송 사업** ◐ 다른 사람의 수요에 응하여 자동차를 사용하여 유상(有償)으로 여객을 운송하는 사업.

04 **여객 자동차 운송 플랫폼 사업** ◐ 여객의 운송과 관련한 다른 사람의 수요에 응하여 이동 통신 단말 장치. 인터넷 홈페이지 등에서 사용되는 응용 프로그램(운송 플랫폼)을 제공하는 사업

05 **정류소** ◐ 여객이 승차 또는 하차할 수 있도록 노선 사이에 설치한 장소

06 **택시 승차대** ◐ 택시 운송 사업용 자동차에 승객을 승차 또는 하차시키거나 승객을 태우기 위하여 대기하는 장소나 구역

07 **택시 운송 사업의 구분** ◐ ① 경형(1,000cc 미만), ② 소형(1,600cc 미만), ③ 중형(1,600cc이상), ④ 대형(승용 : 2,000cc 이상 – 6인 이상 ~ 10인 이하, 승합 : 2,000cc 이상 – 13인승 이하), ⑤ 모범형(승용 : 1,900cc 이상), ⑥ 고급형(승용 : 2,800cc 이상)

08 **택시 운송 사업의 사업 구역 : ① "대형 및 고급형"의 사업 구역** ◐ 특별시 · 광역시 · 도 단위, ② "경형, 소형, 중형, 모범형" ◐ 특별시 · 광역시 · 특별자치시 · 특별자치도 또는 시 · 군 단위)

09 **택시 경형** ◐ 배기량 1,000cc 미만의 승용 자동차(승차 정원 5인승 이하의 것만 해당)를 사용하는 택시 운송 사업이다.

10 **택시 중형** ◐ 배기량 1,600cc 이상의 승용 자동차(승차 정원 5인승 이하의 것만 해당)를 사용하는 사업을 말한다.

11 **택시 대형** ◐ ① 배기량 – 2,000cc 이상 승용 자동차(승차 정원 6인 이상 10인승 이하만 해당), ② 배기량 – 2,000cc 이상 승차 정원 23인승 이하인 승합 자동차

12 택시 모범형 ➡ 배기량 1,900cc 이상의 승용 자동차(5인 이하의 것만 해당)

13 택시 고급형 ➡ 배기량 2,800cc 이상의 승용 자동차를 사용하는 택시 운송 사업

14 택시 운전 종사 자격 요건 등을 규정하고 있는 법은 ➡ 여객 자동차 운수 사업법

15 사업용 택시를 경형, 중형, 대형, 모범형, 고급형으로 구분하는 기준 ➡ 배기량

16 여객 자동차 운송 사업의 구분 ➡ ① 전세 버스 운송 사업, ② 특수 여객 자동차 운송 사업, ③ 일반 택시 운송 사업, ④ 개인택시 운송 사업

17 여객 자동차 운송 사업용 자동차의 운전 업무에 종사하려는 자의 자격 요건 ➡ 20세 이상으로서 해당 사업용 자동차 운전 경력이 1년 이상인 사람

18 운전 적성 정밀 검사의 종류 ➡ 신규 검사, 특별 검사, 자격 유지 검사
① 신규 검사 : 신규로 여객 자동차 운송 사업용 자동차를 운전하려는 사람
② 특별 검사 : 과거 1년간 운전면허 행정 처분 기준에 따라 누산 점수가 81점 이상인 사람 또는 중상 이상의 사상 사고를 일으킨 사람
③ 자격 유지 검사 : 65세 이상 70세 미만인 사람(적합 판정을 받고 3년이 지나지 않는 사람은 제외), 70세 이상인 사람(적합 판정을 받고 1년이 지나지 아니한 사람은 제외)

19 택시 운송 사업 구역과 인접한 주요 교통 시설 · 범위 ➡ ① 고속 철도역 경계선 기준 : 10km, ② 여객 이용 시설이 설치된 무역항의 경계선 기준 : 50km, ③ 복합 환승 센터의 경계선을 기준 : 10km

20 여객 자동차 운수 사업법에 따른 중대한 교통사고 ➡ ① 사망자 2명 이상 발생한 사고, ② 사망자 1명과 중상자 3명 이상이 발생한 사고, ③ 중상자 6명 이상이 발생한 사고, ④ 전복사고, ⑤ 화재가 발생한 사고

21 택시 운송 사업자가 택시 안에 표시해야 할 사항 ➡ 회사명, 자동차 번호, 운전자 성명, 불편 사항 연락처, 차고지 등의 표지판을 게시

22 택시 승객이 신용 카드 결제를 요청 할 경우 ➡ 운전자는 신용 카드 결제 요구에 응해야 함

23 운송 사업자가 운행 전 운수 종사자에게 확인 할 사항 ➡ ① 음주 여부, ② 운수 종사자의 건강 상태, ③ 운행 경로 숙지 여부 등

24 운수 사업자가 운수 종사자의 음주 여부 등 확인 결과의 기록 서면의 보관 연수 ● 3년

25 운수 종사자가 운전 업무 중 해당 도로에 이상이 있었을 때의 경우 ● 운전 업무를 마치고 교대 할 때 다음 운전자에게 알려야 함

26 택시 요금 할증 적용 시간 ● 24:00 ~ 04:00(각 시 · 도별로 다름)

27 여객 자동차 운송 사업용 자동차 안에서 운수 종사자의 흡연 여부 ● 흡연 불가

28 여객 자동차 운수 사업법상 "교통사고 발생 시의 조치 등" ● ① 운송 사업자는 24시간 이내에 사고의 일시, 장소, 및 피해 사항 등 개략적인 상황을 관할 시 · 도지사에게 보고, ② 2차로 72시간 이내에 사고 보고서를 작성하여 관할 시 · 도지사에게 제출

29 여객 자동차 운수 사업법상 운수 종사자가 해서는 안 되는 행위 ● ① 택시 요금 미터 임의 조작 또는 훼손 행위, ② 일정한 장소에 오랜 시간 정차하여 여객 유치 행위, ③ 자동차 안에서 흡연 행위, ④ 문을 완전히 닫지 않고 자동차를 출발하는 행위, ⑤ 정당한 사유 없이 여객의 승차 거부 또는 여객을 중도에서 하차하는 행위, ⑥ 부당한 운임 또는 요금을 받는 행위, ⑦ 여객이 승차하기 전 출발 또는 승차할 여객이 있는데도 정차하지 않고 지나는 경우

30 택시 운전 자격시험의 합격은 총점의 몇 할 이상 ● 6할 이상 얻어야 합격한다.

31 택시 운수 종사자의 준수 사항(정당한 사유 없이 여객의 승차를 거부하거나 여객을 중도에서 내리게 하는 행위) 위반 시 처분 ● 1년 내 ① 1차 위반 : 자격정지 10일, ② 2차 위반 : 자격 정지 20일, ③ 3차 이상 위반 : 자격 취소

32 택시운수 종사자의 준수 사항(부당한 운임 또는 요금을 받는 행위) 위반 시 처분 ● ① 1차 위반 : 경고, ② 2차 위반 : 자격정지 30일, ③ 3차 위반 : 자격 취소

33 택시 운수 종사자의 준수 사항(여객의 합승 행위) 위반 시 처분 ● ① 1차 위반 : 경고, ② 2차 위반 : 자격 정지 10일, ③ 3차 이상 위반 : 자격 정지 20일

34 택시 운수 종사자의 준수 사항 (여객의 요구에도 불구하고 영수증 발급 또는 신용카드 결제에 응하지 않는 행위) 위반 시 처분 ● ① 1차 위반 : 경고, ② 2차 위반 : 자격 정지 10일, ③ 3차 이상 위반 : 자격 정지 20일 (* 단 영수증 발급기 및 신용 카드 결제기가 설치된 경우에 한정).

35 택시 운전 종사자가 운전 자격 정지의 처분 기간 중에 택시 운전 업무에 종사한 경우의 행정 처분 기준 ○ 자격 취소.

36 택시 운전 자격증을 소지한 자가 다른 사람에게 대여한 사실이 적발된 경우의 행정 처분 기준 ○ 자격 취소.

37 개인택시 운송 사업자가 불법으로 다른 사람으로 하여금 대리운전을 하게 한 경우에 행정 처분 기준 ○ ① 1차 위반 : 자격 정지 30일, ② 2차 이상 위반 : 자격 정지 30일

38 중대한 교통사고로 사망자 2명 이상의 사상자를 발생케 한 경우의 행정 처분 기준 ○ ① 1차 위반 : 자격 정지 60일, ② 2차 이상 위반 : 자격 정지 60일

39 중대한 교통사고로 사망자 1명 및 중상자 3명 이상의 사상자를 발생케 한 경우의 행정 처분 기준 ○ ① 1차 위반 : 자격 정지 50일, ② 2차 이상 위반 : 자격 정지 50일

40 중대한 교통사고로 중상자 6명 이상의 사상자를 발생케 한 경우의 행정 처분의 기준 ○ ① 1차 위반 : 자격 정지 40일, ② 2차 이상 위반 : 자격 정지 40일

41 운수 종사자 교육의 종류와 교육 시간 ○ ① 신규 교육 : 16시간, ② 보수 교육 : 무사고 · 무벌점 기간이 5년 이상 10년 미만인 운수 종사자(4시간 – 격년), 무사고 · 무벌점 기간이 5년 미만인 운수 종사자(4시간 – 매년), 법령 위반 운수 종사자(8시간 – 수시), ③ 수시 교육 : 국토교통부 장관 또는 시 · 도지사가 교육을 받을 필요가 있다고 인정하는 운수 종사자 (4시간 : 필요 시)

42 여객 자동차 운송 사업용 택시의 차령 기준 ○ ① 개인택시(경형, 소형) – 5년, "2400cc 미만" – 7년, "2400cc 이상" – 9년, 개인택시(전기 자동차) – 9년, ② 일반 택시(경형, 소형) – 3년 6개월, "2400cc 미만" – 4년, "2400cc 이상" – 6년, 일반 택시(전기 자동차) – 6년

43 택시 운송 사업자에게 과징금이 부과되는 경우 ○ ① 택시 미터기를 부착하지 아니하고 운행한 경우, ② 정류장에서 주차 또는 정차 질서를 문란하게 한 경우, ③ 면허를 받은 사업 구역 외의 행정 구역에서 영업을 한 경우, ④ 운수 종사자의 자격 요건을 갖추지 않은 사람을 운전 업무에 종사하게 한 경우, ⑤ 운임 · 요금의 신고 또는 변경 신고를 하지 않거나 부당한 요금을 받은 경우 등

44 운송 사업자가 면허를 받거나 등록한 차고를 이용하지 않고 차고지가 아닌 곳에서 밤샘 주차한 경우의 과징금 ➡ ① 일반 택시 : 1차 위반 – 10만 원(2차 위반 – 15만 원), ② 개인택시 : 1차 위반 – 10만 원 (2차 위반 – 15만 원)

45 운송 사업자가 운수 종사자의 자격 요건을 갖추지 않은 사람을 운전 업무에 종사하게 한 경우의 과징금 ➡ ① 일반 택시 : 1차 위반 –360만 원(2차 위반– 720만 원), ② 개인택시 : 1차 위반 – 360만 원(2차 위반– 720만 원)

46 운송 사업자가 운수 종사자의 교육에 필요한 조치를 하지 않은 경우의 과징금 ➡ 일반 택시 : 1차 위반 – 30만 원, 2차 위반 – 60만 원, 3차 이상 위반 – 90만 원

47 여객 자동차 운송 사업자가 면허를 받은 사업 구역 외의 행정 구역에서 사업을 한 경우의 과징금 ➡ ① 일반 택시 : 1차 위반 – 180만 원, 2차 위반 – 360만 원, 3차 위반 – 540만 원, ② 개인택시 : 1차 위반 – 180만 원, 2차 위반 – 360만 원, 3차 위반 : 540만 원

48 운수 종사자로부터 운송 수익금 전액을 납부 받지 않은 경우의 과태료 ➡ 1회 위반 – 500만 원, 2회 위반 – 1,000만 원, 3회 이상 위반 – 1,000만 원

49 운수 종사자에게 여객의 좌석 안전띠 착용에 관한 교육을 실시하지 않은 경우의 과태료 ➡ 1회 위반 – 20만 원, 2회 위반 – 30만 원, 3회 이상 위반 – 50만 원

50 운수 종사자의 요건을 갖추지 않고 여객 자동차 운송 사업의 운전 업무에 종사한 경우의 과태료 ➡ 1회 위반 – 50만 원, 2회 위반 – 50만 원, 3회 이상 위반 – 50만 원

51 운전 업무 종사 자격을 증명하는 증표를 발급받아 해당 사업용 자동차 안에 항상 게시하지 않은 경우의 과태료 ➡ 1회 위반 – 10만 원, 2회 위반 – 15만 원, 3회 이상 위반 – 20만 원

52 여객 자동차 운송 사업용 자동차 안에서 운수 종사자가 흡연하는 행위의 과태료 ➡ 1회, 2회, 3회 이상 모두 동일하게 각 각 10만 원

53 차량이 출발 전에 여객이 좌석 안전띠를 착용하도록 안내하지 않은 경우의 과태료 ➡ 1회 위반 – 3만 원, 2회 위반 – 5만 원, 3회 이상 위반 – 10만 원

54 운수 종사자가 다음 각 호의 행위를 한 경우 과태료
① 정당한 사유 없이 여객의 승차를 거부하거나 여객을 중도에서 내리게 하는 행위
② 부당한 운임 또는 요금을 받는 행위 또는 여객을 합승하도록 하는 행위
③ 일정한 장소에 오랜 시간 정차하여 여객을 유치하는 행위
④ 문을 완전히 닫지 아니한 상태에서 자동차를 출발시키거나 운행하는 경우 :
1회 – 20만 원, 2회 – 20만 원, 3회 이상 – 20만 원

55 택시 공영 차고지 ● 택시 운송 사업에 제공되는 차고지로서 특별시장, 광역시장, 특별자치시장, 도지사, 특별자치도지사 또는 시장, 군수, 구청장(자치구의 구청장)이 설치한 것

56 택시 정책 심의 위원회의 위원 임기는 ● 임기는 2년이며, 교통 관련 업무 공무원 경력 2년 이상 또는 택시 운송 사업에 5년 이상 종사 한 사람, 택시 운송 사업 분야에 관한 학식과 경험이 풍부한 사람 등을 10명 이내로 구성

57 택시 운송 사업 기본 계획을 수립하는 자는 ● 국토 교통부 장관

58 택시 운송 사업 발전 기본 계획의 수립 주기 ● 5년 마다

59 택시 운송 사업 발전 법령상 택시 운송 사업자가 택시 구입비, 유류비, 세차비 등을 택시 운수 종사자에게 전가시켜 적발된 경우의 과태료 ● 1회 위반 – 500만 원, 2회 위반 – 1,000만 원, 3회 이상 위반 – 1,000만 원

60 도로 교통법의 목적 ● 도로에서 일어나는 교통상의 모든 위험과 장애를 방지하고 제거하여 안전하고 원활한 교통을 확보하기 위함

61 도로 교통법상 도로 ● ① 도로법에 따른 도로, ② 유료 도로법에 따른 유료 도로, ③ 농어촌 도로 정비법에 따른 농어촌 도로

62 도로 교통법상 "자동차 전용 도로"의 정의 ● 자동차만 다닐 수 있도록 설치된 도로

63 도로 교통법상 "횡단보도"의 정의 ● 보행자가 도로를 횡단할 수 있도록 안전표지로 표시한 도로의 부분

64 도로 교통법상 "차로"의 정의 ● 차마가 한 줄로 도로의 정하여진 부분을 통행하도록 차선으로 구분한 차도의 부분

65 도로 교통법상 "안전지대"의 정의 ◐ 도로를 횡단하는 보행자나 통행하는 차마의 안전을 위하여 안전표지나 이와 비슷한 인공 구조물로 표시한 도로의 부분

66 도로 교통법상 "정차"의 정의 ◐ 운전자가 5분을 초과하지 아니하고 차를 정지시키는 것으로서 주차 외의 정지 상태

67 도로 교통법상 "일시 정지"의 정의 ◐ 차 또는 노면 전차의 운전자가 그 차의 바퀴를 일시적으로 완전히 정지시키는 것

68 도로 교통법상 "서행"의 정의 ◐ 운전자가 차 또는 노면 전차를 즉시 정지시킬 수 있는 정도의 느린 속도로 진행하는 것

69 도로 교통법상 "차선"의 정의 ◐ 차로와 차로를 구분하기 위하여 그 경계지점을 안전표지로 표시한 선

70 도로 교통법상 "차"에 해당하는 것 ◐ ① 자동차, ② 건설 기계, ③ 원동기 장치 자전거, ④ 자전거, ⑤ 사람 또는 가축의 힘이나 그 밖의 동력으로 도로에서 운전되는 것(다만 수동 휠체어, 전동 휠체어, 의료용 스쿠터, 유모차, 보행 보조용 의자차는 제외)

71 긴급 자동차의 종류 ◐ ① 소방차, 구급차, 혈액 공급 차량, ② 수사 기관의 자동차 중 범죄 수사를 위하여 사용되는 자동차 또는 교통 단속, 긴급한 경찰 업무 수행에 사용되는 자동차 ③ 국군 및 주한 국제 연합국용 자동차 중 군 내부의 질서 유지나 부대의 질서 있는 이동을 유도하는데 사용되는 자동차, ④ 국내외 요인에 대한 경호 업무 수행에 공무로 사용되는 자동차

72 차량 신호등 "삼색 등화"의 순서 ◐ 녹색 – 황색 – 적색

73 차량 신호등 "4색 신호등"의 배열 순서 ◐ 적색 → 황색 → 녹색 화살표→ 녹색

74 차량 신호등 "황색 등화"의 뜻 ◐ 차마는 우회전할 수 있고 우회전하는 경우에는 보행자의 횡단을 방해하지 못함

75 차량 신호등 "황색 등화의 점멸"의 뜻 ◐ 차마는 다른 교통 또는 안전표지의 표시에 주의하면서 진행 가능

76 차량 신호등 "녹색 등화"일 때 ◐ 비보호 좌회전 표지 또는 비보호 좌회전 표시가 있는 곳에서는 좌회전가능

77 차량 신호등 "적색의 등화"의 뜻

① 차마는 정지선, 횡단보도 및 교차의 직전에서 정지

② 차마는 우회전하려는 경우 정지선, 횡단보도 및 교차로의 직전에서 정지한 후 신호에 따라 진행하는 다른 차마의 교통을 방해하지 않고 우회전 가능

③ ②항에도 불구하고 차마는 우회전 삼색등이 적색의 등화인 경우 우회전 불가

78 차량 신호등 "원형 등화의 적색 등화 점멸 신호"의 뜻 ◐ 차마는 정지선이나 횡단보도가 있을 때에는 그 직전이나 교차로의 직전에 일시 정지한 후 다른 교통에 주의하면서 진행 가능

79 교통안전 표지의 종류와 그 의미 ◐ ① 주의 표지 : 도로 상태가 위험하거나 도로 또는 그 부근에 위험물이 있는 경우에 필요한 안전 조치를 할 수 있도록 이를 도로 사용자에게 알리는 표지, ② 규제 표지 : 도로 교통의 안전을 위하여 각종 제한·금지 등의 규제를 하는 경우에 이를 도로 사용자에게 알리는 표지, ③ 지시 표지 : 도로의 통행 방법. 통행 구분 등 도로 교통의 안전을 위하여 필요한 지시를 하는 경우에 도로 사용자가 이에 따르도록 알리는 표지, ④ 보조 표지 : 주의 표지, 규제 표지 또는 지시 표지의 주 기능을 보충하여 도로 사용자에게 알리는 표지, ⑤ 노면 표지 : 도로 교통의 안전을 위하여 각종 주의, 규제, 지시 등의 내용을 노면에 기호, 문자 또는 선으로 도로 사용자에게 알리는 표지

80 차도를 통행할 수 있는 사람 또는 행렬 ◐ ① 말·소 등의 큰 동물을 몰고 가는 사람, ② 기 또는 현수막 등을 휴대한 행렬, ③ 학생의 대열, ④ 도로에서 청소나 보수 등의 작업을 하고 있는 사람, ⑤ 군부대나 그 밖의 이에 준하는 단체의 행렬, ⑥ 사다리, 목재, 그 밖에 보행자의 통행에 지장을 줄 우려가 있는 사람, ⑦ 장의(葬儀) 행렬

81 끼어들기 위반 사항에 해당되는 것 ◐ ① 두 차로를 동시에 주행하는 것, ② 한 번에 여러 차선을 가로지르는 것, ③ 실선에서 차선을 변경하여 운전하는 것

82 일반 도로인 주거 지역·상업 지역 및 공업 지역에서 최고 속도 ◐ 매시 50km 이내

83 자동차 전용 도로에서의 최고 속도와 최저 속도 ◐ 최고 속도 : 90km, 최저 속도 : 30km

84 고속 도로가 폭우로 인하여 물이 많이 고여 있고, 가시거리가 60m이며 최고 속도가 시속 100km인 경우의 제한 최고 속도 ◐ 시속 50km

85 비, 안개, 눈 등으로 인한 악천후로 인해 감속 운행할 때 최고 속도의 100분의 20을 줄인 속도로 운행해야 하는 경우 ⊙ 비가 내려 노면이 젖어 있는 경우

86 눈이 20mm 이상 쌓인 경우 자동차가 운행하여야 할 최고 속도 ⊙ 100분의 50을 줄인 속도

87 편도 2차로인 일반 도로에서 눈이 30mm 미만 쌓인 경우 자동차의 최고 속도 ⊙ 40km/h

88 비가 내려 노면이 젖어 있는 경우 제한 속도 80km/h인 도로에서의 최고 속도 ⊙ 64km/h(비가 내려 노면이 젖어 있는 경우 최고 속도의 100분의 20을 줄인 속도로 운행하여야 하므로 80×0.8-64km/h로 운행)

89 소방용 자동차에 설치할 수 있는 경광등 ⊙ 적색 또는 청색의 경광등 (구급차·혈액 공급 차량 – 녹색 경광등, 전파 감시 업무에 사용되는 자동차 – 황색 경광등)

90 보행자 전용 도로를 설치할 수 있는 자 ⊙ 시·도 경찰청장이나 경찰서장

91 횡단보도를 설치할 수 있는 자 ⊙ 시·도 경찰청장

92 차로를 설치할 수 없는 곳에 해당되는 곳 ⊙ ① 교차로, ② 횡단보도, ③ 철길 건널목(단, 일방통행 도로에는 차로 설치 가능)

93 안전 기준을 넘는 화물의 적재 허가를 받은 운전자가 달아야 할 표지의 색과 기준 ⊙ 너비 30cm, 길이 50cm 이상의 빨간색 헝겊으로 된 표지를 그 길이 또는 폭의 양끝에 달고 운행해야 함(야간에 운행하는 경우에는 반사체로 된 표지를 달고 운행해야 함)

94 회전 교차로에서의 운행 방향 ⊙ 반시계 방향

95 일반 도로나 고속 도로 등에서 차로를 변경하는 경우 방향 지시등을 작동해야 하는 지점 ⊙ ① 일반 도로 – 변경하려는 지점에 도착하기 30m 전, ② 고속 도로 – 변경하려는 지점에 도착하기 100m 전

96 앞을 보지 못하는 사람에 준하는 사람 ⊙ ① 듣지 못하는 사람, ② 의족 등을 사용하지 아니하고는 보행을 할 수 없는 사람, ③ 신체에 평형 기능에 장애가 있는 사람 등

97 앞지르기를 하는 요령 ➡ ① 모든 차는 다른 차를 앞지르고자 하는 때에는 앞차의 좌측으로 통행, ② 자전거 등의 운전자는 서행하거나 정지한 다른 차를 앞지르려면 앞차의 우측으로 통행

98 앞지르기 금지 장소 ➡ ① 교차로, ② 터널 안, ③ 다리 위, ④ 도로의 구부러진 곳, ⑤ 비탈길의 고갯마루, ⑥ 가파른 비탈길의 내리막, ⑦ 시·도 경찰청장이 안전표지로 지정한 곳

99 앞지르기를 할 수 없는 경우 ➡ ① 앞차가 다른 차를 앞지르고 있거나 앞지르려고 하는 경우, ② 앞차의 좌측에 다른 차가 앞차와 나란히 가고 있는 경우, ③ 경찰 공무원의 지시에 따라 정지하거나 서행하고 있는 경우, ④ 위험을 방지하기 위하여 정지하거나 서행하고 있는 경우, ⑤ 뒤차는 앞차가 다른 차를 앞지르고 있거나 앞지르고자 하는 때

100 철길 건널목의 통과 방법 ➡ 모든 차 또는 노면 전차의 운전자는 철길 건널목을 통과하려는 경우에는 건널목 앞에서 일시 정지하여 안전을 확인한 후에 통과

101 교차로 통행 방법 ➡ ① 모든 차의 운전자는 교차로에서 좌회전을 하려는 경우에는 미리 도로의 중앙선을 따라 서행하면서 교차로의 중심 안쪽을 이용하여 좌회전, ② 모든 차의 운전자는 교통정리를 하고 있지 아니하고 일시 정지나 양보를 표시하는 안전표지가 설치되어 있는 교차로에 들어가려고 할 때는 다른 차의 진행을 방해하지 아니하도록 일시 정지하거나 양보

102 교통정리가 없는 교차로에서의 양보 운전의 방법 ➡ ① 교통정리를 하고 있지 아니하는 교차로에 들어가려고 하는 차의 운전자는 이미 교차로에 들어가 있는 다른 차가 있을 때에는 그 차에 진로를 양보, ② 교통정리를 하고 있지 아니하는 교차로에 동시에 들어가려고 하는 차의 운전자는 우측 도로의 차에 진로를 양보, ③ 이미 교차로에 들어가 있는 다른 차가 있을 때에는 그 차에 진로를 양보, ④ 좌회전하려고 하는 차의 운전자는 그 교차로에서 직진하거나 우회전하려는 다른 차가 있을 때에는 그 차에 진로를 양보, ⑤ 통행하고 있는 도로의 폭보다 교차하는 도로의 폭이 넓은 경우에는 서행

103 회전 교차로 통행 방법
① 모든 차의 운전자는 회전 교차로에서는 반시계 방향으로 통행
② 모든 차의 운전자는 회전 교차로에 진입하려는 경우 서행하거나 일시 정지하여야 하며, 이미 진행하고 있는 다른 차가 있는 때에는 그 차에 진로를 양보

③ ①항 및 ②항에 따라 회전 교차로 통행을 위하여 손이나 방향 지시기 또는 등화로써 신호를 하는 차가 있는 경우 그 뒤차의 운전자는 신호를 한 앞차의 진행 방해 불가

104 일시 정지를 해야 할 장소 ◐ ① 교통정리를 하고 있지 아니하고 좌우를 확인할 수 없거나 교통이 빈번한 교차로, ② 철길 건널목, ③ 시 · 도 경찰청장이 도로에서 위험 방지 또는 교통의 안전과 원활한 소통을 확보하기 위하여 안전표지로 지정한 곳 등

105 반드시 서행해야 할 장소 ◐ ① 도로가 구부러진 부근, ② 교통정리가 없는 교차로, ③ 가파른 비탈길의 내리막, ④ 비탈길의 고갯마루 부근, ⑤ 시 · 도 경찰청장이 안전표지로 지정한 곳

106 교차로의 가장자리나 도로의 모퉁이로부터 5m 이내의 곳 ◐ 정차 및 주차의 금지 장소

107 건널목의 가장자리 또는 횡단보도로부터 10m 이내인 곳 ◐ 정차 및 주차의 금지 장소

108 소방 용수 시설 또는 비상 소화 장치가 설치된 곳으로부터 5m 이내의 곳 ◐ 정차 및 주차 금지 장소

109 터널 안, 다리 위, 도로 공사 구역 양쪽 가장자리로 부터 5m 이내의 곳 ◐ 주차 금지 장소

110 과로 운전 금지, 주취 운전 금지, 난폭 운전 금지 ◐ 운전자의 의무에 해당

111 차 또는 노면 전차가 밤에 켜야 할 등화 ◐ ① 노면 전차 : 전조등, 차폭등, 미등 및 실내 조명등, ② 견인되는 차 : 미등 차폭등 및 번호등, ③ 자동차 : 전조등, 차폭등, 미등, 번호등, 실내 조명등(승합자동차, 여객 자동차 운송 사업용 승용차만 해당), ④ 원동기 장치 자전거 : 전조등 및 미등

112 밤에 서로 마주보고 진행할 때 등화 조작 요령 ◐ 전조등의 밝기를 줄이거나 불빛의 방향을 아래로 향하게 하거나 잠시 전조등 소등

113 밤에 앞의 차 또는 바로 뒤를 따라갈 때의 등화 조작 요령 ◐ 전조등 불빛의 방향을 아래로 향하게 하고, 전조등의 밝기를 함부로 조작하여 앞의 차 또는 노면 전차의 운전을 방해하지 않도록 주의

114 교통이 빈번한 곳에서 운행할 때 등화 조작 요령 ◐ 모든 차 또는 노면 전차의 운전자는 전조등 불빛의 방향을 계속 아래로 향하게 유지(다만, 시 · 도 경찰청장이 교통의 안전과 원활한 소통을 확보하기 위하여 필요하다고 인정하여 지정한 지역에서는 제외)

115 영업용 택시의 승차 인원 ◐ 승차 정원의 110% 이내(단, 고속 도로에서는 승차 정원을 넘어서 운행불가)

116 화물 자동차의 화물 적재의 방법 ◐ ① 높이 : 지상으로부터 4m의 높이(도로 구조의 보전과 통행의 안전에 지장이 없다고 인정하여 고시한 도로 노선의 경우에는 4m 20cm), ② 길이 : 화물의 길이는 자동차 길이에 10분의 1을 더한 길이, ③ 너비 : 자동차의 후사경으로 뒤쪽을 확인할 수 있는 범위(후사경의 높이보다 화물을 낮게 적재한 경우에는 그 화물을, 후사경의 높이보다 화물을 높게 적재한 경우에는 뒤쪽을 확인할 수 있는 범위)의 너비

117 운전이 금지되는 술에 취한 상태 기준 ◐ 혈중 알코올 농도의 0.03% 이상

118 환각 물질에 해당되는 물질 ◐ ① 톨루엔, ② 초산 에틸 또는 메틸 알코올, ③ 접착제, 풍선류 또는 도료, ④ 부탄가스, ⑤ 아산화 질소(의료용으로 사용되는 경우는 제외)

119 난폭 운전 행위의 정의 ◐ 자동차 운전자가 둘 이상의 행위를 연달아 하거나, 하나의 행위를 지속 또는 반복하여 다른 사람에게 위협 또는 위해를 가하거나 교통상의 위험을 발생케 하는 행위

120 난폭 운전 행위 ◐ ① 신호 또는 지시 위반, ② 중앙선 침범, ③ 속도의 위반, ④ 횡단, 유턴, 후진 금지 위반, ⑤ 안전거리 미확보, 진로변경 · 급제동 금지 위반, ⑥ 앞지르기 방법 또는 앞지르기의 방해 금지 위반, ⑦ 정당한 사유 없는 소음 발생, ⑧ 고속 도로에서의 앞지르기 방법 위반, ⑨ 고속 도로에서의 횡단, 유턴, 후진 위반

121 자동차의 앞면 창유리 및 운전석 좌우 옆면 창유리의 가시광선 투과율 ◐ ① 앞면 창유리 : 70% 미만 , ② 운전석 좌우 옆면 창유리 : 40% 미만(요인 경호용 구급용 및 장의용 자동차는 제외)

122 자동차 운전자가 휴대용 전화를 사용할 수 있는 경우 ◐ ① 자동차 등 노면 전착 정지하고 있는 경우, ② 긴급 자동차를 운전하는 경우, ③ 각종 범죄 및 재해 신고 등 긴급한 필요가 있는 경우, ④ 안전 운전에 장애를 주지 아니하는 장치로서 대통령으로 정하는 장치를 이용하는 경우

123 어린이 통학 버스로 신고할 수 있는 자동차는 승차 정원(어린이 1명을 승차 정원 1명으로 간주) ◐ 승차 정원 9인승 이상의 자동차

124 어린이 통학 버스를 운영하거나 운전하는 사람의 정기 안전 교육을 받아야 하는 시기 ◐ 2년

125 어린이 보호 구역의 지정 속도 ◐ 30km/h

126 고속 도로에서 속도를 제한하고 전용 차로를 설치할 수 있는 자 ◐ 경찰청장

127 고속 도로를 제외한 도로에서 속도를 제한할 수 있는 자 ◐ 시·도 경찰청장

128 야간 고속 도로에서 고장 시, 고장 차량 표지 외에 적색 섬광 신호, 전기 제등 또는 불꽃 신호를 설치해야 하는 경우 주의 사항 ◐ 500m 거리에서 식별할 수 있도록 설치

129 교통안전 교육의 종류 구분 ◐ ① 교통안전 교육, ② 특별 교통안전 교육(특별 교통 의무 교육, 특별 교통 권장 교육), ③ 긴급 자동차 운전자 교통안전 교육, ④ 75세 이상인 사람에 대한 교육

130 긴급 자동차 운전자의 정기 교통안전 교육 시기 및 시간 ◐ 3년 마다 2시간 이상 실시(신규 교육 : 3시간 이상 실시)

131 특별 교통안전 교육 연기 신청을 하고자 하는 경우 연기 사유를 첨부한 신청서를 받는 자, 그리고 교육을 연기 받은 사람의 경우 그 사유가 없어진 날부터 특별 교통안전 의무 교육을 받아야 하는 기간 ◐ 경찰서장, 그 사유가 없어진 날부터 30일 이내

132 특별 교통안전 의무 교육 과정 중 음주 운전 교육에서 최근 5년 동안 1차, 2차 3차 음주 운전 위반을 한 사람이 받아야 할 교육 시간 ◐ ① 최근 5년 동안 처음으로 음주 운전을 한 사람 – 12시간, 3회, 회당 4시간, ② 최근 5년 동안 2번 음주 운전을 한 사람 – 16시간, 4회, 회당 4시간, ③ 최근 5년 동안 3번 이상 음주 운전을 한 사람 – 48시간, 12회, 회당 4시간

133 제1종 대형 면허로 운전할 수 있는 차량 ◐ ① 승용 자동차, 승합자동차, 화물 자동차, ② 건설 기계(덤프트럭, 아스팔트 살포기, 노상 안정기, 콘크리트 믹서 트럭, 콘크리트 펌프, 천공기(트럭 적재식), 콘크리트 믹서 트레일러, 아스팔트 콘크리트 재생기, 도로 보수 트럭, 3t 미만의 지게차), ③ 특수 자동차(대형 견인차, 소형 견인차 및 구난차는 제외), ④ 원동기 장치 자전거

134 제1종 보통 면허로 운전할 수 있는 차량 ✪ 승용 자동차, 원동기 장치 자전거, 적재 중량 12t 미만의 화물 자동차(단, 승차 정원 15명 이상의 승합자동차는 제1종 대형 면허로 운전)

135 제1종 특수 면허의 구분과 운전할 수 있는 차량 ✪ ① 대형 견인차 면허 : 견인형 특수 자동차, 제2종 보통 면허로 운전할 수 있는 차량, ② 소형 견인차 면허 : 총중량 3.5t 이하의 견인형 특수 자동차, 제2종 보통 면허로 운전할 수 있는 차량, ③ 구난차 : 구난형 특수 자동차, 제2종 보통 면허로 운전할 수 있는 차량

136 제1종 소형 면허로 운전할 수 있는 차량 ✪ 3륜 화물 자동차, 3륜 승용 자동차, 원동기 장치 자전거

137 제2종 보통 면허 구분 ✪ ① 보통 면허, ② 소형 면허, ③ 원동기 장치 자전거 면허

138 제2종 보통 면허로 운전할 수 있는 차량 ✪ ① 승용 자동차, ② 승차 정원 10명 이하의 승합자동차, ③ 적재 중량 4t 이하의 화물 자동차, ④ 총중량 3.5t 이하의 특수 자동차(구난차 등은 제외), ⑤ 원동기 장치 자전거

139 제1종 및 제2종 소형 면허로 운전할 수 없는 차량 ✪ 승용 자동차

140 제1종 보통 면허로 운전할 수 있는 승합자동차의 승차 정원 ✪ 15명 이하

141 제2종 보통 면허로 운전할 수 있는 승합자동차의 승차 정원 ✪ 10명 이하

142 3t 미만의 지게차를 운전할 수 있는 운전면허 ✪ 제1종 대형 면허

143 적재 중량 3t 또는 적재 용량 3,000L 초과의 화물 자동차를 운전할 수 있는 면허 ✪ 제1종 대형면허로 운전할 수 있고, 적재 중량 3t 미만 또는 적재 용량 3,000L 미만의 화물 자동차는 제1종 보통 면허로 운전 가능

144 제1종 대형 면허 또는 제1종 특수 면허 시험에 응시할 수 있는 연령 기준 ✪ 운전 경력(단, 이륜자동차 운전 경력은 제외)이 1년 이상이면서 19세 이상인 사람

145 무면허 운전의 정의 ✪ 누구든지 자동차 등을 운전하려는 사람은 시ㆍ도 경찰청장으로부터 운전면허를 받지 아니하거나, 운전면허의 효력이 정지된 경우에는 자동차 등을 운전하여서는 아니 되므로 운전한 경우

146 제1종 보통 면허로 12인승 승합자동차 운전 ✪ 무면허 운전이 아님(15명 이상은 무면허 운전)

147 무면허 운전 또는 운전면허 결격 사유(운전면허 효력 정지 기간 운전 포함)에 해당자가 자동차를 운전한 경우 운전면허 결격 기간 ○ 그 위반한 날부터 1년(효력 정지 기간 운전 포함 시에는 취소일로부터)

148 무면허 운전, 운전면허 결격 기간 중 운전 3회 이상 자동차를 운전 위반하여 취소된 경우 결격 기간 ○ 그 위반한 날부터 2년

149 다음 각 목의 경우에는 운전면허가 취소된 날(무면허 운전 또는 운전면허 결격 기간 중 운전을 함께 위반한 경우에는 그 위반한 날)부터 ○ 5년
① 술에 취한 상태의 운전, 과로한 때 등의 운전, 공동 위험 행위의 운전금지를 위반(무면허 운전 또는 운전 면허 결격 기간 중 운전 포함)하여 운전을 하다가 사람을 사상한 후 사고 발생 시의 조치 및 신고를 아니한 경우
② 술에 취한 상태 운전(무면허 운전 또는 운전면허 결격 기간 중 운전 포함)하다가 사람을 사망에 이르게 한 경우

150 무면허 운전, 과로한 때 등의 운전, 공동 위험 행위의 운전 금지 위반 규정에 따른 사유가 아닌 다른 사유로 사람을 사상한 후 사고 발생 시의 조치 및 신고를 아니한 경우의 결격 기간 ○ 그 취소된 날부터 4년

151 다음 각목의 경우에는 취소된 날 또는 위반된 날부터 ○ 3년
① 술에 취한 상태의 운전 또는 술에 취한 상태의 측정 거부(무면허 운전 또는 운전면허 결격 기간 중 운전이 포함된 경우는 위반한 날)하여 운전을 하다가 2회 이상 교통사고를 일으킨 경우(취소된 날부터)
② 자동차 등을 이용하여 범죄 행위를 하거나 다른 사람의 자동차 등을 훔치거나 빼앗은 사람이 무면허로 그 자동차 등을 운전한 경우(위반한 날부터)

152 다음 각목의 경우에는 취소된 날(무면허 운전 또는 운전면허 결격 기간 중 운전을 함께 위반한 경우에는 위반한 날)부터 ○ 2년
① 술에 취한 상태 운전 또는 술에 취한 상태 측정 거부 위반을 2회 이상 위반(무면허 운전 또는 운전면허 결격 기간 중 운전을 포함)한 경우
② 술에 취한 상태 운전 또는 술에 취한 상태의 측정 거부를 위반(무면허 운전 또는 운전면허 결격 기간 중 운전 포함)하여 운전을 하다가 교통사고를 일으킨 경우
③ 공동 위험 행위의 운전 금지를 2회 이상 위반(무면허 운전 또는 운전면허 결격 기간 중 운전 포함)하여 운전한 경우.

④ 운전면허를 받을 수 없는 사람이 운전면허를 받거나, 운전면허 효력의 정지 기간 중 운전면허증 또는 운전면허증을 갈음하는 증명서를 발급받은 사실이 드러난 경우, 다른 사람의 자동차 등을 훔치거나 빼앗은 경우, 다른 사람이 부정하게 운전면허를 받도록 하기 위하여 운전면허 시험에 대신 응시한 경우

153 음주 운전의 혈중 알코올 농도에 대한 운전면허의 벌칙 ◐
① 0.03% 이상 0.08% 미만 – 1년 이하 징역이나 500만 원 이하 벌금
② 0.08% 이상 0.2% 미만 – 1년 이상 2년 이하 징역이나 500만 원 이상 1천만 원 이하 벌금
③ 0.2% 이상 – 2년 이상 5년 이하 징역이나 1천만 원 이상 2천만 원 이하 벌금
④ 음주 측정 거부 – 1년 이상 5년 이하의 징역이나 500만 원 이상 2천만 원 이하의 벌금
⑤ 0.03% 이상 0.2% 미만(10년 내 재위반) – 1년 이상 5년 이하 징역이나 500만 원 이상 2천만 원 이하 벌금
⑥ 0.2% 이상(10년 내 재위반) – 2년 이상 6년 이하 징역이나 1천만 원 이상 3천만 원 이하 벌금
⑦ 음주 측정 거부(10년 내 재위반) – 1년 이상 6년 이하의 징역이나 500만 원 이상 3천만 원 이하의 벌금
⑧ 과로 질병 약물로 인하여 정상적인 운전을 하지 못할 우려가 있는 상태에서 차 또는 노면전차를 운전한 자 : 3년 이하의 징역이나 1천만 원 이하의 벌금

154 자동차 등의 운전에 필요한 적성의 기준에서 색각 ◐ 붉은색, 녹색 및 노란색을 구별 가능해야 함

155 자동차 등의 운전에 필요한 적성의 기준에서 제1종 및 제2종 운전면허의 시력 및 청력 기준 ◐ ① 제1종 운전면허 : 두 눈을 동시에 뜨고 잰 시력이 0.8 이상, 두 눈의 시력이 각각 0.5 이상(다만, 한쪽 눈을 보지 못하는 사람은 다른 쪽 눈의 시력이 0.8 이상, 수평 시야가 20도 이상, 중심 시야는 20도 내 암점과 반맹이 없어야 함), ② 제2종 운전면허 : 두 눈을 동시에 뜨고 잰 시력이 0.5 이상(다만, 한쪽 눈을 보지 못하는 사람은 다른 쪽 눈의 시력이 0.6 이상), ③ 청력 : 55dB(보청기를 사용하는 사람은 40dB)

156 행정 처분의 기초 자료로 활용하기 위하여 법규 위반 또는 사고 야기에 대하여 그 위반의 경중, 피해의 정도 등에 따라 배점되는 점수의 용어 ◐ 벌점

157 운전면허 행정 처분이 시작되는 벌점의 점수 **○** 40점 이상으로 1일 1점으로 계산하여 행정 처분

158 법규 위반 또는 교통사고로 인한 벌점을 누산하여 관리 하는 기간 **○** 행정 처분 기준을 적용하고자 하는 당해 위반 또는 사고가 있었던 날을 기준으로 과거 3년 간의 모든 벌점, ① 1년간 : 121점 이상, ② 2년간 : 201점 이상, ③ 3년간 : 271점 이상

159 경찰청장이 정하여 고시한 내용에 의하여 무위반 · 무사고 서약을 하고 1년간 이를 실천한 운전자에게 몇 점의 특혜 점수가 배점되며, 정지 처분을 받게 될 때 누산 점수에서 처리하는 방법 **○** 특혜 점수는 10점이 배점되며, 정지 처분을 받게 될 때 누산 점수에서 10점을 공제하여 행정 처분을 실시

160 처분 벌점이 40점 미만인 운전자가 최종 위반일 또는 사고일로부터 위반 및 사고 없이 1년이 경과하는 경우 **○** 그 처분 벌점은 소멸

161 인적 피해가 있는 교통사고를 야기하고 도주(뺑소니)한 차량의 운전자를 검거 또는 검거하게 한 운전자에게 배점되는 특혜 점수 **○** 40점

162 운전면허 취소 개별 기준에서 운전면허가 취소되는 기준 **○** ① 운전자가 공동 위험 행위 · 난폭 운전으로 구속된 때, ② 단속하는 경찰 공무원을 폭행하여 형사 입건된 때 등

163 운전면허 정지 처분 개별 기준 벌점 **○** ① 100점 : 속도위반 100km/h 초과, 술에 취한 상태(0.03% 이상 ~ 0.08% 미만), 자동차 등을 이용하여 특수 상해 등(보복 운전)을 하여 입건된 때, ② 80점 : 속도위반 80km/h ~ 100km/h 이하, ③ 60점 : 속도위반 60km/h ~ 80km/h 이하, ④ 40점 : 공동 위험 행위 및 난폭 운전 위반으로 형사 입건된 때, ⑤ 30점 : 중앙선 침범, 속도위반 40km/h ~ 60km/h 이하, 철길 건널목 통과 방법 위반, 고속 도로, 자동차 전용 도로 갓길 통행 위반, ⑥ 15점 : 신호 · 지시 위반, 속도위반 20km/h ~ 40km/h 이하, 앞지르기 금지 시기 · 장소 위반, 운전 중 휴대용 전화 사용 위반, ⑦ 10점 : 보도 침범, 보행자 보호 불이행, 안전운전 의무 불이행, 노상 시비 · 다툼 등으로 차마의 통행 방해 행위

164 자동차 등의 운전 중 교통사고를 일으킨 때 사고 결과에 의한 벌점 **○** ① 사망 1명마다 : 90점(72시간 이내에 사망), ② 중상 1명마다 : 15점(3주 이상의 치료를 요하는 의사의 진단), ③ 경상 1명마다 : 5점 (3주 미만 5일 이상 치료를 요하는 의사 진단), ④ 부상 신고 1명마다 : 2점(5일 미만의 치료를 요하는 의사 진단)

165 신호 위반 충돌 사고로 사망 1명, 중상 1명의 피해가 발생한 경우의 벌점 총합 ◐ 총 120점(신호 위반 15점 + 사망 1명 90점 + 중상 1명 15점 = 총점 120점)

166 운전자가 속도위반(60km/h초과), 인적 사항 제공 의무 위반(주 · 정차된 차만 손괴한 것이 분명한 경우 한정) 시 범칙금 ◐ ① 승합자동차 : 13만 원, ② 승용 자동차 : 12만 원

167 운전자가 속도위반(40km/h~60km/h 이하), 승객의 차 안 소란 행위 방치 운전 위반 시 범칙금 ◐ ① 승합자동차 : 10만 원, ② 승용 자동차 : 9만 원

168 운전자가 신호 · 지시 위반, 중앙선 침범, 통행 구분 위반, 속도위반(20km/h 초과 40km/h 이하), 횡단 · 유턴 · 후진 위반, 철길 건널목 통과 방법 위반, 운전 중 휴대용 전화 사용, 고속 도로 · 자동차 전용 도로 갓길 통행, 운전 중 영상 표시 장치 조작 위반, 회전 교차로 통행 방법 위반, ◐ ① 승합자동차 : 7만 원, ② 승용 자동차 : 6만 원

169 운전자가 통행금지 · 제한 위반, 일반 도로 전용 차로 통행 위반, 앞지르기의 방해 금지 위반, 교차로 통행 방법 위반, 보행자의 통행 방해 또는 보호 불이행, 주차 금지 또는 정차 · 주차 방법 위반, 안전 운전 의무 위반, 도로에서 시비 · 다툼 등으로 인한 차마의 통행 방해 행위, 고속 도로 · 자동차 전용 도로 횡단 · 유턴 · 후진 또는 정차 · 주차 금지 위반, 교차로에서 양보 운전 위반, 회전 교차로 진입 · 진행 방법 위반 ◐ ① 승합자동차 : 5만 원, ② 승용자동차 : 4만 원

170 운전자가 속도위반(20km/h 이하), 급제동 금지 위반, 끼어들기 금지 위반, 서행 의무 또는 일시 정지 위반, 방향 전환 · 진로 변경 시 신호 불이행, 좌석 안전띠 미착용 ◐ ① 승합 또는 승용 자동차 : 3만 원

171 어린이 보호 구역 및 노인 · 장애인 보호 구역에서 신호 또는 지시를 따르지 않은 차 또는 노면 전차의 고용주 등에게 부과되는 과태료 ◐ ① 승합자동차 : 14만 원, ② 승용 자동차 : 13만 원

172 어린이 보호 구역 및 노인 · 장애인 보호 구역에서 제한 속도를 준수하지 않은 차 또는 노면 전차의 고용주 등에게 부과하는 과태료 ◐ ① 60km/h 초과 – 승합자동차(17만 원), 승용 자동차(16만 원), ② 40km/h 초과 ~ 60km/h 이하 – 승합자동차(14만 원), 승용 자동차(13만 원), ③ 20km/h 초과 ~ 40km/h 이하 – 승합자동차(11만 원), 승용 자동차(10만 원), ④ 20km/h 이하 – 승합자

동차(7만 원), 승용 자동차(7만 원), ⑤ 정차 또는 주차를 한 차의 고용주 등 – 승합자동차 등 9만 원(10만 원), 승용 자동차 8만 원(9만 원) ※ ⑤항 괄호 안의 금액은 2시간 이상 정차 또는 주차 위반을 한 경우에 적용하는 과태료

173 안전표지의 종류

① 주의표지	② 규제표지	③ 지시표지	④ 보조표지	⑤ 노면표시
	주·정차금지		안전속도 30	
노면 고르지 못함	정차 · 주차 금지	양 측방 통행	안전 속도	서행

174 노면 표시에 사용되는 각종 선의 구분 ➡ ① 점선 : 허용, ② 실선 : 제한, ③ 복선 : 의미의 강조

175 노면 표시에 사용되는 색채의 기준 ➡ ① 황색 : 중앙선 표시, 도로 중앙 장애물 표시, 주차 금지 표시, 정차 · 주차 금지 표시, 안전지대 표시(반대 방향의 교통 분리 또는 도로 이용의 제한 및 지시), ② 청색 : 버스전용 차로 표시 및 다인승 차량 전용 차선 표시(지정 방향의 교통류 분리 표시), ③ 적색 : 어린이 보호 구역 또는 주거 지역 안에 설치하는 속도 제한 표시의 테두리 선 및 소방 시설 주변 정차 · 주차 금지 표시, ④ 백색 : 황색 · 청색 · 적색에서 지정된 외의 표시(동일 방향의 교통류 분리 및 경계 표시)

176 도주 차량 운전자(운전자가 피해자를 구호하는 등의 조치를 아니하고 도주한 경우)의 가중 처벌
① 피해자를 사망에 이르게 하고 도주 하거나, 도주 후에 피해자가 사망한 경우 ➡ 무기 또는 5년 이상의 징역, ② 피해자를 상해에 이르게 한 경우 ➡ 1년 이상의 유기 징역 또는 500만 원 이상 3천만 원 이하의 벌금

177 도주 차량 사고 운전자가 피해자를 사고 장소로부터 옮겨 유기하고 도주한 경우의 가중 처벌
① 피해자를 사망에 이르게 하고 도주 하거나, 도주 후에 피해자가 사망한 경우 ➡ 사형, 무기 또는 5년 이상의 징역, ② 피해자를 상해에 이르게 한 경우 ➡ 3년 이상의 유기 징역

178 술에 취한 상태 또는 약물의 영향(위험 운전)으로 운전 중 교통사고로 사람을 사상 시 가중 처벌
① 피해자를 사망에 이르게 한 운전자 ◐ 무기 또는 3년 이상의 징역, ② 피해자를 상해에 이르게 한 운전자 ◐ 1년 이상 15년 이하의 징역 또는 1천만 원 이상 3천만 원 이하의 벌금

179 어린이 보호 구역 (13세 미만인 사람)에서 어린이 치사상의 교통사고 가중 처벌
① 어린이를 사망에 이르게 한 경우 ◐ 무기 또는 3년 이상의 징역, ② 어린이를 상해에 이르게 한 경우 ◐ 1년 이상 15년 이하의 징역 또는 500만 원 이상 3천만 원 이하의 벌금

180 교통사고 처리 특례법의 목적 ◐ ① 교통사고로 인한 피해의 신속한 회복, ② 국민 생활의 편익 증진, ③ 교통사고 운전자에 형사 처벌 특례

181 과속 ◐ 법정 속도와 지정 속도를 20km/h 초과한 경우

182 교통사고 처리 특례법상 형사 처벌 되는 앞지르기 금지 장소 ◐ 교차로, 터널 안, 다리 위

183 황색 신호에 정지하지 않고 진행하다 발생한 교통사고 ◐ 신호 위반

184 교통사고 처리 특례법에서 정한 교통사고 처리 합의 기간 ◐ 사고를 접수한 날부터 2주간

185 횡단보도에서 보행자로 인정되는 사람 ◐ ① 자전거 등을 끌고 가는 사람, ② 횡단보도에서 원동기 장치 자전거를 타고 가다 이를 세우고 한 발은 페달에 다른 한 발은 지면에 서 있는 사람

186 교통사고 발생 시 운전자의 책임 ◐ ① 행정적 책임, ② 형사적 책임, ③ 민사적 책임

187 교통사고의 정의 ◐ 차의 교통으로 인하여 사람을 사상하거나 물건을 손괴하는 것

188 대형 교통사고의 정의 ◐ 3명 이상이 사망하거나 20명 이상의 사상자가 발생한 교통사고

189 교통사고 관련 용어
① 추돌 : 2대 이상의 차가 동일한 방향으로 주행 중 뒤차가 앞차의 후면을 충격한 것

② 전복 : 차가 주행 중 도로 또는 도로 이외의 장소에 뒤집혀 넘어진 것

③ 전도 : 차가 주행 중 도로 또는 도로 이외의 장소에 차체의 측면이 지면에 접하고 있는 상태

④ 추돌 사고 : 2대 이상의 차가 동일 방향으로 주행 중 뒤차가 앞차의 후면을 충격한 것

⑤ 접촉 : 차가 추월하려다가 차의 좌우 측면을 서로 스친 것

190 스키드 마크(Skid mark) ❍ 차의 급제동으로 인하여 타이어의 회전이 정지된 상태에서 노면에 미끄러져 생긴 타이어 마모 흔적 또는 활주 흔적

191 요 마크(Yaw mark) ❍ 급핸들 등으로 인하여 차의 바퀴가 돌면서 차축과 평행하게 옆으로 미끄러진 타이어의 마모 흔적

제2편 안전 운행

01 시각의 특성 ❍ ① 속도가 빠를수록 시력은 떨어짐, ② 속도가 빠를수록 시야의 범위는 좁아짐, ③ 속도가 빠를수록 전방 주시점은 멀어짐

02 야간 운전 시 하향 전조등만으로 무엇인가 있다는 것을 인지하기 쉬운 옷 색깔 ❍ 흰색

03 동체 시력 ❍ 움직이는 물체 또는 움직이면서 다른 자동차나 사람 등의 물체를 보는 시력

04 동체 시력의 저하 요인 ❍ ① 정지 시력과 비례 관계, ② 물체의 이동 속도가 빠를수록 저하, ③ 조도(밝기)가 낮은 상황에서 쉽게 저하, ④ 연령이 높을수록 더욱 저하

05 현혹 현상 ❍ 자동차 운행 중 마주 오는 차량의 전조등 불빛을 직접 보았을 때 눈의 시력이 순간적으로 상실되는 현상

06 증발 현상 ❍ 야간에 대향차 전조등에 눈부심으로 인해 순간적으로 보행자를 잘볼 수 없게 되는 현상

07 공주거리 ❍ 운전자가 자동차를 정지시켜야 할 상황임을 인지하고 브레이크 페달로 발을 옮겨 브레이크가 작동을 시작하기 전까지 이동한 거리

08 **제동 거리** ◐ 운전자가 브레이크 페달에 발을 올려 브레이크가 작동을 시작하는 순간부터 자동차가 완전히 정지할 때 까지 이동한 거리

09 **정지 거리** ◐ 공주거리 + 제동 거리

10 **암순응** ◐ 일광 또는 조명이 밝은 조건에서 어두운 조건으로 변할 때 사람의 눈이 그 상황에 적응하여 시력을 회복하는 것(밝은 곳에서 어두운 곳으로 들어갈 때) – 시력 회복이 매우 느림

11 **명순응** ◐ 일광 또는 조명이 어두운 조건에서 밝은 조건으로 변할 때 사람의 눈이 그 상황에 적응하여 시력을 회복하는 것(어두운 곳에서 밝은 곳으로 나올 때) – 시력 회복 속도가 빠름

12 **시야** ◐ 정지한 상태에서 눈의 초점을 한 물체에 고정시키고 양쪽 눈으로 볼 수 있는 범위

13 **정상적인 시력을 가진 사람의 시야 범위는** ◐ $180° \sim 200°$(시속 100km로 주행 시 각도 : $40°$)

14 **운전자 착각의 종류** ◐ ① 경사의 착각, ② 상반의 착각, ③ 크기의 착각, ④ 원근의 착각, ⑤ 속도의 착각

15 **자동차 일상 점검 중 운전석에서 점검 사항** ◐ 와이퍼, 엔진, 후사경, 경음기, 브레이크, 변속기, 각종 계기

16 **자동차 일상 점검 중 엔진 룸 내부 점검 사항** ◐ 엔진, 변속기, 라디에이터 상태, 엔진룸 오염 정도

17 **자동차 일상 점검 중 외관 점검 사항** ◐ 램프, 완충 스프링, 타이어, 등록 번호판, 배기가스

18 **헤드 레스트(머리 지지대)** ◐ 자동차의 좌석에서 등받이 맨 위쪽의 머리를 지지하는 부분

19 **안전벨트 착용 요령** ◐ ① 짧은 거리의 주행 시에도 안전벨트 착용, ② 안전벨트의 어깨띠 부분이 가슴 부위를 지나도록 착용, ③ 안전벨트는 동승자도 착용

20 **교통 약자에 해당하는 사람** ◐ 어린이, 고령자, 장애인, 임산부, 영유아를 동반한 사람

21 타이어 마모에 영향을 주는 요소 ➡ 타이어 공기압, 차의 속도, 차의 하중, 브레이크, 커브(도로의 굽은 부분), 노면, 기온, 정비 불량, 운전자의 운전 습관, 타이어의 트레드 패턴

22 LPG의 주성분 ➡ 부탄과 프로판의 혼합체

23 LPG의 특징 ➡ ① 비중이 공기보다 무거움, ② 노킹이 적음, ③ 일산화탄소(CO) 배출량이 적음, ④ 가솔린에 비해 소음이 적음, ⑤ 겨울철에 시동이 잘 걸리지 않음

24 LPG의 권장 충전량 ➡ 85% 이하로 충전

25 베이퍼 록(Vaper Lock) 현상 ➡ 연료 회로 또는 브레이크 장치 유압 회로 내에 브레이크액이 온도 상승으로 인하여 기화되어 압력 전달이 원활하게 이루어지지 않아 제동 기능이 저하되는 현상

26 모닝 록(Morning lock) ➡ 장마철이나 습도가 높은 날, 장시간 주차 후 브레이크 드럼 등에 미세한 녹이 발생하는 현상

27 페이드(Fade) 현상 ➡ 운행 중에 계속해서 브레이크를 사용함으로써 온도 상승으로 인해 제동 마찰제의 기능이 저하되어 마찰력이 약해지는 현상(방지 요령 : 엔진 브레이크를 적절히 사용)

28 스탠딩 웨이브(Standing Wave) 현상 ➡ 공기압이 낮은 상태에서 뜨거운 노면을 고속으로 달리면 타이어 접지면의 일부가 물결 모양으로 주름 잡히는 현상(방지 요령 : 타이어의 공기압을 적정 수준보다 10~20% 정도 높게 유지)

29 원심력 ➡ 차가 커브를 돌 때 주행하던 차로나 도로를 벗어나려는 힘을 말하고, 원심력은 속도의 제곱에 비례하여 커짐

30 전조등 스위치 1단계에서 켜지는 등화 ➡ 차폭등, 미등, 번호판등, 계기판등

31 전조등 스위치 2단계에서 켜지는 등화 ➡ 차폭등, 미등, 번호판등, 계기판등, 전조등

32 보복 운전 ➡ 운전 중 의도적으로 특정인을 위협하는 행위

33 난폭 운전 ➡ 불 특정인에게 불쾌감 또는 위협을 주는 운전 행위

34 주행 중인 자동차의 배출 가스가 완전 연소될 때의 색 ➡ 무색 또는 약간 엷은 청색

23

35 자동차 엔진 안에서 다량의 엔진 오일이 실린더 위로 올라와 연소될 때의 색 ➡ 백색

36 자동차 엔진에 농후한 혼합 가스가 들어가 불완전하게 연소될 때의 색 ➡ 검은색

37 자동차의 공기 청정기가 막혔을 때의 배기가스 색은 ➡ 흑색

38 자동차 브레이크가 편제동 되는 원인 ➡ ① 타이어의 편마모, ② 좌·우 타이어 공기압의 불균형, ③ 좌·우 라이닝의 간극의 불균형

39 트램핑 현상 ➡ 자동차 바퀴가 정적 불평형일 때 일어나는 현상

40 시미 현상 ➡ 자동차 바퀴가 동적 불평형일 때 일어나는 현상

41 축간 거리(wheel base) ➡ 자동차의 앞·뒤 차축의 중심 간의 수평거리

42 윤거(Tread) ➡ 좌·우 타이어의 접지면 중심 간의 거리

43 적하대 옵셋(Rear body offset) ➡ 뒤 차축의 중심과 적하대 바닥면의 중심과의 수평 거리

44 전고(Overall height) ➡ 접지면에서 자동차의 최고부까지의 높이

45 자동차가 주행 중 클러치가 미끄러지는 원인 ➡ ① 클러치 디스크의 심한 마멸, ② 플라이휠 및 압력판의 손상, ③ 자유 간극이 없는 클러치 페달, ④ 클러치 디스크 라이닝의 경화 및 오일이 묻어 있을 때, ⑤ 클러치 스프링의 약한 장력, ⑥ 빈번한 반 클러치 사용

46 수동 변속기 차량에서 클러치의 구비 조건 ➡ ① 회전 관성이 작아야 함, ② 동력 전달이 확실하고 신속해야 함, ③ 회전 부분의 평형이 좋아야 함, ④ 방열이 잘 되어 과열되지 않아야 함

47 자동 변속기의 특징은 ➡ ① 조작 미숙으로 인한 시동 꺼짐이 없음, ② 차를 밀거나 끌어서 시동을 걸 수 없음, ③ 기어 변속이 자동으로 이루어져 운전이 편리함, ④ 연료 소비율이 약 10% 정도 많음

48 현가장치 기능 ➡ ① 주행 중 노면으로부터 발생하는 진동이나 충격을 완화시켜 차체나 각 장치에 직접 전달하는 것을 방지, ② 차축과 차량의 차체 사이에 위치하여 차량의 무게를 지지해 줌

49 현가장치 관련 사항(자동차의 진동) ➡ ① 바운싱 : 상·하 진동, ② 롤링 : 좌·우 진동, ③ 요잉 : 차체 후부 진동, ④ 피칭 : 앞·뒤 진동

50 **노즈 업(Nose up)** ◐ 자동차가 출발할 때 구동 바퀴는 이동하려 하지만 차체는 정지하고 있기 때문에 앞 범퍼 부분이 들리는 현상(스쿼트(Squat) 현상)
※ 노즈 다운(다이브 현상) – 앞 범퍼가 내려가는 현상

51 **내륜 차** ◐ 앞바퀴 안쪽과 뒷바퀴 안쪽과의 차이(이와 반대로 외륜 차는 바깥쪽과의 차이) : 대형차 일수록 내륜 차와 외륜 차가 크다.

52 **수막현상(Hydroplaning)** ◐ 회전하는 타이어와 노면 사이에 얇은 수막이 생기면서 차가 물 위에 미세하게 뜨는 현상(방지 방법 : ① 타이어 공기압을 적정수준보다 조금 높게 유지, ② 마모된 타이어 사용 자제, ③ 배수 효과가 좋은 타이어 사용)

53 **스탠딩 웨이브 현상(Standing Wave)** ◐ 타이어의 공기압이 부족한 상태에서 고속으로 주행할 경우 타이어 내에서 공기가 특정 부위로 쏠리게 되고, 이로 인해 타이어가 물결 모양으로 요동치면서 타이어가 파손 되는 현상(방지 방법 : 타이어의 공기압을 적정 수준보다 10~20% 높이는 것을 권장)

54 **버스나 화물 자동차에 많이 사용되는 스프링** ◐ 판스프링

55 **쇼크 업소버** ◐ 현가장치 중 하나로서 스프링 진동을 감압시켜 진폭을 줄이는 기능을 갖고 있고, 노면에서 발생한 스프링의 진동을 재빨리 흡수하여 승차감을 향상시키고 동시에 스프링의 피로를 줄이는 기능과 스프링의 상·하 운동 에너지를 열에너지로 변환시켜 주는 장치

56 **스태빌라이저** ◐ 자동차가 고속으로 선회할 때 차체가 기울어지는 것을 감소 또는 방지

57 **전자 제어 현가장치의 역할** ◐ ① 노면 상태에 따라 차량의 높이 조절(차고 조절), ② 급제동 시 노즈 다운(nose down) 방지, ③ 노면 상태에 따라 승차감 조절, ④ 급커브 또는 급회전 시 원심력에 의한 차량이 기울어지는 현상 방지(조향 휠의 감도 선택)

58 **조향 장치의 요건** ◐ ① 조작이 쉽고, 방향 전환이 원활하게 이루어져야 함, ② 조향 조작이 주행 중의 충격을 적게 받아야 함, ③ 조향 핸들의 회전과 바퀴 선회 차이가 크지 않아야 함, ④ 진행 방향을 바꿀 때 섀시 및 바디 각 부에 무리한 힘이 작용하지 않아야 함, ⑤ 회전 반경은 작고, 수명은 길고 정비하기 쉬워야 하며, 고속 주행에서도 조향 조작이 안정적이어야 함.

59 조향 핸들이 무거운 원인 ◐ ① 타이어 마멸의 과다, ② 타이어 공기압의 과다, ③ 조향 기어 톱니바퀴의 마모, ④ 조향 기어 박스 내의 오일 부족, ⑤ 앞바퀴의 정렬 상태 불량

60 조향 핸들이 한 쪽으로 쏠리는 원인 ◐ ① 타이어 공기압의 불균형, ② 앞바퀴의 정렬 상태 불량, ③ 쇼크 업소버의 작동 상태 불량, ④ 허브 베어링 마멸의 과다

61 휠 얼라인먼트의 요소 ◐ ① 캠버, ② 캐스터, ③ 토인, ④ 조향축(킹 핀) 경사각

62 휠 얼라인먼트가 필요한 시기 ◐ ① 타이어의 편 마모가 발생한 경우, ② 타이어를 교환한 경우, ③ 핸들의 중심이 어긋난 경우, ④ 자동차에서 롤링(좌 · 우 진동)이 발생한 경우, ⑤ 자동차가 한 쪽으로 쏠림 현상이 발생한 경우, ⑥ 핸들이나 자동차의 떨림이 발생한 경우, ⑦ 자동차 하체가 충격을 받았거나 사고가 발생한 경우

63 캠버 ◐ 앞바퀴를 보았을 때 바퀴의 중심선에 대하여 수직선이 이루는 각도

64 캐스터 ◐ 앞바퀴를 옆에서 보았을 때 차축에 설치하는 킹 핀 조향축의 위쪽이 뒤쪽으로 기울어져 설치되어 있는 상태

65 토인 ◐ 앞바퀴를 위에서 보았을 때 앞쪽의 좌우 타이어 중심 간의 거리가 뒤쪽의 좌우 타이어 중심 간의 거리보다 좁게 되어 있는 형태

66 조향축(킹 핀) 경사각의 의미와 역할 ◐ ① 킹 핀 경사각 : 앞바퀴를 차축에 설치하는 킹 핀의 중심선과 수직선이 이루는 각도, ② 역할 : 캠버와 함께 조향 핸들의 조작을 가볍게 하고, 주행 또는 제동시의 충격을 감소시켜 주며, 조향 휠의 복원성(직진성)을 증대시켜 주고, 앞바퀴의 시미 현상(바퀴가 좌 · 우로 흔들리는 현상)을 방지

67 유압식 브레이크에 이용되는 원리 ◐ 파스칼의 원리

68 전자 제어 제동장치(ABS)의 적용 목적 ◐ ① 휠 잠김(lock) 방지, ② 차량의 스핀 방지, ③ 차량의 조종성 확보, ④ 차량의 방향성 확보

69 전자 제어 제동 장치(ABS)의 특징 ◐ ① 앞바퀴의 고착에 의한 조향 능력 상실을 방지, ② 자동차의 방향 안정성과 조종 성능 확보, ③ 노면이 비에 젖더라도 우수한 제동 효과를 부여, ④ 바퀴에 미끄러짐 없는 제동 효과를 부여

70 자동차의 정기 검사 기간 ◐ 해당 자동차의 검사 유효 기간 만료일 전후 31일 이내

71 임시 검사 ● 자동차 관리법에 따른 명령이나 자동차 소유자의 신청을 받아 비정기적으로 실시하는 검사

72 차령이 4년 초과인 비사업용 자동차의 검사 유효 기간 ● 2년(2년 초과인 사업용 승용 자동차 : 1년)

73 경형·소형의 승합 및 화물 자동차이고, 차령이 3년 초과인 자동차의 검사 유효 기간 ● 1년(차령이 2년 초과인 사업용 자동차 : 1년)

74 사업용 대형 화물 자동차이고, 차령이 2년 초과인 자동차의 검사 유효 기간 ● 6개월

75 사업용 대형 승합자동차이고, 차령이 2년 초과인 자동차의 검사 유효 기간 ● 차령 8년 까지는 1년, 이후부터는 6개월

76 중형 승합자동차(비사업용 : 차령 3년 초과인 자동차, 사업용 : 차령 2년 초과인 자동차)의 검사 유효 기간 ● 차령 8년 까지는 1년, 이후부터는 6개월

77 자동차 정기 검사를 받아야 하는 기간 만료일부터 30일 이내인 경우의 과태료 ● 4만 원

78 자동차 정기 검사를 받아야 하는 기간 만료일부터 30일 초과 114일 이내인 경우의 과태료 ● 4만 원에 31일째부터 계산하여 3일 초과 시 마다 2만 원을 더한 금액

79 자동차 정기 검사를 받아야 하는 기간 만료일부터 115일 이상인 경우의 과태료 ● 60만 원(최고 한도액)

80 자동차 정기 검사 시 실시하는 택시미터 검정의 종류는 ● 사용 검정

81 신규 자동차를 구입 후 임시 번호판을 부착할 수 있는 유효 기간은 ● 10일

82 운행 기록 장치를 장착하여야 하는 자가 운행 기록 장치에 기록된 운행 기록을 보관해야 하는 기간 ● 6개월

83 사업용 승용 자동차를 의무 보험에 가입하지 않고 운행한 경우 적발 시 부과되는 범칙금의 최고 한도액 ● 100만 원

84 사업용 자동차가 책임 보험 미가입 시 자동차 1대당 부과되는 최고 한도 과태료 금액 ● 100만 원

85 자동차 안전 기준에서 자동차 경적 소리의 최소 소리 크기 ◐ 90dB

86 자동차 안전 운전을 하는데 있어서 필수적인 과정 순서 ◐ 확인 → 예측 → 판단 → 실행

87 자동차 안전 운전 중 확인의 의미 ◐ 주변의 모든 것을 빠르게 한눈에 파악하는 것

88 자동차 운전중전 중 예측의 의미 ◐ 운전 중에 확인한 정보를 모으고, 사고가 발생할 수 있는 지점을 판단하는 것

89 자동차 안전 운전 중 실행의 의미 ◐ 결정된 행동을 실행에 옮기는 단계에서 중요한 것은 요구되는 시간 안에 필요한 조작을 가능한 부드럽고 신속하게 해내는 것

90 도로 교통의 3대 요소 ◐ ① 도로 환경, ② 자동차, ③ 사람

91 야간에 차량 운행 시 운전자가 구별할 수 없는 보행자의 의상 색깔 ◐ 검정색 옷

92 택시 운전자가 고속 도로 주행 시 자동차에 반드시 비치해 두어야하는 것 ◐ 고장 자동차 표지(삼각대)

93 자동차 안전 운전의 5가지 기본 기술 ◐ ① 전체적으로 살펴보기, ② 운전 중에 전방 멀리 보기, ③ 눈을 계속해서 움직이기, ④ 다른 사람들이 자신을 볼 수 있게 하, ④ 차가 빠져나갈 공간 확보하기

94 방어 운전이라는 용어를 최초로 사용한 나라는 ◐ 미국(미국의 전미 안전 협회(NSC) 운전자 개선 프로그램에서 비롯됨)

95 철길 건널목에서 방어 운전 요령 ◐ ① 일시 정지 후에는 철도 좌·우의 안전 확인, ② 철도 건널목 통과 시에는 기어 변속 금지, ③ 철도 건널목에 접근할 때 속도를 줄여 접근, ④ 건널목의 건너편 여유 공간을 확인한 후 통과

96 앞지르기를 해서는 안 되는 경우 ◐ ① 앞차의 좌측에 다른 차가 나란히 가고 있을 때, ② 뒤차가 자신의 차를 앞지르고 있을 때, ③ 마주 오는 차의 진행을 방해하게 될 염려가 있을 때, ④ 앞차가 경찰 공무원 등의 지시에 따르거나 위험 방지를 위하여 정지 또는 서행하고 있을 때, ⑤ 앞차가 좌측으로 진로를 바꾸려고 하거나 다른 차를 앞지르려고 할 때, ⑥ 어린이 통학 버스가 어린이 또는 유아를 태우고 있다는 표시를 하고 도로를 통행할 때

97 도로의 유효 폭 이외에 도로변의 노면 폭에 여유를 두기 위하여 넓힌 부분의 명칭의 용어는 ◐ 길 어깨

98 고속 도로에서의 안전 운전 방법 ◐ 확인, 예측, 판단 과정을 이용하여 12초 ~ 15초 전방 안에 있는 위험 상황을 확인

99 터널 내 운행 시 안전 수칙 ◐ ① 터널 진입 시 라디오 켜기, ② 안전거리 유지, ③ 차선 변경 자제, ④ 선글라스를 벗고 라이트 켜기

100 야간에 운전할 때의 안전 운전 요령 ◐ 밤에 앞차의 바로 뒤를 따라가는 경우 전조등 불빛의 방향을 아래로 향하게 하고 운전

101 보행자와 자동차의 통행이 빈번한 도로에서 야간 운전 시 요령 ◐ 항상 전조등의 방향이 아래로 향하게 하고 운전

102 시야 확보가 어려운 교차로에서 야간 운전 시 요령 ◐ 교차로에 진입하는 경우 전조등으로 자신의 차가 진입 중임을 표시

103 야간 운전 중 자동차가 서로 마주보고 진행할 시 운전 요령 ◐ ① 대향차의 전조등을 직접 바라보지 않기, ② 앞차의 미등만 보고 주행하지 않기, ③ 전조등이 비추는 범위의 앞쪽까지 살피기

104 안개가 짙은 길 또는 폭우로 인해 가시거리가 100m 이내인 경우 안전 운전 요령 ◐ 최고 속도의 50%정도를 줄인 속도로 전조등, 안개등, 및 비상 점멸 표시등을 켜고 운행

105 경제 운전의 기본적인 방법 ◐ ① 급제동 및 급가속 자제, ② 불필요한 공회전 자제, ③ 일정한 차량 속도(정속 주행)를 유지, ④ 급한 운전 자제

106 관성 주행 ◐ 운전자가 가급적 액셀러레이터를 적게 밟으면서 기존에 달리던 자동차의 힘을 이용한 주행

107 관성 운전 ◐ 주행 중 내리막이나 신호등을 앞에 두고 가속 페달에서 발을 떼면 특정 속도로 떨어질 때까지 연료 공급이 차단되고 관성력에 의해 주행하게 되는 운전 현상

108 경사로에 주차하는 방법 ◐ 바퀴는 벽이나 도로 턱의 방향으로 돌려서 주차

109 편도 1차로 도로 등에서 앞지르기하고자 할 때 방법 ◐ ① 앞지르기가 허용된 구간에서만 시행, ② 앞차가 다른 자동차를 앞지르고자 할 때는 앞지르기를 시도 금지, ③ 교차로, 터널 안, 다리 위, 도로의 구부러진 곳, 오르막길의 정상 부근, 급한 내리막길에서는 앞지르기 금지

110 여름철 빗길 미끄러짐 등의 예방을 위하여 유지해야 하는 최저 트레드 홈 깊이 **○** 1.6mm 이상

111 심한 일교차로 인하여 안개가 가장 많이 발생하는 계절 **○** 가을

112 겨울철 타이어에 체인을 장착한 경우 주행해야 하는 속도 **○** 30km/h 이내

113 겨울철 주행 중 차체가 미끄러질 때 핸들을 틀어주는 방향 **○** 핸들을 미끄러지는 방향으로 틀어 스핀(Spin)을 방지

114 겨울철 미끄러운 도로에서 출발할 때의 안전 운전 요령 **○** 미끄러운 길에서는 기어를 2단에 넣고 출발하여 구동력을 완화시키고 바퀴가 헛도는 것을 방지

제3편 운송서비스

01 서비스의 정의 **○** 한 당사자가 다른 당사자에게 소유권의 변동 없이 제공해 줄 수 있는 무형의 행위 또는 활동

02 서비스 **○** 승객의 이익을 도모하기 위해 행동하는 정신적·육체적 노동

03 올바른 서비스 제공을 위한 5요소 **○** ① 단정한 용모 및 복장, ② 밝은 표정, ③ 공손한 인사, ④ 친근한 말, ⑤ 따뜻한 응대

04 서비스의 특징 **○** ① 무형성, ② 동시성, ③ 인적 의존성, ④ 소멸성, ⑤ 무소유권, ⑥ 변동성, ⑦ 다양성

05 서비스의 특징 중 무형성 **○** 보이지 않음

06 서비스의 특징 중 동시성 **○** 생산과 소비가 동시에 발생하므로 재고가 발생하지 않음

07 서비스의 특징 중 인적 의존성 **○** 사람에 의존

08 서비스의 특징 중 소멸성 **○** 즉시 사라짐

09 서비스의 특징 중 무소유권 **○** 가질 수 없음

10 서비스의 특징 중 변동성 **○** 시간, 요일 및 계절별로 변동성을 가질 수 있음

11 서비스의 특징 중 다양성 **○** 승객 욕구의 다양함과 감정의 변화, 서비스 제공자에 따라 상대적이며, 승객의 평가 역시 주관적이어서 일관되고 표준화된 서비스 질을 유지하기 어려움

12 승객 만족의 개념 및 중요성 ➡ ① 정의 : 승객이 무엇을 원하고 있으며, 무엇이 불만인지 알아내어 승객의 기대에 부응하는 양질의 서비스를 제공함으로서 승객으로 하여금 만족감을 느끼게 하는 것, ② 주체 : 실제로 승객을 상대하고 승객을 만족시켜야 할 사람은 승객과 직접 접촉하는 운전자, ③ 중요성 : 100명의 운수 종사자 중 99명의 운수 종사자가 바람직한 서비스를 제공한다 하더라도 승객이 접해본 단 한 명이 불만족스러웠다면 승객은 그 한명을 통하여 회사 전체를 평가하게 됨

13 한 업체에 대해 고객이 거래를 중단하는 가장 큰 이유 ➡ 최일선 종사자의 불친절
※ 통계 결과 : 일선 종사자의 불친절 : 68%, 제품에 대한 불만 : 14%, 경쟁사의 회유 : 9%, 가격 또는 기타 : 9%

14 일반적인 승객의 욕구는 ➡ ① 기억되고 환영받고 싶어 함, ② 관심을 받고 존경받고 싶어 함, ③ 중요한 사람으로 인식되고 싶어 함, ④ 기대와 욕구를 수용하고 인정받고 싶어 함

15 승객 만족을 위한 기본 예절 ➡ ① 승객 기억하기, ② 예의란 인간관계에서 지켜야 할 도리, ③ 승객의 입장을 이해하고 존중, ④ 승객의 여건 · 능력 · 개인차를 인정하고 배려, ⑤ 모든 인간관계는 성실을 바탕으로 함, ⑥ 항상 변함없는 진실한 마음으로 승객을 대면

16 승객을 위한 이미지(인상) ➡ 개인의 사고방식이나 생김새, 성격, 태도 등에 대해 상대방이 받아들이는 느낌(개인의 이미지는 상대방이 보고 느낀 것에 의해 결정됨)

17 긍정적인 인상(이미지)의 3요소 ➡ ① 시선 처리(눈빛), ② 음성 관리(목소리), ③ 표정 관리(미소)

18 인사의 개념 ➡ ① 서비스의 첫 동작이자 마지막 동작, ② 서로 만나거나 헤어질 때 말이나 태도 등으로 존경, 사랑, 우정을 표현하는 행동 양식, ③ 상대의 인격을 존중하고 배려하여 경의를 표시하는 수단, ④ 마음, 행동, 말씨가 일치되어 공경의 뜻을 전달하는 방법, ⑤ 상사에게는 존경심, 동료에게는 우애와 친밀감을 표현할 수 있는 수단

19 인사의 중요성 ➡ ① 승객과 만나는 첫걸음, ② 서비스의 주요 기법 중 하나, ③ 애사심, 존경심, 우애, 자신의 교양 및 인격의 표현, ④ 평범하고도 대단히 쉬운 행동이지만 생활화되지 않으면 실천에 옮기기 어려움, ⑤ 승객에 대한 마음가짐의 표현이고 주요기법 중의 하나

20 **올바른 인사** ◐ ① 표정 : 밝고 부드러운 미소 짓기, ② 고개 : 반듯하게 들되 턱을 내밀지 않고 자연스럽게 당기기, ③ 시선 : 상대방의 눈을 정면으로 바라보고, 진심으로 존중하는 마음을 눈에 담아 인사하기, ④ 머리와 상체 : 일직선이 되도록 하며 천천히 숙이기, ⑤ 입 : 미소 짓기, ⑥ 손 : 남자는 가볍게 쥔 주먹을 바지 제봉 선에 자연스럽게 붙이고, 주머니에 손을 넣고 인사하는 것은 금지, ⑦ 발 : 뒤꿈치를 붙이되, 양발의 각도는 여자의 경우 15°, 남자의 경우 30° 정도를 유지, ⑧ 음성 : 적당한 크기와 속도로 자연스럽게 말하기, ⑨ 인사 : 본 사람이 먼저 하는 것이 좋으며, 상대방이 먼저 인사한 경우에는 응대

21 **정중한 인사(정중례)의 인사** ◐ ① 인사 각도 : 45°, ② 인사의 의미 : 정중한 인사를 표현

22 **정중한 인사(보통례)의 인사** ◐ ① 인사 각도 : 30°, ② 인사의 의미 : 승객 앞에 섰을 때 하는 인사

23 **정중한 인사(가벼운 예의 표현)의** ◐ ① 인사 각도 : 15°, ② 인사의 의미 : 기본적인 예의 표현

24 **표정** ◐ 마음속의 감정이나 정서 따위의 심리 상태가 얼굴에 나타난 모습을 말하며, 매우 주관적이고 매 순간 변할 수 있으며 다양함

25 **표정의 중요성** ◐ ① 상대방에 대한 호감도를 나타냄, ② 업무 효과를 높임, ③ 표정은 첫 인상을 좋게 만듦, ④ 밝은 표정과 미소는 신체와 정신 건강을 향상시킴

26 **호감 받는 표정 관리에 따른 시선 처리** ◐ ① 눈동자는 항상 중앙에 위치시키기, ② 가급적 승객의 눈높이와 맞추기, ③ 자연스럽고 부드러운 시선으로 상대를 응시

27 **좋은 표정 만드는 방법** ◐ ① 밝고 상쾌한 표정을 짓기, ② 얼굴 전체가 웃는 표정을 짓기, ③ 입은 가볍게 다물고 입의 양 꼬리를 올리기, ④ 돌아서면서 표정이 굳어지지 않도록 주의

28 **잘못된 표정** ◐ ① 상대의 눈을 보지 않는 표정, ② 무관심하고 의욕이 없는 무표정, ③ 입을 일자로 굳게 다문 표정, ④ 갑자기 표정이 자주 변하는 얼굴, ⑤ 얼굴을 찡그리거나 코웃음을 치는 것 같은 표정

29 **승객 응대 마음가짐** ◐ ① 사명감을 갖기, ② 원만하게 대하기, ③ 승객이 호감을 갖도록 노력하기, ④ 투철한 서비스 정신을 지니기, ⑤ 자신감을 갖고 행동하기, ⑥ 부단히 반성하고 개선하기

30 **택시 운전자의 승객을 위한 서비스 ○** ① 밝고 부드러운 미소 짓기, ② 공손하게 말하기, ③ 승객이 호감을 갖도록 노력하기, ④ 밝은 표정을 짓기, ⑤ 친절하게 대하기, ⑥ 투철한 서비스 정신을 갖기

31 **택시 운전 종사자의 복장 기본 원칙 ○** ① 깨끗함, ② 단정함, ③ 품위 있음, ④ 규정에 맞음, ⑤ 통일감 있음, ⑥ 계절에 맞음, ⑦ 편한 신발을 신되, 샌들이나 슬리퍼는 금물

32 **택시 운전자의 용모 및 복장의 중요성 ○** ① 승객이 받는 첫인상을 결정, ② 회사의 이미지를 좌우하는 요인을 제공, ③ 하는 일의 성과에 영향, ④ 활기찬 직장 분위기 조성에 영향

33 **택시 운전자 근무복에 대한 공 · 사적인 입장 ○** ① 공적인 입장(운수회사 입장) – ㉠ 시각적인 안정감과 편안함을 승객에게 전달 가능, ㉡ 종사자의 소속감 및 애사심 등 심리적인 효과를 유발, ㉢ 효율적이고 능동적인 업무 처리에 도움을 줌 ② 사적인 입장(종사자 입장) : ㉠ 사복에 대한 경제적 부담을 완화, ㉡ 승객에게 신뢰감 부여

34 **택시 운전 종사자에게 좋은 옷차림의 의미 ○** 단순히 좋은 옷을 멋지게 입는다는 뜻이 아니라, 운전자가 때와 장소는 물론, 자신의 생활에 맞추어 옷을 "올바르게" 입는다는 의미

35 **대화의 의미 ○** 정보 전달, 의사소통, 정보 교환, 감정이입의 의미로 의견, 정보, 지식, 가치관, 기호, 감정 등을 전달하거나 교환함으로써 상대방의 행동을 변화시키는 과정

36 **대화의 4원칙 ○** ① 밝고 적극적으로 말하기, ② 공손하게 말하기, ③ 명료하게 말하기, ④ 품위 있게 말하기

37 **존경어의 의미 ○** 사람이나 사물을 높여 말해 직접적으로 상대에 대한 경의를 나타내는 말

38 **겸양어의 의미 ○** 자신의 동작이나 자신과 관련된 것을 낮추어 말해 간접적으로 상대를 높이는 말

39 **정중어의 의미 ○** 자신의 상대와 관계없이 말하고자 하는 것을 정중히 말해 상대에 대해 경의를 나타내는 말

40 대화를 할 때 듣는 입장에서의 주의 사항 ◐ ① 침묵으로 일관하는 등 무관심한 태도를 취하지 않기, ② 불가피한 경우를 제외하고 가급적 논쟁은 피하기, ③ 상대방의 말을 중간에 끊거나 말참견을 하지 않기, ④ 다른 곳을 바라보면서 말을 듣거나 말하지 않기

41 대화를 할 때 말하는 입장에서의 주의 사항 ◐ ① 전문적인 용어나 외래어를 남용하지 않기, ② 손아랫사람이라 할지라도 농담은 조심스럽게 하기, ③ 상대방의 약점을 잡아 말하는 것은 피하기, ④ 일부를 보고 전체를 속단하여 말하지 않기, ⑤ 자기 이야기만 일방적으로 말하는 행위는 조심하기

42 담배꽁초를 처리하는 경우 주의 사항 ◐ ① 담배꽁초는 반드시 재떨이에 버리기, ② 차창 밖으로 버리지 않기, ③ 꽁초를 손가락으로 튕겨 버리지 않기, ④ 꽁초를 바닥에 버리지 않으며 발로 비벼 끄지 않기, ⑤ 화장실 변기에 바리지 않기

43 직업의 개념 ◐ 경제적 소득을 얻거나 사회적 가치를 이루기 위해 참여하는 계속적인 활동으로 삶의 한 과정

44 직업의 의미 ◐ ① 경제적 의미, ② 사회적 의미, ③ 심리적 의미

45 직업의 의미 중 경제적 의미 ◐ ① 직업은 인간 개개인에게 일할 기회를 제공, ② 직업을 통해 안정 된 삶을 영위해 나갈 수 있어 중요한 의미를 지님, ③ 인간이 직업을 구하려는 동기 중의 하나는 노동의 대가, 즉, 임금을 얻는다는 소득 측면이 있음, ④ 일의 대가로 임금을 받아 본인과 가족의 경제생활을 영위

46 직업의 의미 중 심리적 의미 ◐ ① 인간은 직업을 통해 자신의 이상을 실현, ② 인간의 잠재적 능력, 타고난 소질과 적성 등의 직업을 통해 계발되고 발전, ③ 직업은 인간 개개인의 자아실현의 매개인 동시에 장이 됨, ④ 자신이 갖고 있는 제반 욕구를 충족하고 자신의 이상이나 자아를 직업을 통해 실현함으로써 인격의 완성을 기함

47 직업의 의미 중 사회적 의미 ◐ 현대 사회의 조직적이고 유기적인 분업 관계 속에서 분담된 기능의 어느 하나를 맡아 사회적 분업 단위의 지분을 수행함

48 직업관 ◐ 특정한 개인이나 사회의 구성원들이 직업에 대해 갖고 있는 태도나 가치관

49 직업관의 3가지 측면 ◐ ① 생계유지의 수단, ② 개성 발휘의 장, ③ 사회적 역할의 실현

50 **바람직한 직업관** ▶ ① 소명의식을 지닌 직업관, ② 사회 구성원으로서의 역할 지향적 직업관, ③ 미래 지향적 전문 능력 중심의 직업관

51 **잘못된 직업관** ▶ ① 생계유지 수단적 직업관, ② 지위 지향적 직업관, ③ 귀속적 직업관, ④ 차별적 직업관, ⑤ 폐쇄적 직업관

52 **올바른 직업윤리** ▶ ① 소명의식, ② 천직 의식, ③ 직분 의식, ④ 봉사 정신, ⑤ 전문 의식, ⑥ 책임 의식

53 **소명 의식** ▶ 직업에 종사하는 사람이 어떠한 일을 하든지 자신이 하는 일에 전력을 다하는 것이 하늘의 뜻에 따르는 것이라고 생각하는 것

54 **천직 의식** ▶ 자신이 하는 일보다 다른 사람의 직업이 수입도 많고 지위가 높더라도 자신의 직업에 긍지를 느끼며, 그 일에 열성을 기지고 성실히 임하는 것

55 **직업의 가치** ▶ ① 내재적 가치, ② 외재적 가치

56 **내재적 가치** ▶ ① 자신에게 있어서 직업 그 자체에 가치를 둠, ② 자신의 능력을 최대한 발휘하길 원하며, 그로 인한 사회적인 헌신과 인간관계를 중시, ③ 자기표현이 충분히 되어야 하고, 자신의 이상을 실현하는데 그 목적과 의미를 두는 것에 초점을 맞추려는 경향을 지님

57 **외재적 가치** ▶ ① 자신에 있어서 직업을 도구적인 면에 가치를 둠, ② 삶을 유지하기 위한 경제적인 도구나 권력을 추구하고자 하는 수단을 중시하는데 의미를 둠, ③ 직업이 주는 사회 인식에 초점을 맞추려는 경향을 지님

58 **운송 사업자의 준수 사항** ▶ ① 운수 종사자는 정비가 불량한 사업용 자동차 운행 자제, ② 차량 운행 전에 운수 종사자의 건강 상태, 음주 여부 및 운행 경로 숙지 여부 등을 확인, ③ 운수 종사자를 위한 휴게실 또는 대기실에 난방 장치, 냉방 장치 및 음수대 등 편의 시설을 설치, ④ 운송 사업자는 자동차를 깨끗하게 유지, ⑤ 대형(승합자동차를 사용하는 경우는 제외) 및 모범형 택시 운송 사업용 자동차에는 요금 영수증 발급과 신용 카드 결제가 가능하도록 관련 기기를 설치

59 **택시 운송 사업용 자동차 윗부분에 택시 운송 사업용 자동차임을 표시하는 설비를 설치하지 않아도 되는 자동차** ▶ 대형(승합자동차를 사용하는 경우로 한정) 및 고급형 택시 운송 사업용 자동차

60 택시 운송 사업자(대형 및 고급형 택시 운송 사업자는 제외)가 차량의 입·출고 내역, 영업 거리 및 시간 등 택시 미터기에서 생성되는 택시 운송 사업용 자동차의 운행 정보를 보존하는 기간 **○** 1년

61 택시 운송 사업자가 택시 안에 게시할 사항 **○** ① 자동차 번호, ② 운전자 성명, ③ 차고지

62 택시 운수 종사자의 준수 사항 **○** ① 자동차의 운행 중 중대한 고장을 발견하거나 사고가 발생할 우려가 있다고 인정될 때에는 즉시 운행을 중지하거나 적절히 조치, ② 운전 업무 중 해당 도로에 이상이 있었던 경우에는 운전 업무를 마치고 교대 할 때에 다음 운전자에게 공지, ③ 관계 공무원으로부터 운전면허증, 신분증 또는 자격증의 제시 요구를 받으면 즉시 이에 응대, ④ 여객 자동차 운송 사업에 사용되는 자동차 안에서는 흡연 금지, ⑤ 문을 완전히 닫지 아니한 상태에서 자동차를 출발시키거나 운행시키는 것을 금지, ⑥ 택시 요금 미터를 임의로 조작 또는 훼손하는 행위 금지, ⑦ 운수종사자는 차량의 출발 전에 여객이 좌석 안전띠를 착용하도록 안내

63 차로 변경 시 방향 지시등을 작동시킬 때 반드시 거쳐야 하는 순서 **○** 예고 → 확인 → 행동

64 택시 운전자가 가져야 할 자세는 **○** ① 추측 운전 금지, ② 운전 기술 과신 금지, ③ 심신 상태 안정, ④ 여유 있는 양보 운전, ⑤ 교통 법규 이해와 준수, ⑦ 환경 오염을 줄이기 위해 노력

65 운전자가 삼가야 하는 행동 **○** ① 갓길 통행, ② 과속으로 운행하며 급브레이크를 밟는 행위, ③ 운행 중에 갑자기 끼어들거나 다른 운전자에게 욕설 뱉기, ④ 지그재그 운전으로 다른 운전자를 불안하게 만드는 행동, ⑤ 교통 경찰관의 단속에 불응하거나 항의하는 행위, ⑥ 신호등이 바뀌기 전에 빨리 출발하라고 전조등을 깜빡이거나 경음기로 재촉하는 행위, ⑦ 운행 중에 갑자기 오디오 볼륨을 크게 작동시켜 승객을 놀라게 하거나, 경음기 버튼을 작동 시켜 다른 운전자를 놀라게 하는 행위, ⑧ 도로상에서 사고가 발생한 경우 차량을 세워 둔 채로 시비, 다툼 등의 행위로 다른 차량의 통행을 방해하는 행위

66 운전자의 사명 **○** ① 타인의 생명도 내 생명처럼 존중, ② 사업용 운전자는 '공인'이라는 사명감이 필요

67 **운전자의 인성** ◐ 운전자는 각 개인이 가지는 사고(思考), 태도(態度) 및 행동 특성(行動特性)인 인성(人性)의 영향을 받음

68 **운전자 습관의 중요성** ◐ ① 습관은 후천적으로 형성되는 조건 반사 현상으로 무의식 중 반복적으로 자신도 모르게 나타남, ② 습관은 본능에 가까운 강력한 힘을 발휘하게 되어 나쁜 습관이 몸에 배면 고치기 어려우며, 잘못된 습관은 교통사고로 이어질 가능성이 있음

69 **올바른 운전 습관** ◐ 다른 사람들에게 자신의 인격을 표현하는 방법 중의 하나

70 **운전 예절의 중요성** ◐ ① 사람은 일상생활의 대인 관계에서 예의범절을 중시함, ② 삶의 됨됨이를 그 사람이 얼마나 예의 바른가에 따라 가늠하는 경우도 있음, ③ 예의 바른 운전 습관은 명랑한 교통질서를 유지하고, 교통사고를 예방할 뿐만 아니라 교통 문화 선진화의 지름길이 될 수 있음

71 **교통사고 조사 규칙에 따른 대형사고** ◐ ① 3명 이상이 사망(사고 발생일로부터 30일 이내 사망한 것), ② 20명 이상의 사상자가 발생한 사고

72 **여객 자동차 운수 사업법에 따른 중대한 교통사고** ◐ ① 전복(顚覆)사고, ② 화재가 발생한 사고, ③ 사망자가 2명 이상 발생한 사고, ④ 사망자 1명과 중상자 3명 이상이 발생한 사고, ⑤ 중상자 6명 이상이 발생한 사고

73 **충돌사고** ◐ 차가 반대 방향 또는 측방에서 진입하여 그 차의 정면으로 다른 차의 정면 또는 측면을 충격한 것

74 **추돌사고** ◐ 2대 이상의 차가 동일 방향으로 주행 중 뒤차가 앞차의 후면을 충격한 것

75 **접촉사고** ◐ 차가 추월, 교행 등을 하려다가 차의 좌우측면을 서로 스친 것

76 **전복사고** ◐ 차가 주행 중 도로 또는 도로 이외의 장소에 뒤집혀 넘어진 것

77 **추락사고** ◐ 자동차가 도로의 절벽 또는 높은 곳에서 떨어진 사고

78 **전도사고** ◐ 차가 주행 중 도로 또는 도로 이외의 장소에 차체의 측면이 지면에 접하고 있는 상태(좌전도 – 좌측면이 지면에 접해 있는 상태, 우전도 – 우측면이 지면에 접해 있는 상태)

79 **자동차와 관련된 용어 중 승차 정원** ◐ 운전자를 포함한 자동차에 승차할 수 있도록 허용된 최대 인원

80 **차량 총중량의 의미** ○ 적차 상태의 자동차의 중량

81 **공차 상태의 의미** ○ 자동차에 사람이 승차하지 아니하고 물품(예비 부분품 및 공구 기타 휴대 물품을 포함)을 적재하지 아니한 상태로서 연료·냉각수 및 윤활유를 가득 채우고 예비 타이어(예비 타이어를 장착한 자동차만 해당)를 설치하여 운행할 수 있는 상태

82 **차량 중량 의미** ○ 공차 상태의 자동차 중량

83 **적재 상태 의미** ○ 공차 상태의 자동차에 승차 정원의 인원이 승차하고, 최대 적재량의 물품이 적재된 상태

84 적차 상태에서 승차 정원 1인(13세 미만의 자는 1.5인을 승차 정원 1인으로 간주)의 중량 ○ 65kg으로 계산

85 교통사고 현장에서의 원인 조사 중 '노면에 나타난 흔적 조사' ○ ① 차량 적재물의 낙하 위치 및 방향, ② 스키드 마크, 요 마크, 프린트 자국 등 타이어 자국의 위치 및 방향, ③ 차의 금속 부분이 노면에 접촉하여 생긴 파인 흔적 또는 긁힌 흔적의 위치 및 방향

86 교통사고 현장에서의 원인 조사 중 '사고 당사자 및 목격자 조사' ○ 운전자, 탑승자, 목격자에 대한 사고 상황 조사

87 **응급 처치의 정의** ○ ① 전문적인 의료 행위를 받기 전에 이루어지는 처치, ② 환자나 부상자의 보호를 통해 고통을 덜어주는 조치, ③ 즉각적이고 임시적인 적절한 조치

88 **응급 처치의 목적** ○ ① 대상자의 생명을 구하고 통증과 불편함 및 고통을 감소시킴, ② 합병증 발생을 예방하고 부가적인 상해를 방지 ③ 대상자가 한 인간으로서 의미 있는 삶을 영위할 수 있도록 도움

89 교통사고로 인한 환자 발생 시 가장 우선적으로 확인할 사항 ○ 환자의 의식 여부를 확인하고, 말을 걸거나 팔을 꼬집어 눈동자를 확인

90 의식이 없거나 구토하는 환자에 대한 응급 처치 ○ 옆으로 눕히기

91 부상자가 의식이 없을 때의 조치 ○ ① 의식이 없다면 기도를 확보, ② 부상자의 머리를 뒤로 젖힌 뒤, 입안에 있는 피나 토한 음식물 등을 긁어내 막힌 기도를 확보

92 부상자가 목뼈 손상의 가능성이 있는 경우의 조치 ❍ ① 목의 뒤쪽을 한 손으로 받치기, ② 환자의 몸을 심하게 흔드는 것은 금지

93 심폐 소생술의 순서 ❍ 의식 확인 → 호흡 확인 → 가슴 압박 → 기도 열기 및 인공호흡 → 가슴 압박 및 인공호흡 반복

94 심폐 소생술을 할 시기 ❍ 심장과 폐의 활동이 멈추어 호흡이 정지했을 경우 실시하는 응급처치

95 심폐 소생술에서의 골든타임 ❍ 4분 이내로 실시하며, 심장이 멈춘 후 1분 이내 심폐 소생술을 시행할 경우 생존율은 97%이며, 2분 이내로 실시할 경우 생존율은 90%에 달함

96 심폐 소생술 실시 요령 ❍ 성인의 가슴 압박은 양쪽 어깨 힘을 이용하여 분당 100~120회 정도의 속도로 5cm 이상 깊이로 강하고 빠르게 30회 눌러준다.

97 심폐 소생술을 실시할 때 가슴 압박 요령 ❍ ① 성인 · 소아 : 가슴 압박 30회(분당 100~120회)/ 약 5cm 이상의 깊이로 실시 ② 영아 : 가슴 압박 30회(분당 100~120회)/ 약 4cm 이상의 깊이로 실시

98 기도 개방 및 인공호흡 실시 요령 ❍ 성인 · 소아 · 영아 – 가슴이 충분히 올라올 정도로 2회(1회당 1초간) 실시

99 성인을 대상으로 심폐소생술을 시행하는 경우 가슴 압박과 인공호흡 횟수의 비율 ❍ 30 : 2

100 건강한 성인의 분당 정상적인 호흡수 ❍ 12 ~ 20회

101 출혈 시 지혈 방법 ❍ ① 지혈대 사용 압박, ② 직접 압박, ③ 간접 압박

102 가슴이나 배를 강하게 부딪쳐 내출혈이 발생하였을 때의 증상과 응급 조치 ❍ ① 증상 : 얼굴이 창백함, 핏기가 없음, 식은땀을 흘림, 호흡이 얕고 빨라지는 쇼크 증상이 발생, ② 응급조치 : ㉠ 부상자가 입고 있는 옷의 단추를 푸는 등 옷을 헐렁하게 하고 하반신을 높게 조치, ㉡ 부상자가 춥지 않도록 모포 등을 덮어주기, ㉢ 햇볕은 직접 쬐지 않도록 주의

103 골절 환자에 대한 응급 처치 방법 ❍ 골절 부위를 부목으로 고정시키고 건드리지 않도록 주의

104 **차멀미의 증상 ○** 자동차를 타면 어지럽고 속이 메스꺼우며, 토하는 증상이 나타나고, 심한 경우 갑자기 쓰러지고, 안색이 창백하며, 사지가 차가우면서 땀이 나는 허탈 증상이 나타나기도 함

105 **차멀미 승객에 대한 배려할 사항 ○** ① 통풍이 잘되고 흔들림이 적은 앞쪽으로 앉히기, ② 심한 경우에는 휴게소 내지는 안전하게 정차하여 차에서 내려 시원한 공기를 마시게 하기, ③ 차멀미 승객이 토할 경우를 대비해 위생 봉지를 준비하기, ④ 차멀미 승객이 토할 경우에는 주변 승객이 불쾌해 하지 않도록 신속히 처리하기

106 **교통사고가 발생한 경우 가장 먼저 취해야 할 행동 ○** 사망자 또는 부상자의 인명 구출 작업

107 **교통사고로 인해 부상자가 발생한 경우 가장 먼저 확인해야 할 사항 ○** 부상자의 호흡 확인

108 **교통사고 발생 시 운전자가 취할 조치 과정 순서 ○** 탈출(사고 차량으로 탈출) → 인명 구조(부상자, 노인, 어린 아이, 부녀자 등 노약자를 우선적 구조) → 후방 방어(위험한 행동 금지) → 연락(경찰 및 보험 회사 등) → 대기(위급 환자부터 긴급 후송 조치)

109 **재난 발생 시 운전자의 조치 ○** ① 신속하게 차량을 안전지대로 이동한 후 즉각 회사 및 유관 기관에 보고, ② 장시간 고립 시에는 유류, 비상 식량, 구급환자 발생 등을 즉시 신고하고, 한국 도로 공사 및 인근 유관 기관에 등에 협조를 요청, ③ 승객의 안전 조치를 우선적으로 실행

택시운전 자격증을 취득하기 전에

택시운전 자격증을 취득하여 취업에 영광이 있으시기를 기원합니다.

여러분들이 취득하려는 택시운전 자격증은 제 1종 및 2종 보통 이상의 운전면허를 소지하고 1년 이상의 운전경험이 있어야만 취득이 가능합니다. 또한 계속해서 얼마나 운전을 안전하게 운행했는지 등의 결격사항이 없어야 택시운전 자격증을 취득할 수 있습니다.

다수의 승객을 승차시키고 영업운전을 해야 하는 택시 여객자동차는 사람의 생명을 가장 소중하게 생각해야 하는 일이기 때문에 반드시 안전하고 신속하게 목적지까지 운송해야 하는 사명감이 있습니다. 따라서 택시운전 자격증을 취득하려고 하면, 법령지식, 차량지식, 운전기술 및 매너 등 그에 따른 운전전문가로서 타의 모범이 되는 운전자여야만 합니다.

이 택시운전 자격시험 문제집은 여러분들이 가장 빠른 시간내에 이 자격증을 쉽게 취득할 수 있게 시험에 출제되는 항목에 맞춰서 법규 요약 및 출제 문제를 이해하기 쉽게 요약·수록하였으며, 출제 문제에 해설을 달아 정답을 찾을 수 있게 하였습니다. 또한 택시운송사업 발전과 국민의 교통편의 증진을 위한 정책으로 「택시운송사업의 발전에 관한 법규」가 제정되면서 택시운전 자격시험에 이 분야도 모두 수록했습니다.

끝으로 이 시험에 누구나 쉽게 합격할 수 있도록 최선의 노력을 기울여 만들었으니 빠른 시일내에 자격증을 취득하여 가장 모범적인 운전자로서 친절한 서비스와 행복을 제공하는 운전자가 되어 국위선양과 함께 신나는 교통문화질서 정착에 앞장서 주시기를 바랍니다. 감사합니다.

– 대한교통안전연구회 드림 –

택시운전 자격증 시험문제
차 례

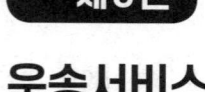

01. 자격 취득 절차

① 응시 조건/시험 일정 확인 → ② 시험 접수 → ③ 시험 응시

※합격 시 → ④ 자격증 교부, ※불합격 시 → ① 응시 조건/시험 일정 확인

02. 응시 자격안내

1) 1종 및 제2종 ('08.06.22부) 보통 운전면허 이상 소지자

2) 시험 접수일 현재 연령이 만 20세 이상인 자

3) 운전경력이 1년 이상인 자 (시험일 기준 운전면허 보유기간이며, 취소 · 정지 기간 제외)

4) 택시운전 자격 취소 처분을 받은 지 1년 이상 경과한 자

5) 여객자동차운수사업법 제 24조 제3항 및 제4항에 해당하지 않는 자

6) 운전적성정밀검사 (한국교통안전공단 시행) 적합 판정자

여객자동차운수사업법 제24조 제3항 및 제4항

③ 여객자동차운송사업의 운전자격을 취득하려는 사람이 다음 각 호의 어느 하나에 해당하는 경우 제1항에 따른 자격을 취득할 수 없다.
  1. 다음 각 목의 어느 하나에 해당하는 죄를 범하여 금고(禁錮) 이상의 실형을 선고받고 그 집행이 끝나거나(집행이 끝난 것으로 보는 경우를 포함한다) 면제된 날부터 2년이 지나지 아니한 사람
    ㉮「특정강력범죄의 처벌에 관한 특례법」 제2조제1항 각 호에 따른 죄
    ㉯「특정범죄 가중처벌 등에 관한 법률」 제5조의2부터 제5조의5까지, 제5조의8, 제5조의9 및 제11조에 따른 죄
    ㉰「마약류 관리에 관한 법률」에 따른 죄
    ㉱「형법」 제332조(제329조부터 제331조까지의 상습범으로 한정한다), 제341조에 따른 죄 또는 그 각 미수죄, 제363조에 따른 죄
  2. 제1호 각 목의 어느 하나에 해당하는 죄를 범하여 금고 이상의 형의 집행유예를 선고받고 그 집행유예기간 중에 있는 사람
  3. 제2항에 따른 자격시험일 전 5년간 다음 각 목의 어느 하나에 해당하는 사람
    ㉮「도로교통법」 제93조제1항제1호부터 제4호까지에 해당하여 운전면허가 취소된 사람
    ㉯「도로교통법」 제43조를 위반하여 운전면허를 받지 아니하거나 운전면허의 효력이 정지된 상태로 같은 법 제2조제21호에 따른 자동차등을 운전하여 벌금형 이상의 형을 선고받거나 같은 법 제93조제1항제19호에 따라 운전면허가 취소된 사람
    ㉰ 운전 중 고의 또는 과실로 3명 이상이 사망(사고발생일부터 30일 이내에 사망한 경우를 포함한다)하거나 20명 이상의 사상자가 발생한 교통사고를 일으켜 「도로교통법」 제93조제1항제10호에 따라 운전면허가 취소된 사람
  4. 제2항에 따른 자격시험일 전 3년간 「도로교통법」 제93조제1항제5호 및 제5호의2에 해당하여 운전면허가 취소된 사람
④ 구역 여객자동차운송사업 중 대통령령으로 정하는 여객자동차운송사업의 운전자격을 취득하려는 사람이 다음 각 호의 어느 하나에 해당하는 경우 제3항에도 불구하고 제1항에 따른 자격을 취득할 수 없다. 〈개정 2012. 12. 18., 2016. 12. 2.〉
  1. 다음 각 목의 어느 하나에 해당하는 죄를 범하여 금고 이상의 실형을 선고받고 그 집행이 끝나거나(집행이 끝난 것으로 보는 경우를 포함한다) 면제된 날부터 최대 20년의 범위에서 범죄의 종류 · 죄질, 형기의 장단 및 재범위험성 등을 고려하여 대통령령으로 정하는 기간이 지나지 아니한 사람
    ㉮ 제3항제1호 각 목에 따른 죄
    ㉯「성폭력범죄의 처벌 등에 관한 특례법」 제2조제1항제2호부터 제4호까지, 제3조부터 제9조까지 및 제15조(제13조의 미수범은 제외한다)에 따른 죄
    ㉰「아동 · 청소년의 성보호에 관한 법률」 제2조제2호에 따른 죄
  2. 제1호에 따른 죄를 범하여 금고 이상의 형의 집행유예를 선고받고 그 집행유예기간 중에 있는 사람

03. 시험 접수 및 시험 응시안내

1) 시험 접수

① 인터넷 접수 (https://lic2.kotsa.or.kr)

  *인터넷 접수 시, 사진은 그림파일 JPG 로 스캔하여 등록

② 방문접수 : 전국 19개 시험장

  *현장 방문접수 시 응시 인원 마감 등으로 시험 접수가 불가할 수 있으니 인터넷으로 시험 접수 현황을 확인하고 방문

③ 시험응시 수수료 : 11,500원

④ 시험응시 준비물 : 운전면허증, 6개월 이내 촬영한 3.5 x 4.5cm 컬러사진 (미제출자에 한함)

2) 시험 응시

① 각 지역 본부 시험장 (시험시작 20분 전까지 입실)

② 시험 과목 (4과목, 회차별 70문제)

  1회차 : 09:20 ~ 10:40

  2회차 : 11:00 ~ 12:20

  3회차 : 14:00 ~ 15:20

  4회차 : 16:00 ~ 17:20

  *지역 본부에 따라 시험 횟수가 변경될 수 있음

04. 합격 기준 및 합격 발표

1) 합격기준 : 총점 100점 중 60점 (총 70문제 중 42문제)이상 획득 시 합격

2) 합격 발표 : 시험 종료 후 시험 시행 장소에서 합격자 발표

05. 자격증 발급

1) 신청 대상 및 기간 : 택시운전자격 필기시험에 합격한 사람으로서, 합격자 발표일로부터 30일 이내

2) 자격증 신청 방법 : 인터넷 · 방문 신청

① 인터넷 신청 : 신청일로부터 5~10일 이내 수령 가능 (토 · 일요일, 공휴일 제외)

② 방문 발급 : 한국교통안전공단 전국 14개 지역별 접수 · 교부 장소

3) 준비물

① 운전면허증

② 택시운전 자격증 발급신청서 1부 (인터넷의 경우 생략)

③ 자격증 교부 수수료 : 10,000원 (인터넷의 경우 우편료를 포함하여 온라인 결제)

06. 시험 과목 및 출제 기준

구 분	과 목	출 제 범 위	문항수	비고
교통 및 여객자동차 운수사업 법규	여객자동차 운수사업 법령 및 택시운송사업의 발전에 관한 법규	목적 및 정의	20	객관식 70문항
		여객자동차운수사업법, 택시운송사업의 발전에 관한 법규 등		
		운수종사자의 자격요건 및 운전자격의 관리		
		보칙 및 벌칙		
	도로교통법령	총칙		
		보행자의 통행방법		
		차마의 통행방법		
		운전자 및 고용주 등의 의무		
		교통안전교육		
		운전면허		
		범칙행위 및 범칙금액		
		안전표지(총칙)		
	교통사고처리특례법령	특례의 적용		
		중대 교통사고 유형 및 대처법		
		교통사고 처리의 이해		
안전운행	안전운전의 기술	인지판단의 기술	20	
		안전운전의 5가지 기본 기술		
		방어운전의 기본 기술		
		시가지 도로에서의 안전운전		
		지방 도로에서의 안전운전		
		고속도로에서의 안전 운전		
		야간, 악천후 시의 운전		
		경제운전		
		기본 운행 수칙		
		계절별 안전운전		
	자동차의 구조 및 특성	동력전달장치		
		현가장치		
		조향장치		
		제동장치		
	자동차 관리	자동차 점검		
		주행 전후 안전수칙		
		자동차 관리요령		
		LPG 자동차		
		운행 시 자동차 조작 요령		
	자동차 응급조치 요령	상황별 응급조치		
		장치별 응급조치		
	자동차 검사 및 보험	자동차 검사		
		자동차 보험 및 공제		
운송서비스	여객운수종사자의 기본자세	서비스의 개념과 특징	20	
		승객만족		
		승객을 위한 행동 예절		
	운송사업자 및 운수종사자 준수사항	운송사업자 준수사항		
		운수종사자 준수사항		
	운수종사자가 알아야 할 응급처치 방법 등	운전예절		
		운전자 상식		
		응급처치방법		
지리 (16개 지역 중 1개 지역 선택 후 응시)	시(도)내 주요지리	주요 관공서 및 공공건물 위치	10	
		주요 기차역, 고속도로 등 교통시설		
		공원 및 문화유적지		
		유원지 및 위락시설		
		주요 호텔 및 관광 명소 등		

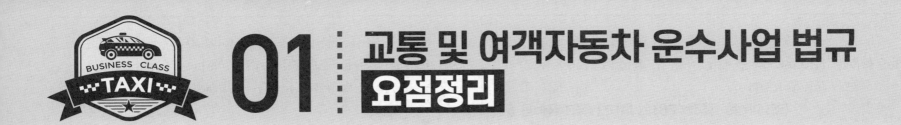

제1장 여객자동차 운수사업법규 및 택시운송사업의 발전에 관한 법규

제1절 목적 및 정의

01. 목적 (법 제1조)

① 여객자동차 운수사업에 관한 질서 확립
② 여객의 원활한 운송
③ 여객자동차 운수사업의 종합적인 발달 도모
④ 공공복리 증진

02. 정의 (법 제2조)

1 자동차(제1호)
자동차관리법 제3조(자동차의 종류)에 따른 승용자동차, 승합자동차 및 특수자동차(자동차대여사업용 캠핑용 자동차)

2 여객자동차운수사업(제2호)
여객자동차운송사업, 자동차대여사업, 여객자동차터미널사업 및 여객자동차운송플랫폼사업

3 여객자동차운송사업(제3호)
다른 사람의 수요에 응하여 자동차를 사용하여 유상으로 여객을 운송하는 사업

4 여객자동차운송플랫폼사업(제7호)
여객의 운송과 관련한 다른 사람의 수요에 응하여 이동 통신 단말 장치, 인터넷 홈페이지 등에서 사용되는 응용 프로그램(운송플랫폼)을 제공하는 사업을 말한다.

5 관할관청(규칙 제2조제1호)
관할이 정해지는 국토교통부장관, 대도시권광역교통위원회나 특별시장·광역시장·특별자치시장·도지사 또는 특별자치도지사

6 정류소(규칙 제2조제2호)
여객이 승차 또는 하차할 수 있도록 노선 사이에 설치한 장소

7 택시 승차대(규칙 제2조제3호)
택시운송사업용 자동차에 승객을 승차·하차시키거나 승객을 태우기 위하여 대기하는 장소 또는 구역을 말한다.

제2절 법규 주요내용

01. 택시운송사업의 구분 (시행령 제3조)

1 일반택시운송사업
운행 계통을 정하지 아니하고 사업구역에서 1개의 운송 계약에 따라 자동차를 사용하여 여객을 운송하는 사업. 이 경우 경형·소형·중형·대형·모범형 및 고급형으로 구분

2 개인택시운송사업
운행 계통을 정하지 아니하고 사업구역에서 1개의 운송 계약에 따라 자동차 1대를 사업자가 직접 운전(질병 등 국토교통부령이 정하는 사유가 있는 경우를 제외)하여 여객을 운송하는 사업. 이 경우 경형·소형·중형·대형·모범형 및 고급형으로 구분

02. 택시운송사업의 구분 (규칙 제9조제1항)

경형	• 배기량 1,000cc 미만의 승용 자동(승차 정원 5인승 이하의 것만 해당한다)를 사용하는 택시운송사업 • 길이 3.6m 이하이면서 너비 1.6m 이하인 승용 자동차(승차 정원 5인승 이하의 것만 해당한다)를 사용하는 택시운송사업
소형	• 배기량 1,600cc 미만의 승용 자동차(승차 정원 5인승 이하의 것만 해당한다)를 사용하는 택시운송사업 • 길이 4.7m 이하이거나 너비 1.7m 이하인 승용 자동차(승차 정원 5인승 이하의 것만 해당한다)를 사용하는 택시운송사업
중형	• 배기량 1,600cc 이상의 승용 자동차(승차 정원 5인승 이하의 것만 해당한다)를 사용하는 택시운송사업 • 길이 4.7m 초과이면서 너비 1.7m를 초과하는 승용 자동차(승차 정원 5인승 이하의 것만 해당한다)를 사용하는 택시운송사업
대형	• 배기량 2,000cc 이상의 승용 자동차(승차 정원 6인승 이상 10인승 이하의 것만 해당한다)를 사용하는 택시운송사업 • 배기량 2,000cc 이상이고 승차 정원 13인승 이하인 승합자동차를 사용하는 택시운송사업(광역시의 군이 아닌 군 지역의 택시운송사업에는 해당하지 않음)
모범형	배기량 1,900cc 이상의 승용 자동차(승차 정원 5인승 이하의 것만 해당한다)를 사용하는 택시운송사업
고급형	배기량 2,800cc 이상의 승용 자동차를 사용하는 택시운송사업

03. 택시운송사업의 사업구역 (규칙 제10조)

1 택시운송사업의 사업구역은 특별시·광역시·특별자치시·특별자치도 또는 시·군 단위로 한다. 다만, 대형 택시운송사업과 고급형 택시운송사업의 사업구역은 특별시·광역시·도 단위로 한다. (제1항)

2 택시운송사업자가 다음의 어느 하나에 해당하는 경우에는 해당 사업구역에서 하는 영업으로 본다. (제7항)
① 해당 사업구역에서 승객을 태우고 사업구역 밖으로 운행하는 영업

② 해당 사업구역에서 승객을 태우고 **사업구역 밖으로 운행**한 후 해당 사업구역으로 돌아오는 도중에 사업구역 밖에서 승객을 태우고 해당 사업구역에서 내리는 **일시적인 영업**

③ 주요 교통 시설이 소속 사업구역과 인접하여 소속 사업구역에서 승차한 여객을 그 주요 교통 시설에 하차시킨 경우에는 주요 교통 시설 사업 시행자가 여객자동차운송사업의 사업구역을 표시한 승차대를 이용하여 소속 사업구역으로 가는 여객을 운송하는 영업

※사업구역과 인접한 주요 교통 시설 및 범위(규칙 제13조)
① 고속철도 역의 경계선을 기준으로 10킬로미터
② 국제 정기편 운항이 이루어지는 공항의 경계선을 기준으로 50킬로미터
③ 여객이용시설이 설치된 무역항의 경계선을 기준으로 50킬로미터
④ 복합환승센터의 경계선을 기준으로 10킬로미터

04. 택시운송사업의 사업구역 지정·변경 등 (법 제3조의2. 형법 제3조의 3)

1 사업구역심의위원회의 기능(법 제3조의2)
여객자동차운송사업의 사업구역 지정·변경에 관한 사항을 심의한다.

2 사업구역심의위원회의 구성(영 제3조의3)
사업구역심의위원회의 위원은 다음의 사람 중, 전문 분야와 성별을 고려하여 국토교통부장관이 임명하거나 위촉한다. 임기는 2년이며 한 차례에 한정하여 연임이 가능하다.
① 국토교통부에서 택시운송사업 관련 업무를 담당하는 4급 이상 공무원
② 특별시·광역시·특별자치시·도 또는 특별자치도(이하 "시·도"라 한다)에서 택시운송사업 관련 업무를 담당하는 4급 이상 공무원
③ 택시운송사업에 5년 이상 종사한 사람
④ 그 밖에 택시운송사업 분야에 관한 학식과 경험이 풍부한 사람

3 사업구역심의위원회가 사업구역 지정·변경을 심의할 때 고려할 사항 (법 제3조의2제2항)
① 지역 주민의 교통 편의 증진에 관한 사항
② 지역 간 교통량(출근·퇴근 시간대의 교통 수요 포함)에 관한 사항
③ 사업구역 간 운송 사업자(여객자동차운송사업의 면허를 받거나 등록을 한 자)의 균형적인 발전에 관한 사항
④ 운송 사업자 간 과도한 경쟁 유발 여부에 관한 사항
⑤ 사업구역별 요금·요율에 관한 사항
⑥ 운송 사업자 및 운수 종사자(자격을 갖추고 운전 업무에 종사하고 있는 자)의 매출 및 소득 수준에 관한 사항
⑦ 사업구역별 총량에 관한 사항

05. 여객자동차운송사업의 결격사유(법 제6조)
다음에 해당하는 자는 여객자동차운수사업의 면허를 받거나 등록을 할 수 없다. 법인의 경우 그 임원 중에 해당하는 자가 있는 경우에도 또한 같다.
① 피성년후견인
② 파산선고를 받고 복권되지 않은 자
③ 이 법을 위반하여 징역 이상의 실형을 선고받고 그 집행이 끝나거나(집행이 끝난 것으로 보는 경우 포함) 면제된 날부터 2년이 지나지 않은 자
④ 이 법을 위반하여 징역 이상의 형의 집행 유예를 선고받고 그 집행유예 기간 중에 있는 자
⑤ 여객자동차운송사업의 면허나 등록이 취소된 후 그 취소일부터 2년이 지나지 않은 자. 다만, '피성년후견인' 또는 '파산선고를 받고 복권되지 아니한 자'에 해당하여 면허나 등록이 취소된 경우는 제외한다.

06. 개인택시운송사업의 면허 신청(규칙 제18조)
개인택시운송사업의 면허를 받으려는 자는 관할관청이 공고하는 기간 내에 다음의 각 서류를 관할관청에 제출해야 한다.
① 개인택시운송사업 면허신청서
② 건강진단서
③ 택시운전자격증 사본
④ 반명함판 사진 1장 또는 전자적 파일 형태의 사진(인터넷으로 신청하는 경우에 한정)
⑤ 그 밖에 관할관청이 필요하다고 인정하여 공고하는 서류

07. 사업의 상속 신고(규칙 제37조)
여객자동차운송사업의 상속 신고를 하려는 자는 다음의 각 서류를 관할관청에 제출하여야 한다.
① 여객자동차운송사업 상속 신고서
② 피상속인이 사망하였음을 증명할 수 있는 서류
③ 피상속인과의 관계를 증명할 수 있는 서류
④ 신고인과 같은 순위의 다른 상속인이 있는 경우에는 그 상속인의 동의서

08. 자동차 표시(법 제17조)
운송사업자는 여객자동차운송사업에 사용되는 자동차의 바깥쪽에 다음 사항을 표시하여야 한다.

1 표시 대상 : 택시운송사업용 자동차(규칙 제39조)
※ 대형(승합자동차를 사용하는 경우로 한정) 및 고급형 택시운송사업용 자동차는 제외한다. (제1항)
① 자동차의 종류(경형, 소형, 중형, 대형, 모범)
② 관할관청(특별시·광역시·특별자치시 및 특별자치도는 제외)
③ 운송가맹사업자 상호(운송가맹점으로 가입한 개인택시운송사업자만 해당)
④ 그 밖에 시·도지사가 정하는 사항

2 표시 방법(제2항)
외부에서 알아보기 쉽도록 차체 면에 인쇄하는 등 항구적인 방법으로 표시하여야 하며, 구체적인 표시 방법 및 위치 등은 관할관청이 정한다.

09. 교통사고 시 조치

1 사업용 자동차의 고장, 교통사고 또는 천재지변으로 인해 다음 상황 발생 시 조치 사항(법 제19조제1항)
① 사상자가 발생하는 경우 : 신속히 유류품을 관리할 것
② 사업용 자동차의 운행을 재개할 수 없는 경우 : 대체 운송 수단을 확보하여 여객에게 제공하는 등 필요한 조치를 할 것. 다만, 여객이 동의하는 경우는 그러하지 아니함
③ 국토교통부령으로 정하는 바에 따른 조치(규칙 제41조제1항)
　㉠ 신속한 응급수송수단의 마련
　㉡ 가족이나 그 밖의 연고자에 대한 신속한 통지
　㉢ 유류품의 보관
　㉣ 목적지까지 여객을 운송하기 위한 대체운송수단의 확보와 여객에 대한 편의 제공
　㉤ 그 밖에 사상자의 보호 등 필요한 조치

2 중대한 교통사고(법 제19조제2항, 영 제11조)
① 전복 사고
② 화재가 발생한 사고
③ 사망자가 2명 이상, 사망자 1명과 중상자 3명 이상, 중상자 6명 이상의 사람이 죽거나 다친 사고

❸ 중대한 교통사고 발생 시 조치 사항(규칙 제41조제2항)

24시간 이내에 사고의 일시·장소 및 피해 사항 등 사고의 개략적인 상황을 관할 시·도지사에게 보고한 후 72시간 이내에 사고보고서를 작성하여 관할 시·도지사에게 제출하여야 함. 다만, 개인택시운송사업자의 경우에는 개략적인 상황 보고를 생략할 수 있음.

10. 운송사업자의 준수사항
(법 제21조. 영 제12조, 12조의4, 44조의3)

① 일반택시 운송사업자는 운수종사자가 이용자에게 받은 운송수입금의 전액에 대하여 다음의 각 사항을 준수하여야 한다. 다만 군(광역시의 군은 제외)지역의 일반택시운송사업자는 제외한다.

1) 1일 근무시간동안 택시요금미터(운송수입금 관리를 위하여 설치한 확인 장치를 포함)에 기록된 운송수입금의 전액을 운수종사자의 근무종료 당일 수납할 것.

2) 일전금액의 운송수입금 기준액을 정하여 수납하지 않을 것.

3) 차량운행에 필요한 제반경비(주유비, 세차비, 차량수리비, 사고처리비 등을 포함)를 운수종사자에게 운송수입금이나 그 밖의 금전으로 충당하지 않을 것.

4) 운송수입금 확인기능을 갖춘 운송기록출력장치를 갖추고 운송수입금 자료를 보관(보관기간은 1년)할 것.

5) 운송수입금 수납 및 운송기록을 허위로 작성하지 않을 것.

② 법에 따른 운수종사자의 요건을 갖춘 자만 운전업무에 종사하게 하여야 한다.

③ 여객이 착용하는 좌석안전띠가 정상적으로 작동할 수 있는 상태(여객이 6세 미만의 유아인 경우에는 유아보호용 장구를 장착할 수 있는 상태를 포함)를 유지하여야 한다.

④ 운송사업자는 운수종사자에게 여객의 좌석안전띠 착용에 관한 교육을 하여야 한다.

⑤ 운수종사자의 음주 여부 확인 및 기록(영 제12조의4)

1) 운송사업자는 운수종사자의 음주여부를 확인하는 경우에는 국토교통부장관이 정하여 고시하는 성능을 갖춘 호흡측정기를 사용하여 확인해야 한다.

2) 운수종사자의 음주여부를 확인한 경우에는 해당 운수종사자의 성명, 측정일시 및 측정결과를 전자적파일이나 서면으로 기록하여 3년 동안 보관, 관리하여야 한다.

11. 운수종사자의 준수사항 (법 제26조제1항)

❶ 운수종사자는 다음의 어느 하나에 해당하는 행위를 하여서는 아니 된다.

① 정당한 사유 없이 여객의 승차를 거부하거나 여객을 중도에서 내리게 하는 행위. (구역 여객자동차운송사업 중 일반택시운송사업 및 개인택시운송사업은 제외)

② 부당한 운임 또는 요금을 받는 행위 (구역 여객자동차운송사업 중 일반택시운송사업 및 개인택시운송사업은 제외)

③ 일정한 장소에 오랜 시간 정차하여 여객을 유치하는 행위

④ 문을 완전히 닫지 아니한 상태에서 자동차를 출발시키거나 운행하는 행위

⑤ 여객이 승하차하기 전에 자동차를 출발시키거나 승하차할 여객이 있는데도 정차하지 아니하고 정류소를 지나치는 행위

⑥ 안내방송을 하지 아니하는 행위(국토교통부령으로 정하는 자동차 안내방송 시설이 설치되어 있는 경우만 해당)

⑦ 여객자동차운송사업용 자동차 안에서 흡연하는 행위

⑧ 휴식시간을 준수하지 아니하고 운행하는 행위

⑨ 운전 중에 방송 등 영상물을 수신하거나 재생하는 장치(휴대전화 등 운전자가 휴대하는 것을 포함)를 이용하여 영상물 등을 시청하는 행위. 다만, 다음 각 목의 어느 하나에 해당하는 경우에는 그러하지 아니하다.

가. 지리안내 영상 또는 교통정보안내 영상

나. 국가비상사태·재난상황 등 긴급한 상황을 안내하는 영상

다. 운전 시 자동차의 좌우 또는 전후방을 볼 수 있도록 도움을 주는 영상

⑩ 택시요금미터를 임의로 조작 또는 훼손하는 행위

⑪ 그 밖에 안전운행과 여객의 편의를 위하여 운수종사자가 지키도록 국토교통부령으로 정하는 사항을 위반하는 행위

❷ 운송사업자의 운수종사자는 운송수입금의 전액에 대하여 다음의 각 사항을 준수하여야 한다. (법 제21조제1항제1호, 제2호)

① 1일 근무 시간 동안 택시요금미터에 기록된 운송 수입금의 전액을 운수 종사자의 근무 종료 당일 운송 사업자에게 수납할 것

② 일정 금액의 운송 수입금 기준액을 정하여 수납하지 않을 것

❸ 운수종사자는 차량의 출발 전에 여객이 좌석안전띠를 착용하도록 음성방송이나 말로 안내하여야 한다. (규칙 제58조의2)

12. 여객자동차운송사업의 운전업무 종사자격

❶ 여객자동차운송사업의 운전업무에 종사하려는 사람이 갖추어야 할 항목(규칙 제49조제1항)

① 사업용 자동차를 운전하기에 적합한 운전면허를 보유하고 있을 것

② 20세 이상으로서 해당 자동차 운전경력이 1년 이상일 것

③ 국토교통부장관이 정하는 운전 적성에 대한 정밀검사 기준에 맞을 것

④ ①~③의 요건을 갖춘 사람은 운전자격시험에 합격한 후 자격을 취득하거나 교통안전체험교육을 이수하고 자격을 취득할 것 (실시 기관 : 한국교통안전공단)

⑤ 시험의 실시, 교육의 이수 및 자격의 취득 등에 필요한 사항은 국토교통부령으로 정한다.

❷ 여객자동차운송사업의 운전자격을 취득할 수 없는 사람(법 제24조)

① 다음의 어느 하나에 해당하는 죄를 범하여 금고 이상의 실형을 선고받고 그 집행이 끝나거나 (집행이 끝난 것으로 보는 경우를 포함) 면제된 날부터 2년이 지나지 아니한 사람

㉠ 살인, 약취·유인 및 인신매매, 강간과 추행죄, 성폭력 범죄, 아동·청소년의 성보호 관련 죄, 강도죄, 범죄 단체 등 조직

㉡ 약취·유인, 도주차량운전자, 상습강도·절도죄, 강도상해, 보복범죄, 위험운전 치사상

㉢ 마약류 관리에 관한 법률에 따른 죄, 형법에 따른 상습죄 또는 그 각 미수죄

② ①의 어느 하나에 해당하는 죄를 범하여 금고 이상의 형의 집행유예를 선고받고 그 집행 유예 기간 중에 있는 사람

③ 자격시험일 전 5년간 다음에 해당하여 운전면허가 취소된 사람

㉠ 음주운전 또는 정당한 음주 측정 불응 금지 위반

㉡ 약물 복용 후 운전 금지 위반

㉢ 운전 중 고의 또는 과실로 3명 이상이 사망(사고 발생일부터 30일 이내에 사망한 경우를 포함)하거나 20명 이상의 사상자가 발생한 교통사고를 일으킨 사람

④ 자격시험일 전 3년간 음주운전, 공동 위험 행위 및 난폭운전에 해당하여 운전면허 정지처분을 받은 사람

❸ 일반택시운송사업 또는 개인택시운송사업의 운전자격을 취득할 수 없는 사람(영 제16조)

① 다음의 죄를 범하여 금고 이상의 실형을 선고받고 그 집행이 끝나거나 (집행이 끝난 것으로 보는 경우를 포함) 면제된 날부터 20년의 범위에서 대통령령으로 정하는 기간이 지나지 아니한 사람

ⓐ 위 ❷의 ①에 따른 죄(예시 : 살인죄, 도주차량운전자의 가중처벌)

ⓑ 성폭력 범죄의 처벌 등에 관한 특례법 제2조제1항제2호(추행 등 약취 · 유인죄)부터 제4호(강도강간)까지, 제3조(특수강도강간 등)부터 제9조(강간 등 살인 · 치사)까지 및 제15조(미수범 제외)에 따른 죄

ⓒ 아동 · 청소년의 성보호에 관한 법률 제2조제2호(아동 · 청소년 대상 성범죄)에 따른 죄

② 죄를 범하여 금고 이상의 형의 집행유예를 선고받고 그 집행유예기간 중에 있는 사람

❹ 운전적성정밀검사의 대상(규칙 제49조제3항)

① 신규 검사(제1호)

ⓐ 신규로 여객자동차운송사업용 자동차를 운전하려는 자

ⓑ 여객자동차운송사업용 자동차 또는 화물자동차운송사업용 자동차의 운전 업무에 종사하다가 퇴직한 자로서 신규 검사를 받은 날부터 3년이 지난 후 재취업하려는 자. 다만, 재취업일까지 무사고로 운전한 자는 제외한다.

ⓒ 신규 검사의 적합 판정을 받은 자로서 운전적성정밀검사를 받은 날부터 3년 이내에 취업하지 아니한 자. 다만, 신규 검사를 받은 날부터 취업일까지 무사고로 운전한 사람은 제외한다.

② 특별 검사(제2호)

ⓐ 중상 이상의 사상 사고를 일으킨 자

ⓑ 과거 1년간 도로교통법 시행규칙에 따른 운전면허 행정 처분 기준에 따라 계산한 누산점수가 81점 이상인 자

ⓒ 질병, 과로, 그 밖의 사유로 안전 운전을 할 수 없다고 인정되는 자인지 알기 위하여 운송사업자가 신청한 자

③ 자격 유지 검사(제3호)

ⓐ 65세 이상 70세 미만인 사람 (자격 유지 검사의 적합 판정을 받고 3년이 지나지 아니한 사람은 제외)

ⓑ 70세 이상인 사람 (자격 유지 검사의 적합판정을 받고 1년이 지나지 아니한 사람은 제외)

※ 자격유지검사는 검사 대상이 된 날부터 3개월 이내에 받아야 한다.(규칙 제49조제7항)

13. 택시운전자격의 취득 (규칙 제50조)

일반택시운송사업, 개인택시운송사업 및 수요응답형 여객자동차운송사업(승용자동차를 사용하는 경우만 해당)의 운전업무에 종사할 수 있는 자격을 취득하려는 자는 한국교통안전공단이 시행하는 시험에 합격하여야 한다.

❶ 자격시험의 실시 방법 및 시험 과목 등(규칙 제52조)

① 실시방법 : 필기시험

② 시험과목 : 교통 및 운수관련 법규, 안전운행 요령, 운송서비스 및 지리에 관한 사항

③ 합격자 결정 : 필기시험 총점의 6할 이상을 얻을 것

❷ 자격시험의 응시(규칙 제53조)

① 자격시험에 응시하려는 사람은 택시운전자격시험 응시원서에 다음의 서류를 첨부하여 한국교통안전공단에 제출하여야 한다.

ⓐ 운전면허증

ⓑ 운전경력증명서

② 택시운전자격이 취소된 날부터 1년이 지나지 아니한 자는 운전자격시험에 응시할 수 없다. 다만, 정기 적성검사를 받지 아니하였다는 이유로 운전면허가 취소되어 운전자격이 취소된 경우에는 그러하지 아니하다.

❸ 자격시험의 특례(규칙 제54조)

① 한국교통안전공단은 다음에 해당하는 자에 대하여는 필기시험의 과목 중 안전운행 요령 및 운송서비스의 과목에 관한 시험을 면제할 수 있다.

ⓐ 택시운전자격을 취득한 자가 택시운전자격증명을 발급한 일반택시운송사업조합의 관할구역 밖의 지역에서 택시운전업무에 종사하려고 운전자격시험에 다시 응시하는 자는 교통 및 운수관련 법규 과목도 면제

ⓑ 운전자격시험일부터 계산하여 과거 4년간 사업용 자동차를 3년 이상 무사고로 운전한 자

ⓒ 무사고 운전자 또는 유공 운전자의 표시장을 받은 자

② 필기시험의 일부를 면제받으려는 자는 응시원서에 이를 증명할 수 있는 서류를 첨부하여 한국교통안전공단에 제출하여야 한다.

❹ 택시운전자격의 등록 등(규칙 제55조)

① 한국교통안전공단은 운전자격시험을 실시한 날부터 15일 이내에 한국교통안전공단의 인터넷 홈페이지에 합격자를 공고하여야 한다.

② 운전자격 시험에 합격한 사람은 합격자 발표일 또는 수료일부터 30일 이내에 운전자격증 발급신청서에 사진 1장을 첨부하여 한국교통안전공단에 운전자격증의 발급을 신청해야 한다.

③ 발급신청을 받은 한국교통안전공단은 택시운전자격 등록대장에 그 사실을 적은 후 택시운전자격증을 발급하여야 한다.

❺ 운전자격증명의 발급 등(규칙 제55조의2)

① 운송사업자 또는 운수종사자는 운전업무 종사자격을 증명하는 증표(운전자격증명)의 발급을 신청하려면, 운전자 발급 신청서에 사진 1장을 첨부하여 한국안전교통공단, 일반택시운송사업조합 또는 개인택시운송사업조합에 제출하여야 한다.

② 신청을 받은 운전자격증명 발급 기관은 신청인에게 운전자격증명을 발급하여야 한다.

14. 택시운전자격의 게시 및 관리 (규칙 제57조)

① 여객자동차운송사업의 운수종사자는 운전업무 종사자격을 증명하는 증표를 발급받아 해당 사업용 자동차 안에 항상 게시하여야 한다. (법 제24조의2제1항)

② 운전자격증명을 게시할 때는 승객이 쉽게 볼 수 있는 위치에 항상 게시하여야 한다. (규칙 제57조제1항)

③ 택시운전자격증은 취득한 해당 시 · 도에서만 재발급할 수 있다.

④ 운수종사자가 퇴직하는 경우에는 본인의 운전자격증명을 운송사업자에게 반납하여야 하며, 운송사업자는 지체 없이 해당 운전자격증명 발급 기관에 그 운전자격증명을 제출하여야 한다. (규칙 제57조제2항)

15. 택시운전자격의 취소 등의 처분 기준 (규칙 제59조)

1 일반 기준 (규칙 별표5 제1호)

① 위반 행위가 둘 이상인 경우로서 그에 해당하는 각각의 처분 기준이 다른 경우에는 그 중 무거운 처분 기준에 따른다. 다만, 둘 이상의 처분 기준이 모두 자격정지인 경우에는 각 처분 기준을 합산한 기간을 넘지 아니하는 범위에서 무거운 처분 기준의 2분의 1 범위에서 가중할 수 있다. 이 경우 그 가중한 기간을 합산한 기간은 6개월을 초과할 수 없다.

② 위반 행위의 횟수에 따른 행정 처분의 기준은 최근 1년간 같은 위반 행위로 행정 처분을 받은 경우에 적용한다. 이 경우 행정 처분 기준의 적용은 같은 위반 행위에 대한 행정 처분일과 그 처분 후의 위반 행위가 다시 적발된 날을 기준으로 한다.

③ 처분관할관청은 자격정지 처분을 받은 사람이 다음의 어느 하나에 해당하는 경우에는 ① 및 ②에 따른 처분을 2분의 1 범위에서 늘리거나 줄일 수 있다. 이 경우 늘리는 경우에도 그 늘리는 기간은 6개월을 초과할 수 없다.

가중 사유	㉠ 위반 행위가 사소한 부주의나 오류가 아닌 고의나 중대한 과실에 의한 것으로 인정되는 경우 ㉡ 위반의 내용 정도가 중대하여 이용객에게 미치는 피해가 크다고 인정되는 경우
감경 사유	㉠ 위반 행위가 고의나 중대한 과실이 아닌 사소한 부주의나 오류로 인한 것으로 인정되는 경우 ㉡ 위반의 내용 정도가 경미하여 이용객에게 미치는 피해가 적다고 인정되는 경우 ㉢ 위반 행위를 한 사람이 처음 해당 위반 행위를 한 경우로서 최근 5년 이상 해당 여객자동차운송사업의 모범적인 운수종사자로 근무한 사실이 인정되는 경우 ㉣ 그 밖에 여객자동차운수사업에 대한 정부 정책상 필요하다고 인정되는 경우

④ 처분관할관청은 자격정지 처분을 받은 사람이 정당한 사유 없이 기일 내에 운전 자격증을 반납하지 아니할 때에는 해당 처분을 2분의 1의 범위에서 가중하여 처분하고, 가중 처분을 받은 사람이 기일 내에 운전 자격증을 반납하지 아니할 때에는 자격취소 처분을 한다.

2 개별 기준 (규칙 별표5 제2호 나목)

위반 행위	처분기준	
	1차 위반	2차 이상 위반
택시운전자격의 결격사유에 해당하게 된 경우	자격 취소	–
부정한 방법으로 택시운전자격을 취득한 경우	자격 취소	–
일반택시운송사업 또는 개인택시운송사업의 운전자격을 취득할 수 없는 경우에 해당하게 된 경우	자격 취소	–
다음의 행위로 과태료 처분을 받은 사람이 1년 이내에 같은 위반 행위를 한 경우 ㉠ 정당한 이유 없이 여객의 승차를 거부하거나 여객을 중도에서 내리게 하는 행위 ㉡ 신고하지 않거나 미터기에 의하지 않은 부당한 요금을 요구하거나 받는 행위 ㉢ 일정한 장소에서 장시간 정차하여 여객을 유치하는 행위 [참고] 위의 위반행위로 1년간 3회의 처분을 받은 사람이 같은 위반 행위 시 자격 취소	자격정지 10일	자격정지 20일
운송수입금 납입 의무를 위반하여 운송수입금 전액을 내지 아니하여 과태료 처분을 받은 사람이 그 과태료 처분을 받은 날부터 1년 이내에 같은 위반 행위를 세 번 한 경우	자격정지 20일	자격정지 20일
운송수입금 전액을 내지 아니하여 과태료 처분을 받은 사람이 그 과태료 처분을 받은 날부터 1년 이내에 같은 위반 행위를 네 번 이상 한 경우	자격정지 50일	자격정지 50일

위반 행위	1차 위반	2차 이상 위반
다음의 금지행위 중 어느 하나에 해당하는 행위로 과태료 처분을 받은 사람이 1년 이내에 같은 위반행위를 한 경우		
㉠ 정당한 이유 없이 여객을 중도에서 내리게 하는 행위	자격정지 10일	자격정지 20일
㉡ 신고한 운임 또는 요금이 아닌 부당한 운임 또는 요금을 받거나 요구하는 행위	자격정지 10일	자격정지 20일
㉢ 일정한 장소에서 장시간 정차하거나 배회하면서 여객을 유치하는 행위	자격정지 10일	자격정지 20일
㉣ 여객의 요구에도 불구하고 영수증 발급 또는 신용카드 결제에 응하지 않은 행위	자격정지 10일	자격정지 10일
[참고] 위의 위반행위로 1년간 3회의 처분을 받은 사람이 같은 위반 행위 시 자격 취소		
중대한 교통사고로 다음의 어느 하나에 해당하는 수의 사상자를 발생하게 한 경우		
㉠ 사망자 2명 이상	자격정지 60일	자격정지 60일
㉡ 사망자 1명 및 중상자 3명 이상	자격정지 50일	자격정지 50일
㉢ 중상자 6명 이상	자격정지 40일	자격정지 40일
교통사고와 관련하여 거짓이나 그 밖의 부정한 방법으로 보험금을 청구하여 금고 이상의 형을 선고받고 그 형이 확정된 경우	자격 취소	–
운전업무와 관련하여 다음의 어느 하나에 해당하는 부정 또는 비위 사실이 있는 경우		
㉠ 택시운전자격증을 타인에게 대여한 경우	자격취소	–
㉡ 개인택시운송사업자가 불법으로 타인으로 하여금 대리운전을 하게 한 경우	자격정지 30일	자격정지 30일
택시운전자격정지의 처분 기간 중에 택시운송사업 또는 플랫폼운송사업을 위한 운전 업무에 종사한 경우	자격 취소	–
도로교통법 위반으로 사업용 자동차를 운전할 수 있는 운전면허가 취소된 경우	자격 취소	–
정당한 사유 없이 교육 과정을 마치지 않은 경우	자격정지 5일	자격정지 5일

16. 운수종사자의 교육 등 (법 제25조)

1 운수종사자의 교육

① 운수종사자는 운전업무를 시작하기 전에 교육을 받아야 한다.

② 운송사업자는 운수종사자가 교육을 받는 데에 필요한 조치를 하여야 하며, 그 교육을 받지 아니한 운수종사자를 운전업무에 종사하게 하여서는 아니 된다.

③ 시·도지사는 교육을 효율적으로 실시하기 위하여 필요하면 특별시·광역시·특별자치시·도·특별자치도(이하 "시·도")의 조례로 정하는 연수기관을 직접 설립하여 운영하거나 지정할 수 있으며, 그 운영에 필요한 비용을 지원할 수 있다.

④ 운수종사자의 교육은 운수종사자 연수기관, 한국교통안전공단, 연합회 또는 조합(이하 "교육실시기관")이 한다.

⑤ 운송사업자는 운수종사자에 대한 교육계획의 수립, 교육의 시행 및 일상의 교육훈련업무를 위하여 종업원 중에서 교육훈련 담당자를 선임하여야 한다. (자동차 면허 대수가 20대 미만인 운송사업자의 경우 예외)

⑥ 교육실시기관은 매년 11월 말까지 조합과 협의하여 다음 해의 교육계획을 수립하여 시·도지사 및 조합에 보고하거나 통보하여야 하며, 그 해의 교육결과를 다음 해 1월 말까지 시·도지사 및 조합에 보고하거나 통보하여야 한다.

2 교육의 종류 및 교육 대상자(규칙 제58조 별표4의3)

구 분	내 용	교육시간	주 기
신규교육	새로 채용한 운수종사자 (사업용자동차를 운전하다가 퇴직한 후 2년 이내에 다시 채용된 사람은 제외)	16	
보수교육	무사고·무벌점 기간이 5년 이상 10년 미만인 운수종사자	4	격년
	무사고·무벌점 기간이 5년 미만인 운수종사자		매년
	법령 위반 운수종사자	8	수시
수시교육	국제 행사 등에 대비한 서비스 및 교통안전 증진 등을 위하여 국토교통부장관 또는 시·도지사가 교육을 받을 필요가 있다고 인정하는 운수종사자	4	필요 시

① 무사고·무벌점이란 도로교통법에 따른 교통사고와 같은 법에 따른 교통법규 위반 사실이 모두 없는 것을 말한다.
② 보수 교육 대상자 선정을 위한 무사고·무벌점 기간은 전년도 10월 말을 기준으로 산정한다.
③ 법령 위반 운수종사자는 운수종사자 준수 사항을 위반하여 과태료 처분을 받은 자(개인택시운송사업자는 과징금 또는 사업정지 처분을 받은 경우를 포함)와 특별 검사 대상이 된 자를 말한다.
④ 법령 위반 운수종사자(특별검사 대상이 된 자는 제외)에 대한 보수 교육은 해당 운수종사자가 과태료, 과징금 또는 사업정지 처분을 받은 날부터 3개월 이내에 실시하여야 한다.
⑤ 새로 채용된 운수종사자가 교통안전법 시행규칙에 따른 심화 교육 과정을 이수한 경우에는 신규 교육을 면제한다.
⑥ 해당 연도의 신규 교육 또는 수시 교육을 이수한 운수종사자(법령 위반 운수종사자는 제외)는 해당 연도의 보수 교육을 면제한다.

17. 보칙 및 벌칙

1 사업용 자동차의 차령(영 제40조 별표2)

① 여객자동차 운수사업에 사용되는 자동차는 자동차의 종류와 여객자동차 운수사업의 종류에 따라 차령 및 운행거리를 넘기지 못한다. 다만, 시·도지사는 해당 시·도의 여객자동차 운수사업용 자동차의 운행여건 등을 고려하여 안전성 요건이 충족되는 경우에는 2년의 범위에서 차령을 연장할 수 있다.(법 제84조 제1항)
② 여객자동차 운수사업의 면허, 허가, 등록, 증차 또는 대폐차(代廢車: 차령이 만료되거나 운행거리를 초과한 차량 등을 다른 차량으로 대체하는 것)에 충당되는 자동차는 자동차의 종류와 여객자동차 운수사업의 종류에 따라 3년을 넘지 아니하는 범위에서 차량충당연한 이내로 하여야 한다.(법 제84조 제2항)
* 대통령령으로 정하는 차량충당연한(영 제40조 제4,5항)
1) 차량충당연한 : 승용자동차는 1년, 승합자동차는 3년
2) 차량충당연한의 기산일
　㉠ 제작년도에 등록된 자동차 : 최초의 신규등록일
　㉡ 제작년도에 등록되지 않은 자동차 : 제작년도의 말일
③ 여객자동차 운수사업에 사용되는 자동차(외국인만 운송할 것을 조건으로 일반택시운송사업의 한정면허를 받아 운행하는 자동차는 제외)의 운행연한(차령)과 그 연장요건은 다음과 같다.

차종	사업의 구분		차령
승용 자동차	여객자동차 운송사업용	개인 택시	경형·소형	5년
			배기량 2,400cc 미만	7년
			배기량 2,400cc 이상	9년
			환경친화적자동차 (환경친화적 자동차의 개발 및 보급 촉진에 관한 법률에 따른 자동차)	
		일반 택시	경형·소형	3년 6개월
			배기량 2,400cc 미만	4년
			배기량 2,400cc 이상	6년
			환경친화적자동차	
	자동차 대여사업용		경형·소형·중형	5년
			대형	8년
	특수여객자동차 운송사업용		경형·소형·중형	6년
			대형	10년
	플랫폼 운송사업용		배기량 2,400cc 미만	4년
			배기량 2,400cc 이상	6년
			환경친화적자동차	
승합 자동차	특수여객자동차운송사업용 또는 전세서비스 운송사업용			11년
	그 밖의 사업용			9년
특수 자동차	자동차 대여 사업용	캠핑용 자동차		9년

2 과징금(영 제46조 별표5) (단위 : 만원)

국토교통부장관, 시·도지사 또는 시장·군수·구청장은 여객자동차 운수사업자의 사업규모, 사업지역의 특수성, 운전자 과실의 정도와 위반행위의 내용 및 횟수 등을 고려하여 과징금 액수의 2분의 1의 범위에서 가중하거나 경감할 수 있다. 다만, 가중하는 경우에도 과징금의 총액은 5천만 원을 초과할 수 없다.

구 분	위 반 내 용	위반 횟수	일반택시	개인택시
면허 또는 등록 등	면허·허가를 받거나 등록한 업종의 범위를 벗어나 사업을 한 경우	1차	180	180
		2차	360	360
		3차 이상	540	540
	면허를 받은 사업구역 외의 행정구역에서 사업을 한 경우	1차	40	40
		2차	80	80
		3차 이상	160	160
	면허를 받거나 등록한 차고를 이용하지 않고 차고지가 아닌 곳에서 밤샘 주차를 한 경우	1차	10	10
		2차	15	15
	신고를 하지 않거나 거짓으로 신고를 하고 개인택시를 대리운전하게 한 경우	1차	–	120
		2차	–	240
운임 및 요금	운임 및 요금에 대한 신고 또는 변경 신고를 하지 않고 운송을 개시한 경우	1차	40	20
		2차	80	40
		3차 이상	160	80
	미터기를 부착하지 않거나 사용하지 않고 여객을 운송한 경우(구간 운임제 시행 지역은 제외)	1차	40	40
		2차	80	80
		3차 이상	160	160
차령 초과	차령 또는 운행 거리를 초과하여 운행한 경우	1차	180	180
		2차	360	360
자동차의 표시	1년에 3회 이상 사업용 자동차의 표시를 하지 않은 경우		10	10

			처분기준	
		1차	2차	3차 이상
운전자의 자격요건 등	택시운송사업자가 차내에 운전자 격증명을 항상 게시하지 않은 경우	10		10
	자동차 안에 게시해야 할 사항을 게시하지 않은 경우 1차 / 2차	20 / 40		20 / 40
	운수종사자의 자격요건을 갖추지 않은 사람을 운전업무에 종사하게 한 경우 1차 / 2차	360 / 720		360 / 720
	운수종사자의 교육에 필요한 조치를 하지 않은 경우 1차 / 2차 / 3차 이상	30 / 60 / 90		
운송 시설 및 여객의 안전 확보	정류소에서 주차 또는 정차 질서를 문란하게 한 경우 1차 / 2차	20 / 40		20 / 40
	속도제한장치 또는 운행기록계가 장착된 운송사업용 자동차를 해당 장치 또는 기기가 정상적으로 작동되지 않은 상태에서 운행한 경우 1차 / 2차 / 3차 이상	60 / 120 / 180		60 / 120 / 180
	차실에 냉방·난방 장치를 설치하여야 할 자동차에 이를 설치하지 않고 여객을 운송한 경우 1차 / 2차 / 3차 이상	60 / 120 / 180		60 / 120 / 180
	차량 정비, 운전자의 과로 방지 및 정기적인 차량 운행 금지 등 안전 수송을 위한 명령을 위반하여 운행한 경우 1차 / 2차	20 / 40		20 / 40
	그 밖의 설비 기준에 적합하지 않은 자동차를 이용하여 운송한 경우 1차 / 2차	20 / 30		20 / 30

❸ 과태료 부과기준(영 제49조 별표6) (단위 : 만원)

① 하나의 행위가 둘 이상의 위반행위에 해당하는 경우에는 그 중 무거운 과태료의 부과기준에 따른다.

② 위반행위의 횟수에 따른 과태료의 가중된 부과기준은 최근 1년간 같은 위반행위로 과태료 부과처분을 받은 날과 그 처분 후 다시 같은 위반행위를 하여 적발된 날을 기준으로 한다.

③ 과태료 부과권자는 다음의 어느 하나에 해당하는 경우에는 과태료 금액의 2분의 1의 범위에서 그 금액을 줄일 수 있다.
   1) 위반행위자가 다음 중 어느 하나에 해당하는 경우
      ㉠ 국민기초생활수급자
      ㉡ 한부모가족 보호자
      ㉢ 장애정도가 심한 장애인
      ㉣ 1~3급 국가유공자
      ㉤ 미성년자
   2) 위반행위가 사소한 부주의나 오류로 인한 것으로 인정되는 경우
   3) 위반행위자가 법 위반상태를 시정하거나 해소하기 위하여 노력한 것으로 인정되는 경우
   4) 그 밖에 위반행위의 정도, 위반행위의 동기와 그 결과 등을 고려하여 줄일 필요가 있다고 인정되는 경우

⑤ 과태료 부과권자는 다음의 어느 하나에 해당하는 경우에는 과태료 금액의 2분의 1의 범위에서 늘릴 수 있다. 다만, 과태료 상한(1천만 원)을 넘을 수 없다.
   1) 위반의 내용·정도가 중대하여 이용객 등에게 미치는 피해가 크다고 인정되는 경우
   2) 최근 1년간 같은 위반행위로 과태료 부과처분을 3회를 초과하여 받은 경우
   3) 그 밖에 위반행위의 정도, 위반행위의 동기와 그 결과 등을 고려하여 늘릴 필요가 있다고 인정되는 경우

위 반 행 위	처분기준		
	1회	2회	3회 이상
사고 시의 조치를 하지 않은 경우	50	75	100
운수종사자 취업 현황을 알리지 않거나 거짓으로 알린 경우			
정당한 사유 없이 검사 또는 질문에 불응하거나 이를 방해 또는 기피한 경우			
운수종사자의 요건을 갖추지 않고 여객자동차운송사업 또는 플랫폼운송사업의 운전 업무에 종사한 경우	50	50	50
중대한 교통사고 발생에 따른 보고를 하지 않거나 거짓 보고를 한 경우	20	30	50
여객이 착용하는 좌석 안전띠가 정상적으로 작동될 수 있는 상태를 유지하지 않은 경우			
운수종사자에게 여객의 좌석 안전띠 착용에 관한 교육을 실시하지 않은 경우			
교통안전 정보의 제공을 거부하거나 거짓의 정보를 제공한 경우			
정당한 사유 없이 여객을 중도에서 내리게 하는 경우	20	20	20
부당한 운임 또는 요금을 받거나 요구하는 경우			
일정한 장소에 오랜 시간 정차하거나 배회하면서 여객을 유치하는 경우			
여객의 요구에도 불구하고 영수증 발급 또는 신용카드 결제에 응하지 않는 경우	20	20	20
문을 완전히 닫지 않은 상태 또는 여객이 승하차하기 전에 자동차를 출발시키는 경우			
사업용 자동차의 표시를 하지 않은 경우	10	15	20
자동차 안에서 흡연하는 경우	10	10	10
차량의 출발 전에 여객이 좌석 안전띠를 착용하도록 안내하지 않은 경우	3	5	10

제3절 택시운송사업의 발전에 관한 법규

01. 목적 및 정의

❶ 목적(법 제1조)
택시운송사업의 발전에 관한 사항을 규정함으로써
① 택시운송사업의 건전한 발전을 도모
② 택시운수종사자의 복지 증진
③ 국민의 교통편의 제고에 이바지

❷ 정의(법 제2조)
① 택시운송사업
   여객자동차 운수사업법에 따른 구역 여객자동차운송사업 중,
   ㉠ 일반택시 운송사업 : 운행 계통을 정하지 않고 국토교통부령으로 정하는 사업구역에서 1개의 운송 계약에 따라 국토교통부령으로 정하는 자동차를 사용하여 여객을 운송하는 사업
   ㉡ 개인택시 운송사업 : 운행 계통을 정하지 않고 국토교통부령으로 정하는 사업구역에서 1개의 운송 계약에 따라 국토교통부령으로 정하는 자동차 1대를 사업자가 직접 운전(사업자의 질병 등의 사유가 있는 경우는 제외)하여 여객을 운송하는 사업
② 택시운송사업면허 : 택시운송사업을 경영하기 위하여 여객자동차 운수사업법에 따라 받은 면허
③ 택시운송사업자 : 택시운송사업면허를 받아 택시운송사업을 경영하는 자

④ 택시운수종사자 : 여객자동차운수사업법에 따른 운전 업무 종사 자격을 갖추고 택시운송사업의 운전 업무에 종사하는 사람

⑤ 택시공영차고지 : 택시운송사업에 제공되는 차고지로서 특별시장·광역시장·특별자치시장·도지사·특별자치도지사(이하 시·도지사) 또는 시장·군수·구청장 (자치구의 구청장)이 설치한 것

⑥ 택시공동차고지 : 택시운송사업에 제공되는 차고지로서 2인 이상의 일반택시 운송사업자가 공동으로 설치 또는 임차하거나 조합 또는 연합회가 설치 또는 임차한 차고지

❸ 국가 등의 책무(법 제3조)

국가 및 지방자치단체는 택시운송사업의 발전과 국민의 교통편의 증진을 위한 정책을 수립하고 시행하여야 한다.

02. 택시정책심의위원회

❶ 설치 목적 및 소속(법 제5조)

택시운송사업의 중요 정책 등에 관한 사항의 심의를 위하여 국토교통부장관 소속으로 위원회를 둔다.

❷ 심의 사항(법 제5조제2항)

① 택시운송사업의 면허 제도에 관한 중요 사항

② 사업구역별 택시 총량에 관한 사항

③ 사업구역 조정 정책에 관한 사항

④ 택시운수종사자의 근로 여건 개선에 관한 중요 사항

⑤ 택시운송사업의 서비스 향상에 관한 중요 사항

⑥ 이 법 또는 다른 법률에서 위원회의 심의를 거치도록 한 사항

⑦ 그 밖에 택시운송사업에 관한 중요한 사항으로서 위원장이 회의에 부치는 사항

❸ 위원회의 구성 : 위원장 1명을 포함한 10명 이내의 위원으로 구성 (법 제5조제3항)

❹ 위원의 위촉(영 제2조제1항)

① 택시운송사업에 5년 이상 종사한 사람

② 교통관련 업무에 공무원으로 2년 이상 근무한 경력이 있는 사람

③ 택시운송사업 분야에 관한 학식과 경험이 풍부한 사람

위의 어느 하나에 해당하는 사람 중, 전문 분야와 성별 등을 고려하여 국토교통부장관이 위촉

❺ 위원의 임기 : 2년(영 제2조제3항)

03. 택시운송사업 발전 기본 계획의 수립

❶ 국토교통부장관은 택시운송사업을 체계적으로 육성·지원하고 국민의 교통편의 증진을 위하여 관계 중앙행정기관의 장 및 시·도지사의 의견을 들어 5년 단위의 택시운송 사업 발전 기본 계획을 5년 마다 수립하여야 한다. (법 제6조제1항)

❷ 택시운송사업 발전 기본 계획에 포함될 사항(법 제2항)

① 택시운송사업 정책의 기본 방향에 관한 사항

② 택시운송사업의 여건 및 전망에 관한 사항

③ 택시운송사업면허 제도의 개선에 관한 사항

④ 택시운송사업의 구조 조정 등 수급 조절에 관한 사항

⑤ 택시운수종사자의 근로 여건 개선에 관한 사항

⑥ 택시운송사업의 경쟁력 향상에 관한 사항

⑦ 택시운송사업의 관리 역량 강화에 관한 사항

⑧ 택시운송사업의 서비스 개선 및 안전성 확보에 관한 사항

⑨ 그 밖에 택시운송사업의 육성 및 발전에 관하여 대통령령으로 정하는 사항

: 대통령령으로 정하는 사항(영 제5조제2항)

㉠ 택시운송사업에 사용되는 자동차 (이하 택시) 수급 실태 및 이용 수요의 특성에 관한 사항

㉡ 차고지 및 택시 승차대 등 택시 관련 시설의 개선 계획

㉢ 기본 계획의 연차별 집행 계획

㉣ 택시운송사업의 재정 지원에 관한 사항

㉤ 택시운송사업의 위반 실태 점검과 지도 단속에 관한 사항

㉥ 택시운송사업 관련 연구·개발을 위한 전문 기구 설치에 관한 사항

04. 재정 지원(법 제7조)

❶ 시·도의 지원(제1항)

특별시·광역시·특별자치시·도·특별자치도(이하 시·도)는 택시운송사업의 발전을 위하여 택시운송사업자 또는 택시운수종사자 단체에 다음의 어느 하나에 해당하는 사업에 대하여 조례로 정하는 바에 따라 필요한 자금의 전부 또는 일부를 보조 또는 융자할 수 있다.

① 택시운송사업자에 대한 지원(제1호, 제5호)

㉠ 합병, 분할, 분할 합병, 양도·양수 등을 통한 구조 조정 또는 경영 개선 사업

㉡ 사업구역별 택시 총량을 초과한 차량의 감차 사업

㉢ 택시의 환경 친화적 자동차의 개발 및 보급 촉진에 관한 법률에 따른 친환경 택시로의 대체 사업

㉣ 택시운송사업의 서비스 향상을 위한 시설·장비의 확충·개선·운영 사업

㉤ 서비스 교육 등 택시운수종사자에게 실시하는 교육 및 연수 사업

㉥ 그 밖에 택시운송사업의 발전을 위해 국토교통부령으로 정하는 사업

> **국토교통부령으로 정하는 재정 지원 대상 사업의 범위**(규칙 제7조)
> ㉮ 택시운수종사자의 근로여건 개선 사업
> ㉯ 택시운송사업자의 경영개선 및 연구 개발 사업
> ㉰ 택시운수종사자의 교육 및 연수 사업
> ㉱ 택시의 고급화 및 낡은 택시의 교체 사업
> ㉲ 그 밖에 택시운송사업의 육성 및 발전을 위해 국토교통부장관이 필요하다고 인정하는 사업

② 택시운수종사자 단체에 대한 지원

: 서비스 교육 등 택시운수종사자에게 실시하는 교육 및 연수 사업

❷ 국가의 지원(법 제7조제2항)

국가는 다음의 어느 하나에 해당하는 자금의 전부 또는 일부를 시·도에 지원할 수 있다.

① 시·도가 택시운송사업자 또는 택시운수종사자 단체(이하 택시운송사업자등)에 보조한 자금(시설·장비의 운영 사업에 보조한 자금은 제외)

② 택시공영차고지 설치에 필요한 자금

❸ 보조금의 사용 규칙(법 제8조)

① 보조를 받은 택시운송사업자등은 그 자금을 보조받은 목적 외의 용도로 사용하지 못한다.

② 국토교통부장관 또는 시·도지사는 보조를 받은 택시운송사업자등이 그 자금을 적정하게 사용하도록 감독해야 한다.

③ 국토교통부장관 또는 시·도지사는 택시운송사업자등이 거짓이나 그 밖의 부정한 방법으로 보조금을 교부받거나 목적 외의 용도로 사용한 경우 택시운송사업자 등에게 보조금의 반환을 명해야 한다.

④ 국토교통부장관은 택시운송사업자등이 보조금 반환명령을 받고도 반환하지 않는 경우 국세 또는 지방세 체납처분의 예에 따라 이를 징수해야 한다.

05. 신규 택시운송사업 면허의 제한 등(법 제10조)

❶ 다음의 각 사업구역에서는 여객자동차운수사업법에도 불구하고 누구든지 신규 택시운송사업 면허를 받을 수 없다. (제1항)
① 사업구역별 택시 총량을 산정하지 아니한 사업구역
② 국토교통부장관이 사업구역별 택시 총량의 재산정을 요구한 사업구역
③ 고시된 사업구역별 택시 총량보다 해당 사업구역 내의 택시의 대수가 많은 사업구역. 다만, 해당 사업구역이 연도별 감차 규모를 초과하여 감차 실적을 달성한 경우 그 초과분의 범위에서 관할 지방자치단체의 조례로 정하는 바에 따라 신규 택시운송사업 면허를 받을 수 있다.

❷ ❶의 사업구역에서 여객자동차운수사업법에 따라 일반택시운송사업자가 사업 계획을 변경하고자 하는 경우 증차를 수반하는 사업 계획의 변경은 할 수 없다. (제2항)

06. 운송비용 전가 금지 등(법 제12조)

❶ 군(광역시의 군은 제외한다) 지역을 제외한 사업구역의 일반택시운송사업자는 택시의 구입 및 운행에 드는 비용 중 다음의 각 비용을 택시운수종사자에게 부담시켜서는 아니 된다. (제1항)
① 택시 구입비 (신규 차량을 택시운수종사자에게 배차하면서 추가 징수하는 비용 포함)
② 유류비 ③ 세차비
④ 택시운송사업자가 차량 내부에 붙이는 장비의 설치비 및 운영비
⑤ 그 밖에 택시의 구입 및 운행에 드는 비용으로서 대통령령으로 정하는 비용 : 대통령령으로 정하는 비용 – 사고로 인한 차량 수리비, 보험료 증가분 등 교통사고 처리에 드는 비용(해당 교통사고가 음주 등 택시운수종사자의 고의·중과실로 인하여 발생한 것인 경우는 제외)을 말한다. (영 제19조제2항)

❷ 택시운송사업자는 소속 택시운수종사자가 아닌 사람(형식상의 근로계약에도 불구하고 실질적으로는 소속 택시운수종사자가 아닌 사람을 포함)에게 택시를 제공해서는 안 된다. (제2항)

❸ 택시운송사업자는 택시운수종사자가 안전하고 편리한 서비스를 제공할 수 있도록 택시운수종사자의 장시간 근로 방지를 위하여 노력해야 한다. (제3항)

❹ 시·도지사는 1년에 2회 이상 택시운송사업자가 위 2,3의 사항을 준수하고 있는지를 조사하고, 1개월 이내에 그 조사내용과 조치 결과를 국토교통부장관에게 보고하여야 한다. (제4항)

07. 택시 운행 정보의 관리 등(법 제13조)

❶ 국토교통부장관 또는 시·도지사는 택시 정책을 효율적으로 수행하기 위하여 운행 기록 장치와 택시요금미터를 활용하여 국토교통부령으로 정하는 정보를 수집·관리하는 택시운행정보관리시스템을 구축·운영할 수 있다. (제1항)
① 국토교통부령으로 정하는 정보(규칙 제10조)
  ㉠ 운행 기록 장치에 기록된 정보(주행거리, 속도, 위치 정보 등)
  ㉡ 택시요금미터에 기록된 정보 (승차 일시와 거리, 영업거리, 요금 정보 등)

❷ 국토교통부장관 또는 시·도지사는 택시운행정보관리시스템을 구축·운영하기 위한 정보를 수집·이용할 수 있다. (제2항)

❸ 택시운행정보관리시스템으로 처리된 전산 자료는 교통사고 예방 등 공공의 목적을 위하여 국토교통부령으로 정하는 바에 따라 공동 이용할 수 있다. (규칙 제11조)

④ 전산자료의 공동 이용 – 국토교통부장관 또는 시·도지사는 택시운행정보관리시스템으로 처리된 전체 자료를 택시운송사업자, 여객자동차운수사업자 조합 및 연합회와 공동 이용할 수 있다.

08. 택시운수종사자 복지 기금의 설치(법 제15조)

❶ 목적(제1항)
택시운송사업자 단체 또는 택시운수종사자 단체가 택시운수종사자의 근로 여건 개선 등을 위해 설치할 수 있다.

❷ 기금의 수입 재원(제2항)
① 출연금 (개인·단체·법인으로부터의 출연금에 한정)
② 복지 기금 운용 수익금
③ 액화석유가스를 연료로 사용하는 차량을 판매하여 발생한 수입 중 일부로서 택시운송사업자가 조성하는 수입금
④ 그 밖에 대통령령으로 정하는 수입금 : 택시 표시 등 이용 광고 사업에 따라 발생하는 광고 수입 중 택시운송사업자가 조성하는 수입금

❸ 기금의 용도(제3항)
① 택시운수종사자의 건강 검진 등 건강 관리 서비스 지원
② 택시운수종사자 자녀에 대한 장학 사업
③ 기금의 관리·운용에 필요한 경비
④ 그 밖에 택시운수종사자의 복지 향상을 위하여 필요한 사업으로서 국토교통부장관이 정하는 사업
⑤ 국토교통부장관 또는 시·도지사는 기금이 적정하게 사용될 수 있도록 감독하여야 한다.

09. 택시운수종사자의 준수사항 등(법 제16조)

❶ 택시운수종사자는 다음의 어느 하나에 해당하는 행위를 하여서는 아니 된다. (제1항)
① 정당한 사유 없이 여객의 승차를 거부하거나 여객을 중도에서 내리게 하는 행위
② 부당한 운임 또는 요금을 받는 행위
③ 여객을 합승하도록 하는 행위
④ 여객의 요구에도 불구하고 영수증 발급 또는 신용 카드 결제에 응하지 않는 행위 (영수증발급기 및 신용카드결제기가 설치되어 있는 경우에 한정)
※ 여객의 안전·보호조치 이행 등 국토교통부령으로 정하는 기준을 충족한 경우 (규칙 제11조의2)
  ① 합승을 신청한 여객의 본인 여부를 확인하고 합승을 중개하는 기능
  ② 탑승하는 시점·위치 및 탑승 가능한 좌석 정보를 탑승 전에 여객에게 알리는 기능
  ③ 동성(同姓) 간의 합승만을 중개하는 기능(경형, 소형 및 중형 택시운송사업에 사용되는 자동차의 경우만 해당)
  ④ 자동차 안에서 불쾌감을 유발하는 신체 접촉 등 여객의 신변 안전에 위해를 미칠 수 있는 위험상황 발생 시 그 사실을 고객센터 또는 경찰에 신고하는 방법을 탑승 전에 알리는 기능

❷ 국토교통부장관은 택시운수종사자가 ❶의 각 사항을 위반하면 여객자동차운수사업법에 따른 운전업무종사자격을 취소하거나 6개월 이내의 기간을 정하여 그 자격의 효력을 정지시킬 수 있다. (제2항)

위반행위	처분기준		
	1차 위반	2차 위반	3차 위반
정당한 사유 없이 여객의 승차를 거부하거나 여객을 중도에서 내리게 하는 행위	경고	자격정지 30일	자격취소
부당한 운임 또는 요금을 받는 행위			
여객을 합승하도록 하는 행위		자격정지 10일	자격정지 20일
여객의 요구에도 불구하고 영수증 발급 또는 신용 카드 결제에 응하지 않는 행위			

10. 과태료 (법 제23조, 영 제25조, 별표3)

① 운송비용 전가 금지 조항에 해당하는 비용을 택시운수종사자에게 전가시킨 자에게는 1천만 원 이하의 과태료를 부과한다.

② 다음 각 호의 어느 하나에 해당하는 자에게는 1백만 원 이하의 과태료를 부과한다.

　㉠ 택시운수종사자 준수사항을 위반한 자

　㉡ 보조금의 사용내역 등에 관한 보고나 서류제출을 하지 않거나 거짓으로 한 자

　㉢ 택시운송사업자등의 장부 · 서류, 그 밖의 물건에 관한 검사를 정당한 사유 없이 거부 · 방해 또는 기피한 자

③ ①과 ②에 따른 과태료는 대통령령으로 정하는 바에 따라 국토교통부장관이 부과 · 징수한다.

위반행위	과태료 금액 (만원)		
	1회 위반	2회 위반	3회 위반 이상
운송비용 전가 금지 조항에 해당하는 비용을 택시운수종사자에게 전가시킨 경우	500	1,000	1,000
택시운수종사자 준수사항을 위반한 경우	20	40	60
보조금의 사용내역 등에 관한 보고를 하지 않거나 거짓으로 한 경우	25	50	50
보조금의 사용내역 등에 관한 서류 제출을 하지 않거나 거짓 서류를 제출한 경우	50	75	100
택시운송사업자등의 장부 · 서류, 그 밖의 물건에 관한 검사를 정당한 사유 없이 거부 · 방해 또는 기피한 경우	50	75	100

제2장 도로교통법령

제1절 법의 목적 및 용어

01. 목적 (법 제1조)

도로에서 일어나는 교통상의

① 위험과 장해를 방지하고 제거하여

② 안전하고 원활한 교통을 확보

02. 용어의 정의 (법 제2조)

1 도로 (제1호)

① 도로법에 따른 도로　　② 유료도로법에 따른 유료도로

③ 농어촌도로정비법에 따른 농어촌 도로

④ 그 밖에 현실적으로 불특정 다수의 사람 또는 차마가 통행할 수 있도록 공개된 장소로서 안전하고 원활한 교통을 확보할 필요가 있는 장소

2 자동차 전용 도로 (제2호)

자동차만 다닐 수 있도록 설치된 도로

3 고속도로 (제3호)

자동차의 고속 운행에만 사용하기 위하여 지정된 도로

4 차도 (車道) (제4호)

연석선 (차도와 보도를 구분하는 돌 등으로 이어진 선), 안전표지 또는 그와 비슷한 인공 구조물을 이용하여 경계를 표시하여 모든 차가 통행할 수 있도록 설치된 도로의 부분

5 중앙선 (제5호)

차마의 통행 방향을 명확하게 구분하기 위하여 도로에 황색 실선이나 황색 점선 등의 안전표지로 표시한 선 또는 중앙 분리대나 울타리 등으로 설치한 시설물 (다만, 가변차로가 설치된 경우에는 신호기가 지시하는 진행 방향의 가장 왼쪽에 있는 황색 점선)

6 차로 (제6호)

차마가 한 줄로 도로의 정하여진 부분을 통행하도록 차선으로 구분한 차도의 부분

7 차선 (제7호)

차로와 차로를 구분하기 위하여 그 경계지점을 안전표지로 표시한 선

8 자전거 도로 (제8호)

안전표지, 위험 방지용 울타리나 그와 비슷한 인공 구조물로 경계를 표시하여 자전거 및 개인형 이동 장치가 통행할 수 있도록 설치된 자전거 전용도로, 자전거 보행자 겸용도로, 자전거 전용차로, 자전거 우선 도로를 말한다.

9 자전거 횡단도 (제9호)

자전거가 일반도로를 횡단할 수 있도록 안전표지로 표시한 도로의 부분

10 보도 (步道) (제10호)

연석선, 안전표지나 그와 비슷한 인공 구조물로 경계를 표시하여 보행자 (유모차, 보행보조용 의자차, 수동 휠체어, 전동 휠체어, 의료용 스쿠터, 노약자용 보행기 등 행정안전부령으로 정하는 기구 · 장치를 이용하여 통행하는 사람 및 실외 이동 로봇을 포함)가 통행할 수 있도록 한 도로의 부분

11 길 가장자리 구역 (제11호)

보도와 차도가 구분되지 아니한 도로에서 보행자의 안전을 확보하기 위하여 안전표지 등으로 경계를 표시한 도로의 가장자리 부분

12 횡단보도 (제12호)

보행자가 도로를 횡단할 수 있도록 안전표지로 표시한 도로의 부분

13 교차로 (제13호)

십자로, T자로나 그 밖에 둘 이상의 도로(보도와 차도가 구분되어 있는 도로에서는 차도)가 교차하는 부분

13-1 회전교차로 (제13의2)

교차로 중 차마가 원형의 교통섬(차마의 안전하고 원활한 교통처리나 보행자 도로횡단의 안전을 확보하기 위하여 교차로 또는 차도의 분기점 등에 설치하는 섬 모양의 시설)을 중심으로 반시계방향으로 통행하도록 한 원형의 도로를 말한다.

14 안전지대 (제14호)

도로를 횡단하는 보행자나 통행하는 차마의 안전을 위하여 안전표지나 이와 비슷한 인공 구조물로 표시한 도로의 부분

15 신호기 (제15호)

문자 · 기호 또는 등화를 사용하여 진행 · 정지 · 방향 전환 · 주의 등의 신호를 표시하기 위하여 사람이나 전기의 힘으로 조작하는 장치

16 안전표지 (제16호)

교통안전에 필요한 주의 · 규제 · 지시 등을 표시하는 표지판이나 도로의 바닥에 표시하는 기호 · 문자 또는 선 등

17 차마 (제17호)

차와 우마를 말한다.

① 차

　㉠ 자동차　　　　　㉡ 건설기계

　㉢ 원동기 장치 자전거　㉣ 자전거

ⓜ 사람 또는 가축의 힘이나 그 밖의 동력으로 도로에서 운전되는 것 (단, 철길이나 가설된 선을 이용하여 운전되는 것과 유모차, 보행보조용 의자차, 노약자용 보행기, 실외 이동 로봇 등 행정안전부령으로 정하는 기구·장치를 제외)

② 우마 - 교통이나 운수에 사용되는 가축

17-1 노면전차(제17의2)

도시철도법에 따른 노면전차로서 도로에서 궤도를 이용하여 운행되는 차를 말한다.

18 자동차(제18호)

철길이나 가설된 선을 이용하지 않고 원동기를 사용하여 운전되는 차 (견인되는 자동차도 자동차의 일부)

① 자동차관리법에 따른 다음의 자동차 (원동기 장치 자전거 제외)
  ㉠ 승용 자동차   ㉡ 승합자동차
  ㉢ 화물 자동차   ㉣ 특수 자동차
  ㉤ 이륜자동차

② 건설기계관리법에 따른 다음의 건설 기계
  ㉠ 덤프 트럭   ㉡ 아스팔트 살포기
  ㉢ 노상 안정기   ㉣ 콘크리트 믹서 트럭
  ㉤ 콘크리트 펌프   ㉥ 천공기(트럭 적재식)
  ㉦ 콘크리트 믹서 트레일러   ㉧ 아스팔트 콘크리트 재생기
  ㉨ 도로 보수 트럭   ㉩ 3톤 미만의 지게차

19 원동기 장치 자전거(제19호)

① 자동차관리법에 따른 이륜자동차 가운데 배기량 125cc 이하(전기를 동력으로 하는 경우에는 최고 정격 출력 11kw 이하)의 이륜자동차

② 그 밖에 배기량 125cc 이하 (전기를 동력으로 하는 경우에는 최고 정격 출력 11kw 이하)의 원동기를 단 차(전기 자전거 및 실외 이동 로봇은 제외)

20 자전거(제20호)

사람의 힘으로 페달, 손 페달을 사용하여 움직이는 구동 장치와 조향 장치, 제동 장치가 있는 바퀴가 둘 이상인 차(자전거) 및 전기 자전거를 말한다.

21 자동차 등(제21호)

자동차와 원동기 장치 자전거

22 긴급 자동차(제22호)

다음의 자동차로서 그 본래의 긴급한 용도로 사용되고 있는 자동차
① 소방차   ② 구급차   ③ 혈액 공급 차량
④ 그 밖에 대통령령으로 정하는 자동차

23 어린이 통학 버스(제23호)

다음의 시설 가운데 어린이 (13세 미만인 사람)를 교육 대상으로 하는 시설에서 어린이의 통학 등에 이용되는 자동차와 여객자동차운수사업법에 따른 여객자동차운송사업의 한정 면허를 받아 어린이를 여객 대상으로 하여 운행되는 운송사업용 자동차

① 유아교육법에 따른 유치원, 초·중등교육법에 따른 초등학교 및 특수학교

② 영유아보육법에 따른 어린이 집

③ 학원의 설립·운영 및 과외 교습에 관한 법률에 따라 설립된 학원

④ 체육시설의 설치·이용에 관한 법률에 따라 설립된 체육 시설

24 주차(제24호)

운전자가 승객을 기다리거나 화물을 싣거나 차가 고장 나거나 그 밖의 사유로 차를 계속 정지 상태에 두는 것 또는 운전자가 차에서 떠나서 즉시 그 차를 운전할 수 없는 상태에 두는 것

25 정차(제25호)

운전자가 5분을 초과하지 아니하고 차를 정지시키는 것으로서 주차 외의 정지 상태

26 운전(제26호)

도로(주취 운전, 과로 운전, 교통사고 및 교통사고 발생 시 조치 불이행, 경찰 공무원의 음주 측정 거부 등에 한하여 도로 외의 곳을 포함)에서 차마 또는 노면 전차를 그 본래의 사용 방법에 따라 사용하는 것 (조종 또는 자율주행시스템을 사용하는 것을 포함)

27 초보 운전자(제27호)

처음 운전면허를 받은 날(2년이 지나기 전에 운전면허의 취소 처분을 받은 경우에는 그 후 다시 운전면허를 받은 날)부터 2년이 지나지 아니한 사람을 말한다. 이 경우 원동기 장치 자전거 면허만 받은 사람이 원동기 장치자전거 면허 외의 운전면허를 받은 경우에는 처음 운전면허를 받은 것으로 본다.

28 서행(제28호)

운전자가 차 또는 노면전차를 즉시 정지시킬 수 있는 정도의 느린 속도로 진행하는 것

29 앞지르기(제29호)

차 또는 노면전차의 운전자가 앞서가는 다른 차 또는 노면전차의 옆을 지나서 그 차의 앞으로 나가는 것

30 일시정지(제30호)

차 또는 노면전차의 운전자가 그 차 또는 노면전차의 바퀴를 일시적으로 완전히 정지시키는 것

31 보행자 전용도로(제31호)

보행자만 다닐 수 있도록 안전표지나 그와 비슷한 인공 구조물로 표시한 도로

31-1 보행자 우선 도로(제31의2)

차도와 보도가 분리되지 아니한 도로에서 보행자 안전과 편의를 보장하기 위하여 보행자 통행이 차마 통행에 우선하도록 지정된 도로를 말한다.

※ 시·도 경찰청장이나 경찰서장은 보행자 우선 도로에서 보행자를 보호하기 위하여 필요하다고 인정하는 경우에는 차마의 통행 속도를 시속 20km 이내로 제한 가능 (법 제28조의2)

32 모범 운전자(제33호)

무사고 운전자 또는 유공 운전자 표시장을 받거나 2년 이상 사업용 자동차 운전에 종사하면서 교통사고를 일으킨 전력이 없는 사람으로서 경찰청장이 정하는 바에 따라 선발되어 교통안전 봉사 활동에 종사하는 사람

제2절 교통안전시설(법 제4조)

01. 교통신호기

1 신호 또는 지시에 따를 의무(법 제5조)

도로를 통행하는 보행자와 차마 또는 노면전차의 운전자는 교통 안전 시설이 표시하는 신호 또는 지시와 교통정리를 하는 경찰 공무원(의무경찰을 포함) 또는 경찰 보조자(자치 경찰 공무원 및 경찰 공무원을 보조하는 사람)의 신호나 지시를 따라야 한다.

> **경찰 공무원을 보조하는 사람의 범위(영 제6조)**
> ① 모범 운전자
> ② 군사 훈련 및 작전에 동원되는 부대의 이동을 유도하는 군사 경찰
> ③ 본래의 긴급한 용도로 운행하는 소방차·구급차를 유도하는 소방 공무원

❷ 신호의 종류와 의미(규칙 제6조제2항, 별표2)

구분		신호의 종류	신호의 뜻
차량신호등	원형등화	녹색의 등화	㉠ 차마는 직진 또는 우회전할 수 있다. ㉡ 비보호좌회전표지 또는 비보호좌회전표시가 있는 곳에서는 좌회전할 수 있다.
		황색의 등화	㉠ 차마는 정지선이 있거나 횡단보도가 있을 때는 그 직전이나 교차로의 직전에 정지해야 하며, 이미 교차로에 차마의 일부라도 진입한 경우에는 신속히 교차로 밖으로 진행해야 한다. ㉡ 차마는 우회전할 수 있고 우회전하는 경우에는 보행자의 횡단을 방해하지 못한다.
		적색의 등화	㉠ 차마는 정지선, 횡단보도 및 교차로의 직전에서 정지해야 한다. ㉡ 차마는 우회전하려는 경우 정지선, 횡단보도 및 교차로의 직전에서 정지한 후 신호에 따라 진행하는 다른 차마의 교통을 방해하지 않고 우회전할 수 있다. ㉢ ㉡항에도 불구하고 차마는 우회전 삼색등이 적색의 등화인 경우 우회전할 수 없다.
		황색 등화의 점멸	차마는 다른 교통 또는 안전표지의 표시에 주의하면서 진행할 수 있다.
		적색 등화의 점멸	차마는 정지선이나 횡단보도가 있을 때에는 그 직전이나 교차로의 직전에 일시정지 한 후 다른 교통에 주의하면서 진행할 수 있다.
	화살표등화	녹색 화살표의 등화	차마는 화살표시 방향으로 진행할 수 있다.
		황색 화살표의 등화	화살표시 방향으로 진행하려는 차마는 정지선이 있거나 횡단보도가 있을 때는 그 직전이나 교차로의 직전에 정지해야 하며, 이미 교차로에 차마의 일부라도 진입한 경우에는 신속히 교차로 밖으로 진행해야 한다.
		적색 화살표의 등화	화살표시 방향으로 진행하려는 차마는 정지선, 횡단보도 및 교차로의 직전에서 정지해야 한다.
		황색 화살표 등화의 점멸	차마는 다른 교통 또는 안전표지의 표시에 주의하면서 화살표시 방향으로 진행할 수 있다.
		적색 화살표 등화의 점멸	차마는 정지선이나 횡단보도가 있을 때는 그 직전이나 교차로의 직전에 일시정지 한 후 다른 교통에 주의하면서 화살표시 방향으로 진행할 수 있다.
	사각형등화	녹색 화살표의 등화 (하향)	차마는 화살표로 지정한 차로로 진행할 수 있다.
		적색 ×표 표시의 등화	차마는 ×표가 있는 차로로 진행할 수 없다.
		적색×표 표시 등화의 점멸	차마는 ×표가 있는 차로로 진입할 수 없고, 이미 차마의 일부라도 진입한 경우에는 신속히 그 차로 밖으로 진로를 변경하여야 한다.
보행신호등		녹색의 등화	보행자는 횡단보도를 횡단할 수 있다.
		녹색 등화의 점멸	보행자는 횡단을 시작하여서는 안 되고, 횡단하고 있는 보행자는 신속하게 횡단을 완료하거나 그 횡단을 중지하고 보도로 되돌아와야 한다.
		적색의 등화	보행자는 횡단보도를 횡단하여서는 안 된다.
자전거신호등	자전거주행신호등	녹색의 등화	자전거 등은 직진 또는 우회전할 수 있다.
		황색의 등화	㉠ 자전거 등은 정지선이 있거나 횡단보도가 있을 때에는 그 직전이나 교차로의 직전에 정지해야 하며, 이미 교차로에 차마의 일부라도 진입한 경우에는 신속히 교차로 밖으로 진행해야 한다. ㉡ 자전거 등은 우회전할 수 있고 우회전하는 경우에는 보행자의 횡단을 방해하지 못한다.
		적색의 등화	㉠ 자전거 등은 정지선, 횡단보도 및 교차로의 직전에서 정지해야 한다. ㉡ 자전거 등은 우회전하려는 경우 정지선, 횡단보도 및 교차로의 직전에서 정지한 후 신호에 따라 진행하는 다른 차마의 교통을 방해하지 않고 우회전할 수 있다. ㉢ ㉡항에도 불구하고 자전거 등은 우회전 삼색등이 적색의 등화인 경우 우회전할 수 없다.

구분		신호의 종류	신호의 뜻
자전거신호등	자전거주행신호등	황색 등화의 점멸	자전거 등은 다른 교통 또는 안전표지의 표시에 주의하면서 진행할 수 있다.
		적색 등화의 점멸	자전거 등은 정지선이나 횡단보도가 있는 때에는 그 직전이나 교차로의 직전에 일시정지한 후 다른 교통에 주의하면서 진행할 수 있다.
	자전거횡단신호등	녹색의 등화	자전거 등은 자전거횡단도를 횡단할 수 있다.
		녹색 등화의 점멸	자전거 등은 횡단을 시작해서는 안 되고, 횡단하고 있는 자전거 등은 신속하게 횡단을 종료하거나 그 횡단을 중지하고 진행하던 차도 또는 자전거 도로로 되돌아와야 한다.
		적색의 등화	자전거 등은 자전거횡단보도를 횡단해서는 안 된다.
버스신호등		녹색의 등화	버스 전용차로에 차마는 직진할 수 있다.
		황색의 등화	버스 전용차로에 있는 차마는 정지선이 있거나 횡단보도가 있을 때에는 그 직전이나 교차로의 직전에 정지해야 하며, 이미 교차로에 차마의 일부라도 진입한 경우에는 신속히 교차로 밖으로 진행해야 한다.
		적색의 등화	버스 전용차로에 있는 차마는 정지선, 횡단보도 및 교차로의 직전에서 정지해야 한다.
		황색 등화의 점멸	버스 전용차로에 있는 차마는 다른 교통 또는 안전표지의 표시에 주의하면서 진행할 수 있다.
		적색 등화의 점멸	버스 전용차로에 있는 차마는 정지선이나 횡단보도가 있을 때에는 그 직전이나 교차로의 직전에 일시정지 한 후 다른 교통에 주의하면서 진행할 수 있다.

〈비고〉
1. 자전거를 주행하는 경우 자전거 주행 신호등이 설치되지 않은 장소에서는 차량 신호등의 지시에 따른다.
2. 자전거횡단도에 자전거 횡단 신호등이 설치되지 않은 경우 자전거는 보행 신호등의 지시에 따른다. 이 경우 보행 신호등 란의 "보행자"는 "자전거 등"으로 본다.
3. 우회전하려는 차마는 우회전 삼색등이 있는 경우 다른 신호등에도 불구하고 이에 따라야 한다.

❸ 신호기의 신호와 수신호가 다른 때(법 제5조제2항)

도로를 통행하는 보행자, 차마 또는 노면전차의 운전자는 교통안전시설이 표시하는 신호 또는 지시와 교통정리를 하는 경찰 공무원 또는 경찰 보조자(이하 경찰 공무원 등)의 신호 또는 지시가 서로 다른 경우에는 경찰 공무원 등의 신호 또는 지시에 따라야 한다.

02. 교통안전 표지의 종류(규칙 제8조)

❶ 주의 표지
도로 상태가 위험하거나 도로 또는 그 부근에 위험물이 있는 경우에 필요한 안전 조치를 할 수 있도록 이를 도로 사용자에게 알리는 표지

❷ 규제 표지
도로 교통의 안전을 위하여 각종 제한·금지 등의 규제를 하는 경우에 이를 도로 사용자에게 알리는 표지

❸ 지시 표지
도로의 통행 방법·통행 구분 등 도로 교통의 안전을 위하여 필요한 지시를 하는 경우에 도로 사용자가 이에 따르도록 알리는 표지

❹ 보조 표지
주의 표지·규제 표지 또는 지시 표지의 주 기능을 보충하여 도로 사용자에게 알리는 표지

❺ 노면 표시(점선:허용, 실선:제한, 복선:의미의 강조)
도로 교통의 안전을 위하여 각종 주의·규제·지시 등의 내용을 노면에 기호·문자 또는 선으로 도로 사용자에게 알리는 표지

※ 노면표시의 기본 색상
- 백색 : 동일방향의 교통류 분리 및 경계 표시
- 황색 : 반대방향의 교통류 분리 또는 도로이용의 제한 및 지시
- 청색 : 지정방향의 교통류 분리 표시(버스전용차로표시 및 다인승차량 전용차선 표시)
- 적색 : 어린이보호구역 또는 주거지역 안에 설치하는 속도제한표시의 테두리선 및 소방시설 주변 정차 · 주차금지 표시에 사용

제3절 보행자의 도로 통행 방법

01. 보행자의 통행(법 제8조)

① 보행자는 보도와 차도가 구분된 도로에서는 언제나 보도로 통행하여야 한다. 다만, 차도를 횡단하는 경우, 도로공사 등으로 보도의 통행이 금지된 경우나 그 밖의 부득이한 경우에는 그러하지 아니하다.

② 보행자는 보도와 차도가 구분되지 아니한 도로 중 중앙선이 있는 도로(일방통행인 경우에는 차선으로 구분된 도로를 포함)에서는 길 가장자리 또는 길 가장자리 구역으로 통행하여야 한다.

③ 보행자는 다음 각 항의 어느 하나에 해당하는 곳에서는 도로의 전부분으로 통행할 수 있다. 이 경우 보행자는 고의로 차마의 진행을 방해하여서는 아니된다.
- ㉠ 보도와 차도가 구분되지 아니한 도로 중 중앙선이 없는 도로 (일방통행인 경우에는 차선으로 구분되지 아니한 도로에 한정)
- ㉡ 보행자 우선 도로

④ 보행자는 보도에서는 우측통행을 원칙으로 한다.

02. 행렬 등의 통행

1 차도의 우측을 통행하여야 하는 경우 (영 제7조)
① 학생의 대열과 그 밖에 보행자의 통행에 지장을 줄 우려가 있다고 인정하는 사람이나 행렬
② 말 · 소 등의 큰 동물을 몰고 가는 사람
③ 사다리 · 목재, 그 밖에 보행자의 통행에 지장을 줄 우려가 있는 물건을 운반 중인 사람
④ 도로에서 청소나 보수 등의 작업을 하고 있는 사람
⑤ 기 또는 현수막 등을 휴대한 행렬
⑥ 장의 행렬

2 도로의 중앙을 통행할 수 있는 경우 (법 제9조제2항)
행렬 등은 사회적으로 중요한 행사에 따라 시가를 행진하는 경우에는 도로의 중앙을 통행할 수 있다.

03. 보행자의 도로 횡단(법 제10조 제2항~제5항)

① 보행자는 횡단보도, 지하도 · 육교나 그 밖의 도로 횡단 시설이 설치되어 있는 도로에서는 그 곳으로 횡단해야 한다. 다만, 지하도나 육교 등의 도로 횡단 시설을 이용할 수 없는 지체 장애인의 경우에는 다른 교통에 방해가 되지 않는 방법으로 도로 횡단 시설을 이용하지 않고 도로를 횡단할 수 있다.

② 횡단보도가 설치되어 있지 않은 도로에서는 가장 짧은 거리로 횡단해야 한다.

③ 보행자는 모든 차와 노면전차의 바로 앞이나 뒤로 횡단하여서는 안 된다. 다만, 횡단보도를 횡단하거나 신호기 또는 경찰 공무원 등의 신호나 지시에 따라 도로를 횡단하는 경우에는 그렇지 않다.

④ 보행자는 안전표지 등에 의하여 횡단이 금지되어 있는 도로의 부분에서는 그 도로를 횡단해서는 안 된다.

제4절 차마의 통행 방법

01. 차마의 통행 구분(법 제13조)

1 차도 통행의 원칙과 예외(제1항, 제2항)
① 차마의 운전자는 보도와 차도가 구분된 도로에서는 차도를 통행해야 한다. 다만, 도로 외의 곳으로 출입할 때에는 보도를 횡단하여 통행할 수 있다.
② 차마의 운전자는 보도를 횡단하기 직전에 일시정지 하여 좌측과 우측 부분 등을 살핀 후 보행자의 통행을 방해하지 않도록 횡단해야 한다.

2 우측통행의 원칙(제3항)
차마의 운전자는 도로(보도와 차도가 구분된 도로에서는 차도)의 중앙(중앙선이 설치되어 있는 경우에는 그 중앙선) 우측 부분을 통행해야 한다.

3 도로의 중앙이나 좌측부분을 통행할 수 있는 경우(제4항)
① 도로가 일방통행인 경우
② 도로의 파손, 도로 공사나 그 밖의 장애 등으로 도로의 우측 부분을 통행할 수 없는 경우
③ 도로의 우측 부분의 폭이 6m가 되지 않는 도로에서 다른 차를 앞지르려는 경우. 다만, 다음의 경우에는 그렇지 않다.
- ㉠ 도로의 좌측 부분을 확인할 수 없는 경우
- ㉡ 반대 방향의 교통을 방해할 우려가 있는 경우
- ㉢ 안전표지 등으로 앞지르기를 금지하거나 제한하고 있는 경우
④ 도로 우측 부분의 폭이 차마의 통행에 충분하지 않은 경우
⑤ 가파른 비탈길의 구부러진 곳에서 교통의 위험을 방지하기 위하여 시 · 도 경찰청장이 필요하다고 인정하여 구간 및 통행 방법을 지정하고 있는 경우에 그 지정에 따라 통행하는 경우
⑥ 차마의 운전자는 안전지대 등 안전표지에 의하여 진입이 금지된 장소에 들어가서는 안 된다.
⑦ 차마(자전거 등은 제외)의 운전자는 안전표지로 통행이 허용된 장소를 제외하고는 자전거도로 또는 길가장자리구역으로 통행해서는 안 된다. (자전거 우선도로는 제외)

02. 차로에 따른 통행

1 차로에 따라 통행할 의무(법 제14조제2항)
① 차마의 운전자는 차로가 설치되어 있는 도로에서는 특별한 규정이 있는 경우를 제외하고는 그 차로를 따라 통행해야 한다.
② 시 · 도 경찰청장이 통행 방법을 따로 지정한 경우에는 그 방법으로 통행해야 한다.

2 차로에 따른 통행 구분(규칙 제16조, 별표9)
① 도로의 중앙에서 오른쪽으로 2이상의 차로(전용차로가 설치되어 운용되고 있는 도로에서는 전용차로를 제외)가 설치된 도로 및 일방통행도로에 있어서 그 차로에 따른 통행차의 기준은 다음의 표와 같다.

도로	차로구분	통행할 수 있는 차종
고속도로 외의 도로	왼쪽 차로	승용 자동차 및 경형 · 소형 · 중형 승합 자동차
	오른쪽 차로	대형 승합 자동차, 화물 자동차, 특수 자동차, 건설기계, 이륜자동차, 원동기 장치 자전거 (개인형 이동장치는 제외)

도로	차로구분	통행할 수 있는 차종
고속도로	편도 2차로 / 1차로	앞지르기를 하려는 모든 자동차. 다만, 차량 통행량 증가 등 도로 상황으로 인하여 부득이하게 시속 80킬로미터 미만으로 통행할 수밖에 없는 경우에는 앞지르기를 하는 경우가 아니라도 통행할 수 있다.
	2차로	모든 자동차
	편도 3차로 이상 / 1차로	앞지르기를 하려는 승용 자동차 및 앞지르기를 하려는 경형 · 소형 · 중형 승합자동차. 다만, 차량 통행량 증가 등 도로 상황으로 인하여 부득이하게 시속 80킬로미터 미만으로 통행할 수밖에 없는 경우에는 앞지르기를 하는 경우가 아니라도 통행할 수 있다.
	왼쪽 차로	승용 자동차 및 경형 · 소형 · 중형 승합 자동차
	오른쪽 차로	대형 승합 자동차, 화물 자동차, 특수 자동차, 건설 기계

〈비고〉
1. 위 표에서 사용하는 용어의 뜻은 다음 각 목과 같다.
    가. "왼쪽 차로"란 다음에 해당하는 차로를 말한다.
        1) 고속도로 외의 도로의 경우: 차로를 반으로 나누어 그 중 1차로에 가까운 부분의 차로. 다만, 차로수가 홀수인 경우 가운데 차로는 제외한다.
        2) 고속도로의 경우: 1차로를 제외한 차로를 반으로 나누어 그 중 1차로에 가까운 부분의 차로. 다만, 1차로를 제외한 차로의 수가 홀수인 경우 그 중 가운데 차로는 제외한다.
2. 모든 차는 위 표에서 지정된 차로보다 오른쪽에 있는 차로로 통행할 수 있다.
3. 앞지르기를 할 때에는 위 표에서 지정된 차로의 왼쪽 바로 옆 차로로 통행할 수 있다.
4. 도로의 진출입 부분에서 진출입하는 때와 정차 또는 주차한 후 출발하는 때의 상당한 거리 동안은 이 표에서 정하는 기준에 따르지 않을 수 있다.

② 모든 차의 운전자는 통행하고 있는 **차로에서 느린 속도로 진행하여 다른 차의 정상적인 통행을 방해**할 우려가 있는 때에는 그 통행하던 **차로의 오른쪽 차로로 통행**하여야 한다. (제2항)

③ 차로의 순위는 도로의 **중앙선** 쪽에 있는 차로부터 **1차로**로 한다. 다만, 일반통행도로에서는 도로의 **왼쪽부터 1차로**로 한다. (제3항)

❸ 전용차로 통행 금지(법 제15조제3항, 영 제10조, 별표1)

전용 차로로 통행할 수 있는 차가 아닌 차는 전용차로로 통행하여서는 아니 된다. 다만, 다음의 경우에는 그렇지 않다. (영 제10조)

① 긴급 자동차가 그 본래의 긴급한 용도로 운행되고 있는 경우

② 전용차로 통행차의 통행에 장해를 주지 아니하는 범위에서 택시가 승객을 태우거나 내려주기 위하여 일시 통행하는 경우, 이 경우 택시운전자는 승객이 타거나 내린 즉시 전용차로를 벗어나야 한다.

③ 도로의 파손 · 공사, 그 밖의 부득이한 장애로 인하여 전용차로가 아니면 통행할 수 없는 경우

전용차로의 종류	통행할 수 있는 차	
	고속도로	고속도로 외의 도로
버스 전용차로	9인승 이상 승용 자동차 및 승합 자동차(승용 자동차 또는 12인승 이하의 승합 자동차는 6명 이상 승차한 경우로 한정한다)	㉠ 36인승 이상의 대형 승합자동차 ㉡ 36인승 미만의 시내 · 시외 · 농어촌 사업용 승합자동차 ㉢ 어린이 통학 버스 (신고필증 교육차에 한함) ㉣ 노선을 지정하여 운행하는 통학 · 통근용 승합 자동차 중 16인승 이상 승합자동차 ㉤ 국제행사 참가인원 수송 등 특히 필요하다고 인정되는 승합자동차 (시 · 도 경찰청장이 정한 기간 이내로 한정) ㉥ 25인승 이상의 외국인 관광객 수송용 승합자동차 (외국인 관광객이 승차한 경우만 해당)
다인승 전용차로	3명 이상 승차한 승용 · 승합자동차 (다인승 전용차로와 버스 전용차로가 동시에 설치되는 경우에는 버스 전용차로를 통행할 수 있는 차는 제외)	
자전거 전용차로	자전거 등	

〈비고〉
1. 경찰청장은 설날 · 추석 등의 특별교통관리기간 중 특히 필요하다고 인정하는 때에는 고속도로 버스전용차로를 통행할 수 있는 차를 따로 정하여 고시할 수 있다.
2. 시장 등은 고속도로 버스전용차로와 연결되는 고속도로 외의 도로에 버스전용차로를 설치하는 경우에는 교통의 안전과 원활한 소통을 위하여 그 버스전용차로를 통행할 수 있는 차의 종류, 설치구간 및 시행시기 등을 따로 정하여 고시할 수 있다.
3. 시장 등은 교통의 안전과 원활한 소통을 위하여 고속도로 외의 도로에 설치된 버스전용차로로 통행할 수 있는 자율주행자동차의 운행 가능 구간, 기간 및 통행시간 등을 따로 정하여 고시할 수 있다.
4. 시장 등은 차도의 일부 차로를 구간과 기간 및 통행시간 등을 정하여 자전거전용차로로 운영할 수 있다.

❹ 차량의 운행 속도(규칙 제19조)

① 운행 속도(제1항)

도로 구분		최고 속도	최저 속도
일반 도로	주거 지역 · 상업 지역 및 공업 지역	매시 50km 이내 (단, 시 · 도경찰청장이 지정한 노선 구간 : 매시 60km 이내)	–
	이 외의 일반도로	매시 60km 이내 (단, 편도 2차로 이상 : 80km/h)	
자동차 전용 도로		매시 90km	매시 30km
고속 도로	편도 1차로	매시 80km	매시 50km
	편도 2차로 이상	매시 100km 승용 · 승합 · 화물자동차 (적재중량 1.5톤 이하)	매시 50km
		매시 80km (적재 중량 1.5톤을 초과하는 화물 자동차, 특수 자동차, 위험물 운반 자동차, 건설 기계)	
	경찰청장이 지정 · 고시한 노선 또는 구간	매시 120km 이내 승용 · 승합 · 화물자동차 (적재중량 1.5톤 이하)	매시 50km
		매시 90km (적재중량 1.5톤을 초과하는 화물 자동차, 특수 자동차, 위험물 운반 자동차, 건설 기계)	

② 악천후 시의 감속 운행 속도(제2항)

최고 속도의 20/100을 감속 운행	최고 속도의 50/100을 감속 운행
㉠ 비가 내려 노면이 젖어있는 경우 ㉡ 눈이 20mm 미만 쌓인 경우	㉠ 폭우 · 폭설 · 안개 등으로 가시거리가 100m 이내인 경우 ㉡ 노면이 얼어붙은 경우 ㉢ 눈이 20mm 이상 쌓인 경우

③ 경찰청장 또는 시 · 도 경찰청장이 가변형 속도 제한 표지로 최고 속도를 정한 경우에는 이에 따라야 하며, **가변형 속도 제한 표지로 정한 최고 속도와 그 밖의 안전표지로 정한 최고 속도가 다를 때에는 가변형 속도 제한 표지에 따라야 한다.** (제3항)

03. 안전거리의 확보 등(법 제19조)

① 모든 차의 운전자는 같은 방향으로 가고 있는 **앞차의 뒤를 따르는** 경우에는 앞차가 갑자기 정지하게 되는 경우 그 앞차와의 충돌을 피할 수 있는 필요한 거리를 확보해야 한다. (제1항)

② 자동차 등의 운전자는 같은 방향으로 가고 있는 **자전거 등의 운전자에 주의**하여야 하며, 그 옆을 지날 때에는 자전거 등과의 충돌을 피할 수 있는 필요한 거리를 확보해야 한다. (제2항)

③ 모든 차의 운전자는 차의 **진로를 변경하려는** 경우에 그 변경하려는 방향으로 오고 있는 다른 차의 정상적인 통행에 장애를 줄 우려가 있을 때는 **진로를 변경**하여서는 안 된다. (제3항)

④ 모든 차의 운전자는 위험 방지를 위한 경우와 그 밖의 부득이한 경우가 아니면 운전하는 차를 갑자기 정지시키거나 속도를 줄이는 등의 급제동을 하여서는 안 된다. (제4항)

04. 진로 양보의 의무 (법 제20조)

① 모든 차 (긴급 자동차는 제외)의 운전자는 뒤에서 따라오는 차보다 느린 속도로 가려는 경우에는 도로의 우측 가장자리로 피하여 진로를 양보해야 한다. 다만, 통행 구분이 설치된 도로의 경우에는 그렇지 않다. (제1항)

② 좁은 도로에서 긴급 자동차 외의 자동차가 서로 마주보고 진행할 때에는 다음의 각 구분에 따른 자동차가 도로의 우측 가장자리로 피하여 진로를 양보해야 한다. (제2항)

 ㉠ 비탈진 좁은 도로에서 자동차가 서로 마주보고 진행하는 경우에는 올라가는 자동차

 ㉡ 비탈진 좁은 도로 외의 좁은 도로에서 사람을 태웠거나 물건을 실은 자동차와 동승자가 없고 물건을 싣지 아니한 자동차가 서로 마주보고 진행하는 경우에는 동승자가 없고 물건을 싣지 아니한 자동차

05. 앞지르기 방법 등 (법 제21조)

1 모든 차의 운전자는 다른 차를 앞지르려면 앞차의 좌측으로 통행해야 한다. (제1항)

2 자전거 등의 운전자는 서행하거나 정지한 다른 차를 앞지르려면 앞차의 우측으로 통행할 수 있다. 이 경우 자전거 등의 운전자는 정지한 차에서 승차하거나 하차하는 사람의 안전에 유의하여 서행하거나 필요한 경우 일시정지 해야 한다. (제2항)

3 앞지르려고 하는 모든 차의 운전자는 다음 사항에 충분히 주의를 기울여야 한다. (제3항)

 ① 반대 방향의 교통
 ② 앞차 앞쪽의 교통
 ③ 앞차의 속도·진로
 ④ 그 밖의 도로 상황에 따라 방향 지시기·등화 또는 경음기를 사용하는 등 안전한 속도와 방법 사용

4 모든 차의 운전자는 앞지르기를 하는 차가 있을 때에는 속도를 높여 경쟁하거나 그 차의 앞을 가로막는 등의 방법으로 앞지르기를 방해해서는 안 된다. (제4항)

※ 법 제60조 제2항
자동차의 운전자는 고속도로에서 다른 차를 앞지르려면 방향지시기, 등화 또는 경음기를 사용하여 행정안전부령으로 정하는 차로로 안전하게 통행하여야 한다.

5 앞지르기 금지 시기 (법 제22조)
 ① 앞차를 앞지르지 못하는 경우 (제1항)
  ㉠ 앞차의 좌측에 다른 차가 앞차와 나란히 가고 있는 경우
  ㉡ 앞차가 다른 차를 앞지르고 있거나 앞지르려고 하는 경우
 ② 다른 차를 앞지르지도, 끼어들지도 못하는 경우 (제2항, 법 제23조)
  ㉠ 도로교통법이나 이 법에 따른 명령에 따라 정지하거나 서행하고 있는 차
  ㉡ 경찰 공무원의 지시에 따라 정지하거나 서행하고 있는 차
  ㉢ 위험을 방지하기 위하여 정지하거나 서행하고 있는 차

6 앞지르기 금지 장소 (제3항)
모든 차의 운전자는 다음의 어느 하나에 해당하는 곳에서는 다른 차를 앞지르지 못한다.
 ① 교차로 ② 터널 안 ③ 다리 위

④ 도로의 구부러진 곳, 비탈길의 고갯마루 부근 또는 가파른 비탈길의 내리막 등 시·도 경찰청장이 도로에서의 위험을 방지하고 교통의 안전과 원활한 소통을 확보하기 위하여 필요하다고 인정하는 곳으로서 안전표지로 지정한 곳

06. 철길 건널목의 통과 (법 제24조)

1 일시정지와 안전 확인 (제1항)
① 모든 차 또는 노면전차의 운전자는 철길 건널목(이하 건널목)을 통과하려는 경우에는 건널목 앞에서 일시 정지하여 안전한지 확인한 후에 통과해야 한다.
② 신호기 등이 표시하는 신호에 따르는 경우에는 정지하지 않고 통과할 수 있다.

2 차단기, 경보기에 의한 진입 금지 (제2항)
모든 차 또는 노면전차의 운전자는 건널목의 차단기가 내려져 있거나 내려지려고 하는 경우 또는 건널목의 경보기가 울리고 있는 동안에는 그 건널목으로 들어가서는 안 된다.

3 건널목에서 운행할 수 없게 된 때의 조치 (제3항)
모든 차 또는 노면전차의 운전자는 건널목을 통과하다가 고장 등의 사유로 건널목 안에서 차 또는 노면전차를 운행할 수 없게 된 경우 다음과 같이 조치해야 한다.
① 즉시 승객을 대피시키기
② 비상 신호기 등을 사용하거나 그 밖의 방법으로 철도공무원 또는 경찰공무원에게 그 사실을 알리기

07. 교차로 통행 방법 (법 제25조, 제25조의2)

① 모든 차의 운전자는 교차로에서 우회전을 하려는 경우에는 미리 도로의 우측 가장자리를 서행하면서 우회전해야 한다. 이 경우 우회전하는 차의 운전자는 신호에 따라 정지하거나 진행하는 보행자 또는 자전거 등에 주의해야 한다. (제1항)

② 모든 차의 운전자는 교차로에서 좌회전을 하려는 경우에는 미리 도로의 중앙선을 따라 서행하면서 교차로의 중심 안쪽을 이용하여 좌회전해야 한다. 다만, 시·도 경찰청장이 교차로의 상황에 따라 특히 필요하다고 인정하여 지정한 곳에서는 교차로의 중심 바깥쪽을 통과할 수 있다. (제2항)

③ 자전거 등의 운전자는 교차로에서 좌회전하려는 경우 미리 도로의 우측 가장자리로 붙어 서행하면서 교차로의 가장자리 부분을 이용하여 좌회전해야 한다. (제3항)

④ 우회전이나 좌회전을 하기 위하여 손이나 방향지시기 또는 등화로써 신호를 하는 차가 있는 경우에 그 뒤차의 운전자는 신호를 한 앞차의 진행을 방해해서는 안 된다. (제4항)

⑤ 모든 차 또는 노면전차의 운전자는 신호기로 교통정리를 하고 있는 교차로에 들어가려는 경우에는 진행하려는 진로의 앞쪽에 있는 차 또는 노면전차의 상황에 따라 교차로(정지선이 설치되어 있는 경우에는 그 정지선을 넘은 부분)에 정지하게 되어 다른 차 또는 노면전차의 통행에 방해가 될 우려가 있는 경우에는 그 교차로에 들어가서는 안 된다. (제5항)

⑥ 모든 차의 운전자는 교통정리를 하고 있지 않고 일시정지나 양보를 표시하는 안전표지가 설치되어 있는 교차로에 들어가려고 할 때에는 다른 차의 진행을 방해하지 않도록 일시정지하거나 양보해야 한다. (제6항)

⑦ 교통정리가 없는 교차로에서의 양보 운전 (법 제26조)
 ㉠ 이미 교차로에 들어가 있는 다른 차가 있을 때에는 그 차에 진로를 양보해야 한다. (제1항)

ⓛ 통행하고 있는 **도로의 폭보다** 교차하는 도로의 폭이 넓은 경우에는 서행해야 하며, 폭이 넓은 도로로부터 교차로에 들어가려고 하는 다른 차가 있을 때는 그 차에 진로를 양보해야 한다.(제2항)

ⓒ 우선순위가 같은 차가 동시에 들어가려고 하는 경우에는 우측도로의 차에 진로를 양보해야 한다. (제3항)

ⓔ 좌회전하고자 하는 차의 운전자는 그 교차로에서 직진하거나 우회전하려는 다른 차가 있을 때는 그 차에 **진로를 양보해야** 한다.(제4항)

⑧ 회전교차로 통행방법(제25조의2)

ⓖ 모든 차의 운전자는 회전교차로에서는 반시계방향으로 통행하여야 한다.

ⓛ 모든 차의 운전자는 회전교차로에 진입하려는 경우에는 서행하거나 일시정지하여야 하며, 이미 진행하고 있는 다른 차가 있는 때에는 그 차에 진로를 양보하여야 한다.

ⓒ ⓖ 및 ⓛ에 따라 회전교차로 통행을 위하여 손이나 방향지시기 또는 등화로써 신호를 하는 차가 있는 경우 그 뒤차의 운전자는 신호를 한 앞차의 진행을 방해하여서는 아니 된다.

08. 보행자의 보호(법 제27조)

① 모든 차 또는 노면 전차의 운전자는 보행자가 횡단보도를 통행하고 있거나 통행하려고 하는 때에는 보행자의 횡단을 방해하거나 위험을 주지 않도록 그 횡단보도 앞에서 일시정지해야 한다.

② 모든 차 또는 노면 전차의 운전자는 **교통정리**를 하고 있는 교차로에서 좌회전이나 우회전을 하려는 경우에는 신호기 또는 경찰 공무원 등의 신호나 지시에 따라 도로를 횡단하는 **보행자의 통행을** 방해해서는 안 된다.

③ 모든 차의 운전자는 교통정리를 하고 있지 않은 교차로 또는 그 부근의 도로를 횡단하는 보행자의 통행을 방해해서는 안 된다.

④ 모든 차의 운전자는 도로에 설치된 안전지대에 보행자가 있는 경우와 **차로가 설치되지 않은 좁은 도로**에서 보행자의 옆을 지나는 경우 안전한 거리를 두고 서행해야 한다.

⑤ 모든 차 또는 노면 전차의 운전자는 보행자가 횡단보도가 설치되어 있지 않은 도로를 횡단하고 있을 때는 안전거리를 두고 일시정지하여 보행자가 안전하게 횡단할 수 있도록 해야 한다.

⑥ 모든 차 또는 노면 전차의 운전자는 다음 각 항의 어느 하나에 해당하는 곳에서 보행자의 옆을 지나는 경우에는 안전한 거리를 두고 서행하여야 하며, 보행자의 통행에 방해가 될 때에는 서행하거나 일시정지하여 보행자가 안전하게 통행할 수 있도록 하여야 한다.
ⓖ 보도와 차도가 구분되지 아니한 도로 중 중앙선이 없는 도로
ⓛ 보행자 우선 도로   ⓒ 도로 외의 곳

⑦ 모든 차 또는 노면전차의 운전자는 어린이 보호구역 내에 설치된 횡단보도 중 신호기가 설치되지 아니한 횡단보도 앞(정지선이 설치된 경우에는 그 정지선)에서는 보행자의 횡단 여부와 관계없이 일시정지하여야 한다.

[참고] 보행자 우선도로(법 제 28조의2)
시·도 경찰청장이나 경찰서장은 보행자 우선도로에서 보행자를 보호하기 위하여 필요하다고 인정되는 경우에는 차마의 통행속도를 시속 20킬로미터 이내로 제한할 수 있다.

09. 긴급 자동차의 우선 및 특례

1 긴급 자동차의 우선 통행(법 제29조)

긴급 자동차는 긴급하고 부득이한 경우에는 다음과 같이 통행할 수 있다.

① 도로의 중앙이나 좌측 부분을 통행할 수 있다.(제1항)

② 정지하여야 하는 경우에도 불구하고 긴급하고 부득이한 경우에는 정지하지 않을 수 있다. 이 경우 교통의 안전에 특히 주의하면서 통행해야 한다. (제2항, 제3항)

2 긴급 자동차에 대한 특례(법 제30조)

긴급 자동차에 대하여는 다음을 적용하지 아니한다.

① 자동차 등의 속도제한. 다만, 긴급 자동차에 대해 속도를 규정한 경우에는 적용한다.

② 앞지르기의 금지

③ 끼어들기의 금지

3 긴급 자동차가 접근할 때의 피양 방법(법 제29조)

① 교차로나 그 부근에서 긴급 자동차가 접근하는 경우에는 교차로를 피하여 일시 정지해야 한다.(제4항)

② 교차로나 그 부근 외의 곳에서 긴급 자동차가 접근한 경우에는 긴급 자동차가 우선 통행할 수 있도록 **진로를 양보해야** 한다.(제5항)

③ 긴급 자동차의 운전자는 긴급 자동차를 그 본래의 긴급한 용도로 운행하지 아니하는 경우에는 경광등을 켜거나, 사이렌을 작동해서는 안 된다. 다만, 범죄 및 화재 예방 등을 위한 순찰·훈련 등을 실시하는 경우에는 제외한다. (제6항)

10. 서행 또는 일시정지 할 장소(법 제31조)

1 서행할 장소(제1항)

① 교통정리를 하고 있지 않은 교차로

② 도로가 구부러진 부근

③ 비탈길의 고갯마루 부근

④ 가파른 비탈길의 내리막

⑤ 시·도 경찰청장이 도로에서의 위험을 방지하고 교통의 안전과 원활한 소통을 확보하기 위해 필요하다고 인정하여 안전표지로 지정한 곳

2 일시정지 할 장소(제2항)

① 교통정리를 하고 있지 않고 좌우를 확인할 수 없거나 교통이 빈번한 교차로

② 시·도 경찰청장이 도로에서의 위험을 방지하고 교통의 안전과 원활한 소통을 확보하기 위해 필요하다고 인정하여 안전표지로 지정한 곳

11. 정차 및 주차(법 제32조)

1 정차 및 주차 금지 장소(제1항)

모든 차의 운전자는 다음의 어느 하나에 해당하는 곳에서는 차를 정차하거나 주차해서는 안 된다. 다만, 법에 따른 명령 또는 경찰 공무원의 지시에 따르는 경우와 위험 방지를 위하여 일시정지 하는 경우에는 그렇지 않다.

① 교차로·횡단보도·건널목이나 보도와 차도가 구분된 도로의 보도(주차장법에 따라 차도와 보도에 걸쳐서 설치된 노상 주차장은 제외)

② 교차로의 가장자리 또는 도로의 모퉁이로부터 5m 이내인 곳

③ 안전지대가 설치된 도로에서는 그 안전지대의 사방으로부터 각각 10m 이내인 곳

④ 버스 여객 자동차의 정류지임을 표시하는 기둥이나 표지판 또는 선이 설치된 곳으로부터 10m 이내인 곳. 다만, 버스 여객 자동차의 운전자가 그 버스 여객 자동차의 운행 시간 중에 운행 노선에 따르는 정류장에서 승객을 태우거나 내리기 위하여 차를 정차하거나 주차하는 경우에는 그렇지 않다.

⑤ 건널목의 가장자리 또는 횡단보도로부터 10m 이내인 곳

⑥ 다음의 각 장소로부터 5m 이내인 곳
ⓖ 소방용수시설 또는 비상 소화 장치가 설치된 곳
ⓛ 소방시설로서 대통령령으로 정하는 시설이 설치된 곳

※ 대통령령으로 정하는 시설(영 제10조의3)
(소방시설 설치 및 관리에 관한 법률 시행령 별표 1)
1. 옥내소화전설비(호스릴 옥내소화전설비 포함)(1호 다)
2. 스프링클러설비 등(1호 라)
3. 물 분무 등 소화설비(1호 마)
4. 소화용수설비(상수도소화용수설비, 소화수조, 저수조)(4호)
5. 소화활동설비(연결송수관설비, 연결살수설비, 무선통신보조설비, 연소방지설비)(5호)
⑦ 시·도 경찰청장이 도로에서의 위험을 방지하고 교통의 안전과 원활한 소통을 확보하기 위해 필요하다고 인정하여 지정한 곳
⑧ 시장 등이 어린이 보호구역으로 지정한 곳

2 주차 금지 장소(법 제33조)
모든 차의 운전자는 다음의 어느 하나에 해당하는 곳에서 차를 주차해서는 안 된다.
① 터널 안 및 다리 위
② 다음의 각 곳으로부터 5m 이내인 곳
㉠ 도로공사를 하고 있는 경우에는 그 공사 구역의 양쪽 가장자리
㉡ 다중이용업소의 영업장이 속한 건축물로 소방본부장의 요청에 의하여 시·도 경찰청장이 지정한 곳
③ 시·도 경찰청장이 도로에서의 위험을 방지하고 교통의 안전과 원활한 소통을 확보하기 위해 필요하다고 인정하여 지정한 곳

3 정차 또는 주차의 방법 및 시간의 제한(법 제34조)
도로 또는 노상주차장에 정차하거나 주차하려고 하는 차의 운전자는 차를 차도의 우측 가장자리에 정차하는 등 대통령령으로 정하는 정차 또는 주차의 방법·시간과 금지사항 등을 지켜야 한다.
1. 정차 및 주차의 방법·시간과 금지사항(영 제11조)
① 차의 운전자가 지켜야 하는 정차 또는 주차의 방법 및 시간은 다음과 같다.
㉠ 모든 차의 운전자는 도로에서 정차할 때에는 차도의 오른쪽 가장자리에 정차할 것. 다만, 차도와 보도의 구별이 없는 도로의 경우에는 도로의 오른쪽 가장자리로부터 중앙으로 50cm 이상의 거리를 두어야 한다.
㉡ 여객자동차의 운전자는 승객을 태우거나 내려주기 위하여 정류소 또는 이에 준하는 장소에서 정차하였을 때에는 승객이 타거나 내린 즉시 출발하여야 하며 뒤따르는 다른 차의 정차를 방해하지 아니할 것
㉢ 모든 차의 운전자는 도로에서 주차할 때에는 시·도 경찰청장이 정하는 주차의 장소·시간 및 방법에 따를 것
② 모든 차의 운전자는 정차하거나 주차할 때에는 다른 교통에 방해가 되지 아니하도록 하여야 한다. 다만, 다음 각 호의 어느 하나에 해당하는 경우에는 그러하지 아니하다.
㉠ 안전표지 또는 다음의 어느 하나에 해당하는 사람의 지시에 따르는 경우
ⓐ 경찰공무원(의무경찰 포함)
ⓑ 제주특별자치도의 자치경찰공무원(이하 "자치경찰공무원")
ⓒ 경찰공무원(자치경찰공무원 포함)을 보조하는 사람(모범운전자, 군사경찰, 소방공무원)
㉡ 고장으로 인하여 부득이하게 주차하는 경우
③ 자동차의 운전자는 경사진 곳에 정차하거나 주차(도로 외의 경사진 곳에서 정차하거나 주차하는 경우 포함)하려는 경우 자동차의 주차제동장치를 작동한 후에 다음의 어느 하나에 해당하는 조치를 취하여야 한다. 다만, 운전자가 운전석을 떠나지 아니하고 직접 제동장치를 작동하고 있는 경우는 제외한다.

㉠ 경사의 내리막 방향으로 바퀴에 고임목, 고임돌, 그 밖에 고무, 플라스틱 등 자동차의 미끄럼 사고를 방지할 수 있는 것을 설치할 것
㉡ 조향장치를 도로의 가장자리(자동차에서 가까운 쪽) 방향으로 돌려놓을 것
㉢ 그 밖에 위와 준하는 방법으로 미끄럼 사고의 발생 방지를 위한 조치를 취할 것

4 정차 또는 주차를 금지하는 장소의 특례(법 제34조의2)
정차나 주차가 금지된 장소 중 시·도 경찰청장이 안전표지로 구역·시간·방법 및 차의 종류를 정하여 정차나 주차를 허용한 곳에서는 정차하거나 주차할 수 있다.
1. 정차나 주차가 안전표지로 허용된 곳(법 제32조)
1호 : 교차로, 횡단보도, 건널목이나 보도
4호 : 버스 정류장 표지판이나 선으로부터 10m 이내의 곳
5호 : 건널목 가장자리 또는 횡단보도의 10m 이내의 곳
7호 : 시·도 경찰청장이 지정한 곳
8호 : 시장 등이 지정한 어린이 보호구역

12. 차와 노면 전차의 등화

1 밤에 켜야 할 등화(영 제19조제1항)
① 자동차 : 자동차 안전 기준에서 정하는 전조등, 차폭등, 미등, 번호등과 실내 조명등 (실내 조명등은 승합자동차와 여객자동차운수사업법에 따른 여객자동차운송사업용 승용 자동차만 해당)
② 원동기 장치 자전거 : 전조등 및 미등
③ 견인되는 차 : 미등·차폭등 및 번호등
④ 노면전차 : 전조등, 차폭등, 미등 및 실내조명등
⑤ 그 외의 차 : 시·도 경찰청장이 정하여 고시하는 등화

2 도로에서 정차하거나 주차할 때 켜야 하는 등화(제2항)
① 자동차(이륜자동차는 제외) : 자동차 안전 기준에서 정하는 미등 및 차폭등
② 이륜자동차 및 원동기 장치 자전거 : 미등(후부 반사기를 포함)
③ 노면전차 : 차폭등 및 미등
④ 그 외의 차 : 시·도 경찰청장이 정하여 고시하는 등화

3 등화를 켜야 하는 시기(법 제37조제1항)
① 밤 (해가 진 후 부터 해가 뜨기 전까지)에 도로에서 차 또는 노면 전차를 운행하거나 고장이나 그 밖의 부득이한 사유로 도로에서 차를 정차 또는 주차시키는 경우
② 안개가 끼거나 비 또는 눈이 올 때에 도로에서 차 또는 노면 전차를 운행하거나 고장이나 그 밖의 부득이한 사유로 도로에서 차 또는 노면 전차를 정차 또는 주차하는 경우
③ 터널 안을 운행하거나 고장 또는 그 밖의 부득이한 사유로 터널 안 도로에서 차 또는 노면 전차를 정차 또는 주차하는 경우
※ 차의 신호 : 모든 차의 운전자는 좌회전·우회전·횡단·유턴·서행·정지 또는 후진을 하거나 같은 방향으로 진행하면서 진로를 바꾸려고 하는 경우와 회전교차로에 진입하거나 회전교차로에서 진출하는 경우에는 손이나 방향지시기 또는 등화로써 그 행위가 끝날 때까지 신호를 하여야 한다.(법 제38조제1항)

4 밤에 마주보고 진행하는 경우 등의 등화 조작(영 제20조)
① 밤에 차가 서로 마주보고 진행하는 경우(제1항제1호)
㉠ 전조등의 밝기 줄이기
㉡ 불빛의 방향을 아래로 향하기
㉢ 잠시 전조등 끄기(도로의 상황으로 보아 마주보고 진행하는 차 또는 노면 전차의 교통을 방해할 우려가 없는 경우는 제외)
② 앞의 차 또는 노면 전차의 바로 뒤를 따라가는 경우(제2호)

    ㉠ 전조등 불빛의 방향을 아래로 향하게 하기

    ㉡ 전조등 불빛의 밝기를 함부로 조작하여 앞의 차 또는 노면 전차의 운전을 방해하지 않을 것

5 모든 차 또는 노면 전차의 운전자는 교통이 빈번한 곳에서 운행할 때에는 전조등 불빛의 방향을 계속 아래로 유지해야 한다. 다만, 시·도 경찰청장이 교통의 안전과 원활한 소통을 확보하기 위해 필요하다고 인정하여 지정한 지역에서는 그렇지 않다. (영 제20조제2항)

13. 승차의 방법과 제한 등 (법 제39조 및 제40조, 영 제22조)

① 모든 차의 운전자는 승차 인원, 적재중량 및 적재용량에 관하여 운행상의 안전기준을 넘어서 승차시키거나 적재한 상태로 운전해서는 안 된다. 다만, 출발지를 관할하는 경찰서장의 허가를 받은 경우 예외로 한다.

※ 운행상의 안전기준(영 제22조)

1. 자동차의 승차인원은 승차정원 이내일 것
2. 화물자동차의 적재중량은 구조 및 성능에 다르는 적재중량의 110% 이내일 것
3. 자동차(화물자동차, 이륜자동차 및 소형 3륜자동차만 해당) 적재용량은 다음의 구분에 따른 기준을 넘지 않을 것

    ㉠ 길이 : 자동차 길이에 그 길이의 10분의 1을 더한 길이. (다만 이륜자동차는 그 승차장치의 길이 또는 적재장치의 길이에 30cm를 더한 길이를 말함.)

    ㉡ 너비 : 자동차의 후사경으로 뒤쪽을 확인할 수 있는 범위(후사경의 높이보다 화물을 낮게 적재한 경우에는 그 화물을, 후사경의 높이보다 화물을 높게 적재한 경우에는 뒤쪽을 확인할 수 있는 범위를 말함)

    ㉢ 높이 : 화물자동차는 지상으로부터 4m(도로구조의 보전과 통행의 안전에 지장이 없다고 인정하여 고시한 도로노선의 경우에는 4.2m), 소형 3륜자동차는 지상으로부터 2.5m, 이륜자동차는 지상으로부터 2m

② 모든 차 또는 노면전차의 운전자는 운전 중 타고 내리는 사람이 떨어지지 않도록 문을 정확히 여닫는 등 필요한 조치를 해야 한다.

③ 모든 차의 운전자는 운전 중 실은 화물이 떨어지지 않도록 덮개를 씌우거나 묶는 등 확실하게 고정될 수 있도록 필요한 조치를 해야 한다.

④ 모든 차의 운전자는 영유아나 동물을 안고 운전 장치를 조작하거나 운전석 주위에 물건을 싣는 등 안전에 지장을 줄 우려가 있는 상태로 운전해서는 안 된다.

⑤ 시·도 경찰청장은 도로에서의 위험을 방지하고 교통의 안전과 원활한 소통을 확보하기 위하여 필요하다고 인정하는 경우에는 차의 운전자에 대해 승차 인원, 적재중량 또는 적재용량을 제한할 수 있다.

제5절   운전자, 고용주 등의 의무

01. 운전 등의 금지 (법 제43조부터 제46조의3 까지)

① 무면허운전 등의 금지(법 제43조)

누구든지 시도 경찰청장으로부터 운전면허를 받지 않거나 운전면허의 효력이 정지된 경우에는 자동차 등(개인형 이동장치 제외)을 운전해서는 안 된다.

② 술에 취한 상태에서의 운전금지(법 제44조)

    ㉠ 누구든지 술에 취한 상태에서 자동차 등(소형건설기계를 포함), 노면전차 또는 자전거를 운전해서는 안 된다.

    ㉡ 술에 취한 상태에서 자동차 등, 노면전차 또는 자전거를 운전했다고 인정할만한 상당한 이유가 있는 경우에는 운전자가 술에 취했는지를 호흡조사로 측정할 수 있다. 이 경우 운전자는 경찰 공무원의 측정에 응해야 한다.

    ㉢ 음주측정결과에 불복하는 운전자에 대해 그 운전자의 동의를 받아 혈액채취 등의 방법으로 다시 측정할 수 있다.

    ㉣ 음주운전이 금지되는 술에 취한 상태의 기준은 운전자의 혈중알코올농도가 0.03% 이상이어야 한다.

③ 과로한 때 등의 운전금지(법 제45조)

자동차 등(개인형 이동장치 제외) 또는 노면전차의 운전자는 술에 취한 상태 외에 과로, 질병 또는 약물(마약, 대마 및 향정신성의약품과 그 밖의 행정안전부령으로 정하는 것)의 영향과 그 밖의 사유로 정상적으로 운전하지 못할 우려가 있는 상태에서 자동차 등 또는 노면전차를 운전해서는 안 된다.

*위반 시 3년 이하의 징역이나 천만 원 이하의 벌금

※ 운전이 금지되는 약물의 종류(시행규칙 제28조)

  – 흥분, 환각 또는 마취의 작용을 일으키는 유해화학물질로서 화학물질관리법 시행령 제11조에 따른 환각물질

  – 환각물질

    ① 톨루엔, 초산에틸 또는 메틸알코올

    ② ①의 물질이 들어있는 시너(조료의 점도를 감소시키기 위하여 사용되는 유기용제)

    ③ 부탄가스

    ④ 아산화질소(의료용 제외)

④ 공동 위험행위의 금지(법 제46조)

자동차 등의 운전자는 도로에서 2명 이상이 공동으로 2대 이상의 자동차 등을 정당한 사유 없이 앞뒤로 또는 좌우로 줄지어 통행하면서 다른 사람에게 위해를 끼치거나 교통상의 위험을 발생하게 해서는 안 된다.

*공동위험행위를 하거나 주도한 사람은 2년 이하의 징역이나 500만 원 이하의 벌금

⑤ 난폭운전 금지(법 제46조의3)

자동차 등의 운전자는 다음의 행위 중 둘 이상의 행위를 연달아 하거나, 하나의 행위를 지속 또는 반복하여 다른 사람에게 위협 또는 위해를 가하거나 교통상의 위험을 발생하게 해서는 안 된다.

ⓐ 신호 또는 지시위반, ⓑ 중앙선 침범, ⓒ 속도위반, ⓓ 횡단, 유턴, 후진위반, ⓔ 안전거리 미확보, 진로변경 금지위반, 급제동 금지위반, ⓕ 앞지르기 방법 또는 앞지르기 방해금지위반, ⓖ 정당한 사유 없는 소음발생, ⓗ 고속도로에서의 횡단·유턴·후진 금지위반

*위반 시 1년 이하의 징역이나 500만 원 이하의 벌금

02. 운전자의 준수 사항 (법 제49조제1항)

모든 차 또는 노면 전차의 운전자는 다음 사항을 지켜야 한다.

1 물이 고인 곳을 운행하는 때에는 고인 물을 튀게 하여 다른 사람에게 피해를 주는 일이 없도록 할 것

2 다음의 어느 하나에 해당하는 때에는 일시정지할 것

① 어린이가 보호자 없이 도로를 횡단하는 때, 어린이가 도로에 앉아 있거나 서 있을 때 또는 어린이가 도로에서 놀이를 할 때 등 어린이에 대한 교통사고의 위험이 있는 것을 발견한 경우

② 앞을 보지 못하는 사람이 흰색 지팡이를 가지거나 장애인보조견을 동반하는 등의 조치를 하고 도로를 횡단하고 있는 경우

③ 지하도나 육교 등 도로 횡단시설을 이용할 수 없는 지체장애인이나 노인 등이 도로를 횡단하고 있는 경우

3 자동차의 앞면 창유리와 운전석 좌우 옆면 창유리의 가시광선의 투과율이 대통령령으로 정하는 기준보다 낮아 교통안전 등에 지장을 줄 수 있는 차를 운전하지 않을 것. (요인 경호용, 구급용 및 장의용 자동차는 제외)

> **대통령령이 정하는 자동차 창유리 가시광선 투과율의 금지 기준(영 제28조)**
> 앞면 창유리 : 70% / 운전석 좌우 옆면 창유리 : 40%

4 교통 단속용 장비의 기능을 방해하는 장치를 한 차나 그 밖에 안전 운전에 지장을 줄 수 있는 것으로서 행정안전부령으로 정하는 기준에 적합하지 않은 장치를 한 차를 운전하지 않을 것. (다만 자율 주행 자동차의 신기술 개발을 위한 장치를 장착하는 경우는 제외)

> **행정안전부령이 정하는 기준에 적합하지 않은 장치(규칙 제29조)**
> ㉠ 경찰관서에서 사용하는 무전기와 동일한 주파수의 무전기
> ㉡ 긴급 자동차가 아닌 자동차에 부착된 경광등, 사이렌 또는 비상등
> ㉢ 자동차 및 자동차 부품의 성능과 기준에 관한 규칙에서 정하지 아니한 것으로서 안전 운전에 현저히 장애가 될 정도의 장치

5 도로에서 자동차 등(개인형 이동장치는 제외) 또는 노면전차를 세워둔 채 시비 · 다툼 등의 행위를 하여 다른 차마의 통행을 방해하지 않을 것

6 운전자가 차 또는 노면전차를 떠나는 경우에는 교통사고를 방지하고 다른 사람이 함부로 운전하지 못하도록 필요한 조치를 할 것

7 운전자는 안전을 확인하지 않고 차 또는 노면전차의 문을 열거나 내려서는 안 되며, 동승자가 교통의 위험을 일으키지 않도록 필요한 조치를 할 것

8 운전자는 정당한 사유 없이 다음의 어느 하나에 해당하는 행위를 하여 다른 사람에게 피해를 주는 소음을 발생시키지 않을 것
① 자동차 등을 급히 출발시키거나 속도를 급격히 높이는 행위
② 자동차 등의 원동기의 동력을 차의 바퀴에 전달시키지 아니하고 원동기의 회전수를 증가시키는 행위
③ 반복적이거나 연속적으로 경음기를 울리는 행위

9 운전자는 승객이 차 안에서 안전 운전에 현저히 장해가 될 정도로 춤을 추는 등 소란 행위를 하도록 내버려두고 차를 운행하지 않을 것

10 운전자는 자동차 등 또는 노면전차의 운전 중에는 휴대용 전화(자동차용 전화를 포함)를 사용하지 않을 것. 다만, 다음의 어느 하나에 해당하는 경우에는 그렇지 않다.
① 자동차 등 또는 노면전차가 정지하고 있는 경우
② 긴급 자동차를 운전하는 경우
③ 각종 범죄 및 재해 신고 등 긴급한 필요가 있는 경우
④ 안전 운전에 장애를 주지 아니하는 장치로서 손으로 잡지 않고도 휴대용 전화(자동차용 전화를 포함)를 사용할 수 있도록 해 주는 장치를 이용하는 경우

11 자동차 등 또는 노면전차의 운전 중에는 방송 등 영상물을 수신하거나 재생하는 장치(운전자가 휴대하는 것을 포함, 이하 영상 표시 장치)를 통하여 운전자가 운전 중 볼 수 있는 위치에 영상이 표시되지 않도록 할 것. 다만, 다음의 어느 하나에 해당하는 경우에는 그렇지 않다.
① 자동차 등 또는 노면전차가 정지하고 있는 경우
② 자동차 등 또는 노면전차에 장착하거나 거치하여 놓은 영상 표시 장치에 다음의 영상이 표시되는 경우
㉠ 지리 안내 영상 또는 교통 정보 안내 영상
㉡ 국가 비상사태 · 재난 상황 등 긴급한 상황을 안내하는 영상
㉢ 운전을 할 때 자동차 등 또는 노면전차의 좌우 또는 전후방을 볼 수 있도록 도움을 주는 영상

12 자동차 등 또는 노면전차의 운전 중에는 영상 표시 장치를 조작하지 않을 것. 다만, 다음의 어느 하나에 해당하는 경우에는 그렇지 않다.
① 자동차 등과 노면전차가 정지하고 있는 경우
② 노면전차 운전자가 운전에 필요한 영상 표시 장치를 조작하는 경우

13 운전자는 자동차의 화물 적재함에 사람을 태우고 운행하지 않을 것

14 그 밖에 시 · 도 경찰청장이 교통안전과 교통질서 유지에 필요하다고 인정하여 지정 · 공고한 사항에 따를 것

03. 특정 운전자의 준수 사항(법 제50조, 규칙 제31조)

자동차(이륜자동차는 제외)를 운전하는 때에는 좌석 안전띠를 매야 하며, 모든 좌석의 동승자에게도 좌석 안전띠(영유아인 경우에는 유아 보호용 장구를 장착한 후의 좌석 안전띠)를 매도록 해야 한다. 다만, 질병 등으로 인하여 좌석 안전띠를 매는 것이 곤란하거나 다음의 사유가 있는 경우에는 그렇지 않다.
① 부상 · 질병 · 장애 또는 임신 등으로 인하여 좌석 안전띠의 착용이 적당하지 않다고 인정되는 자가 자동차를 운전하거나 승차하는 때
② 자동차를 후진시키기 위하여 운전하는 때
③ 신장 · 비만, 그 밖의 신체의 상태에 의하여 좌석 안전띠의 착용이 적당하지 않다고 인정되는 자가 자동차를 운전하거나 승차하는 때
④ 긴급 자동차가 그 본래의 용도로 운행되고 있는 때
⑤ 경호 등을 위한 경찰용 자동차에 의하여 호위되거나 유도되고 있는 자동차를 운전하거나 승차하는 때
⑥ 국민 투표 운동 · 선거 운동 및 국민 투표 · 선거 관리 업무에 사용되는 자동차를 운전하거나 승차하는 때
⑦ 우편물의 집배, 폐기물의 수집 그 밖에 빈번히 승강하는 것을 필요로 하는 업무에 종사하는 자가 해당 업무를 위하여 자동차를 운전하거나 승차하는 때
⑧ 여객자동차운수사업법에 의한 여객자동차운송사업용 자동차의 운전자가 승객의 주취 · 약물 복용 등으로 좌석 안전띠를 매도록 할 수 없거나 승객에게 좌석 안전띠 착용을 안내하였음에도 불구하고 승객이 착용하지 않는 때
⑨ 운송사업용 자동차, 화물자동차 및 노면전차 등으로서 행정안전부령으로 정하는 자동차 또는 노면전차의 운전자는 다음의 어느 하나에 해당하는 행위를 해서는 안 된다.
㉠ 운행기록계가 설치되어 있지 않거나 고장 등으로 사용할 수 없는 운행기록계가 설치된 자동차를 운행하는 행위
㉡ 운행기록계를 원래의 목적대로 사용하지 않고 자동차를 운전하는 행위
㉢ 승차를 거부하는 행위(사업용 승합자동차와 노면전차에 한정)
⑩ 사업용 승용자동차의 운전자는 합승행위 또는 승차거부를 하거나 신고한 요금을 초과하는 요금을 받아서는 안 된다.

04. 어린이 통학 버스(법 제51조~제53조의3)

1 어린이 통학 버스의 특별 보호(법 제51조)
① 어린이 통학 버스가 도로에 정차하여 어린이나 영유아가 타고 내리는 중임을 표시하는 점멸등 등의 장치를 작동 중일 때에는 어린이 통학버스가 정차한 차로와 그 차로의 바로 옆 차로로 통행하는 차의 운전자는 어린이 통학 버스에 이르기 전에 일시정지하여 안전을 확인한 후 서행해야 한다.(제1항)
② 중앙선이 설치되지 않은 도로와 편도 1차로인 도로에서는 반대 방향에서 진행하는 차의 운전자도 어린이 통학 버스에 이르기 전에 일시정지하여 안전을 확인한 후 서행해야 한다.(제2항)
③ 모든 차의 운전자는 어린이나 영유아를 태우고 있다는 표시를 한 상태로 도로를 통행하는 어린이 통학 버스를 앞지르지 못한다.(제3항)

② 어린이 통학 버스의 신고 등 (법 제52조)
① 어린이 통학 버스를 운영하려는 자는 미리 관할 경찰서장에게 신고하고 신고증명서를 발급받아야 하며, 어린이 통학 버스 안에 발급받은 신고증명서를 항상 갖추어 두어야 한다.
② 어린이통학버스로 사용할 수 있는 자동차는 행정안전부령으로 정하는 자동차로 한정한다. 이 경우 그 자동차는 도색·표지, 보험가입, 소유 관계 등 요건을 갖추어야 한다.

　※ 대통령령으로 정하는 어린이 통학 버스의 요건
　　㉠ 자동차 안전기준에서 정한 어린이 운송용 승합자동차의 구조를 갖출 것
　　㉡ 어린이 통학 버스 앞면 창유리 우측상단과 뒷면 창유리 중앙하단의 보기 쉬운 곳에 어린이 보호표지를 부착할 것
　　㉢ 교통사고로 인한 피해를 전액 배상할 수 있도록 보험 또는 공제조합에 가입되어 있을 것
　　㉣ 자동차등록령에 따른 등록원부에 따라 유치원, 학교, 어린이집, 학원, 체육시설의 인가를 받거나 등록 또는 신고한 자의 명의로 등록되어 있는 자동차 또는 시설 등의 장이 전세버스운송사업자와 운송계약을 맺은 자동차일 것

③ 누구든지 어린이 통학 버스의 신고를 하지 않거나 한정면허를 받지 않고 어린이 통학 버스와 비슷한 도색 및 표지를 하거나, 이러한 도색 및 표지를 한 자동차를 운전해서는 안 된다.
④ 어린이 통학 버스로 사용할 수 있는 자동차(규칙 제34조)
승차정원 9인승(어린이 1명을 승차정원 1명으로 본다) 이상의 자동차로 한다. 이 경우, 자동차관리법에 따라 튜닝 승인을 받은 자가 9인승 이상의 승용자동차 또는 승합자동차를 장애아동의 승·하차 편의를 위하여 9인승 미만으로 튜닝한 경우 그 승용자동차 또는 승합자동차를 포함한다.

③ 어린이 통학 버스 운전자 및 운영자 등의 의무 (법 제53조)
① 어린이 통학 버스를 운전하는 사람은 어린이나 영유아가 타고 내리는 경우에만 점멸등 등의 장치를 작동해야 한다.
② 어린이나 영유아를 태우고 운행 중인 경우에만 운행 중임을 표시하여야 한다.
③ 어린이 통학 버스 운전자는 모든 어린이나 영유아가 좌석안전띠를 메도록 한 후에 출발하여야 한다.
④ 어린이 통학 버스를 운영하는 자가 지명한 보호자를 함께 태우고 운행하여야 하며, 보호자를 함께 태우고 운행하는 경우에는 보호자 동승표지를 부착할 수 있다.(보호자는 승하차 시 안전 확인 및 보호 조치)
⑤ 어린이 통학 버스 운전자는 운행을 마친 후 어린이나 영유아가 모두 하차(하차 확인장치 작동)하였는지를 확인해야 한다.

④ 어린이 통학 버스 운영자 등에 대한 안전교육 (법 제53조의3)
① 어린이 통학 버스를 운영하는 사람과 운전하는 사람 및 보호자는 안전운행 등에 관한 교육을 받아야 한다.
② 어린이 통학 버스 안전교육은 강의·시청각교육 등의 방법으로 3시간 이상 실시한다.(영 제31조의2 제3항)
③ 어린이 통학 버스 안전교육은 다음의 구분에 따라 실시한다.
　㉠ 신규교육 : 운영자와 동승하려는 보호자를 대상으로 운영, 운전 또는 동승을 하기 전에 실시하는 교육
　㉡ 정기 안전교육 : 운영자, 운전자, 동승하는 보호자를 대상으로 2년마다 정기적으로 실시하는 교육
*어린이 통학 버스 안전교육을 받은 날부터 기산하여 2년이 되는 날이 속하는 해의 1월 1일부터 12월 31일 사이에 정기 안전교육을 받아야 한다.

05. 사고 발생 시의 조치 (법 제54조)

❶ 차 또는 노면 전차의 운전 등 교통으로 인하여 사람을 사상하거나 물건을 손괴(이하 교통사고)한 경우에는 그 차 또는 노면 전차의 운전자나 그 밖의 승무원(이하 운전자 등)은 즉시 정차하여 다음의 각 조치를 해야 한다. (제1항)
① 사상자를 구호하는 등 필요한 조치
② 피해자에게 인적 사항(성명·전화번호·주소 등) 제공

❷ 그 차 또는 노면 전차의 운전자 등은 경찰 공무원이 현장에 있을 때에는 그 경찰 공무원에게, 경찰 공무원이 현장에 없을 때는 가장 가까운 국가경찰관서(지구대·파출소 및 출장소 포함)에 다음의 각 사항을 지체 없이 신고해야 한다. 다만, 차 또는 노면전차만 손괴된 것이 분명하고 도로에서의 위험 방지와 원활한 소통을 위해 필요한 조치를 한 경우는 제외한다. (제2항)
① 사고가 일어난 곳　　　　② 사상자 수 및 부상 정도
③ 손괴한 물건 및 손괴 정도　④ 그 밖의 조치 사항 등

❸ ❷에 따라 신고를 받은 국가경찰관서의 경찰공무원은 부상자의 구호와 그 밖의 교통위험 방지를 위하여 필요하다고 인정하면 경찰공무원(자치경찰공무원은 제외)이 현장에 도착할 때까지 신고한 운전자 등에게 현장에서 대기할 것을 명할 수 있다.

❹ 경찰공무원은 교통사고를 낸 차 또는 노면전차의 운전자 등에 대하여 그 현장에서 부상자의 구호와 교통안전을 위하여 필요한 지시를 명할 수 있다.

❺ 긴급자동차, 부상자를 운반 중인 차, 우편물자동차 및 노면전차 등의 운전자는 긴급한 경우에는 동승자 등으로 하여금 ❶에 따른 조치나 ❷에 따른 신고를 하게하고 운전을 계속할 수 있다.

❻ 교통사고가 일어난 경우에는 누구든지 ❶ 및 ❷에 따른 운전자 등의 조치 또는 신고행위를 방해해서는 안 된다.

제6절　고속도로 등 통행 방법

01. 갓길 통행 금지 등 (법 제60조)

① 자동차의 운전자는 고속도로 등에서 자동차의 고장 등 부득이한 사정이 있는 경우를 제외하고는 행정안전부령으로 정하는 차로에 따라 통행해야 하며, 갓길(「도로법」에 따른 길어깨)로 통행해서는 안 된다. 다만, 다음의 어느 하나에 해당하는 경우에는 그렇지 않다.
　㉠ 긴급 자동차와 고속도로 등의 보수·유지 등의 작업을 하는 자동차를 운전하는 경우
　㉡ 차량 정체 시 신호기 또는 경찰 공무원 등의 신호나 지시에 따라 갓길에서 자동차를 운전하는 경우
② 자동차의 운전자는 고속도로에서 다른 차를 앞지르려면 방향 지시기, 등화 또는 경음기를 사용하여 행정안전부령으로 정하는 차로로 안전하게 통행해야 한다.

02. 횡단·통행 등의 금지 등 (법 제62조, 제63조)

① 자동차의 운전자는 그 차를 운전하여 고속도로 등을 횡단하거나 유턴 또는 후진해서는 안 된다. 다만, 긴급 자동차 또는 도로의 보수·유지 등의 작업을 하는 자동차 가운데 고속도로 등에서의 위험을 방지·제거하거나 교통사고에 대한 응급 조치 작업을 위한 자동차로서 그 목적을 위하여 반드시 필요한 경우에는 그렇지 않다.

② 자동차(이륜자동차는 긴급 자동차만 해당) 외의 차마의 운전자 또는 보행자는 고속도로 등을 통행하거나 횡단해서는 안 된다.

03. 정차 및 주차의 금지 (법 제64조)

자동차의 운전자는 고속도로 등에서 차를 정차 또는 주차시켜서는 안 된다. 다만, 다음의 어느 하나에 해당하는 경우에는 그렇지 않다.

① 법령의 규정 또는 경찰 공무원의 지시에 따르거나 위험을 방지하기 위하여 일시 정차 또는 주차시키는 경우

② 정차 또는 주차할 수 있도록 안전표지를 설치한 곳이나 정류장에서 정차 또는 주차시키는 경우

③ 고장이나 그 밖의 부득이한 사유로 길 가장자리 구역(갓길 포함)에 정차 또는 주차시키는 경우

④ 통행료를 내기 위해 통행료를 받는 곳에서 정차하는 경우

⑤ 도로의 관리자가 고속도로 등을 보수·유지 또는 순회하기 위해 정차 또는 주차시키는 경우

⑥ 경찰용 긴급 자동차가 고속도로 등에서 범죄 수사, 교통 단속이나 그 밖의 경찰 임무를 수행하기 위해 정차 또는 주차시키는 경우

⑦ 소방차가 고속도로 등에서 화재 진압 및 인명 구조·구급 등 소방 활동, 소방 지원 활동 및 생활 안전 활동을 수행하기 위해 정차 또는 주차시키는 경우

⑧ 경찰용 긴급 자동차 및 소방차를 제외한 긴급 자동차가 사용 목적을 달성하기 위해 정차 또는 주차시키는 경우

⑨ 교통이 밀리거나 그 밖의 부득이한 사유로 움직일 수 없을 때에 고속도로 등의 차로에 일시 정차 또는 주차시키는 경우

04. 고장 자동차의 표지 (규칙 제40조)

① 자동차의 운전자는 고장이나 그 밖의 사유로 고속도로 또는 자동차 전용 도로(이하 고속도로 등)에서 자동차를 운행할 수 없게 되었을 때는 다음 각 호의 표지를 설치하여야 한다.

  ㉠ 안전 삼각대
  ㉡ 사방 500미터 지점에서 식별할 수 있는 적색의 섬광 신호·전기 제등 또는 불꽃 신호. 다만, 밤에 고장이나 그 밖의 사유로 고속도로 등에서 자동차를 운행할 수 없게 되었을 때로 한정한다.

② 자동차의 운전자는 ①에 따른 표지를 설치하는 경우 그 자동차의 후방에서 접근하는 자동차의 운전자가 확인할 수 있는 위치에 설치해야 한다.

05. 고속도로 등에서의 준수 사항 (법 제67조)

고속도로 등을 운행하는 자동차의 운전자는 교통의 안전과 원활한 소통을 확보하기 위하여 고장 자동차의 표지를 항상 비치하며, 고장이나 그 밖의 부득이한 사유로 자동차를 운행할 수 없게 되었을 때는 자동차를 도로의 우측 가장자리에 정지시키고 그 표지를 설치해야 한다.

제7절 교통안전교육

01. 교통안전교육 (법 제73조)

운전면허를 받으려는 사람은 운전면허시험(자동차 등 및 법령시험, 자동차 관리방법 및 안전운전에 필요한 점검) 전까지 운전자가 갖추어야 할 기본예절 등에 관한 교통안전교육을 1시간 받아야 한다. 다만, 다음의 경우에는 제외한다.

① 특별안전교육 의무교육을 받은 사람
② 자동차 운전 전문학원에서 학과교육을 수료한 사람

02. 특별 교통안전 의무 교육 대상 (법 제73조제2항)

1 운전면허취소 처분을 받은 사람으로서 운전면허를 다시 받으려는 사람

※ 다음의 경우에 해당하여 운전면허취소 처분을 받은 사람은 제외

① 적성(정기, 수시) 검사를 받지 아니하거나 불합격한 경우(법 제93조제1항제9호)

② 운전면허를 실효시킬 목적으로 자진하여 운전면허를 반납하는 경우(제20호)

2 다음의 경우에 해당하여 운전면허효력정지 처분을 받게 되거나 받은 사람으로서 그 정지 기간이 끝나지 않은 사람

① 술에 취한 상태에서 자동차 등을 운전한 경우(법 제93조제1항제1호)

② 공동 위험 행위를 한 경우(제5호)

③ 난폭 운전을 한 경우(제5의2)

④ 운전 중 고의 또는 과실로 교통사고를 일으킨 경우(제10호)

⑤ 자동차 등을 이용하여 특수 상해·특수 폭행·특수 협박 또는 특수 손괴를 위반하는 행위를 한 경우(제10의2)

3 운전면허취소 처분 또는 운전면허효력정지 처분(**2**의 ①~⑤까지 위반자)이 면제된 사람으로서 면제된 날부터 1개월이 지나지 않은 사람

4 운전면허효력정지 처분을 받게 되거나 받은 초보 운전자로서 그 정지 기간이 끝나지 않은 사람

5 어린이 보호 구역에서 운전 중 어린이를 사상하는 사고를 유발하여 벌점을 받은 날부터 1년 이내의 사람

03. 특별 교통안전 의무 교육 (영 제38조)

1 특별 교통안전 의무 교육 및 특별 교통안전 권장 교육은 다음의 각 사항에 대하여 강의·시청각 교육 또는 현장 체험 교육 등의 방법으로 3시간 이상 48시간 이하로 각각 실시한다. (제2항)

① 교통질서　　　　　② 교통사고와 그 예방
③ 안전 운전의 기초　④ 교통 법규와 안전
⑤ 운전면허 및 자동차 관리
⑥ 그 밖에 교통안전의 확보를 위하여 필요한 사항

※ 특별 교통안전 의무 교육
  ① 음주운전 교육
    ㉠ 최근 5년간 최초 위반자 – 12시간(4시간 3회)
    ㉡ 최근 5년간 2회 위반자 – 16시간(4시간 4회)
    ㉢ 최근 5년간 3회 위반자 – 48시간(4시간 12회)
  ② 배려운전 교육 및 법규준수 교육 : 6시간

2 특별 교통안전 의무 교육 및 특별 교통안전 권장 교육은 도로교통공단에서 실시한다. (제3항)

04. 특별 교통안전 의무 교육의 연기 (제5항)

01의 **2**~**5**까지의 규정에 해당하는 사람이 다음의 어느 하나에 해당하는 사유로 특별 교통안전 의무 교육을 받을 수 없을 때에는 특별 교통안전 의무 교육 연기 신청서에 그 연기 사유를 증명할 수 있는 서류를 첨부하여 경찰서장에게 제출해야 한다. 이 경우 특별 교통안전 의무 교육을 연기 받은 사람은 그 사유가 없어진 날부터 30일 이내에 특별교통안전 의무 교육을 받아야 한다.

① 질병이나 부상으로 인하여 거동이 불가능한 경우
② 법령에 따라 신체의 자유를 구속당한 경우
③ 그 밖에 부득이하다고 인정할 만한 상당한 이유가 있는 경우

05. 특별 교통안전 권장 교육 (법 제73조제3항)

다음의 어느 하나에 해당하는 사람이 시·도 경찰청장에게 신청하는 경우에는 특별 교통안전 권장 교육을 받을 수 있다. 이 경우 권장 교육을 받기 전 1년 이내에 해당 교육을 받지 않은 사람에 한정한다.

① 교통법규 위반 등 위 앞의 01의 **2~4**에 따른 사유 외의 사유로 인하여 운전면허효력정지 처분을 받게 되거나 받은 사람

② 교통 법규 위반 등으로 인하여 운전면허효력정지 처분을 받을 가능성이 있는 사람

③ 특별 교통안전 의무 교육을 받은 사람

④ 운전면허를 받은 사람 중 교육을 받으려는 날에 65세 이상인 사람

※ 특별 교통안전 권장 교육
  ① 법규준수교육 : 6시간   ② 벌점감점교육 : 4시간
  ③ 현장참여교육 : 8시간   ④ 고령운전교육 : 3시간

06. 긴급자동차 운전업무 종사자의 교통안전교육 (법 제73조, 영 제38조 및 제38조의2)

1 긴급자동차의 운전업무에 종사하는 사람으로서 대통령령으로 정하는 바에 따라 정기적으로 긴급자동차의 안전운전에 관한 교육을 받아야 한다. (법 제73조제4항)

2 대통령령으로 정하는 사람(영 제38조의2 제1항)

① 법 제2조 제22호 가목~다목의 규정에 해당하는 운전자

② 영 제2조 제1항 각 호에 해당하는 운전자

3 긴급자동차 교통안전교육의 종류(제2항)

① 신규 교통안전교육 : 최초로 긴급자동차를 운전하려는 사람을 대상으로 실시하는 교육

② 정기 교통안전교육 : 긴급자동차를 운전하는 사람을 대상으로 3년마다 정기적으로 실시하는 교육. 이 경우 직전 교육을 받은 날부터 기산하여 3년이 되는 날이 속하는 해의 1월 1일부터 12월 31일 사이에 교육을 받을 수 있다. (제3항)

③ 긴급자동차 교통안전교육은 강의·시청각교육 등의 방법으로 실시하며, 신규 교통안전교육은 3시간 이상, 정기 교통안전교육은 2시간 이상 실시한다.

07. 75세 이상 교통안전교육 (법 제73조)

1 75세 이상인 사람으로서 운전면허를 받으려는 사람은 운전면허시험에 응시하기 전에, 운전면허증 갱신일에 75세 이상인 사람은 운전면허증 갱신기간 이내에 각각 다음의 사항에 관한 교통안전교육 2시간을 받아야 한다.

① 노화와 안전운전에 관한 사항

② 약물과 운전에 관한 사항

③ 기억력과 판단능력 등 인지능력별 대처에 관한 사항

④ 교통관련 법령 이해에 관한 사항

---

01. 운전면허 종별에 따라 운전할 수 있는 차량 (규칙 제53조, 별표18)

운전면허		운전할 수 있는 차량
종별	**구분**	
제1종	대형 면허	① 승용 자동차　② 승합자동차　③ 화물 자동차 ④ 건설 기계 　㉠ 덤프 트럭, 아스팔트 살포기, 노상 안정기 　㉡ 콘크리트믹서 트럭, 콘크리트 펌프, 천공기(트럭 적재식) 　㉢ 콘크리트믹서 트레일러, 아스팔트콘크리트 재생기 　㉣ 도로보수 트럭, 3톤 미만의 지게차 ⑤ 특수 자동차 (대형 견인차, 소형 견인차 및 구난차는 제외) ⑥ 원동기 장치 자전거
	보통 면허	① 승용 자동차 ② 승차 정원 15명 이하의 승합자동차 ③ 적재 중량 12톤 미만의 화물 자동차 ④ 건설 기계 (도로를 운행하는 3톤 미만의 지게차로 한정) ⑤ 총중량 10톤 미만의 특수 자동차 (구난차 등은 제외) ⑥ 원동기 장치 자전거
	소형 면허	① 3륜 화물 자동차　② 3륜 승용 자동차 ③ 원동기 장치 자전거
	특수 면허 — 대형 견인차	① 견인형 특수 자동차 ② 제2종 보통 면허로 운전할 수 있는 차량
	특수 면허 — 소형 견인차	① 총중량 3.5톤 이하의 견인형 특수 자동차 ② 제2종 보통 면허로 운전할 수 있는 차량
	특수 면허 — 구난차	① 구난형 특수 자동차 ② 제2종 보통 면허로 운전할 수 있는 차량
제2종	보통면허	① 승용자동차 ② 승차정원 10명 이하의 승합자동차 ③ 적재중량 4톤 이하의 화물자동차 ④ 총중량 3.5톤 이하의 특수자동차(구난차등은 제외한다) ⑤ 원동기장치자전거
	소형면허	① 이륜자동차(측차부를 포함한다)　② 원동기 장치 자전거
	원동기 장치 자전거 면허	원동기 장치 자전거

02. 운전면허를 받을 수 없는 사람 (법 제82조, 영 제42조)

① 18세 미만(원동기 장치 자전거의 경우에는 16세 미만)인 사람

② 교통상의 위험과 장해를 일으킬 수 있는 정신 질환자 또는 뇌전증 환자로서 대통령령으로 정하는 사람

*대통령령으로 정하는 사람(영 제42조 제1항)
치매, 조현병, 조현정동장애, 양극성 정동장애(조울증), 재발성 우울장애 등의 정신질환 또는 정신 발육지연, 뇌전증 등으로 인하여 정상적인 운전을 할 수 없다고 해당 분야 전문의가 인정하는 사람.

③ 듣지 못하는 사람(제1종 운전면허 중 대형 면허·특수 면허만 해당), 앞을 보지 못하는 사람(한쪽 눈만 보지 못하는 사람의 경우에는 제1종 운전면허 중 대형 면허·특수 면허만 해당)이나 그 밖에 대통령령으로 정하는 신체장애인

*그 밖에 대통령령으로 정하는 신체장애인(시행령 제42조 제2항)
다리, 머리, 척추, 그 밖의 신체의 장애로 인하여 앉아 있을 수 없는 사람. 다만, 신체장애 정도에 적합하게 제작·승인된 자동차를 사용하여 정상적인 운전을 할 수 있는 경우 제외

④ 양쪽 팔의 팔꿈치관절 이상을 잃은 사람이나 양쪽 팔을 전혀 쓸 수 없는 사람. 다만, 본인의 신체장애 정도에 적합하게 제작된 자동차를 이용하여 정상적인 운전을 할 수 있는 경우에는 그렇지 않다.

⑤ 교통상의 위험과 장해를 일으킬 수 있는 마약 · 대마 · 향정신성 의 약품 또는 알코올 중독자로서 대통령령으로 정하는 사람

*대통령령으로 정하는 사람(영 제42조 제3항)
마약 · 대마 · 향정신성의약품 또는 알코올 관련 장애 등으로 인하여 정상적인 운전을 할 수 업속독 해당 분야 전문의가 인정하는 사람

⑥ 제1종 대형 면허 또는 제1종 특수 면허를 받으려는 경우로서 19세 미만이거나 자동차(이륜자동차는 제외)의 운전 경험이 1년 미만인 사람

⑦ 대한민국의 국적을 가지지 않은 사람 중 외국인 등록을 하지 않은 사람(외국인 등록이 면제된 사람은 제외)이나 국내 거소 신고를 하지 않은 사람

03. 응시 제한 기간 (법 제82조제2항)

제한 기간	사유
운전면허가 취소된 날부터 5년간	주취 중 운전, 과로 운전, 공동 위험 행위 운전(무면허 운전 또는 운전면허 결격 기간 중 운전 위반 포함)으로 사람을 사상한 후 구호 및 신고 조치를 하지 않아 취소된 경우
	주취 중 운전 (무면허 운전 또는 운전면허 결격 기간 중 운전 포함)으로 사람을 사망에 이르게 하여 취소된 경우
운전면허가 취소된 날부터 4년간	무면허 운전, 주취 중 운전, 과로 운전, 공동 위험 행위 운전 외의 다른 사유로 사람을 사상한 후 구호 및 신고 조치를 하지 않아 취소된 경우
그 위반한 날부터 3년간	• 주취 중 운전 (무면허 운전 또는 운전면허 결격 기간 중 운전을 위반한 경우 포함)을 하다가 2회 이상 교통사고를 일으켜 운전면허가 취소된 경우 • 자동차를 이용하여 범죄 행위를 하거나 다른 사람의 자동차를 훔치거나 빼앗은 사람이 무면허로 그 자동차를 운전한 경우
운전면허가 취소된 날부터 2년간	• 주취 중 운전 또는 주취 중 음주운전 불응 2회 이상(무면허 운전 또는 운전면허 결격 기간 중 운전을 위반한 경우 포함) 위반하여 취소된 경우 • 위의 경우로 교통사고를 일으킨 경우 • 공동 위험 행위 금지 2회 이상 위반(무면허 운전 또는 운전 면허 결격 기간 중 운전 포함) • 무자격자 면허 취득, 거짓이나 부정 면허 취득, 운전면허효력정지 기간 중 운전면허증 또는 운전면허증을 갈음하는 증명서를 발급받아 운전을 하다가 취소된 경우 • 다른 사람의 자동차 등을 훔치거나 빼앗아 운전면허가 취소된 경우 • 운전면허 시험에 대신 응시하여 운전면허가 취소된 경우
그 위반한 날부터 2년간	무면허 운전 등의 금지, 운전면허 응시 제한 기간 규정을 3회 이상 위반하여 자동차등을 운전한 경우
운전면허가 취소된 날부터 1년간	상기 경우가 아닌 다른 사유로 면허가 취소된 경우(원동기 장치 자전거 면허를 받으려는 경우는 6개월로 하되, 공동 위험 행위 운전 위반으로 취소된 경우에는 1년)
그 위반한 날부터 1년간	무면허 운전 등의 금지, 운전면허 응시 제한 기간 규정을 위반하여 자동차등을 운전한 경우
제한 없음	• 적성 검사를 받지 않거나 그 적성 검사에 불합격하여 운전면허가 취소된 사람 • 제1종 운전면허를 받은 사람이 적성 검사에 불합격하여 다시 제2종 운전면허를 받으려는 경우
그 정지 기간	• 운전면허효력정지 처분을 받고 있는 경우
그 금지 기간	• 국제 운전면허증 또는 상호 인정 면허증으로 운전하는 운전자가 운전 금지 처분을 받은 경우

제9절 운전면허의 행정 처분 및 범칙 행위

01. 벌점의 관리 (규칙 제91조, 별표28)

1 누산 점수의 관리

법규 위반 또는 교통사고로 인한 벌점은 행정 처분 기준을 적용하고자 하는 당해 위반 또는 사고가 있었던 날을 기준으로 하여 과거 3년간의 모든 벌점을 누산하여 관리한다.

2 무위반 · 무사고 기간 경과로 인한 벌점 소멸

처분 벌점이 40점 미만인 경우에 최종의 위반일 또는 사고일로부터 위반 및 사고 없이 1년이 경과한 때에는 그 처분 벌점은 소멸한다.

3 벌점 공제

다음의 경우, 특혜점수가 부여되며 기간에 관계없이 정지 또는 취소처분을 받게 될 경우 누산점수에서 공제된다.

① 인적피해가 있는 교통사고를 야기하고 도주한 차량의 운전자(교통사고의 피해자가 아닌 경우로 한정)를 검거하거나 신고 : 40점(40점 단위 공제)

② 경찰청장이 정하여 고시하는 바에 따라 무위반 · 무사고 서약을 하고 1년간 이를 실천한 운전자 : 10점(10점 단위 공제)

㉠ 다만, 교통사고로 사람을 사망에 이르게 하거나, 음주운전, 난폭운전, 특수상해, 특수폭행, 특수협박, 특수손괴 등 자동차 등을 이용한 범죄 중 어느 하나에 해당하는 사유로 정지처분을 받게 될 경우에는 공제할 수 없다.

02. 벌점·누산점수 초과로 인한 운전면허의 취소·정지

1 면허취소

1회의 위반 · 사고로 인한 벌점 또는 연간 누산 점수가 다음의 벌점 또는 누산 점수에 도달한 때에는 그 운전면허를 취소

기간	벌점 또는 누산 점수
1년간	121점 이상
2년간	201점 이상
3년간	271점 이상

2 면허정지

운전면허정지 처분은 1회의 위반 · 사고로 인한 벌점 또는 처분 벌점이 40점 이상이 된 때부터 결정하여 집행하되, 원칙적으로 1점을 1일로 계산하여 집행한다.

03. 취소 처분 개별 기준

위반 사항	내용
교통사고를 일으키고 구호 조치를 하지 않은 때	교통사고로 사람을 죽게 하거나 다치게 하고, 구호조치를 하지 아니한 때
술에 취한 상태에서 운전한 때	• 술에 취한 상태의 기준(혈중알코올농도 0.03% 이상)을 넘어서 운전을 하다가 교통사고로 사람을 죽게 하거나 다치게 한 때 • 혈중알코올농도 0.08% 이상에서 운전한 때 • 술에 취한 상태의 기준을 넘어 운전하거나 술에 취한 상태의 측정에 불응한 사람이 다시 술에 취한 상태(혈중알코올농도 0.03% 이상)에서 운전한 때
술에 취한 상태의 측정에 불응한 때	술에 취한 상태에서 운전하거나 술에 취한 상태에서 운전하였다고 인정할 만한 상당한 이유가 있음에도 불구하고 경찰공무원의 측정 요구에 불응한 때

위반 사항	내용
다른 사람에게 운전면허증 대여 (도난, 분실 제외)	• 면허증 소지자가 다른 사람에게 면허증을 대여하여 운전하게 한 때 • 면허 취득자가 다른 사람의 면허증을 대여 받거나 그 밖에 부정한 방법으로 입수한 면허증으로 운전한 때
결격 사유에 해당	• 교통상의 위험과 장해를 일으킬 수 있는 정신 질환자 또는 뇌전증 환자로서 정상적인 운전을 할 수 없다고 해당분야 전문의가 인정하는 사람 • 앞을 보지 못하는 사람 (한쪽 눈만 보지 못하는 사람의 경우에는 제1종 운전면허 중 대형 면허·특수 면허로 한정) • 듣지 못하는 사람 (제1종 운전면허 중 대형 면허·특수 면허로 한정) • 양팔의 팔꿈치관절 이상을 잃은 사람, 또는 양팔을 전혀 쓸 수 없는 사람. 다만, 본인의 신체장애 정도에 적합하게 제작된 자동차를 이용하여 정상적으로 운전할 수 있는 경우에는 그러하지 아니하다. • 다리, 머리, 척추 그 밖의 신체장애로 인하여 앉아 있을 수 없는 사람 • 교통상의 위험과 장해를 일으킬 수 있는 마약, 대마, 향정신성 의약품 또는 알코올 중독자로서 정상적인 운전을 할 수 없다고 해당분야 전문의가 인정하는 사람
약물을 사용한 상태에서 자동차 등을 운전한 때	약물 투약·흡연·섭취·주사 등으로 정상적인 운전을 하지 못할 염려가 있는 상태에서 자동차 등을 운전한 때
공동 위험 행위	공동 위험 행위로 구속된 때
난폭 운전	난폭 운전으로 구속된 때
속도 위반	최고 속도보다 100km/h를 초과한 속도로 3회 이상 운전한 때
정기 적성 검사 불합격 또는 정기 적성 검사 기간 1년 경과	정기 적성 검사에 불합격하거나 적성 검사 기간 만료일 다음 날부터 적성 검사를 받지 않고 1년을 초과한 때
수시 적성 검사 불합격 또는 수시 적성 검사 기간 경과	수시 적성 검사에 불합격하거나 수시 적성 검사 기간을 초과한 때
운전면허 행정 처분 기간 중 운전 행위	운전면허 행정 처분 기간 중에 운전한 때
허위 또는 부정한 수단으로 운전면허를 받은 경우	• 허위·부정한 수단으로 운전면허를 받은 때 • 운전면허 결격 사유에 해당하여 운전면허를 받을 자격이 없는 사람이 운전면허를 받은 때 • 운전면허 효력의 정지 기간 중 면허증 또는 운전면허증에 갈음하는 증명서를 교부받은 사실이 드러난 때
등록 또는 임시운행 허가를 받지 않은 자동차를 운전한 때	자동차관리법에 따라 등록되지 않거나 임시 운행 허가를 받지 않은 자동차(이륜자동차 제외)를 운전한 때
자동차 등을 이용하여 형법상 특수 상해 등을 행한 때 (보복 운전)	자동차 등을 이용하여 형법상 특수 상해, 특수 폭행, 특수 협박, 특수 손괴를 행하여 구속된 때
다른 사람을 위하여 운전면허 시험에 응시한 때	운전면허를 가진 사람이 다른 사람을 부정하게 합격시키기 위하여 운전면허 시험에 응시한 때
운전자가 단속 경찰 공무원 등에 대한 폭행	단속하는 경찰 공무원 등 및 시·군·구 공무원을 폭행하여 형사 입건된 때
연습면허 취소 사유가 있었던 경우	제1종 보통 및 제2종 보통 면허를 받기 이전에 연습 면허의 취소 사유가 있었던 때 (연습 면허에 대한 취소 절차 진행 중 제1종 보통 및 제2종 보통면허를 받은 경우를 포함)

04. 정지 처분 개별 기준

1 도로교통법이나 도로교통법에 의한 명령을 위반한 때

위반 사항	벌 점
• 속도위반 (100km/h 초과) • 술에 취한 상태의 기준을 넘어서 운전한 때 (혈중알코올농도 0.03% 이상 0.08% 미만) • 자동차 등을 이용하여 형법상 특수상해 등 (보복 운전)을 하여 입건된 때	100
• 속도위반 (80km/h 초과 100km/h 이하)	80
• 속도위반 (60km/h 초과 80km/h 이하)	60
• 정차·주차 위반에 대한 조치 불응 (단체에 소속되거나 다수인에 포함되어 경찰 공무원의 3회 이상의 이동 명령에 따르지 않고 교통을 방해한 경우에 한함) • 공동 위험 행위로 형사 입건된 때 • 난폭 운전으로 형사 입건된 때 • 안전운전 의무 위반 (단체에 소속되거나 다수인에 포함되어 경찰 공무원의 3회 이상의 안전운전 지시에 따르지 않고 타인에게 위험과 장해를 주는 속도나 방법으로 운전한 경우에 한함) • 승객의 차내 소란 행위 방치 운전 • 출석 기간 또는 범칙금 납부 기간 만료일부터 60일이 경과될 때까지 즉결 심판을 받지 않은 때	40
• 통행 구분 위반 (중앙선 침범에 한함) • 속도위반 (40km/h 초과 60km/h 이하) • 철길 건널목 통과 방법 위반 • 회전 교차로 통행 방법 위반 (통행 방향 위반에 한정) • 어린이 통학 버스 특별 보호 위반 • 어린이 통학 버스 운전자의 의무 위반 (좌석 안전띠를 매도록 하지 않은 운전자는 제외) • 고속도로·자동차 전용 도로 갓길 통행 • 고속도로 버스 전용 차로·다인승 전용 차로 통행 위반 • 운전면허증 등의 제시 의무 위반 또는 운전자 신원 확인을 위한 경찰 공무원의 질문에 불응	30
• 신호·지시 위반 • 속도위반 (20km/h 초과 40km/h 이하) • 속도위반 (어린이 보호 구역 안에서 오전 8시부터 오후 8시까지 사이에 제한 속도를 20km/h 이내에서 초과한 경우에 한정) • 앞지르기 금지 시기·장소 위반 • 적재 제한 위반 또는 적재물 추락 방지 위반 • 운전 중 휴대용 전화 사용 • 운전 중 운전자가 볼 수 있는 위치에 영상 표시 • 운전 중 영상 표시 장치 조작 • 운행 기록계 미설치 자동차 운전 금지 등의 위반	15
• 통행 구분 위반 (보도 침범, 보도 횡단 방법 위반) • 차로 통행 준수 의무 위반, 지정차로 통행 위반 (진로 변경 금지 장소에서의 진로 변경 포함) • 일반도로 전용차로 통행 위반 • 안전거리 미확보 (진로 변경 방법 위반 포함) • 앞지르기 방법 위반 • 보행자 보호 불이행 (정지선 위반 포함) • 승객 또는 승하차자 추락 방지 조치 위반 • 안전운전 의무 위반 • 노상 시비·다툼 등으로 차마의 통행 방해 행위 • 자율주행자동차 운전자의 준수 사항 위반 • 돌·유리병·쇳조각이나 그 밖에 도로에 있는 사람이나 차마를 손상시킬 우려가 있는 물건을 던지거나 발사하는 행위 • 도로를 통행하고 있는 차마에서 밖으로 물건을 던지는 행위	10

〈비고〉

1. 위 표에도 불구하고 어린이 보호구역 및 노인·장애인 보호구역 안에서 오전 8시부터 오후 8시 사이에 다음 각 목에 따른 위반행위를 한 운전자에게는 해당 목에 정하는 벌점을 부과한다.
   ① 벌점 120점 : 속도위반(100km/h 초과)
      속도위반(80km/h 초과 100km/h이하)
   ② 벌점의 2배 : 속도위반(60km/h 초과 80km/h이하), 속도위반(40km/h 초과 60km/h이하), 신호·지시 위반 속도위반(20km/h 초과 40km/h이하), 보행자보호 불이행(정지선위반 포함)

2 자동차 등의 운전 중 교통사고를 일으킨 때

구분		벌점	내용
인적 피해 교통 사고	사망 1명마다	90	사고 발생 시부터 72시간 이내에 사망한 때
	중상 1명마다	15	3주 이상의 치료를 요하는 의사의 진단이 있는 사고
	경상 1명마다	5	3주 미만 5일 이상의 치료를 요하는 의사의 진단이 있는 사고
	부상신고 1명마다	2	5일 미만의 치료를 요하는 의사의 진단이 있는 사고

① 교통사고 발생 원인이 불가항력이거나 피해자의 명백한 과실인 때에는 행정 처분을 하지 않음
② 자동차 등 대 사람의 교통사고의 경우 雙方과실인 때에는 그 벌점을 2분의 1로 감경
③ 자동차 등 대 자동차 등의 교통사고의 경우 그 사고 원인 중 중한 위반 행위를 한 운전자만 적용
④ 교통사고로 인한 벌점 산정에 있어서 처분 받을 운전자 본인의 피해에 대하여는 벌점을 산정하지 않음

③ 조치 등 불이행에 따른 벌점 기준

불이행사항	벌점	내용
교통사고 야기 시 조치 불이행	90	1. 물적 피해가 발생한 교통사고를 일으킨 후 도주한 때 2. 교통사고를 일으킨 즉시(그때, 그 자리에서 곧)사상자를 구호하는 등의 조치를 하지 아니하였으나 그 후 자진신고를 한 때
	15	가. 고속도로, 특별시·광역시 및 시의 관할구역과 군(광역시의 군 제외)의 관할구역 중 경찰관서가 위치하는 리 또는 동 지역에서 3시간(그 밖의 지역에서는 12시간) 이내에 자진신고를 한 때
	2	나. 가 목에 따른 시간 후 48시간 이내에 자진신고를 한 때

④ 자동차 등 이용 범죄 및 자동차 등 강도·절도 시의 운전면허 행정 처분 기준

1) 취소 처분 기준

벌점	내용
① 자동차 등을 다음 범죄의 도구나 장소로 이용한 경우 가)「국가보안법」중 제4조부터 제9조까지의 죄 및 같은 법 제12조 중 증거를 날조·인멸·은닉한 죄 나)「형법」중 다음 어느 하나의 범죄 　• 살인, 사체유기, 방화 　• 강도, 강간, 강제추행 　• 약취·유인·감금 　• 상습절도(절취한 물건을 운반한 경우에 한정한다) 　• 교통방해(단체 또는 다중의 위력으로써 위반한 경우에 한정한다)	가) 자동차 등을 법정형 상한이 유기징역 10년을 초과하는 범죄의 도구나 장소로 이용한 경우 나) 자동차 등을 범죄의 도구나 장소로 이용하여 운전면허 취소·정지 처분을 받은 사실이 있는 사람이 다시 자동차등을 범죄의 도구나 장소로 이용한 경우. 다만, 일반교통방해죄의 경우는 제외한다.
② 다른 사람의 자동차 등을 훔친 경우	가) 다른 사람의 자동차 등을 빼앗아 이를 운전한 경우 나) 다른 사람의 자동차 등을 훔치거나 빼앗아 이를 운전하여 운전면허 취소·정지 처분을 받은 사실이 있는 사람이 다시 자동차 등을 훔치고 이를 운전한 경우

2) 정지 처분 기준

벌점	내용	벌점
① 자동차 등을 다음 범죄의 도구나 장소로 이용한 경우 가)「국가보안법」중 제4조부터 제9조까지의 죄 및 같은 법 제12조 중 증거를 날조·인멸·은닉한 죄 나)「형법」중 다음 어느 하나의 범죄 　• 살인, 사체유기, 방화 　• 강도, 강간, 강제추행 　• 약취·유인·감금 　• 상습절도(절취한 물건을 운반한 경우에 한정한다) 　• 교통방해(단체 또는 다중의 위력으로써 위반한 경우에 한정한다)	가) 자동차 등을 법정형 상한이 유기징역 10년 이하인 범죄의 도구나 장소로 이용한 경우	100
② 다른 사람의 자동차 등을 훔친 경우	가) 다른 사람의 자동차 등을 훔치고 이를 운전한 경우	100

⑤ 다른 법률에 따라 관계 행정 기관의 장이 행정처분 요청 시의 운전면허 행정처분 기준

1)「양육비 이행 확보 및 지원에 관한 법률」에 따라 여성가족부 장관이 운전면허 정지처분을 요청하는 경우 : 정지 100일

05. 범칙 행위 및 범칙 금액(영 제93조, 별표8)

범칙 행위	범칙 금액
• 속도위반 (60km/h 초과) • 어린이 통학 버스 운전자의 의무 위반 (좌석 안전띠를 매도록 하지 않은 경우는 제외) • 인적 사항 제공 의무 위반 (주·정차된 차만 손괴한 것이 분명한 경우에 한정)	1) 승합 자동차 등 : 13만원 2) 승용 자동차 등 : 12만원
• 속도위반 (40km/h 초과 60km/h 이하) • 승객의 차 안 소란 행위 방치 운전 • 어린이 통학버스 특별 보호 위반	1) 승합 자동차 등 : 10만원 2) 승용 자동차 등 : 9만원
• 안전표지가 설치된 곳에서의 정차·주차 금지 위반	1) 승합 자동차 등 : 9만원 2) 승용 자동차 등 : 8만원
• 신호·지시 위반 • 중앙선 침범, 통행 구분 위반 • 속도위반 (20km/h 초과 40km/h 이하) • 횡단·유턴·후진 위반　• 앞지르기 방법 위반 • 앞지르기 금지 시기·장소 위반 • 철길 건널목 통과 방법 위반 • 회전교차로 통행방법 위반 • 횡단보도 보행자 횡단 방해 (신호 또는 지시에 따라 도로를 횡단하는 보행자의 통행 방해와 어린이 보호 구역에서의 일시 정지 위반을 포함) • 보행자 전용 도로 통행 위반 (보행자 전용 도로 통행 방법 위반을 포함한다) • 긴급 자동차에 대한 양보·일시정지 위반 • 긴급한 용도나 그 밖에 허용된 사항 외에 경광등이나 사이렌 사용 • 승차 인원 초과, 승객 또는 승하차자 추락 방지 조치 위반 • 어린이·앞을 보지 못하는 사람 등의 보호 위반 • 운전 중 휴대용 전화사용 • 운전 중 운전자가 볼 수 있는 위치에 영상 표시 • 운전 중 영상 표시 장치 조작 • 운행기록계 미설치 자동차 운전 금지 등의 위반 • 고속도로·자동차 전용 도로 갓길 통행 • 고속도로 버스 전용 차로·다인승 전용 차로 통행 위반	1) 승합 자동차 등 : 7만원 2) 승용 자동차 등 : 6만원
• 통행 금지 제한 위반 • 일반도로 전용 차로 통행 위반 • 노면전차 전용로 통행 위반 • 고속도로·자동차 전용 도로 안전 거리 미확보 • 앞지르기의 방해 금지 위반 • 교차로 통행 방법 위반 • 회전 교차로 진입·진행 방법 위반 • 교차로에서의 양보 운전 위반 • 보행자의 통행 방해 또는 보호 불이행 • 정차·주차 금지 위반 (안전표지가 설치된 곳에서의 정차·주차 금지 위반은 제외) • 주차 금지 위반 • 정차·주차 방법 위반 • 경사진 곳에서의 정차·주차 방법 위반 • 정차·주차 위반에 대한 조치 불응 • 적재 제한 위반, 적재물 추락 방지 위반 또는 영유아나 동물을 안고 운전하는 행위 • 안전 운전 의무 위반 • 도로에서의 시비·다툼 등으로 인한 차마의 통행 방해 행위 • 급발진, 급가속, 엔진 공회전 또는 반복적·연속적인 경음기 울림으로 인한 소음 발생 행위 • 화물 적재함에의 승객 탑승 운행 행위 • 자율주행자동차 운전자의 준수 사항 위반 • 고속도로 지정차로 통행 위반 • 고속도로·자동차 전용 도로 횡단·유턴·후진 위반 • 고속도로·자동차 전용 도로 정차·주차 금지 위반 • 고속도로 진입 위반 • 고속도로·자동차 전용 도로에서의 고장 등의 경우 조치 불이행	1) 승합 자동차 등 : 5만원 2) 승용 자동차 등 : 4만원

• 혼잡 완화 조치 위반 • 차로 통행 준수 의무 위반, 지정차로 통행 위반, 차로 너비보다 넓은 차 통행 금지 위반 (진로 변경 금지 장소에서의 진로 변경을 포함) • 속도위반 (20km/h 이하) • 진로 변경 방법 위반 • 급제동 금지 위반 • 끼어들기 금지 위반 • 서행 의무 위반 • 일시정지 위반 • 방향 전환 · 진로 변경 및 회전 교차로 진입 · 진출 시 신호 불이행 • 운전석 이탈 시 안전 확보 불이행 • 동승자 등의 안전을 위한 조치 위반 • 시 · 도 경찰청 지정 · 공고 사항 위반 • 좌석 안전띠 미착용 • 이륜자동차 · 원동기 장치 자전거(개인형 이동 장치는 제외) 인명 보호 장구 미착용 • 등화 점등 불이행 · 발광 장치 미착용(자전거 운전자는 제외) • 어린이 통학 버스와 비슷한 도색 · 표지 금지 위반	1) 승합 자동차 등 : 3만원 2) 승용 자동차 등 : 3만원
• 최저 속도위반 • 일반 도로 안전 거리 미확보 • 등화 점등 · 조작 불이행 (안개가 끼거나 비 또는 눈이 올 때는 제외) • 불법부착장치 차 운전(교통단속용 장비의 기능을 방해하는 장치를 한 차의 운전은 제외) • 사업용 승합자동차 또는 노면전차의 승차 거부 • 택시의 합승(장기 주차 · 정차하여 승객을 유치하는 경우로 한정) · 승차 거부 · 부당 요금 징수 행위	1) 승합 자동차 등 : 2만원 2) 승용 자동차 등 : 2만원
• 돌, 유리병, 쇳조각, 그 밖에 도로에 있는 사람이나 차마를 손상시킬 우려가 있는 물건을 던지거나 발사하는 행위 • 도로를 통행하고 있는 차마에서 밖으로 물건을 던지는 행위	모든 차마 : 5만원
• 특별 교통안전 교육의 미이수 - 과거 5년 이내에 술에 취한 상태에서의 운전 금기 규정을 1회 이상 위반하였던 사람으로서 다시 같은 조를 위반하여 운전면허효력정지 처분을 받게 되거나 받은 사람이 그 처분 기간이 끝나기 전에 특별 교통안전 교육을 받지 않은 경우 - 위의 항목 외의 경우	차종 구분 없음 : 15만원 10만원
• 경찰관의 실효된 면허증 회수에 대한 거부 또는 방해	차종 구분 없음 : 3만원

과태료 부과기준

위반행위 및 행위자	차종별 과태료금액(만 원)	
	승합자동차 등	승용자동차 등
• 신호 또는 지시를 따르지 않은 차 또는 노면전차의 고용주 등	14	13
• 제한속도를 준수하지 않은 차 또는 노면전차의 고용주 등 - 60km/h 초과 - 40km/h 초과 60km/h 이하 - 20km/h 초과 40km/h 이하 - 20km/h 이하	 17 14 11 7	 16 13 10 7
• 정차 또는 주차를 한 차의 고용주 등 - 어린이보호구역에서 위반한 경우 - 노인 · 장애인보호구역에서 위반한 경우	 13(14) 9(10)	 12(13) 8(9)

〈비고〉
1. 승합자동차 등 : 승합자동차, 4통 초과 화물자동차, 특수자동차, 건설기계 및 노면전차
2. 승용자동차 등 : 승용자동차 및 4톤 이하 화물자동차
※ 과태료 금액에서 괄호 안의 것은 같은 장소에서 2시간 이상 정차 또는 주차 위반을 하는 경우에 적용한다.

제3장 교통사고 처리 특례법령

제1절 특례의 적용

01. 교통사고 처리 특례법의 목적 (법 제1조)
교통사고 처리 특례법은 업무상 과실(業務上過失) 또는 중대한 과실로 교통사고를 일으킨 운전자에 관한 형사처벌 등의 특례를 정함으로써 교통사고로 인해 피해의 신속한 회복을 촉진하고 국민 생활의 편익을 증진함을 목적으로 한다.

02. 교통사고 처리 특례법의 정의 (법 제2조)

1 차의 교통으로 인한 사고가 발생하여 운전자를 형사 처벌하여야 하는 경우에 적용되는 법이다.
① 업무상 과실 또는 중과실로 사람을 사상한 때에는 5년 이하의 금고 또는 2천만 원 이하의 벌금에 처한다.(형법 제268조)
② 건조물 또는 재물을 손괴한 때에는 2년 이하의 금고나 5백만 원 이하의 벌금에 처한다.(도로 교통법 제151조)

2 교통사고의 정의와 조건
① 교통사고의 정의 : 차의 교통으로 인하여 사람을 사상하거나 물건을 손괴하는 것
③ 교통사고의 조건 : ㉠ 차에 의한 사고, ㉡ 피해의 결과 발생(사람 사상 또는 물건 손괴), ㉢ 교통으로 인하여 발생한 사고

03. 교통사고 처벌의 특례 (법 제3조)
피해자와 합의(불벌 의사)하거나 종합 보험 또는 공제에 가입한 경우, 다음의 죄에는 특례의 적용을 받아 형사 처벌을 하지 않는다.(공소권 없음, 반의사 불벌죄)
① 업무상 과실 치상죄　　　　② 중과실 치상죄
③ 다른 사람의 건조물이나 그 밖의 재물을 손괴한 경우
※ 보험 또는 공제에 가입된 사실은 보험 회사, 또는 공제 사업자가 작성한 서면에 의하여 증명되어야 한다.(법 제4조제3항)

04. 특례 적용 제외자(형사 처벌 대상이 되는 경우 = 공소권 있음) (법 제3조 제2항)
종합 보험(공제)에 가입되었고, 피해자가 처벌을 원하지 않아도 다음의 경우에는 특례의 적용을 받지 못하고 형사 처벌을 받는다.
① 사망 사고
② 교통사고 야기 후 도주 또는 사고 장소로부터 옮겨 유기하고 도주한 경우
③ 차의 교통으로 업무상 과실 치상죄 또는 중과실 치상죄를 범하고, 음주 측정에 불응한 경우(운전자가 채혈 측정을 요청하거나 동의한 경우는 제외)
④ 신호 · 지시 위반 사고
⑤ 중앙선 침범 사고(고속도로 등에서 횡단, 유턴 또는 후진 사고)
⑥ 과속(제한 속도 20km/h 초과) 사고
⑦ 앞지르기 방법 · 금지 시기 · 장소 또는 끼어들기의 금지를 위반하거나 고속도로에서의 앞지르기 방법 위반 사고
⑧ 철길 건널목 통과 방법 위반 사고
⑨ 횡단보도에서 보행자 보호 의무 위반 사고
⑩ 무면허 운전 중 사고

⑪ 주취 · 약물 복용 운전 사고

⑫ 보도 침범 · 통행 방법 위반 사고

⑬ 승객 추락 방지 의무 위반 사고

⑭ 어린이 보호 구역 내 어린이 보호 의무 위반 사고

⑮ 자동차의 화물이 떨어지지 아니하도록 필요한 조치를 하지 아니하고 운전한 경우

⑯ 민사상 손해 배상을 하지 않은 경우

⑰ 중상해 사고를 유발하고 형사상 합의가 안 된 경우

🐸 중상해의 범위

① 생명에 대한 위험 : 뇌 또는 주요 장기에 중대한 손상

② 불구 : 사지 절단 등 또는 시각 · 청각 · 언어 · 생식 기능 등 중요한 신체 기능의 영구적 상실

③ 불치(不治)나 난치(難治)의 질병 : 중증의 정신 장애 · 하반신 마비 등 중대 질병

05. 사고 운전자 가중 처벌(특정 범죄 가중 처벌 등에 관한 법률 제5조의3, 제5조의11)

1 사고 운전자가 피해자를 구호하는 등의 조치를 하지 아니하고 도주한 경우

① 피해자를 사망에 이르게 하고 도주하거나, 도주 후에 피해자가 사망한 경우 : 무기 또는 5년 이상의 징역

② 피해자를 상해에 이르게 한 경우 : 1년 이상의 유기 징역 또는 5백만 원 이상 3천만 원 이하의 벌금

2 사고 운전자가 피해자를 사고 장소로부터 옮겨 유기하고 도주한 경우

① 피해자를 사망에 이르게 하고 도주하거나, 도주 후에 피해자가 사망한 경우 : 사형, 무기 또는 5년 이상의 징역

② 피해자를 상해에 이르게 한 경우 : 3년 이상의 유기 징역

3 위험 운전 치 · 사상의 경우

① 음주 또는 약물의 영향으로 정상적인 운전이 곤란한 상태에서 자동차(원동기 장치 자전거 포함)를 운전하여 사람을 사망에 이르게 한 경우 : 무기 또는 3년 이상의 징역

② 사람을 상해에 이르게 한 경우 : 1년 이상 15년 이하의 징역 또는 1천만 원 이상 3천만 원 이하의 벌금

제2절 | 중대 교통사고 유형 및 대처 방법

01. 사망 사고 정의

① 교통사고에 의한 사망은 교통사고가 주된 원인이 되어 교통사고 발생 시부터 30일 이내에 사람이 사망한 사고를 말한다.

② 도로 교통법상 교통사고 발생 후 72시간 내 사망하면 벌점 90점이 부과되며, 교통사고 처리 특례법상 형사적 책임이 부과된다.

③ 사망사고 성립 요건

항목	내용	예외사항
1. 장소적 요건	· 모든 장소	-
2. 운전자 과실	· 운전자로서 요구되는 업무상 주의의무를 소홀히 한 과실	· 자동차 본래의 운행목적이 아닌 작업 중 과실로 피해자가 사망한 경우(안전사고) · 운전자의 과실을 논할 수 없는 경우
3. 피해자 요건	· 운행 중인 자동차에 충격되어 사망한 경우	· 피해자의 자살 등 고의 사고 · 운행목적이 아닌 작업 과실로 피해자가 사망한 경우(안전사고)

02. 도주(뺑소니)인 경우

① 피해자 사상 사실을 인식하거나 예견됨에도 가버린 경우

② 피해자를 사고 현장에 방치한 채 가버린 경우

③ 현장에 도착한 경찰관에게 거짓으로 진술한 경우

④ 사고 운전자를 바꿔치기 신고 및 연락처를 거짓 신고한 경우

⑤ 자신의 의사를 제대로 표시하지 못한 나이 어린 피해자가 '괜찮다'라고 하여 조치 없이 가버린 경우 등

⑥ 피해자가 이미 사망하였다고 사체 안치 후송 등의 조치 없이 가버린 경우

⑦ 피해자를 병원까지만 후송하고 계속 치료를 받을 수 있는 조치 없이 가버린경우

⑧ 쌍방 업무상 과실이 있는 경우에 발생한 사고로 과실이 적은 차량이 도주한 경우

03. 신호·지시 위반 사고 사례

① 신호가 변경되기 전에 출발하여 인적 피해를 야기한 경우

② 황색 주의 신호에 교차로에 진입하여 인적 피해를 야기한 경우

③ 신호 내용을 위반하고 진행하여 인적 피해를 야기한 경우

④ 적색 차량 신호에 진행하다 정지선과 횡단보도 사이에서 보행자를 충격한 경우

04. 중앙선 침범 사고

1) 중앙선 침범 개념 및 적용

① 중앙선 침범 : 중앙선을 넘어서거나 차체가 걸친 상태에서 운전한 경우

② 중앙선 침범을 적용하는 경우(현저한 부주의)

　㉠ 커브 길에서 과속으로 인한 중앙선 침범

　㉡ 빗길에서 과속으로 인한 중앙선 침범

　㉢ 졸다가 뒤늦은 제동으로 인한 침범

　㉣ 차내 잡담 또는 휴대폰 통화 등의 부주의로 침범

③ 중앙선을 적용할 수 없는 경우(만부득이한 경우)

　㉠ 사고를 피하기 위해 급제동하다 침범

　㉡ 위험을 회피하기 위해 침범

　㉢ 빙판길 또는 빗길에서 미끄러져 침범(제한속도 준수)

05. 과속(20km/h 초과) 사고

1) 속도에 대한 정의

① 규제 속도 : 법정 속도(도로 교통법에 따른 도로별 최고 · 최저 속도)와 제한 속도(시 · 도 경찰청장에 의한 지정 속도)

② 설계 속도 : 도로 설계의 기초가 되는 자동차의 속도

③ 주행 속도 : 정지 시간을 제외한 실제 주행 거리의 평균 주행 속도

④ 구간 속도 : 정지 시간을 포함한 주행 거리의 평균 주행 속도

2) 과속사고의 성립요건

항목	내용	예외사항
1. 장소적 요건	· 도로법에 따른 도로, 유료도로법에 따른 도로, 농어촌도로 정비법에 따른 농어촌도로, 현실적으로 불특정 다수의 사람 또는 차마의 통행을 위하여 공개된 장소로서 안전하고 원활한 교통을 확보할 필요가 있는 장소	· 불특정 다수의 사람 또는 차마의 통행을 위하여 공개된 장소가 아닌 곳에서의 사고

2. 피해자 요건	• 과속차량(20km/h) 초과에 충돌되어 인적피해를 입은 경우	• 제한속도 20km/h 이하 과속 차량에 충돌되어 인적피해를 입은 경우 • 제한속도 20km/h 초과 차량에 충돌되어 대물피해만 입은 경우

3. 운전자 과실	• 제한속도 20km/h를 초과하여 과속으로 운행 중에 사고가 발생한 경우
	  – 고속도로나 자동차 전용도로에서 법정속도 20km/h를 초과한 경우
	  – 속도제한 표지판 설치구간에서 제한속도 20km/h를 초과한 경우
	  – 비가 내려 노면이 젖어있는 경우, 눈이 20mm 미만 쌓인 경우 최고속도의 100분의 20을 줄인 속도에서 20km/h를 초과한 경우
	  – 폭우·폭설·안개 등으로 가시거리가 100m 이내인 경우, 노면이 얼어붙은 경우, 눈이 20mm이상 쌓인 경우 최고속도 100분의 50을 줄인 속도에서 20km/h를 초과한 경우
		• 제한속도 20km/h 이하로 과속하여 운행 중 사고를 야기한 경우
		• 제한속도 20km/h 초과하여 과속 운행 중 대물피해만 입힌 경우

4. 시설물 설치 요건	• 시·도 경찰청장이 설치한 안전표지 중
	  – 규제표지 224(최고속도 제한표지)
	  – 노면표시 517(속도제한표시), 518(어린이 보호구역 안 속도제한표시)
		• 과속(20km/h)이 적용되지 않는 표지
		  – 규제표지 226(서행표지)
		  – 보조표지 409(안전속도표지)
		  – 노면표시 519(서행표시), 520(서행표시)

3) 과속에 따른 행정 처분(승합차·승용차의 범칙금 및 벌점)
① 60km/h 초과 : 승합차 – 13만 원, 승용차 – 12만 원, 60점
② 40km/h 초과 ~ 60km/h 이하 : 승합차 – 10만 원, 승용차 – 9만 원, 30점
③ 20km/h 초과 ~ 40km/h 이하 : 승합차 – 7만 원, 승용차 – 6만 원, 15점
④ 20km/h 이하 : 승합차 – 3만 원, 승용차 – 3만 원, 벌점 없음

06. 앞지르기 방법·금지 위반 사고

1 앞지르기 방법
모든 차의 운전자는 다른 차를 앞지르고자 하는 때에는 앞차의 좌측으로 통행하여야 한다.

2 앞지르기가 금지되는 경우 및 장소
① 앞차의 좌측에 다른 차가 앞차와 나란히 가고 있는 경우
② 앞차가 다른 차를 앞지르고 있거나 앞지르고자 하는 경우
③ 경찰 공무원의 지시를 따르거나 위험을 방지하기 위하여 정지하거나 서행하고 있는 경우
④ 교차로, 터널 안, 다리 위
⑤ 도로의 구부러진 곳, 비탈길의 고갯마루 부근 또는 가파른 비탈길의 내리막 등 시·도 경찰청장이 필요하다고 인정하여 안전표지로 지정한 곳

3 끼어들기의 금지
모든 차의 운전자는 도로 교통법에 의한 명령 또는 경찰 공무원의 지시에 따르거나, 위험 방지를 위하여 정지 또는 서행하고 있는 다른 차 앞에 끼어들지 못 한다.

4 갓길 통행금지 등
자동차 운전자는 고속도로에서 다른 차를 앞지르고자 하는 때에는 방향 지시기·등화 또는 경음기를 사용하여 행정안전부령이 정하는 차로로 안전하게 통행해야 한다.

07. 철길 건널목 통과 방법 위반 사고

1 철길 건널목의 종류
① 제1종 건널목 : 차단기, 건널목 경보기 및 교통안전 표지가 설치되어 있는 경우
② 제2종 건널목 : 건널목 경보기 및 교통안전 표지가 설치되어 있는 경우
③ 제3종 건널목 : 교통안전 표지만 설치되어 있는 경우

2 철길건널목 통과방법위반 사고의 성립요건

항목	내용	예외사항
1. 장소적 요건	• 철길건널목	• 역 구내의 철길건널목
2. 피해자 요건	• 철길건널목 통과방법 위반 사고로 인적피해를 입은 경우	• 철길건널목 통과방법 위반 사고로 대물피해만 입은 경우

3. 운전자 과실	• 철길건널목 통과방법 위반 과실
	  – 철길건널목 전에 일시정지 불이행
	  – 안전미확인 통행 중 사고
	  – 차량이 고장난 경우 승객 대피, 차량이동 조치 불이행
	• 철길건널목 진입금지
	  – 차단기가 내려져 있는 경우
	  – 차단기가 내려지려고 하는 경우
	  – 경보기가 울리고 있는 경우
		• 철길건널목 신호기·경보기 등의 고장으로 일어난 사고
		※ 신호기 등이 표시하는 신호에 따르는 때에는 일시정지하지 않고 통과할 수 있다.

🚸 철길 건널목 통과 위반 사고 시 행정 처분(범칙금, 벌점)

승합자동차 – 7만 원, 승용 자동차 – 6만 원, 벌점 30점

08. 보행자 보호 의무 위반 사고

1 횡단보도 보행자인 경우
① 횡단보도를 걸어가는 사람
② 횡단보도에서 원동기 장치 자전거를 끌고 가는 사람
③ 횡단보도에서 원동기 장치 자전거나 자전거를 타고 가다 이를 세우고 한발은 페달에 다른 한발은 지면에 서 있는 사람
④ 세발자전거를 타고 횡단보도를 건너는 어린이
⑤ 손수레를 끌고 횡단보도를 건너는 사람

2 횡단보도 보행자가 아닌 경우
① 횡단보도에서 원동기 장치 자전거나 자전거를 타고 가는 사람
② 횡단보도에 누워있거나, 앉아있거나, 엎드려있는 사람
③ 횡단보도 내에서 교통정리를 하고 있는 사람과 택시를 잡고있는 사람
④ 횡단보도 내에서 화물 하역작업을 하고 있는 사람
⑤ 보도에 서 있다가 횡단보도 내로 넘어진 사람

3 횡단보도로 인정되는 경우와 아닌 경우
① 횡단보도 노면표시가 있으나 횡단보도 표지판이 설치되지 않은 경우에도 인정
② 횡단보도 노면표시가 포장공사로 반은 지워졌으나, 반이 남아있는 경우에도 인정
③ 횡단보도 노면표시가 완전히 지워지거나, 포장공사로 덮여졌다면 횡단보도 효력 상실

④ 보행자 보호의무위반 사고의 성립요건

항목	내용	예외사항
1. 장소적 요건	• 횡단보도 내	• 보행신호가 적색등화일 때의 횡단보도
2. 피해자 요건	• 횡단보도를 횡단하고 있는 보행자가 충돌되어 인적피해를 입은 경우	• 보행신호가 적색등화일 때 횡단을 시작한 보행자를 충돌한 경우 • 횡단보도를 건너는 것이 아니라 횡단보도 내에 누워있거나, 교통정리를 하거나, 싸우고 있거나, 택시를 잡고 있거나 등 보행의 경우가 아닌 때에 충돌한 경우
3. 운전자 과실	• 횡단보도를 건너고 있는 보행자를 충돌한 경우 • 횡단보도 전에 정지한 차량을 추돌하여 추돌된 차량이 밀려나가 보행자를 충돌한 경우 • 보행신호가 녹색등화일 때 횡단보도를 진입하여 건너고 있는 보행자를 보행신호가 녹색등화의 점멸 또는 적색등화로 변경된 상태에서 충돌한 경우	• 적색등화에 횡단보도를 진입하여 건너고 있는 보행자를 충돌한 경우 • 횡단보도를 건너다가 신호가 변경되어 중앙선에 서 있는 보행자를 충돌한 경우 • 횡단보도를 건너고 있을 때 보행신호가 적색등화로 변경되어 되돌아가고 있는 보행자를 충돌한 경우 • 녹색등화가 점멸되고 있는 횡단보도를 진입하여 건너고 있는 보행자를 적색등화에 충돌한 경우

09. 주취·약물 복용 운전 중 사고

① 음주 운전인 경우

불특정 다수인이 이용하는 도로와 특정인이 이용하는 주차장 또는 학교 경내 등에서의 음주 운전도 형사 처벌 대상. (단, 특정인만이 이용하는 장소에서의 음주 운전으로 인한 운전면허 행정 처분은 불가)

① 공개되지 않은 통행로에서의 음주 운전도 처벌 대상 : 공장이나 관공서, 학교, 사기업 등의 정문 안쪽 통행로와 같이 문 차단기에 의해 도로와 차단되고 별도로 관리되는 장소의 통행로에서의 음주 운전도 처벌 대상

② 술을 마시고 주차장(주차선 안 포함)에서 음주 운전하여도 처벌 대상

③ 호텔, 백화점, 고층 건물, 아파트 내 주차장 안의 통행로뿐만 아니라 주차선 안에서 음주 운전하여도 처벌 대상

② 음주 운전이 아닌 경우

혈중 알코올 농도 0.03% 미만에서의 음주 운전은 처벌 불가

③ 음주운전 발생 시 처벌(법 제148조의2)

위반사항	혈중알코올 농도	위반횟수 (10년 내)	처벌
음주 측정 불응			1년 이상 5년 이하의 징역이나 500만 원 이상 2,000만 원 이하의 벌금
음주운전	0.2% 이상	1회	2년 이상 5년 이하의 징역이나 1,000만 원 이상 2,000만 원 이하의 벌금
	0.08% 이상 0.2% 미만		1년 이상 2년 이하의 징역이나 500만 원 이상 1,000만 원 이하의 벌금
	0.03% 이상 0.08% 미만		1년 이하의 징역이나 500만 원 이하의 벌금
음주 측정 불응			1년 이상 6년 이하의 징역이나 500만 원 이상 3,000만 원 이하 벌금
음주운전	0.2% 이상	2회 이상	2년 이상 6년 이하의 징역이나 1,000만 원 이상 3,000만 원 이하의 벌금
	0.03% 이상 0.2% 미만		1년 이상 5년 이하의 징역이나 500만 원 이상 2,000만 원 이하의 벌금

10. 수사 기관의 교통사고 처리 기준 (피해자와 손해 배상 합의 기간)

교통사고 조사관은 부상자로써 교통사고 처리 특례법 제3조제2항 단서에 해당하지 아니한 사고를 일으킨 운전자가 보험 등에 가입되지 아니한 경우 또는 중상해 사고를 야기한 운전자에게는 특별한 사유가 없는 한 사고를 접수한 날부터 2주간 합의할 수 있는 기간을 준다.

01 여객자동차운수사업법의 목적이 아닌 것은?

① 여객자동차 운수사업에 관한 질서 확립
② 여객의 원활한 운송
③ 자동차운수사업의 질서 확립
④ 여객자동차 운소사업의 종합적인 발달 도모

해설 ③이 아니라 공공복리 증진을 목적으로 한다.

02 택시 운송사업에 대한 설명이다. 틀린 것은?

① 구역 여객자동차 운송사업이다.
② 여객자동차 운송사업법에 의해 운행하고 있다.
③ 정해진 서업구역 안에서 운행하는 것이 원칙이다.
④ 국토교통부장관이 택시 요금을 인가한다.

해설 ④의 "요금을 인가한다."가 아닌, "요금을 허가한다."이다.

03 운행계통을 정하지 아니하고 자동차 1대를 사용 사업자가 직접 운전하여 여객을 운송하는 사업에 해당하는 사업은?

① 전세버스 운송사업   ② 시내버스 운송사업
③ 개인택시 운송사업   ④ 일반택시 운송사업

해설 ③의 개인택시 운송사업에 대한 설명이다.

04 사업용 택시를 경형, 소형, 중형, 대형, 모범형, 고급형으로 구분하는 기준으로 맞는 것은?

① 자동차의 크기   ② 자동차의 넓이
③ 자동차의 배기량   ④ 자동차의 생산년도

해설 문제의 분류는 자동차의 배기량을 기준으로 구분한다.

05 택시 운송사업을 구분하는 기준의 설명이다. 맞지 않는 것은?

① 경형 : 배기량 1,000cc 미만의 승용자동차(5인 이하의 것만)
② 소형 : 배기량 1,600cc 미만의 승용자동차(5인 이하의 것만)
③ 중형 : 배기량 1,600cc 이상의 승용자동차(5인 이하의 것만)
④ 대형 : 배기량 1,900cc 이상의 승용자동차(5인 이하의 것만)

해설 ④ 대형 : 배기량 2,000cc 이상 승용자동차(승차정원 6인 이상 10인승 이하)

06 택시운송사업의 "모범형'의 배기량과 승차정원이다. 맞는 것은?

① 배기량 1,000cc 미만의 승용자동차와 승차정원 5인 이하
② 배기량 1,600cc 미만의 승용자동차와 승차정원 5인 이하
③ 배기량 1,600cc 이상의 승용자동차와 승차정원 5인 이하
④ 배기량 1,900cc 이상의 승용자동차와 승차정원 5인 이하

해설 ①은 경형, ②는 소형, ③은 중형에 대한 설명이다.

07 택시운송사업 "고급형" 승용자동차의 배기량이다. 맞는 것은?

① 1,600cc   ② 1,900cc
③ 2,000cc   ④ 2,800cc

해설 ④의 문항이 맞는 문항이다.

08 일반 및 개인택시 운송사업의 사업구역이다. 틀린 것은?

① 특별시 단위
② 광역시 단위
③ 특별 자치시 단위
④ 특별 자치시 · 시 · 군 · 읍 · 면 단위

해설 ④의 "특별 자치시 · 시 · 군 · 읍 · 면 단위"에서 "읍 · 면"단위는 해당 되지 않는다.

09 택시운송사업자가 해당 사업구역에서 하는 영업으로 보는 경우이다. 불법 영업으로 보는 경우에 해당하는 영업은?

① 자신의 해당 사업구역에서 승객을 태우고 사업구역 밖으로 운행한 후, 그 시 · 도 내에서 일시적으로 영업을 한 경우
② 자신의 해당 사업구역에서 승객을 태우고 사업구역 밖으로 운행하는 영업
③ 자신의 해당 사업구역에서 승객을 태우고 사업구역 밖으로 운행한 후, 해당 사업구역으로 돌아오는 도중에 사업구역 밖에서 승객을 태우고 해당 사업구역에서 내리는 일시적인 영업
④ 주요 교통시설이 소속 사업구역과 인접하여 소속 사업구역에서 승차한 여객을 그 주요 교통시설에 하차시킨 경우에는 주요 교통 시설 사업 시행자가 여객자동차 운송사업의 사업구역을 표시한 승차대를 이용하여 소속 사업구역으로 가는 여객을 운송하는 영업

해설 ①의 문항은 불법 영업에 해당한다.

10 택시운송사업의 사업구역과 인접한 주요 교통시설 및 범위 기준으로 맞지 않는 것은?

① 고속철도 역의 경계선을 기준으로 10km
② 국제정기편 운행이 이루어지는 공항의 경계선을 기준으로 60km
③ 여객이용시설이 설치된 무역항 경계선 기준으로 50km
④ 복합 환승센터의 경계선을 기준으로 10km

해설 ②의 문항 중 "60km"가 아닌, "50km"가 옳은 문항이다.

11 택시운송사업구역심의위원회의 임원의 임기로 맞는 것은?

① 임기는 1년, 1회 연임   ② 임기는 1년, 2회 연임
③ 임기는 2년, 1회 연임   ④ 임기는 2년, 1회 연임

해설 ③의 문항이 맞다.

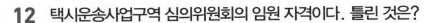

12 택시운송사업구역 심의위원회의 임원 자격이다. 틀린 것은?

① 국토교통부에서 택시운송사업 관련 업무를 담당하는 4급 이상 공무원

② 특별시 · 광역시 · 특별자치시 또는 특별자치도에서 택시운송 사업 관련 업무를 담당하는 4급 이상 공무원

③ 택시운송사업에 6년 이상 종사한 사람

④ 그 밖에 택시운송사업 분야에 학식과 경험이 풍부한 사람

해설 ③의 문항 중 "6년"이 아닌, "5년"이 맞는 문항이다.

13 다음 중 택시사업구역 심의위원회가 사업구역 지정 · 변경을 심의할 때의 고려할 사항으로 잘못된 것은?

① 인근 지역 주민의 교통편의 증진에 관한 사항

② 지역 간 교통량(출근 · 퇴근 시간대 교통수요 포함)에 관한 사항

③ 운송 사업자 간 과도한 경쟁 유발 여부에 관한 사항

④ 사업구역별 요금 · 요율에 관한 사항

해설 ①의 문항 중 "인근 지역 주민"이 아닌, "지역 주민"이다.

14 다음 중 여객자동차 운송사업의 결격사유(면허 · 등록)가 아닌 것은?

① 파산선고를 받고 복권되지 아니한 자

② 여객자동차 운송사업법을 위반하여 징역 이상의 실형을 선고 받고 그 집행이 끝나거나 면제된 날부터 2년이 지나지 않은 자

③ 여객자동차운송 사업법을 위반하여 징역 이상의 집행유예를 선고 받고 그 집행유예 기간 중에 있는 자

④ 여객자동차 운송사업의 면허나 등록이 취소된 후 그 취소일부터 2년이 지난 자

해설 ④의 문항은 결격사유가 아니다. 또한 피성년후견인 또는 파산 선고를 받고 복권되지 아니한 자에 해당하여 면허나 등록이 취소된 경우도 결격사유에 해당한다.

15 다음 중 개인택시 운송사업의 면허 신청서류가 아닌 것은?

① 개인택시 운송사업 면허신청서

② 건강진단서

③ 개인택시 차고지 증명서류

④ 택시운전자격증 사본

해설 ③의 서류는 해당되지 않는다.

16 다음 중 일반택시 차량 내부에 항상 게시해야 할 부착물이 아닌 것은?

① 회사명 및 차고지 등을 적은 표시판

② 운전자의 택시운전 자격증명

③ 교통이용 불편사항 신고서

④ 택시회사의 사장 전화 번호

해설 ④의 문항은 상시게시물에 해당되지 않는다.

17 다음 중 여객자동차 운수사업법령 상 "중대한 교통사고"가 아닌 것은?

① 전복(顚覆) 사고

② 화재(火災)가 발생한 사고

③ 사망자 1명과 중상자 4명 이상이 발생한 사고

④ 중상자 6명 이상이 발생한 사고

해설 ③의 문항에서 중상자 4명 이상이 아닌, 중상자 3명 이상 발생한 사고를 중대한 교통사고라고 한다.

18 여객자동차 운수사업법령상 중대한 교통사고가 발생하였을 때에는 운송사업자는 개략적인 상황을 시 · 도지사에게 보고하여야 하는데 그 시간으로 맞는 것은?

① 12시간 이내와 24시간 이내

② 24시간 이내와 72시간 이내

③ 12시간 이내와 48시간 이내

④ 24시간 이내와 48시간 이내

해설 24시간 이내에 사고의 일시 · 장소 및 피해사항 등을 보고하고, 72시간 이내에 사고보고서 작성하여 시 · 도지사에게 제출해야 한다.

19 여객자동차 운송사업자의 준수사항에 대한 설명이다. 다른 것은?

① 1일 근무시간 동안 택시요금미터(운송수입금)에 기록된 운송수 입금의 전액을 운수종사자의 금무 종료 당일 수납할 것

② 일정금액의 운송수입금 기준액을 정하여 수납하지 않을 것

③ 차량운행에 필요한 제반경비(주유비, 세차비, 차량수리비, 사고 처리비 등)를 운수종사자에게 운송수입금이나 그 밖의 금전으로 충당하지 않을 것

④ 일정한 장소에 오랜 시간 정차하여 여객을 유치하는 행위

해설 ④의 문항은 "운수종사자의 준수사항"에 해당한다.

20 여객자동차 운송사업자는 운송수입금 확인기능을 갖춘 운송기록 출력장치를 갖추고 운송수입금 자료를 보관하여야 하는데 그 보관기간으로 맞는 것은?

① 1년　　　　② 2년

③ 3년　　　　④ 4년

해설 보관기간은 1년이다.

21 운송사업자가 운수종사자의 운행 전 확인해야 할 사항에 대한 설명이다. 틀린 것은?

① 운송사업자는 운수종사자의 음주 여부를 확인하여야 한다.

② 음주 확인을 하는 경우에는 법이 정하여 고시하는 성능을 갖춘 호흡측정기를 사용하여 확인하여야 한다.

③ 운수종사자의 음주 여부를 확인한 경우에는 해당 운수종사자의 성명, 측정일시 및 측정결과를 전자파일이나 서면으로 기록하여 보관해야 한다.

④ 측정결과를 기록한 전자파일이나 서면은 2년 동안 보관 · 관리하여야 한다.

해설 ④의 문항 중 "2년 동안"이 아닌, "3년 동안"이다.

22 여객자동차 운수종사자 준수사항의 위반행위 중 틀린 것은?

① 정당한 사유 없이 여객의 승차를 거부하거나 여객을 중도에서 내리게 하는 행위(일반택시 및 개인택시운송사업은 제외)

② 정당한 운임과 요금을 받는 행위(일반 및 개인택시는 제외)

③ 일정한 장소에 오랜 시간 정차하여 여객을 유치하는 행위

④ 문을 완전히 닫지 아니한 상태에서 자동차를 출발 시키거나 운행하는 경우

🔎 **해설** ②의 문항에서 "정당한 운임"이 아닌, "부당한 운임"이 위반행위이다.

23 여객자동차운송사업의 일반택시 운전업무에 종사하려는 사람의 자격 요건에 대한 설명이다. 틀린 것은?

① 자가용 자동차를 운전하기에 적합한 운전면허를 보유하고 있을 것

② 20세 이상으로서 해당 운전경력이 1년 이상일 것

③ 대통령으로 정하는 운전 적성에 대한 정밀 검사 기준에 맞을 것

④ 운전자격시험에 합격한 후 자격을 취득하거나, 교통안전체험을 이수하고 자격을 취득할 것

🔎 **해설** ①의 문항 중 "자가용 자동차"가 아닌, "사업용 자동차"가 맞는 문항이다.

24 다음 중 여객자동차운송사업의 운전자격을 취득할 수 없는 사람이 아닌 문항은?

① 살인, 강도, 강간과 추행죄, 성폭력 범죄, 범죄 단체 등 조직를 범하여, 금고 이상의 실형를 선고 받고 그 집행이 끝나거나 면제된 날부터 2년이 지나지 아니한 사람과 금고 이상의 형의 집행유예를 선고받고 그 집행유예 기간 중에 있는 사람

② 약취 · 유인, 도주차량 운전자, 상습강도, 절도죄 강도상해, 보복범죄, 위험운전 치 · 사상 죄를 범하여, 금고 이상의 실형을 선고 받고 그 집행이 끝나거나 면제된 날부터 2년이 지나지 아니한 사람과 금고 이상의 형의 집행유예를 선고 받고 그 집행 유예기간 중에 있는 사람

③ 마약류 관리에 법률에 따른 죄, 형법에 따른 상습죄 또는 그 각 미수죄를 범하여, 금고 이상의 실형을 선고 받고 그 집행이 끝나거나 면제된 날부터 2년이 지나지 아니한 사람과 금고 이상의 형의 집행유예를 선고 받고 그 집행유예 기간 중에 있는 사람

④ 자동차를 운전하다가 접촉사고로 벌금형을 받은 사람

🔎 **해설** ④의 문항은 자격 취득 제한에는 해당되지 않는다.

25 성폭력범죄의 처벌 등에 관한 특례법에 따라 해당 죄를 범하여 금고 이상의 실형 집행을 끝내고, 몇 년의 범위 내에서 대통령령으로 정하는 기간이 지나야 택시운송사업의 운전업무 종사자격을 취득할 수 있는가?

① 5년
② 10년
③ 15년
④ 20년

🔎 **해설** ④의 20년이 맞는 문항이다.

*다음의 죄를 범하여 금고 이상의 실형을 선고 받고, 그 집행이 끝나거나(집행이 끝난 것으로 보는 경우를 포함) 면제된 날부터 20년의 범위에서 대통령령으로 정하는 기간이 지나지 않은 사람은 일반택시 또는 개인택시운송사업의 운전자격을 취득할 수 없다.(집행유예 기간 중에 있는 사람)

㉠ 살인, 인신매매, 약취, 강도상해, 마약류 범죄 등

㉡ 성폭력 범죄의 처벌 등에 관한 특례법에 따른 죄

㉢ 아동 · 청소년의 성보호에 관한 범죄(제2조 제2호)

26 다음 중 여객자동차운수사업법상 운전정밀검사의 종류가 아닌 것은?

① 신규 검사
② 자격유지 검사
③ 특별 검사
④ 정규 검사

🔎 **해설** ④의 정규검사는 해당되지 않는다.

27 다음 중 운전정밀검사에서 특별검사의 대상자가 아닌 것은?

① 중상 이상의 사상 사고를 일으킨 자

② 과거 1년간 운전면허 행정처분 기준에 따라 계산한 벌점이 81점 이상인 자

③ 과거 1년간 운전면허 행정처분 기준에 따라 계산한 누산점수가 81점 이상인 자

④ 질병, 과로, 그 밖의 사유로 안전운전을 할 수 없다고 인정하는 자인지 알기 위하여 운송사업자가 신청한 자

🔎 **해설** ②의 문항 중 "계산한 벌점"이 아닌, "계산한 누산점수"가 옳은 문항이다.

28 다음 중 운전정밀검사의 자격유지검사에 대하여 틀린 문항은?

① 65세 이상 70세 미만인 사람(자격유지검사의 적합판정을 받고 3년이 지나지 아니한 사람은 제외)

② 70세 이상인 사람(자격유지검사의 적합판정을 받고 1년이 지나지 아니한 사람은 제외)

③ 자격유지 검사는 검사대상이 된 날부터 2개월 이내에 받아야 한다.

④ 택시운송사업에 종사하는 운수종사자는 의료법에 따른 의원, 병원 및 종합병원의 적성검사(신체능력 및 질병에 관한 진단을 말함)로 자격유지검사를 대체할 수 있다.

🔎 **해설** ③의 문항 중 "2개월 이내"가 아닌, "3개월 이내"가 옳은 문항이다.

29 택시운전자격시험의 필기시험은 총점의 몇 할 이상을 합격으로 결정하는가?

① 총점의 6할 이상
② 총점의 6.5할 이상
③ 총점의 7할 이상
④ 총점의 7.5할 이상

🔎 **해설** ①의 문항이 맞는 문항이다.

30 택시운전자격 필기시험 과목을 면제받을 수 있는 특례 대상자가 아닌 자는?

① 택시운전자격을 취득한 자가 운전자격증명을 발급한 관할 구역 밖의 지역에서 택시운전업무에 종사하려고 운전자격시험에 다시 응시하는 자

② 운전자격 시험일부터 계산하여 과거 4년간 사업용 자동차를 3년 이상 무사고로 운전한 자

③ 도로교통법에 따른 무사고 운전자 또는 유공 운전자의 표시장을 받은 자

④ 택시운전자격증이 취소된 후 다시 자격증을 취득하려는 자

🔎 **해설** ④의 해당자는 특례 대상자가 될 수 없다.

31 택시운전자격시험에 합격한 사람은 합격자 발표일이나 수료일부터 며칠 이내에 운전자격증 발급을 신청하여야 하는가?

① 10일 이내   ② 20일 이내

③ 30일 이내   ④ 40일 이내

⊕해설 30일 이내에 사진 1장 첨부하여 신청해야 한다.
*특례(면제)를 받으려는 자는 응시원서에 이를 증명할 수 있는 서류를 첨부하여 신청을 해야 한다.

32 택시운전자격증을 잃어버리거나 헐어 못쓰게 된 경우 재발급 신청을 할 기관으로 맞는 것은?

① 한국도로교통공단   ② 한국교통안전공단

③ 관할 경찰청   ④ 관할 경찰서

⊕해설 ②의 한국교통안전공단에 신청을 한다.

33 여객자동차의 운전업무에 종사하는 사람은 차 안에 승객이 쉽게 볼 수 있는 위치에 게시하여야 하는 것으로 맞는 것은?

① 운전자격 증명   ② 운전면허증

③ 주민등록증   ④ 사업자등록증

⊕해설 ①의 문항이 맞는 문항이다.

34 여객자동차 운수종사자가 퇴직할 경우 운전자격증명을 반납해야 하는데 어느 누구에게 반납하여야 하는가?

① 한국도로교통공단

② 한국교통안전공단

③ 여객자동차 운송사업조합

④ 운송사업자

⊕해설 ④의 운송사업자에게 반납을 하고, 운송사업자는 지체 없이 해당 운전자격증명 발급 기관에 그 운전자격증명을 제출하여야 한다.

35 택시운전자격 취소 등 처분기준으로 잘못된 것은?

① 위반행위가 둘 이상인 경우 그에 해당하는 각각의 처분기준이 다른 경우에는 그 중 무거운 처분기준에 따른다.

② 위반행위가 둘 이상의 처분기준이 모두 자격정지인 경우에는 각 처분 기준을 합산한 기준을 넘지 아니하는 범위에서 무거운 처분기준의 2분의 1 범위에서 가중할 수 있다.

③ ①②의 경우 그 가중한 기간을 합산한 기간은 6개월을 초과할 수 없다.

④ 위반 행위의 횟수에 따른 행정처분의 기준은 최근 6개월 간 같은 위반 행위로 행정처분을 받은 경우에 적용한다.

⊕해설 ④의 문항 중 "최근 6개월간"이 아닌, "최근 1년간"이 옳은 문항이다.

36 다음 중 택시운전자격의 취소 등의 처분기준에서 가중사유가 아닌 것은?

① 위반의 행위가 고의나 중대한 과실이 아닌 사소한 부주의나 오류로 인한 것으로 인정되는 경우

② 위반행위가 사소한 부주의나 오류가 아닌 고의나 중대한 과실에 의한 것으로 인정되는 경우

③ 위반의 정도가 중대하여 이용객에게 미치는 피해가 크다고 인정되는 경우

④ 둘 이상의 처분기준이 모두 자격정지인 경우에는 각 처분기준을 합산한 기간을 넘지 아니하는 범위에서 무거운 처분기준의 2분의 1 범위에서 가중할 수 있다.

⊕해설 ①의 문항은 감경사유에 해당되는 문항이다.

37 택시운전자격의 행정처분 개별기준에서 자격취소 기준에 해당하지 않는 처분은?

① 택시운전자격의 결격사유에 해당하게 된 경우

② 부정한 방법으로 택시운전자격을 취득한 경우

③ 운송수입금 전액을 내지 아니하여 과태료 처분을 받은 사람이 그 과태료 처분을 받은 날부터 1년 이내에 같은 행위를 4번한 경우

④ 일반택시운송사업 또는 개인택시운송사업의 운전자격을 취득할 수 없는 경우에 해당하게 된 경우

⊕해설 ③의 경우는 1차 또는 2차 위반의 경우 자격정지 각 50일에 해당한다.

38 여객자동차 운수사업법령상 운수종사자의 금지행위 위반으로 과태료 처분을 받은 사람이 1년간 3번의 과태료 또는 자격정지처분을 받은 운전자의 처분기준으로 맞는 것은?

① 자격 정지 10일   ② 자격 정지 20일

③ 자격 취소   ④ 자격 정지 50일

⊕해설 ③의 자격 취소가 옳은 문항이다.

39 운송사업자의 운수종사자는 운송 수입금 전액을 내지 아니하여 과태료 처분을 받은 사람이 그 과태료 처분을 받은 날부터 1년 이내에 같은 행위를 3번 한 운전자의 처분기준이다. 맞는 것은?

① 1차 10일, 2차 20일   ② 1차 15일, 2차 20일

③ 1차 20일, 2차 20일   ④ 1차 20일, 2차 30일

⊕해설 과태료 처분을 받은 날부터 1년 이내에 같은 행위를 4번 이상 한 경우 1차, 2차 공히 자격정지 50일을 처분 한다.

40 여객자동차 운수종사자의 교육에 대한 설명으로 맞지 않는 것은?

① 운수종사자 교육은 국토교통부령으로 정하는 바에 따라 운전업무를 끝내고 퇴근 전에 교육을 받아야 한다.

② 운송사업자는 운수종사자가 교육을 받는 데에 필요한 조치를 하여야 한다.

③ 운송사업자는 운수 종사자 교육을 받지 아니한 운수종사자를 업무에 종사하게 하여서는 아니 된다.

④ 시·도지사는 운수종사자 교육을 효율적으로 실시하기 위하여 연수기관을 직접 설립하여 운영하거나 지정할 수 있으며, 그 운영에 필요한 비용을 지원할 수 있다.

⊕해설 ①의 문항 중 "운전업무를 끝내고 퇴근 전에"가 아닌, "운전 업무를 시작하기 전에"가 옳은 문항이다.

41 다음 중 운수종사자에 대한 교육의 교육담당이 아닌 기관은?

① 운수종사자 연수기관   ② 한국교통안전공단

③ 한국도로교통공단   ④ 연합회 또는 조합

⊕해설 한국도로교통공단은 교육기관이 아니다.

42 운송사업자는 그의 운수종사자에 대한 교육의 시행 또는 일상의 교육 훈련업무를 위하여 종업원 중에서 교육훈련 담당자를 선임하여야 한다. 다만, 교육훈련 담당자를 선임하지 않아도 되는 운송사업자의 자동차 면허 대수는?

① 자동차 면허 대수가 20대 미만인 운송사업자의 경우

② 자동차 면허 대수가 25대 미만인 운송사업자의 경우

③ 자동차 면허 대수가 30대 미만인 운송사업자의 경우

④ 자동차 면허 대수가 35대 미만인 운송사업자의 경우

⊕해설 ①의 문항이 맞는 문항에 해당 된다.

43 운수종사자의 교육 실시기관은 그 해의 교육결과를 시·도지사에게 보고와 다음 해의 교육계획 수립의 일정이다. 맞는 계획 일정은?

① 교육계획 수립(매년 9월 말), 교육결과 통보(매년 10월 말)

② 교육계획 수립(매년 10월 말), 교육결과 통보(매년 11월 말)

③ 교육계획 수립(매년 11월 말), 교육결과 통보(다음 해 1월 말)

④ 교육계획 수립(매년 12월 말), 교육결과 통보(다음 해 2월 말)

⊕해설 교육실시기관은 매년 11월 말까지 교육계획을 수립하고, 그 해의 교육 결과 통보는 다음 해 1월 말까지 시·도지사 및 조합에 통보하여야 한다.

44 여객자동차 운수사업법령상 운수종사자의 교육의 종류와 교육시간에 대한 설명이다. 연결이 잘못되어 있는 것은?

① 신규교육 : 16시간(새로 채용한 운수종사자, 사업용자동차를 운전하다 퇴직 후 2년 내 재취업자는 제외)

② 보수교육 : 4시간(수시) : 법령위반 운수종사자

③ 보수교육 : 4시간(매년) : 무사고·무벌점 기간이 5년 미만인 운수종사자

④ 수시교육 : 4시간(국제행사 등에 대비한 서비스 및 교통안전 증진 등을 위하여 국토교통부장관 또는 시·도지사가 교육을 받을 필요가 있다고 인정하는 운수종사자)

⊕해설 ②의 "보수교육 4시간"이 아닌, "보수교육 8시간"이 맞다. 외에 "보수교육 : 4시간(격년) : 무사고·무벌점 기간이 5년이상 10년 미만인 운수종사자"가 있다.

45 운수종사자의 교육 중 보수교육 대상자 선정을 위한 무사고·무벌점 기간 산정에 대한 설명이다. 맞는 기준은?

① 전 년도 6월 말 기준산정   ② 전 년도 9월 말 기준산정

③ 전 년도 10월 말 기준산정   ④ 해당 년도 12월 말 기준산정

⊕해설 전 년도 10월 말을 기준으로 산정한다.

46 법령위반 운수종사자(특별검사 대상이 된 자는 제외)에 대한 보수교육은 해당 운수종사자가 과태료, 과징금 또는 사업정지처분을 받은 날부터 몇 개월 이내에 실시하여야 하는가?

① 1개월 이내   ② 2개월 이내

③ 3개월 이내   ④ 4개월 이내

⊕해설 3개월 이내에 실시하여야 한다.

47 여객자동차 운수사업에서 대통령령으로 정하는 차량충당 연한에 대한 설명이다. 맞지 않는 것은?

① 차량충당연한 : 승용자동차는 1년이다.

② 차량충당연한 : 승합자동차는 2년이다.

③ 제작연도에 등록된 자동차의 기산일 : 최초의 신규 등록일

④ 재작연도에 등록되지 않은 자동차의 기산일 : 제작연도의 말일

⊕해설 승합자동차의 차량충당연한은 3년이다.

48 다음 중 사업용 택시의 차령이 올바르게 연결되지 아니한 것은?

① 개인택시 배기량 2,400cc 미만 : 4년

② 일반택시 배기량 2,400cc 이상 : 6년

③ 개인택시 배기량 2,400cc 이상 : 9년

④ 일반택시(환경친화적자동차) : 6년

⊕해설 배기량 2,400cc 미만 개인택시의 차령은 7년이다.

49 다음 중 여객자동차 운송사업용 일반택시의 차령기준으로 잘못된 것은?

① 경형·소형 : 3년 5개월

② 배기량 2,400cc 미만 : 4년

③ 배기량 2,400cc 이상 : 6년

④ 환경 친화적 자동차 : 6년

⊕해설 개인택시 차령기준은 다음과 같다.
㉠ 경형·소형 : 5년 ㉡ 배기량 2,400cc 미만 : 7년
㉢ 배기량 2,400cc 이상과 환경친화적자동차 : 9년

50 다음 중 플랫폼 운송사업용 일반택시의 차령기준이 아닌 것은?

① 배기량 2,400cc 미만 : 4년   ② 배기량 2,400cc : 6년

③ 환경 친화적 자동차 : 6년   ④ 개인택시(경형·소형) : 5년

⊕해설 ④의 문항은 본 문제와는 해당 없는 문항이다.

51 국토교통부장관, 시·도지사는 여객자동차 운수사업자에게 사업정지처분을 하여야할 경우에 그 사업정지처분이 그 여객자동차 운수사업을 이용하는 사람들에게 심한 불편을 주거나 공익을 해칠 우려가 있는 때에는 그 사업정지처분을 갈음하여 과징금을 부과할 수 있는데 그 금액으로 맞는 것은?

① 2천만 원을 초과할 수 없다.

② 3천만 원을 초과할 수 없다.

③ 4천만 원을 초과할 수 없다.

④ 5천만 원을 초과할 수 없다.

⊕해설 과징금의 총액은 5천만 원을 초과할 수 없다.

52 여객자동차 운송사업에서 일반 또는 개인택시가 면허·허가를 받거나 등록한 업종의 범위를 벗어나 사업을 한 경우 1차 과징금의 액수로 맞는 것은?

① 90만 원   ② 100만 원

③ 150만 원   ④ 180만 원

⊕해설 1차 : 180만 원, 2차 : 360만 원, 3차 : 540만 원

53 여객자동차 운송사업자가 면허·허가를 받거나 등록한 차고를 이용하지 않고 차고지가 아닌 곳에서 밤샘 주차를 한 경우 1~2차 과징금의 액수는?

① 1차 5만 원, 2차 10만 원 ② 1차 10만 원, 2차 15만 원
③ 1차 6만 원, 2차 12만 원 ④ 1차 7만 원, 2차 15만 원

해설 ②의 문항이 맞는 문항이다.

54 개인택시 운전자가 신고를 하지 않거나 거짓으로 신고를 하고 대리운전을 하게 한 때의 1차 과징금에 해당하는 것은?

① 100만 원 ② 110만 원
③ 120만 원 ④ 130만 원

해설 1차 과징금은 120만 원, 2차 과징금은 240만 원이다.

55 여객자동차 운송사업자가 자동차 안에 게시해야 할 사항을 게시하지 않은 경우 1차 과징금의 액수는?

① 10만 원 ② 20만 원
③ 30만 원 ④ 40만 원

해설 1차 과징금 : 20만 원, 2차 과징금 : 40만 원
또한, 정류소에서 주차 또는 정차 질서를 문란하게 한 경우와 차량정비, 운전자의 과로 방지 및 정기적인 차량운행금지 등 안전수송을 위한 명령을 위반하여 운행한 경우의 과징금도 동일하다.

56 여객자동차 운송사업자가 운수종사자의 자격요건을 갖추지 않는 사람을 운전업무에 종사하게 한 경우의 1차 과징금의 액수는?

① 360만 원 ② 370만 원
③ 380만 원 ④ 390만 원

해설 1차 과징금 : 360만 원, 2차 과징금 : 720만 원

57 여객자동차 운송사업자가 속도제한장치 또는 운행기록계가 장착된 운송사업용 자동차를 해당 장치 또는 기기가 정상적으로 작동되지 않은 상태에서 운행한 경우 1차 과징금의 액수인 것은?

① 60만 원 ② 70만 원
③ 80만 원 ④ 90만 원

해설 1차 : 60만 원, 2차 : 120만 원, 3차 : 180만 원
또한, 차실에 냉·난방 장치를 설치하여야 할 자동차에 이를 설치하지 않고 여객을 운송한 경우의 과징금액도 동일하다.

58 과태료를 부과권자가 과태료 금액의 2분의 1의 범위에서 그 금액을 줄일 수 있는 요인이 아닌 것은?

① 위반행위가 질서위반행위 규제법(국민기초생활수급자 외 4개항)의 대상자
② 위반 행위가 사소한 부주의나 오류로 인한 것으로 인정 되는 경우
③ 위반 행위가 법 위반 상태를 시정 하거나 해소하기 위하여 노력한 것으로 인정되는 경우
④ 최근 1년 간 같은 위반행위로 과태료 부과처분을 3회를 초과하여 받은 경우

해설 ④의 문항은 과태료 금액의 2분의 1의 범위에서 늘릴 수 있는 요인이다.

59 운송사업자는 사업용 자동차 사고 발생 시 조치를 하지 않는 경우 1회 위반 과태료 액수로 맞는 것은?

① 50만 원 ② 60만 원
③ 70만 원 ④ 80만 원

해설 1회 : 50만 원, 2회 : 75만 원, 3회 : 100만 원
또한, 운수종사자 취업 현황을 알리지 않거나 거짓으로 알린 경우와 정당한 사유 없이 검사 또는 질문에 불응하거나 이를 방해 또는 기피한 경우의 과태료도 동일하다.

60 여객자동차 운수종사자가 정당한 사유 없이 여객을 중도에서 내리게 하는 경우 1회 위반 시 과태료로 맞는 것은?

① 5만 원 ② 10만 원
③ 15만 원 ④ 20만 원

해설 1회~3회 모두 각각 20만 원이다. 외에 다음 위반사항의 과태료도 동일하다.
㉠ 부당한 운임 또는 요금을 받거나 요구하는 행위
㉡ 일정한 장소에 오랜 시간 정차하거나 배회하면서 여객을 유치하는 경우
㉢ 여객의 요구에도 불구하고 영수증 발급 또는 신용카드 결제에 응하지 않는 경우
㉣ 문을 완전히 닫지 않는 상태 또는 여객이 승차하기 전에 자동차를 출발시키는 경우

61 여객자동차 안에서 흡연하는 경우의 1회 위반 시 과태료는?

① 5만 원 ② 10만 원
③ 15만 원 ④ 20만 원

해설 1회~3회 모두 10만 원의 과태료가 부과된다.

62 택시운송사업의 발전에 관한 법률의 목적으로 옳지 않은 것은?

① 택시운송사업의 건전한 발전을 도모
② 택시운수종사자자의 복지 증진
③ 여객자동차운수사업의 종합적인 발달을 통해 공공복리 증진
④ 국민의 교통편의 제고에 이바지

해설 ③의 문항은 "여객자동차운수사업의 목적"이다.

63 택시운송사업의 발전법령의 용어 정의이다. 틀린 문항은?

① 일반택시 운송사업 : 운행계통을 정하지 아니하고 국토교통부령으로 정하는 사업구역에서 1개의 운송 계약에 따라 자동차를 사용하여 여객을 운송하는 사업
② 개인택시운송사업 : 운행계통을 정하지 아니하고 국토교통부령으로 정하는 사업구역에서 1개의 운송 계약에 따라 자동차 1대를 사업자가 직접 운전(사업자의 질병 등 국토교통부령으로 정하여 있는 경우는 제외)하여 여객을 운송하는 사업
③ 택시공영차고지 : 택시운송사업에 사용되는 차고지로서 특별 시장·광역시장·특별자치시장·도지사·특별자치 도지사(이하 시·도지사) 또는 시장·군수·구청장(자치구청장)이 설치한 것
④ 택시공동차고지 : 택시사업에 제공되는 차고지로서 3인 이상의 일반택시사업자가 공동으로 설치 또는 임차하거나 여객운수사업법에 따른 조합 또는 같은 법에 따른 연합회가 설치 또는 임차한 차고지를 말한다.

해설 ④의 문항 중 "3인 이상의"가 아닌, "2인 이상의"가 옳은 문항이다.
㉠ 택시공영차고지 설치권자 : 특별시장·광역시장·특별자치시장·특별자치도지사(도지사)·시장·군수·구청장
㉡ 택시공동차고지 설치권자 : 2인 이상의 일반택시사업자가 공동으로 설치 또는 임차. 여객자동차 운수사업법에 따른 조합 또는 연합회

64 택시 운송사업의 발전에 관한 법률에 의거하여 택시 운송사업에 관한 중요 정책을 심의하기 위해 설치한 기관의 명칭에 해당 되는 기관은?

① 여객자동차 운수사업법의 조합
② 택시발전법에 의한 택시발전위원회
③ 국토교통부령에 의한 택시정책심의 위원회
④ 여객자동차 운수사업법에 의한 연합회

◉해설 ③의 국토교통부장관 소속으로 위원장 1명을 포함한 10명 이내의 위원으로 구성하고 있으며, 위원의 임기는 2년으로 규정하고 있다.

65 택시정책심의위원회의 심의사항이다. 심의사항으로 틀린 것은?

① 택시운수종사자의 근로 여건 개선에 관한 중요사항
② 사업구역별 택시 총량 및 사업구역 조정 정책에 관한사항
③ 택시운송사업의 면허 제도에 관한 사항
④ 택시근로자에 대한 보조금 할당 여부에 관한 사항

◉해설 ④의 "근로자에 대한 보조금 할당"은 해당 없고, "시·도는 택시발전을 위하여 택시운송사업자 또는 택시운수종사자 단체에 조례로 정하는 바에 따라 필요한 자금의 전부 또는 일부를 보조 또는 융자할 수 있다가 옳은 문항이다.
㉠ 택시운송사업의 서비스 향상에 관한 중요사항이 있다.

66 택시심의위원회 임원의 위촉자격과 임기이다. 틀린 문항은?

① 택시운송사업에 5년 이상 종사한 사람
② 교통관련 업무에 공무원으로 2년 이상 근무한 경력이 있는 사람
③ 택시운송관련사업 분야에 관한 학식과 경험이 풍부한 사람
④ 위원의 임기는 3년이다.

◉해설 위원의 임기는 3년이 아닌, 2년이다. 또한 심의위원회는 위원장 1명을 포함한 10명 이내의 위원으로 구성된다.

67 택시운송사업 발전 기본계획 수립기간이다. 맞는 기간은?

① 2년　　　　② 3년
③ 4년　　　　④ 5년

◉해설 ④ 국토교통부장관의 중앙행정기관의 장 및 시·도지사의 의견을 들어 5년 단위의 기본계획을 수립해야 한다.

68 택시발전 기본계획에 포함될 사항에 대한 설명이다. 틀린 것은?

① 택시운송사업 정책의 기본방향과 여건 및 전망에 관한 사항
② 택시운송사업면허 제도의 개선 및 경쟁력 향상에 관한 사항
③ 택시운송사업의 근로 여건 개선에 관한 사항
④ 택시운송사업의 구조 조정 등 수급 조절에 관한 사항

◉해설 ③의 "택시운송사업의"가 아닌, "택시운수종사자의"가 옳은 문항이다. 외에
㉠ 택시운송사업의 관리 역량 강화 또는 서비스 개선 및 안전성 확보에 관한 사항이 있다.
* 대통령령이 정하는 기본계획 사항(영 제5조 제2항).
㉠ 자동채(택시)수급 실태 및 이용 수요의 특성
㉡ 차고지 및 택시 승차대 등 택시 관련 시설의 개선계획
㉢ 기본계획의 연차별 집행계획과 운송사업 재정지원 사항
㉣ 운송사업의 실태 점검과 지도 단속에 관한 사항
㉤ 운송사업 관련 연구·개발을 위한 전문기구 설치 사항

69 국가는 택시운송사업자와 택시운수종사자 단체에 보조금을 지원할 수 있는데 보조금 사용 규칙이다. 잘못된 것은?

① 보조금을 받은 택시 운송사업자는 그 자금을 보조받은 목적 외의 용도로 사용하지 못한다.
② 국토교통부장관 또는 시·도지사는 보조를 받은 택시운송사업자 등이 그 자금을 적정하게 사용하도록 감독하여야 한다.
③ 택시사업자 등이 거짓이나 그 밖의 부정한 방법으로 보조금을 교부받거나 목적 외의 용도로사용한 경우 택시운송사업자 등에게 보조금의 반환을 명하여야 한다.
④ 국토교통부장관은 택시 운송사업자 등이 보조금 반환 명령을 받고도 반환하지 아니한 경우 지방세 체납처분의 예에 따라 이를 징수하여야 한다.

◉해설 ④의 문항 중 "지방세 체납처분의 예"가 아닌, "국세 또는 지방세 체납처분 예"가 맞는 문항이다.

70 여객자동차사업법에도 불구하고 신규 택시운송사업 면허의 제한사항이다. 제한 사업구역에 해당하지 않는 구역은?

① 사업구역별 택시 총량을 산정하지 아니한 사업구역
② 국토교통부장관이 사업구역별 택시 총량의 재 산정을 요구한 사업구역
③ 고시된 사업구역별 택시 총량보다 해당 사업구역 내의 택시의 대수가 많은 구역
④ 해당 사업구역이 연도별 감차 규모를 초과하여 감차 실적을 달성한 사업구역

◉해설 ④의 경우는, 그 초과분의 범위에서 관활 지방자치단체의 조례로 정하는 바에 따라 신규 택시운송사업 면허를 받을 수 있다.

71 택시운송사업자는 운송비용을 운수종사자에게 전가 금지 사항이다. 해당 없는 항목은?

① 식사비　　　　② 유류비
③ 세차비　　　　④ 택시 구입비

◉해설 택시 구입비 : ㉠ 신규차량을 운수종사자에게 배차하면서 추가 징수하는 비용 포함. ㉡ 차량 내부에 붙이는 장비의 설치비 및 운영비. ㉢ 사고 시 차량수리비, 보험료 증가분. *해당사고가 음주 또는 운전자의 고의·중과실인 경우는 제외.

72 택시 운행 정보관리에 관한내용이다. 옳지 않은 문항은?

① 국토교통부정관 또는 시·도지사는 택시 정책을 효율적으로 수행하기 위하여 운행기록장치와 택시 요금미터를 활용하여 정보를 수집·관리하는 택시운행 정보관리 시스템을 구축·운영할수 있다.
② 국토교통부장관 또는 시·도지사는 택시운행정보관리시스템을 구축·운영하기 위한 정보를 수집·이용할 수 없다.
③ 택시운행 정보관리 시스템으로 처리된 전산 자료는 교통사고 예방 등 공공의 목적을 위하여 공동 이용할 수 있다.
④ 국토교통부장관 또는 시·도지사는 택시 운행정보 관리시스템으로 처리된 전체 자료를 택시운송사업자, 여객자동차 운수사업자 조합 및 연합회와 공동 이용할 수 있다.

◉해설 국토교통부장관 또는 시·도지사는 택시운행정보관리시스템을 구축·운영하기 위한 정보를 수집·이용할 수 있다.

73 국토교통부장관 또는 시·도지사가 택시요금미터를 활용하여 수집할 수 있는 정보이다. 해당 되지 않는 것은?

① 승차 일시   ② 승차 거리
③ 영업 거리   ④ 위치 정보

⊕해설 ④의 "위치 정보"는 운행기록장치에 기록된 정보에 해당되고, 외에 "요금 정보"가 있다.

74 택시운수종사자의 복지기금 용도의 설명이다. 틀린 것은?

① 택시운수종사자의 건강 검진 등 건강관리 서비스 지원과 복지향상을 위하여 필요한 사업
② 택시운수종사자의 자녀에 대한 장학 사업
③ 기금의 관리·운용에 필요한 경비.
④ 시장·군수 등은 기금이 적정하게 사용될 수 있도록 감독하여야 한다.

⊕해설 ④의 문항 중 "시장·군수 등"이 아닌, "국토교통부장관 또는 시·도지사는"이 옳은 문항이다.

75 택시운수종사자의 준수사항이다. 해당 되지 않는 것은?

① 정당한 사유 없이 여객의 승차를 거부하거나 여객을 중도에서 내리게 하는 행위
② 부당한 운임 또는 요금을 받는 행위 또는 여객을 합승하도록 하는 행위
③ 여객의 요구에도 불구하고 영수증 발급 또는 신용 카드 결제에 응하지 않는 행위(영수증 발급기와 신용카드 결제기가 설치되어 있는 경우에 한정)
④ 합승을 신청한 여객의 본인 여부를 확인하고 합승을 중개하는 기능

⊕해설 ④의 문항은 여객의 합승행위가 허용되는 운송플랫폼의 기준에 해당되어 위반이 아니다.

76 여객의 합승행위가 허용되는 운송플랫폼의 기준(여객의 안전·보호조치 이행 기준을 충족한 경우)이다. 맞지 않는 것은?

① 합승을 신청한 여객의 본인 여부를 확인하고 합승을 중개하는 기능
② 탑승하는 시점·위치 및 탑승 가능한 좌석 정보를 탑승 전에 여객에게 알리는 기능
③ 이성(異性)간의 합승만을 중개하는 기능(택시의 경형·소형·중형 만 해당)
④ 자동차 안에서 불쾌감을 유발하는 신체 접촉 등 여객의 신변안전에 위해를 미칠 수 있는 위험상황 발생 시 그 사실을 고객센터 또는 경찰에 신고하는 방법을 탑승 전에 알리는 기능

⊕해설 ③의 문항 중 "이성(異性)간"이 아닌, "동성(同性)간"이 맞는 문항이다.

77 택시운수종사자가 여객을 합승하도록 하는 행위와 여객의 요구에도 불구하고 영수증 발급 또는 신용카드 결제에 응하지 않는 행위를 위반하였을 때의 처분기준이다. 잘못된 것은?

① 1차 위반 : 경고 처분
② 2차 위반 : 자격 정지 10일
③ 2차 위반 : 자격 정지 20일
④ 3차 위반 : 자격 정지 30일

⊕해설 2차 위반 시 자격정지 10일 처분을 받는다.

78 택시운송 사업자가 운송비용을 전가금지 조항에 해당하는 비용을 택시운수종사자에게 전가시킨 경우 과태료 부과 기준이다. 잘못된 것은?

① 1회 위반 : 500만 원
② 2회 위반 : 1,000만 원
③ 2회 위반 : 1,5000만 원
④ 3회 이상 위반 : 1,000만 원

⊕해설 2회 위반 시 1,000만 원의 과태료가 부과된다.

79 택시운송사업자가 보조금의 사용 내역 등에 관한 보고를 하지 않거나 거짓으로 한 경우의 과태료 처분기준이 아닌 것은?

① 1회 위반 : 25만 원   ② 2회 위반 : 40만 원
③ 2회 위반 : 50만 원   ④ 3회 이상 위반 : 50만 원

⊕해설 2회 위반 시 50만 원의 과태료가 부과된다.

80 도로교통법의 목적으로 타당하지 않는 문항은?

① 도로에서 일어나는 교통상의 위험과 장애의 제거를 방지.
② 도로에서 일어나는 교통상의 위험과 장애를 제거한다.
③ 도로에서 안전하고 원활한 교통을 확보 한다.
④ 자동차의 교통위반 단속과 운전자의 처벌을 위해서.

⊕해설 ④의 문항이 타당하지 않는 문항이다.

81 도로교통법상의 도로에 대한 설명이다. 해당 되지 않는 것은?

① 도로법에 따른 도로 : 일반 또는 고속도로
② 유료도로법에 따른 유료도로 : 통과요금을 받는 도로
③ 불특정 다수의 차 또는 사람 등이 통행할 수 없는 장소
④ 농어촌도로 정비법에 따른 농어촌도로 : 면도, 이도, 농도

⊕해설 ③의 문항 불특정다수가 통행할 수 없는 장소(학교운동장, 유료주차장 내, 해수욕장의 모래밭 길) 등은 도로에 해당 되지 않는다.

82 도로교통법상의 용어의 설명으로 맞지 않는 문항은?

① 자동차 전용도로 : 자동차만 다닐 수 있도록 설치된 도로
② 고속도로 : 자동차의 고속 운행에만 사용하기 위하여 지정된 도로
③ 차로 : 차마가 한 줄로 도로의 정하여진 부분을 통행하도록 차선으로 구분한 차도의 부분
④ 연석선 : 차로와 차로를 구분하는 돌 등으로 이어진 선

⊕해설 연석선은 차도와 보도를 구분하는 돌 등으로 이어진 선으로, 안전표지 또는 그와 비슷한 인공구조물을 이용하여 경계를 표시하여 모든 차가 통행할 수 있도록 설치된 도로의 부분이다.

83 차마의 통행 방향을 명확하게 구분하기 위하여 도로에 황색 실선이나 황색 점선 등의 안전표지로 표시한 선을 지칭하는 용어는?

① 중앙선   ② 교차로
③ 안전지대   ④ 자전거횡단도

해설
② 교차로 : 둘 이상의 도로(보도와 차도가 구분되어있는 도로에서는 차도)가 교차하는 부분.
③ 안전지대 : 도로를 횡단하는 보행자나 통행하는 차마의 안전을 위하여 안전표지나 이와 비슷한 인공구조물로 표시한 도로의 부분
④ 자전거 횡단도 : 자전거가 일반도로를 횡단할 수 있도록 안전표지로 표시한 도로의 부분.

84 보도와 차도가 구분되지 아니한 도로에서 보행자의 안전을 확보하기 위하여 안전표지 등으로 경계를 표시한 도로의 가장자리 부분의 용어의 정의로 맞는 것은?

① 길 가장자리 구역   ② 자전거 도로
③ 횡단보도   ④ 노면전차 전용로

해설
② 자전거 도로 : 안전표지, 위험 방지용 울타리나 그와 비슷한 인공구조물로 경계를 표시하여 자전거 및 개인형 이동장치가 통행할 수 있도록 설치된 도로. 자전거 전용 도로, 자전거 보행자 겸용도로, 자전거 전용차로, 자전거 우선도로가 있다.
③ 횡단보도 : 보행자가 도로를 횡단할 수 있도록 안전표지로 표시한 도로의 부분.

85 교통안전에 필요한 주의·규제·지시 등을 표시하는 표지판이나 도로의 바닥에 표시하는 기호·문자 또는 선 등의 의미를 나타내는 의미의 용어인 것은?

① 신호기   ② 교통안전표지
③ 교통신호기   ④ 교통안전시설

해설 교통안전표지의 종류 : 주의, 규제, 지시, 보조, 노면표지

86 다음 중 도로교통법에서 규정하는 "차"가 아닌 것은?

① 자동차(건설기계 포함)
② 원동기장치자전거
③ 철길이나 가설된 선을 이용하여 운전되는 것
④ 사람 또는 가축의 힘, 그 밖의 동력으로 운전되는 것

해설 기차와 유모차, 보행보조용 의자차, 노약자용 보행기, 실외이동로봇은 차에 해당되지 않는다.

87 원동기장치자전거의 배기량과 최고정격출력으로 맞는 것은?

① 배기량 125cc 이하와 최고정격출력 11kW 이하
② 배기량 124cc 이하와 최고정격출력 10kW 이하
③ 배기량 123cc 이하와 최고정격출력 11kW 이하
④ 배기량 122cc 이하와 최고정격출력 10kW 이하

해설 배기량 125cc 이하, 최고정격출력 11kW 이하 출력의 원동기를 단 차를 원동기장치자전거라고 한다.

88 다음 중 도로교통법상 긴급자동차가 아닌 차는?

① 생명이 위급한 환자나 부상자 또는 수혈을 하기 위하여 혈액을 운송 중인 자동차
② 경찰관서의 자동차로 일반 업무를 수행하고자 운행하는 자동차

③ 경찰용 긴급자동차에 의하여 유도되고 있는 자동차
④ 시·도 경찰청장으로부터 지정을 받고 긴급한 우편물을 운송하고 있는 자동차

해설 ②의 운행하는 자동차는 긴급자동차에 해당되지 않는다.
㉠ 긴급자동차 : 다음 항목의 자동차로서 그 본래의 긴급한 용도로 사용되고 있는 소방차, 구급차, 혈액공급차량, 그 밖에 대통령령으로 정하는 자동차가 있다.
㉡ 도로교통법 시행령 제2조 긴급자동차 : 경찰용 자동차 중 범죄수사, 교통 단속, 군 내부의 질서유지나 이동을 유도하는데 사용되는 자동차, 교도소, 소년교도소 또는 구치소의 호송 경비를 위하여 사용되는 자동차 등이 있다.
㉢ 사용자의 신청에 의해 시·도 경찰청장이 지정하는 긴급자동차 : 전기사업, 가스사업, 민방위 업무 수행 긴급출동 자동차, 도로관리응급작업 자동차, 전신·전화의 응급작업 자동차, 전파감시업무에 사용되는 자동차 등이 있다.

89 어린이통학버스의 신고 요건 중 교육 대상으로 하는 어린이의 연령 기준으로 맞는 것은?

① 10세 미만   ② 12세 미만
③ 13세 미만   ④ 15세 미만

해설 ③의 문항 13세 미만의 사람이 맞다.
㉠ 어린이통학버스로 신고할 수 있는 자동차는 승차정원 9인승 이상 승용·승합자동차이다.

90 다음 중 도로교통법상 용어의 정의로 잘못된 것은?

① 주차 : 운전자가 승객을 기다리거나 화물을 싣거나 차가 고장나거나 그 밖의 사유로 차를 계속 정지 상태에 두는 것과 운전자가 차에서 떠나서 즉시 그 차를 운전할 수 없는 상태에 두는 것
② 정차 : 운전자가 10분을 초과하지 아니하고 차를 정지시키는 것으로서 주차 외의 정지 상태이다.
③ 서행 : 운전자가 차 또는 노면전차를 즉시 정지시킬 수 있는 정도의 느린 속도로 진행하는 것
④ 일시정지 : 차 또는 노면전차의 운전자가 그 차 또는 노면전차의 바퀴를 일시적으로 완전히 정지시키는 것이다.

해설 ②의 정차의 기준시간은 5분이다.

91 초보운전자는 운전면허를 받은 날부터 몇 년이 지나지 아니한 것으로 정하고 있는가?

① 처음 운전면허를 받은 날부터 1년이 지나지 아니한 사람
② 처음 운전면허를 받은 날부터 2년이 지나지 아니한 사람
③ 처음 운전면허를 받은 날부터 3년이 지나지 아니한 사람
④ 처음 운전면허를 받은 날부터 4년이 지나지 아니한 사람

해설 ②의 2년이 지나지 아니한 사람을 초보운전자라 한다.
또한, 2년이 지나지 전에 운전면허 취소처분을 받은 경우에는 이후 다시 운전면허를 받은 날부터 계산 한다.

92 다음 중 경찰공무원을 보조하는 사람의 범위에 해당되지 않는 사람은?

① 모범 운전자
② 군사 훈련 및 작전에 동원되는 부대의 이동을 유도하는 군사 경찰
③ 본래의 긴급한 용도로 운행하는 소방차·구급차를 유도하는 소방 공무원
④ 교통정리를 하는 녹색 어머니 회원

해설 ④의 "녹색 어머니 회원"은 해당되지 않는다.

93 교통 신호기의 "원형 등화" 신호의 뜻이다. 잘못된 뜻은?

① 녹색등화 : 차마는 직진 또는 우회전할 수 있고, 비보호 좌회전 표지나 표시가 있는 곳에서는 좌회전할 수 있다.

② 황색등화 : 차마는 정지선이 있거나 횡단보도가 있을 때에는 그 직전이나 교차로의 직전에 정지 하여야 하며, 이미 교차로에 차마의 일부라도 진입한 경우에는 신속히 교차로 밖으로 진행하여야 한다. 우회전하는 경우 보행자의 횡단을 방해 하지 못한다.

③ 황색등화의 점멸 : 차마는 다른 교통안전표지의 표시에 주의 하면서 진행할 수 없다.

④ 적색등화의 점멸 : 차마는 정지선이 있거나 횡단보도가 있을 때에는 그 직전이나 교차로의 직전에 일시정지 한 후 다른 교통에 주의하면서 진행할 수 있다.

🔵해설 ③의 문항 중 "진행할 수 없다"가 아닌, "진행할 수 있다"가 옳은 문항이다.

94 교통신호기의 "적색의 등화"에 대한 설명이다. 다른 것은?

① 차마는 정지선, 횡단보도 및 교차로의 직전에서 정지하여야 한다.

② 차마는 우회전하려는 경우 정지선, 횡단보도 및 교차로의 직전에서 정지한 후 신호에 따라 진행하는 다른 차마의 교통을 방해하지 않고 우회전할 수 있다.

③ ②에도 불구하고 차마는 우회전 삼색등이 적색의 등화인 경우 우회전할 수 없다.

④ 차마는 다른 교통 또는 안전표지의 표시에 주의하면서 진행할 수 있다.

🔵해설 ④의 문항은 황색등화의 점멸신호이다.

95 교통신호기의 "보행 신호등"에 대한 설명이다. 다른 문항은?

① 녹색의 등화 : 버스전용차로에 있는 차마는 직진할 수 있다.

② 녹색의 등화 : 보행자는 횡단보도를 횡단할 수 있다.

③ 녹색 등화의 점멸 : 보행자는 횡단을 시작하여서는 아니 되고 횡단하고 있는 보행자는 신속하게 횡단을 완료하거나 그 횡단을 중지하고 보도로 되돌아와야 한다.

④ 적색의 등화 : 보행자는 횡단보도를 횡단하여서는 아니 된다.

🔵해설 ①의 문항은 "버스 신호등"의 신호 의미로 다르다.

96 교통 안전시설이 표시하는 신호 또는 지시와 교통 정리를 하는 경찰공무원이나 경찰보조자의 신호나 지시가 서로 다른 경우에 따라야 하는 신호에 해당하는 것으로 맞는 것은?

① 경찰공무원 등의 신호 또는 지시에 따라야 한다.

② 신호기의 신호에 우선적으로 따라야 한다.

③ 어느 신호이든 편리한 신호에 따라 진행 한다.

④ 신호가 같아질 때까지 기다려서 진행 한다.

🔵해설 ①의 문항이 옳은 규정에 해당 한다.

97 도로교통법상 안전표지 종류의 내용 설명이다. 틀린 것은?

① 주의표지 : 도로 상태가 위험하거나 도로 또는 그 부근에 위험물이 있는 경우에 필요한 안전 조치를 할 수 있도록 도로 사용자에게 알리는 표지.

② 규제표지 : 도로 교통의 안전을 위하여 각종 제한·금지 등의 규제를 하는 경우에 이를 도로 사용자에게 알리는 표지.

③ 지시표지 : 도로의 통행 방법·통행 구분 등 도로 교통의 안전을 위하여 필요한 지시를 하는 경우에 도로 사용자가 이에 따르도록 일리는 표지.

④ 보조 표지 : 도로 교통의 안전을 위하여 각종 주의·규제·지시 등의 내용을 보면 기호·문자 또는 선으로 도로사용자에게 알리는 표지.

🔵해설 ④는 노면표시에 대한 설명이며, 보조 표지는 주의표지·규제표지 또는 지시표지의 주기능을 보충하여 도로 사용자에게 알리는 표지이다.

98 다음 안전표지에 대한 설명이다. 맞는 것은?

① 대형버스만 다니는 도로로 주의 표지.

② 대형화물차만 다니는 도로로 주의 표지

③ 노면전차 교차로 전 50m~120m 중앙 또는 우측에 설치한다.

④ 철길건널목의 표시로 주의 표지.

🔵해설 ③의 문항은 "노면전차 표지로 주의표지"이다.

99 안전표지의 종류와 설치된 도로에서 통행방법이 틀린 것은?

① 회전교차로 지시 표지이다.

② 회전교차로 내에서는 반시계방향으로 통행한다.

③ 교차로 안에 진입하려는 차가 화살표 방향으로 회전하는 차보다 우선한다.

④ 회전교차로에 진입 또는 진출할 때에는 반드시 신호를 하여야 한다.

🔵해설 ③의 회전교차로에 진입하려는 경우 교차로 내에서 반시계 방향으로 회전하는 차에 양보하여야 한다.

100 다음은 노면표시의 기본 색상이다. 맞지 않는 것은?

① 백색 : 동일방향의 교통류 분리 및 경계표시.

② 황색 : 동일방향 교통류 분리 또는 도로이용의 제한 및 지시.

③ 청색 : 지정방향의 교통류 분리 표시(버스전용차로표시 및 다인승차량 전용차선 표시).

④ 적색 : 어린이보호구역 또는 주거지역 안에 설치하는 속도제한 표시의 테두리 선 및 소방시설 주변 정차·주차금지표시에 사용.

🔵해설 ②의 "동일방향 교통류 분리"가 아닌, "반대 방향의 교통류 분리"가 옳은 문항이다.

101 다음은 보행자의 통행방법이다. 맞지 않는 방법은?

① 보행자는 보도와 차도가 구분된 도로에서는 언제나 보도로 통행하지 않아도 된다.

② 차도를 통행하는 경우, 도로 공사 등으로 보도의 통행이 금지된 경우나 그 밖의 부득이한 경우에는 보도로 통행 하지 않아도 된다.

③ 보행자는 보도와 차도가 구분되지 아니한 도로 중 중앙선이 있는 도로(일방통행인 경우에는 차선으로 구분된 도로를 포함)에는 길 가장자리 또는 길 가장자리 구역으로 통행하여야 한다.

④ 보행자는 보도에서는 우측통행을 원칙으로 한다.

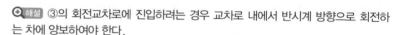

해설 ①의 문항 중 "언제나 보도로 통행하지 않아도 된다."가 아닌, "언제나 보도로 통행하여야 한다."가 옳은 문항이다.
*도로의 전 부분으로 통행할 수 있는 경우.
㉠ 보도와 차도가 구분되지 아니한 도로 중 중앙선이 없는 도로(일방통행인 경우에는 차선으로 구분되지 아니한 도로에 한정), ㉡ 보행자 우선도로.

102 행렬의 통행방법으로 차도의 중앙을 통행할 수 있는 경우로 맞는 것은?

① 사회적으로 중요한 행사에 따라 시가를 행진하는 경우
② 말 · 소 등의 큰 동물을 몰고 가는 경우
③ 도로에서 청소나 보수 등의 작업을 하고 있는 사람
④ 기 또는 현수막 등을 휴대한 행렬

해설 ②, ③, ④의 문항은 차도의 우측으로 통행해야 하는 경우이다.

103 보행자의 도로 횡단 방법으로 옳지 않는 것은?

① 횡단보도가 설치되어 있지 않은 도로에서는 가장 짧은 거리로 횡단하여야 한다.
② 보행자는 안전표지 등에 의하여 금지 되어 있는 도로의 부분에서는 그 도로를 횡단하여서는 아니 된다.
③ 도로를 횡단하는 경우에는 보행자는 모든 차와 노면 전차의 바로 앞이나 뒤로 횡단하여도 된다.
④ 도로 횡단시설이 설치되어 있는 도로에서는 그 곳으로 횡단하여야 한다.

해설 보행자는 모든 차와 노면전차의 바로 앞이나 뒤로 횡단하여서는 아니 된다. 다만 횡단보도를 횡단하거나 신호기 또는 경찰공무원 등의 신호나 지시에 따라 도로를 횡단하는 경우에는 그러하지 아니하다.

104 차마의 통행구분에 대한 설명으로 틀린 문항에 해당한 것은?

① 차마의 운전자는 보도와 차도가 구분된 도로에서는 차도를 통행하여야 한다.
② 차마의 운전자는 도로 외의 곳으로 출입할 때에는 보도를 횡단하여 통행할 수 있다.
③ 도로 외의 곳으로 출입할 때 차마의 운전자는 보도를 횡단하기 직전에 일시정지하여 좌측 및 우측 부분 등을 살핀 후 차마의 통행을 방해하지 아니하도록 횡단하여야 한다.
④ 차마의 운전자는 도로(보도와 차도가 구분된 도로에서는 차도)의 중앙(중앙선이 설치되어 있는 경우에는 그 중앙선) 우측 부분을 통행하여야 한다.

해설 ③의 문항 중 "차마의 통행"이 아닌, "보행자의 통행"이 맞는 문항이다.

105 자동차 등이 도로의 중앙이나 좌측부분을 통행할 수 있는 경우가 아닌 것은?

① 도로가 일방통행인 경우
② 도로의 파손, 도로공사나 그 밖의 장애 등으로 도로의 좌측 부분을 통행할 수 없는 경우
③ 도로 우측 부분의 폭이 차마의 통행에 충분하지 아니한 경우.
④ 도로의 우측 부분의 폭이 6m가 되지 아니하는 도로에서 다른 차를 앞지르려는 경우

해설 ②의 문항 중 "도로의 좌측부분"이 아닌 "도로의 우측부분"이 맞는 문항이다.
④의 문항 예외 규정으로 ㉠ 도로의 좌측부분을 확인할 수 없는 경우. ㉡ 반대방향의 교통을 방해할 우려가 있는 경우. ㉢ 안전표지 등으로 앞지르기 금지나 제한하고 있는 경우가 있다.

106 고속도로 외의 도로에서 왼쪽 차로로 통행할 수 있는 차가 아닌 것은?

① 승용자동차
② 경형 · 소형 승합자동차
③ 중형 승합자동차
④ 대형 승합자동차

해설 대형 승합자동차, 화물자동차, 특수자동차, 건설기계, 이륜자동차는 오른쪽 차로로 통행하여야 한다.

107 전용차로 통행차 외에 전용차로를 통행할 수 있는 경우가 아닌 것은?

① 긴급자동차가 그 본래의 긴급한 용도로 운행되고 있는 경우
② 전용차로 통행 차의 통행에 장해를 주지 아니하는 범위에서 택시가 승객을 내려주기 위하여 일시 통행하는 경우
③ ②의 경우 택시운전자는 승객이 타거나 내려도 계속 주행할 수 있다
④ 도로의 파손 · 공사 그 밖의 부득이한 장애로 인하여 전용차로가 아니면 통행할 수 없는 경우

해설 택시 운전자는 승객이 타거나 내린 즉시 전용차로를 벗어나야 한다.

108 다음 중 일반도로의 주거지역 · 상업지역 및 공업지역에서 자동차의 최고속도로 맞는 것은?

① 50km/h 이내
② 60km/h 이내
③ 70km/h 이내
④ 80km/h 이내

해설 ①의 50km/h 이내가 맞는 문항이며, 시 · 도 경찰청장이 지정한 노선구간은 60km/h 이내, 이외의 일반도로는 60km/h 이내, 편도 2차로 이상 도로는 80km/h 이내이다.
*안전표지로 속도를 지정하고 있는 경우에는 법정속도보다 안전표지가 지정하고 있는 규제속도를 우선 준수해야 한다.

109 다음 중 자동차 전용도로에서의 속도로 맞는 것은?

① 최고속도 90km/h, 최저속도 30km/h로 운행한다.
② 최고속도 80km/h, 최저속도 30km/h로 운행한다.
③ 최고속도 70km/h, 최저속도 30km/h로 운행한다.
④ 최고속도 60km/h, 최저속도 30km/h로 운행한다.

해설 ①의 최고속도 90km/h, 최저속도 30km/h가 맞다.

110 다음 중 최고속도의 100분의 50을 줄인 속도로 운행하여야 하는 경우로 맞지 않는 것은?

① 폭우 · 폭설 · 안개 등으로 가시거리가 10m 이내인 경우
② 노면이 얼어붙은 경우
③ 눈이 20mm 이상 쌓인 경우
④ 비가 내려 노면이 젖어 있는 경우

해설 ④의 문항은 "100분의 20을 줄인 속도로 운행할 경우"에 해당한다.
*최고속도의 100분의 20을 줄인 속도
㉠ 60km/h-48km/h, ㉡ 70km/h-56km/h,
㉢ 80km/h-64km/h, ㉣ 90km/h-72km/h

111 운전자의 안전거리 확보 등에 대한 설명으로 틀린 것은?

① 모든 운전자는 같은 방향으로 가고 있는 앞차의 뒤를 따르는 경우에는 앞차가 갑자기 정지하게 되는 경우 그 앞차와의 충돌을 피할 수 있도록 거리를 확보하여야 한다.

② 자동차 등의 운전자는 같은 방향으로 가고 있는 자전거 옆을 지날 때에는 충돌을 피할 수 있도록 거리를 확보하여야한다.

③ 모든 차의 운전자는 차의 진로를 변경하려는 경우에 그 변경하려는 방향으로 오고 있는 다른 차의 정상적인 통행에 장애를 줄 우려가 있을 때에는 진로를 변경하여서는 아니 된다.

④ 모든 차의 운전자는 위험 방지를 위한 경우가 아니더라도 급제동을 할 수 있다.

⊕해설 모든 차의 운전자는 위험방지를 위한 경우와 그 밖의 부득이한 경우가 아니면 운전하는 차를 갑자기 정지시키거나 속도를 줄이는 등의 급제동을 하여서는 아니 된다.

112 운전자의 진로 양보의 의무에 대한 설명으로 틀린 것은?

① 모든 차(긴급 자동차는 제외)의 운전자는 뒤에서 따라 오는 차보다 느린 속도로 가려는 경우에는 도로의 우측 가장 자리로 피하여 진로를 양보하여야 한다.

② 좁은 도로에서 긴급 자동차 외의 자동차가 서로 마주 보고 진행할 때에는 우측 가장자리로 피하여 진로를 양보하여야 한다.

③ 비탈진 좁은 도로에서 자동차가 서로 마주보고 진행하는 경우에는 올라가는 자동차가 양보하여야 한다.

④ 비탈진 좁은 도로 외의 좁은 도로에서 사람을 태웠거나 물건을 실은 자동차와 동승자가 없고 물건을 싣지 아니한 자동차가 서로 마주보고 진행하는 경우에는 사람을 태웠거나 물건을 실은 자동차가 양보하여야 한다.

⊕해설 ④의 문항은 "동승자가 없고 물건을 싣지 아니한 자동차가 양보하여야 한다." 가 맞는 문항이다.

113 자동차 운전자의 앞지르기 방법에 대한 설명이다. 틀린 것은?

① 모든 차의 운전자는 다른 차를 앞지르려면 앞차의 좌측으로 통행하여야 한다.

② 자전거 등의 운전자는 서행하거나 정지한 다른 차를 앞지르려면 앞차의 우측으로 통행할 수 있다.

③ ②의 경우 자전거 등의 운전자는 정지한 차에서 승차하거나 하차하는 사람의 안전에 유의하여 서행하거나 필요한 경우 일시정지 하여야 한다.

④ 앞지르기를 할 때는 해당 도로의 최고속도 기준을 넘을 수 있다.

⊕해설 ④의 "넘을 수 있다."가 아닌, "넘을 수 없다."이다. 외에 "모든 차의 운전자는 앞지르기를 하는 차가 있을 때에는 속도를 높여 경쟁하거나 그 차의 앞을 가로 막는 등의 방법으로 앞지르기를 방해하여서는 아니 된다."가 있다.

114 다음 중 앞지르기를 할 수 있는 경우는?

① 앞차의 좌측에 다른 차가 앞차와 나란히 가고 있는 경우

② 앞차가 다른 차를 앞지르고 있거나 앞지르려고 하는 경우

③ 경찰공무원 지시에 따라 정지하거나 서행하고 있는 경우

④ 경찰공무원의 지시에 의해 주행하고 있는 경우

⊕해설 ④의 경우는 앞지르기를 할 수 있다.

115 앞지르기 금지 장소에 대한 설명이다. 해당 없는 장소는?

① 교차로　　　　　　② 터널 안
③ 다리 위　　　　　　④ 비탈길의 오르막

⊕해설 ④의 문항은 해당 없고, 외에 도로의 구부러진 곳, 비탈길의 고갯마루 부근, 가파른 비탈길의 내리막, 시·도 경찰청장이 안전표지로 지정한 곳이 있다.

116 철길건널목을 통행 중에 차량고장으로 운행할 수 없는 경우 조치 사항으로 잘못된 것은?

① 즉시 승객을 대피시킨다.

② 비상 신호등을 작동시킨다.

③ 철도공무원이나 경찰공무원에게 알린다.

④ 현장에서 자동차의 고장 원인을 파악한다.

⊕해설 ④의 문항은 옳지 않은 조치사항이다.

117 교차로에서 좌·우회전하는 방법이다. 틀린 문항은?

① 우회전을 하려는 경우에는 미리 도로의 우측가장자리를 서행하면서 우회전하여야 한다.

② 우회전을 하는 차의 운전자는 신호에 따라 정지하거나 진행하는 보행자 또는 자전거 등에 주의하여야 한다.

③ 좌회전을 하려는 경우에는 미리 도로의 중앙선을 따라 서행하면서 교차로의 중심 안쪽을 이용해 좌회전을 하여야 한다.

④ 시·도 경찰청장이 교차로의 상황에 따라 특히 필요하다고 인정하여 지정한 곳은 교차로의 중심 안쪽을 통과할 수 있다.

⊕해설 ④의 문항 중 "중심 안쪽을 통과할 수 있다."가 아닌, "중심 바깥쪽을 통과할 수 있다."가 옳은 문항이다.

118 회전교차로 통행방법에 대한 설명이다. 잘못된 문항은?

① 모든 차의 운전자는 회전교차로에서는 반시계방향으로 통행하여야 한다.

② 모든 차의 운전자는 회전교차로에 진입하려는 경우에는 서행하거나 일시정지 하여야 하며, 이미 진행하고 있는 다른 차가 있는 때에는 그 차에 진로를 양보하여야 한다.

③ 모든 차의 운전자는 회전교차로 내에 여유 공간이 있을 때까지 양보 선에서 대기하여야 한다.

④ 회전교차로 통행을 위하여 손이나 방향지시기 또는 등화로써 신호를 하는 차가 있는 경우 그 뒤차의 운전자는 신호를 한 앞차의 진행을 방해하여서는 아니 된다.

⊕해설 ③의 문항이 잘못되었다. 회전중인 차량이 우선권이 있고, 진입하려는 차가 양보하여야 한다.

119 보행자의 보호에 대한 설명이다. 옳지 않은 것은?

① 보행자가 횡단보도를 통행하고 있거나 통행하려고 하는 때에는 보행자의 횡단을 방해하거나 위험을 주지 아니하도록 그 횡단보도 앞에서 일시정지 하여야 한다.

② 교통정리를 하고 있는 교차로에서 좌회전이나 우회전을 하려는 경우에는 신호기 또는 경찰공무원등의 신호나 지시에 따라 도로를 횡단하는 보행자의 통행을 방해하여서는 아니된다.

③ 보행자가 횡단보도가 설치되어 있지 않은 도로를 횡단하고 있을 때 횡단을 방해하지 않도록 신속하게 통과 한다.

④ 도로에 설치된 안전지대에 보행자가 있는 경우와 차로가 설치 아니한 좁은 도로에서 보행자 옆을 지나는 경우에는 안전한 거리를 두고 서행하여야 한다.

⊕해설 보행자가 횡단보도가 설치되어 있지 아니한 도로를 횡단하고 있을 때에는 안전거리를 두고 일시 정지하여 보행자가 안전하게 횡단할 수 있도록 하여야 한다.

120 긴급자동차의 우선 통행에 대한 설명으로 잘못된 것은?

① 긴급 자동차는 끼어들기가 금지된 상황에서도 끼어들기를 할 수 있다.

② 도로의 중앙이나 좌측 부분을 통행할 수 있다.

③ 긴급 자동차는 앞지르기가 금지된 장소에서 우측으로 앞지르기를 할 수 있다.

④ 긴급 자동차는 정지하여야 하는 경우에도 불구하고 긴급하고 부득이한 경우에는 정지하지 않을 수 있다.

🔎해설 ③ 긴급 자동차는 앞지르기 금지 사항에 대해 특례를 받지만, 법으로 규정된 좌측으로 앞지르기를 하여야 한다.

121 다음 중 반드시 일시정지 하여야 할 장소로 맞는 것은?

① 교통정리를 하고 있지 않는 교차로

② 교통정리를 하고 있지 아니하고 좌·우를 확인할 수 없거나 교통이 빈번한 교차로

③ 도로가 구부러진 부근

④ 비탈길의 고갯마루 부근

🔎해설 ②의 문항 외에 시·도 경찰청장이 안전표지로 지정한 곳에서는 반드시 일시 정지하여야 한다.

122 도로교통법상 정차 및 주차금지 장소로 옳지 않는 것은?

① 안전지대가 설치된 도로에서는 그 안전지대의 사방으로부터 각각 8m 이내의 곳

② 교차로·횡단보도·건널목이나 보도와 차도가 구분된 도로의 보도

③ 버스의 정류지 임을 표시하는 기둥이나 표지판 또는 선으로부터 10m 이내의 곳

④ 교차로 가장자리 또는 도로 모퉁이로부터 5미터 이내의 곳

🔎해설 ①의 문항 중 "8m 이내"가 아닌, "10m 이내"이다. 외에 건널목의 가장자리 또는 횡단보도로부터 10m이내의 곳, 소방용수시설 또는 비상소화장치가 설치된 곳으로부터 5m 이내의 곳, 소방시설로서 대통령령으로 정하는 시설이 설치된 곳으로부터 5m 이내의 곳, 시장 등이 지정한 어린이 보호구역이 있다.

123 자동차 운전자가 경사진 곳에서 정차 및 주차방법의 설명이다. 안전한 주차 방법이 아닌 것은?

① 경사의 내리막방향으로 바퀴에 고임목, 고임돌, 그 밖에 고무, 플라스틱 등 자동차의 미끄럼 사고를 방지할 수 있는 것을 설치할 것

② 조향장치를 도로의 가장자리(자동차에서 가까운 쪽을 말함) 방향으로 돌려놓을 것

③ 자동차의 수동변속기는 후진 또는 자동변속기는 주차로 고정 한다.

④ 자동차의 주차 제동 장치만 작동시킨다.

🔎해설 ④의 문항의 조치는 잘못된 조치이다.

124 차 또는 노면전차가 도로에서 정차하거나 주차할 때 켜야하는 등화로 잘못된 것은?

① 자동차 : 미등 및 차폭등(이륜자동차는 제외)

② 이륜자동차 및 원동기장치자전거 : 미등(후부반사기 포함)

③ 노면전차 : 차폭등 및 미등

④ 그 외의 차 : 경찰서장이 정하여 고시하는 등화

🔎해설 ④의 문항 중 "경찰서장"이 아닌, "시·도 경찰청장"이다.

125 다음 중 자동차의 승차 또는 적재의 방법과 제한으로 잘못된 것은?

① 모든 차의 운전자는 승차인원, 적재중량, 및 적재용량에 관하여 운행상의 안전기준을 넘어서 승차시키거나 적재한 상태로 운전하여서는 아니 된다.(출발지 경찰서장의 허가를 받은 경우에는 예외)

② 승합자동차 운전자는 승차정원 50명에 51명을 승차시켜 운행할 수 있다.

③ 모든 차의 운전자는 운전 중 타고 있는 사람 또는 타고 내리는 사람이 떨어지지 아니 하도록 하기 위하여 문을 정확히 여닫는 등 필요한 조치를 하여야 한다.

④ 모든 차의 운전자는 운전 중 실은 화물이 떨어지지 아니하도록 덮개를 씌우거나 묶는 등 확실하게 고정될 수 있도록 조치를 하여야 한다.

🔎해설 ②의 문항은 "승차정원 이내일 것"을 위반하는 내용이다.

126 자동차 운행상의 안전기준에 대한 설명으로 잘못된 것은?

① 자동차의 승차인원은 승차정원 이내일 것

② 화물자동차의 적재 중량은 구조 및 성능에 따르는 110% 이내일 것

③ 길이 : 자동차 길이에 그 길이의 10분의 2를 더한 길이

④ 높이 : 화물자동차는 지상으로부터 4m(고시한 도로 노선은 4m 20cm)

🔎해설 ③의 문항 "10분의 2를 더한 길이"가 아닌, "10분의 1을 더한 길이"가 옳은 문항이다.

127 다음 중 도로교통법상 공동위험행위에 대한 설명으로 잘못된 것은?

① 자동차 등의 운전자는 도로에서 2명 이상이 공동으로 2대 이상의 자동차 등을 정당한 사유 없이 앞뒤로 줄지어 통행하면서 다른 사람에게 위해를 끼치거나 교통상의 위험을 발생하게 하는 행위이다.

② 자동차 등의 운전자는 도로에서 2명 이상이 공동으로 2대 이상의 자동차 등을 정당한 사유 없이 좌우로 줄지어 통행하면서 다른 사람에게 위해를 끼치거나 교통상의 위험을 발생하게 하는 행위이다.

③ 킥보드 등 개인형 이동장치도 적용대상이다.

④ 공동위험행위를 하거나 주도한 사람은 2년 이하의 징역이나 500만 원 이하의 벌금에 처한다.

🔎해설 개인형 이동장치는 자동차 등에 포함되지 않는다.

128 도로교통법상 난폭운전에 대한 설명으로 맞지 않은 것은?

① 운전자가 중앙선 침범 등 둘 이상의 행위를 연달아 하거나, 하나의 행위를 지속 또는 반복하여 다른 사람에게 위협 또는 위해를 가하거나 교통상의 위험을 발생 하게 하는 행위이다.

② 신호 또는 지시 위반, 속도의 위반, 안전거리 미 확보, 정당한 사유 없는 소음발생, 고속도로에서 횡단·유턴·후진 위반.

③ 횡단·유턴·후진금지 위반, 진로변경 금지 위반, 급제동 금지위반, 앞지르기 방법 또는 앞지르기 방해 금지 위반.

④ 벌칙은 1년 이하의 징역이나 600만 원 이하의 벌금에 처함.

🔎해설 ④의 문항 중 "600만 원 이하의 벌금"이 아닌, "500만 원 이하의 벌금"이다.

129 다음 중 일시정지 해야하는 경우가 아닌 것은?

① 어린이가 보호자 없이 도로를 횡단하고 있을 때

② 지하도나 육교 등 도로 횡단시설을 이용할 수 없는 지체장애인이나 노인 등이 도로를 횡단하고 있는 경우

③ 앞을 보지 못하는 사람이 흰색지팡이를 가지거나 장애인보조견을 동반하고 도로를 횡단하고 있는 경우

④ 적색 등화가 커진 횡단보도를 지나가고 있을 경우

◎해설 적색 등화가 켜진 횡단보도를 지날 때에는 보행자에 주의하며 서행하여야 한다.

130 자동차 창유리 가시광선 투과율의 기준이다. 맞는 것은?

① 앞면 창유리 : 60% / 운전석 좌우 옆면 창유리 30%

② 앞면 창유리 : 70% / 운전석 좌우 옆면 창유리 40%

③ 앞면 창유리 : 75% / 운전석 좌우 옆면 창유리 45%

④ 앞면 창유리 : 80% / 운전석 좌우 옆면 창유리 50%

◎해설 ②의 문항이 맞는 규정이다.

131 다음 중 모든 차의 운전자가 지켜야할 준수 사항으로 옳지 않는 것은?

① 경찰관서에서 사용하는 무전기와 동일한 주파수의 무전기를 설치하지 아니한다.

② 물이 고인 곳을 운행할 때에는 고인 물을 튀게 하여 다른 사람에게 피해를 주지 않도록 한다.

③ 도로에서 자동차 등 또는 노면전차를 세워 둔 채 시비 · 다툼등의 행위를 하여 다른 차마의 통행을 방해하지 아니할 것.

④ 긴급 자동차가 아닌 자동차에 경광등, 사이렌 또는 비상등을 부착하는 행위

◎해설 ④는 "긴급 자동차가 아닌 차에 경광등이나 사이렌 비상등을 부착하여서는 아니 된다"가 옳은 문항이다.

132 다음 중 자동차 운전자가 휴대전화를 사용할 수 있는 경우에 해당하지 않는 것은?

① 자동차 등 또는 노면전차가 정지하고 있는 경우

② 긴급 자동차를 운전하는 경우

③ 각종 범죄 및 재해 신고 등 긴급한 필요가 있는 경우

④ 자동차를 운행 중에 있는 경우

◎해설 자동차를 운행 중에 있는 경우 휴대전화를 사용해서는 아니 된다.

133 자동차 등의 운전 중에는 방송 등 영상물을 수신하거나 영상표시 장치를 조작할 수 있는 경우로 옳지 않는 것은?

① 자동차 등 또는 노면전차를 운전 중인 경우

② 자동차 등 또는 노면전차가 정지하고 있는 경우

③ 지리 안내영상 또는 교통정보 안내영상

④ 국가 비상사태 재난 상황 등 긴급한 상황을 안내하는 영상

◎해설 ①의 문항의 경우는 영상물을 수신하거나 영상 장치를 조작할 수 없는 경우이다.

134 자동차를 운전할 때에는 좌석안전띠를 매지 않아도 되는 사유로 옳지 않는 것은?

① 부상 · 질병 또는 임신 등으로 인하여 좌석 안전띠의 착용이 적당하지 아니하다고 인정되는 때

② 신장 · 비만 그 밖의 신체의 상태에 의하여 안전띠의 착용이 적당하지 않다고 인정되는 때

③ 자동차가 서행으로 주행하고 있을 때

④ 경호 등을 위한 경찰용 자동차에 의하여 호위되거나 유도되고 있는 때

◎해설 자동차가 서행으로 주행하고 있는 때에도 좌석안전띠는 매어야 한다.

135 어린이 통학버스 운전자 및 운영자의 의무에 대한 설명이다. 잘못된 것은?

① 어린이 통학버스를 운전하는 사람은 어린이나 영유아가 타고 내리는 경우에만 점멸등 등의 장치를 작동하여야 한다.

② 어린이나 영유아를 태우고 운행 중인 경우에만 운행 중임을 표시하여야 하고, 모든 어린이나 영유아가 좌석안전띠를 매도록 한 후에 출발하여야 한다.

③ 어린이 통학버스를 운영하는 자가 지명한 보호자를 함께 태우고 운행하여야 하며, 보호자를 함께 태우고 운행하는 경우에는 "보호자 동승 표지"를 부착할 수 있다.(보호자는 승하차시 안전 확인 및 보호조치)

④ 어린이 통학버스 운영자는 운행을 마친 후 어린이나 영유아가 모두 하차(하차 확인 장치 작동)하였는지를 확인을 한다.

◎해설 ④의 문항 중 "운영자"가 아닌, "운전자"가 맞는 문항이다.

136 어린이 통학버스 운영자 등에 대한 안전 교육에 대한 설명이다. 잘못된 것은?

① 어린이 통학버스를 운영하는 사람과 운전하는 사람 및 보호자는 안전운행 등에 관한 교육을 받아야 한다.

② 어린이 통학버스 안전교육은 강의 · 시청각교육 등의 방법으로 3시간 이상 실시한다.

③ 신규교육 : 운영자와 동승하려는 보호자를 대상으로 그 운영 · 운전 또는 동승을 하기 전에 실시하는 교육이다.

④ 정기 안전교육 : 운영자, 운전자, 동승한 보호자를 대상으로 3년 마다 정기적으로 실시하는 교육이다.

◎해설 ④의 문항 중 "3년 마다"가 아닌, "2년 마다"가 옳은 문항이다.

137 교통사고 발생 시 경찰 공무원에게 신고할 사항이 아닌 것은?

① 사고가 일어난 곳　　② 사상자 수 및 부상정도

③ 손괴한 물건 및 손괴 정도　　④ 사고 주변 날씨와 교통상황

◎해설 ④의 문항이 아닌, 그 밖의 조치 사항을 신고해야 한다.

138 교통사고가 발생하였을 때 동승자 등에게 현장조치를 하게 하고 계속 운행할 수 있는 자동차가 아닌 것은?

① 긴급 자동차

② 응급 부상자를 운반중인 차

③ 긴급우편물 운반차

④ 외국인 관광 승합자동차

◎해설 ④의 차는 해당되지 않는다.

139 고속도로 갓길 통행금지에 관한 사항으로 옳지 않은 것은?

① 자동차의 고장 등 부득이한 사정이 있는 경우를 제외하고는 차로에 따라 통행 하여야 하며, 갓길로 통행 하여서는 아니 된다.

② 도로가 정체 시 원활한 소통을 위해 갓길 통행이 가능하다.

③ 신호기 또는 경찰 공무원 등의 신호나 지시에 따라 자동차를 운전하는 경우에는 갓길 통행이 가능하다.

④ 긴급 자동차와 고속도로 등의 보수·유지 등의 작업을 하는 자동차를 운전하는 경우에는 갓길 통행이 가능하다.

⊕해설 ②의 경우는 갓길로 통행해서는 아니 된다.

140 고속도로 횡단·통행 등의 금지에 대한 설명이다. 틀린 것은?

① 자동차의 운전자는 그 차를 운전하여 고속도로 등을 횡단하거나 유턴 또는 후진하여서는 아니 된다.

② 긴급 자동차 또는 도로의 보수·유지 등의 응급조치 작업을 하는 자동차는 통행할 수 있다.

③ 고속도로 등에서 위험 방지·제거하거나 교통사고에 대한 응급조치 작업을 위한 자동차로서 그 목적을 위하여 필요한 경우에는 통행할 수 있다.

④ 자동차(이륜자동차 제외)외의 차마의 운전자 또는 보행자는 고속도로 등을 통행하거나 횡단하여서는 아니 된다.

⊕해설 ④의 문항 중 "(이륜자동차 제외)"가 아닌, "(이륜자동차는 긴급자동차만 해당)"이 맞는 문항이다.

141 다음 중 고속도로에서 정차 및 주차금지의 예외 규정으로 잘못된 것은?

① 긴급 자동차가 아닌 차가 갓길에 정차나 주차한 경우

② 정차 또는 주차할 수 있도록 안전표지를 설치한 곳이나 정류장에서 정차 또는 주차시키는 경우

③ 고장이나 그 밖의 부득이한 사유로 길 가장자리 구역(갓길 포함)에 정차 또는 주차시키는 경우

④ 도로의 관리자가 고속 도로 등을 보수·유지 또는 순회하기 위하여 정차 또는 주차시키는 경우

⊕해설 ①의 경우는 불법 주·정차로 견인 대상이며, 외에 법령의 규정 또는 경찰 공무원의 지시에 따르거나 위험을 방지하기 위하여 일시 정차 및 주차시키는 경우, 통행료를 내기 위하여 통행료 받는 곳에서 정차하는 경우, 교통이 밀리거나 그 밖의 부득이한 사유로 움직일 수 없을 때에 고속도로 등의 차로에 일시정지 또는 주차시키는 경우 등이 있다.

142 밤에 고장으로 인하여 고속도로에서 자동차를 운행할 수 없는 경우 고장 자동차의 표지(안전 삼각대)와 함께 사방 (   )m 지점에서 식별할 수 있는 불꽃신호를 추가로 설치하여야 한다. (   )안에 맞는 것은?

① 300m   ② 400m

③ 500m   ④ 600m

⊕해설 사방 500미터 지점에서 식별할 수 적색의 섬광신호 또는 불꽃신호를 추가로 설치하여야 한다.

143 긴급자동차 교통안전교육의 시간에 대한 설명으로 맞는 것은? ((   )안은 신규교육시간이다.)

① 1시간(2시간)   ② 2시간(3시간)

③ 3시간(4시간)   ④ 4시간(4시간)

⊕해설 ②의 문항 2시간(3시간) 맞는 문항이다.
㉠ 신규교육 : 최초로 긴급자동차를 운전하려는 사람이 대상
㉡ 정기 교통안전교육 : 긴급자동차를 운전하는 사람을 대상으로 3년 마다 정기적으로 실시하는 교육

144 다음 중 75세 이상인 사람에 대한 교통안전교육의 시간으로 맞는 것은?

① 2시간   ② 3시간

③ 4시간   ④ 5시간

⊕해설 ①의 2시간이 맞는 문항이다.

145 도로교통법상 제1종 대형면허로 운전할 수 없는 자동차는?

① 화물자동차   ② 구난자동차

③ 승용자동차   ④ 아스팔트 살포기

⊕해설 구난차는 1종 구난차 면허를 취득하여야 운전할 수 있다.

146 운전면허 1종 특수면허로 운전할 수 있는 자동차로 다른 것은?

① 대형견인차 면허 : 견인형 특수 자동차

② 소형견인차 면허 : 총중량 3.5톤 이하의 견인형 특수자동차

③ 구난차 면허 : 구난형 특수 자동차

④ 1종 소형면허 : 3륜 화물 또는 승용자동차

⊕해설 ④의 문항은 1종 소형면허가 운전할 수 있는 차이다.

147 도로교통법상 제2종 보통면허로 운전할 수 없는 자동차는?

① 승차정원 10명 이하의 승합자동차

② 총중량 10톤 미만의 특수자동차(구난차 등은 제외)

③ 적재중량 4톤 이하의 화물자동차

④ 총중량 3.5톤 이하의 특수자동차(구난차 등은 제외)

⊕해설 ②의 차는 제1종 보통면허를 가져야 운전할 수 있다.

148 운전면허를 받을 수 없는 사람에 대한 설명이다. 틀린 것은?

① 1·2종 보통면허 : 18세 미만인 사람

② 1종 대형 또는 특수면허 : 19세 미만이거나 자동차 운전경력(이륜자동차는 제외)이 1년 미만인 사람

③ 정신질환자, 뇌전증 환자, 치매, 조현병(정동장애 포함), 재발성 우울장애, 양극성 정동장애(조울병), 정신 발육지연 등

④ 대한민국의 국적을 가지지 않은 사람 중 외국인 등록을 한 사람이나 국내 거소신고를 하지 않은 사람

⊕해설 ④의 문항 중 "외국인 등록을 한 사람"이 아닌, "외국인등록을 하지 않은 사람(외국인 등록이 면제된 사람은 제외)"이 맞는 문항임, 외에 국내 거소신고를 하지 않은 사람, 마약·대마·향정신성의약품 또는 알코올 관련 장애로 정상적인 운전을 할 수 없다고 인정되는 사람 등이 있다.

149 운전면허 취득 결격기간이 5년에 해당한 사유이다. 다른 것은?

① 술에 취한 상태에서의 운전금지를 위반하여 취소된 경우

② 과로한 때 등의 운전금지를 위반하여 취소된 경우

③ 공동 위험행위의 금지를 위반하여 취소된 경우

④ 무면허 운전(결격기간 중 운전포함)금지위반으로 취소된 때

⊕해설 ④의 경우는 위반일로부터 2년이다.

150 벌점의 종합 관리에 대한 설명이다. 맞지 않는 것은?

① 법규위반 또는 교통사고로 인한 벌점은 당해 위반 또는 사고가 있었던 날을 기준으로 과거 2년간의 모든 벌점을 누산하여 관리한다.

② 처분 벌점이 40점 미만인 경우에 최종의 위반일 또는 사고일로부터 위반 및 사고 없이 1년이 경과한 때에는 그 처분 벌점은 소멸한다.

③ 인적피해가 있는 교통사고를 야기하고 도주한 차량의 운전자를 검거하거나 신고한 사람에게는 40점의 특혜점수를 부여하여 기간에 관계없이 그 운전자가 정지 또는 취소처분을 받게 될 경우 누산점수에서 이를 공제한다.

④ 경찰청장이 정하여 고시하는 바에 따라 무위반 · 무사고 서약을 하고 1년간 이를 실천한 운전자에게는 실천할 때마다 10점의 특혜점수를 부여하여 기간에 관계없이 그 운전자가 정지처분을 받게 될 경우 누산점수에서 이를 공제한다.

⊕ 해설 ①의 문항 중 "과거 2년간의"가 아닌, "과거 3년간의"가 맞는 문항이다.

151 누산 점수 초과로 인한 운전면허 취소 기준으로 틀린 것은?

① 1년간 : 121점 이상　② 2년간 : 201점 이상
③ 3년간 : 271점 이상　④ 3년간 : 275점 이상

⊕ 해설 ④는 "3년간 : 271점 이상"이 옳은 문항이다.

152 어린이 보호구역 및 노인 · 장애인 보호구역 안에서 오전 8시부터 오후 8시 사이에 다음 사항을 위반한 운전자에게 2배의 벌점을 부과하여야 한다. 그 위반 사항이 아닌 것은?

① 속도위반(60km/h 초과 80km/h 이하)
② 속도위반(40km/h 초과 60km/h 이하)
③ 속도위반(20km/h 초과 40km/h 이하)
④ 공동 위험행위와 난폭운전 행위로 형사 입건된 때

⊕ 해설 ④의 위반행위는 벌점 40점에 해당한다. 외에 신호 · 지시 위반, 보행자 보호 불이행(정지선 위반 포함)이 있다.

153 자동차 등의 운전 중에 교통사고의 인적피해 결과에 따른 벌점의 기준이다. 틀린 것은?

① 사망 1명마다 : 90점(사고 발생 시부터 72시간 이내 사망)
② 중상 1명마다 : 15점(3주 이상의 의사 진단)
③ 경상 1명마다 : 10점(3주 미만 5일 이상의 의사의 진단)
④ 부상신고 1명마다 : 2점(5일 미만의 의사의 진단)

⊕ 해설 ③의 "경상 1명마다 : 5점"이 옳은 문항이다.
*사망사고 72시간은 행정상의 구분일 뿐 72시간 이후라도 사망 원인이 교통사고라면 형사적 책임이 부과된다.

154 승용자동차 운전자의 위반행위별 범칙금이다. 틀린 것은?

① 신호 · 지시 위반, 중앙선 침범, 통행구분 위반 : 6만 원
② 일반도로 전용차로 통행 위반, 주차금지 위반 : 4만 원
③ 회전 교차로 진입 · 진행 방법 위반 : 5만 원
④ 차로 통행 준수 의무 위반, 지정차로 위반 : 3만 원

⊕ 해설 ③의 문항은 5만 원이 아닌, 4만 원이다.

155 어린이 보호구역에서 승합자동차가 정차 또는 주차를 위반한 차의 고용주등에게 부과하는 과태료 금액으로 맞는 것은? (( )안은 2시간 이상 주 · 정차한 경우)

① 13(14)만 원　　② 12(13)만 원
③ 11(12)만 원　　④ 10(11)만 원

⊕ 해설 ①의 문항 13(14)만 원이 맞다. 승용자동차 : 12(13)만 원
*노인 · 장애인 보호구역에서 위반한 경우 고용주 과태료 승합자동차 : 9(10)만 원, 승용자동차 : 8(9)만 원
*신호 또는 지시를 따르지 않은 차 또는 노면전차의 고용주 등에게 부과하는 과태료 : 승합자동차 : 14만 원, 승용자동차 : 13만 원

156 교통사고처리특례법의 제정 목적으로 옳은 것은?

① 차의 교통으로 중과실 치상죄를 일으킨 운전자에 대하여 종합보험에 가입되어 있어도 합의와 관계없이 공소를 제기할 수 있다.

② 차를 운전 중 고의로 교통사고를 일으킨 운전자를 처벌하기 위하여 제정한 법이다.

③ 교통사고로 인한 피해의 신속한 회복을 촉진하고 국민 생활의 편익을 증진하기 위한 법이다.

④ 차의 교통으로 업무상과실 치상죄를 범한 운전자에 대해 피해자와 민사합의를 해도 공소를 제기할 수 있다.

⊕ 해설 ③의 문항이 "교통사고처리특례법의 제정 목적"이다.

157 차의 교통으로 인한 교통사고가 발생하여 운전자를 처벌하여야하는 경우 적용되는 법에 해당하는 것은?

① 도로교통법　　② 교통사고처리특례법
③ 도로법　　　　④ 과실 재물손괴 죄

⊕ 해설 ②의 "교통사고처리특례법"이 맞다.

158 "차의 교통으로 인하여 사람을 사상하거나 물건을 손괴하는 것"을 뜻하는 교통사고처리특례법상의 용어는?

① 전도사고　　　② 추락사고
③ 교통사고　　　④ 안전사고

⊕ 해설 ③의 문항 "교통사고"가 맞는 문항이다.

159 차의 운전자가 업무상 과실 또는 중대한 과실로 인하여 사람을 사상에 이르게 한 경우 이에 대한 형법상 벌칙에 해당한 것은?

① 5년 이하의 금고 또는 2천만 원 이하의 벌금
② 5년 이하의 징역 또는 3천만 원 이하의 벌금
③ 3년 이하의 징역 또는 2천만 원 이하의 벌금
④ 2년 이하의 징역 또는 1천만 원 이하의 벌금

⊕ 해설 ①의 문항 "5년 이하의 금고 또는 2천만 원 이하의 벌금"이 맞는 문항이다.

160 다음 중 교통사고의 조건에 대한 설명으로 맞지 않는 것은?

① 명백한 자살이라고 인정되는 사고
② 차에 의한 사고
③ 피해의 결과 발생(사람 사상 또는 물건의 손괴)
④ 교통으로 인하여 발생한 사고

⊕ 해설 ①의 문항 "명백한 자살이라고 인정되는 사고"가 맞다. 외에 "사람이 건물, 육교, 등에서 추락하여 운행 중인 차량과 충돌 또는 접촉하여 사상한 경우" 등이 있다.

161 교통사고 운전자가 피해자를 구호조치를 하지 아니하여 피해자를 사망에 이르게 하고 도주하거나, 도주 후에 피해자가 사망한 경우의 처벌로 맞는 것은?(가중 처벌)

① 무기 또는 5년 이상의 징역
② 1년 이상 유기징역 또는 5백만 원 이상 3천만 원 이하의 벌금
③ 사형 · 무기 또는 5년 이상의 징역
④ 무기 또는 3년 이상의 징역

⊙해설 ①의 문항이 맞는 문항이다.

162 교통사고에 의한 사망사고의 정의에 대한 설명이다. 틀린 것은?

① 교통사고가 주된 원인이 되어 교통사고 발생 시부터 30일 이내에 사망한 사고를 말한다.
② 도로 교통법상 교통사고가 주된 원인이 되어 72시간 내 사망한 사고를 말한다.
③ 교통사고 발생 후 72시간 내 사망하면 벌점 90점 부과된다.
④ 자동차 본래의 목적이 아닌 작업 중 과실로 떨어져 피해자가 사망한 경우

⊙해설 ④의 경우는 사망사고 성립요건 운전자의 예외 규정에 해당한다.

163 교통사고의 도주(뺑소니)가 아닌 경우는?

① 피해자 사상사실을 인식하거나 예견됨에도 가버린 경우
② 사고 운전자를 바꿔치기 하여 신고한 경우와 사고 운전자가 연락처를 거짓으로 알려준 경우
③ 사고 장소가 혼잡 하여 불가피하게 일부 진행 후 정지 하고 되돌아와 조치한 경우
④ 자신의 의사를 제대로 표시하지 못하는 나이 어린 피해자가 "괜찮다."라고 하여 조치 없이 가버린 경우

⊙해설 ③의 문항은 도주(뺑소니)가 아니다. 외에 피해자를 사고현장에 방치한 채 가버린 경우, 현장에 도착한 경찰관에게 거짓으로 진술한 경우, 피해자가 이미 사망하였다고 사체안치 후송 조치 없이 가버린 경우, 피해자를 병원까지만 후송하고 계속 치료를 받을 수 있는 조치 없이 가버린 경우, 쌍방 업무상 과실이 있는 경우에 발생한 사고로 과실이 적은 차량이 도주한 경우가 있다.

164 신호 · 지시위반 사고 사례에 대한 설명으로 잘못된 것은?

① 신호가 변경되기 전에 출발하여 인적 피해를 야기한 경우
② 황색 주의 신호에 교차로에 진입하여 인적 피해를 야기한 경우
③ 신호내용을 위반하고 진행하여 인적피해를 야기한 경우
④ 황색 차량 신호에 진행하다 정지선과 횡단보도 사이에서 보행자를 충격한 경우

⊙해설 ④의 "황색 차량 신호"가 아닌, "적색 차량 신호"가 옳은 문항이다.

165 속도에 대한 정의로 잘못된 것은?

① 규제속도 : 법정속도(도로교통법에 따른 도로별 최고 · 최저속도)와 제한속도(시 · 도 경찰청장에 의한 지정속도)
② 설계속도 : 도로설계의 기초가 되는 자동차의 속도
③ 주행속도 : 정지시간을 포함한 실제 주행 거리의 평균 주행속도
④ 구간속도 : 정지시간을 포함한 주행거리의 평균 주행속도

⊙해설 ③의 "포함한"이 아닌, "제외한"이 옳은 문항이다.

166 철길건널목의 종류에 대한 설명이다. 틀린 것은?

① 제1종 건널목 : 차단기, 건널목경보기, 및 교통안전표지가 설치 되어 있는 경우
② 제2종 건널목 : 건널목경보기 및 교통안전표지가 설치되어 있는 경우
③ 제3종 건널목 :교통안전표지만 설치되어 있는 경우
④ 특종 건널목 : 건널목 차단기 등 모든 장치가 설치된 경우

⊙해설 특종 건널목이라는 종류는 존재하지 않는다.

167 다음 중 횡단보도 보행자에 해당하지 않는 사람은?

① 횡단보도를 걸어가는 사람
② 횡단보도에서 원동기장치자전거나 자전거를 끌고 가는 사람
③ 횡단보도 내에서 교통정리를 하고 있는 사람
④ 세발자전거 또는 손수레를 끌고 횡단보도를 건너는 사람

⊙해설 ③의 사람은 횡단보도 보행자에 해당하지 않는다. 외에 횡단보도에서 원동기장치자전거나 자전거를 타고 가다 이를 세우고 한발은 페달에 다른 한발은 지면에 서 있는 사람이 있다.

168 다음 중 술에 취한 상태의 혈중알코올농도의 규정은?

① 0.01% 이상　　② 0.02% 이상
③ 0.03% 이상　　④ 0.04% 이상

⊙해설 술에 취한 상태의 혈중알코올농도는 0.03% 이상으로 규정되어 있다.

169 다음 중 보도침범 · 보도횡단방법 위반 사고의 성립요건으로 잘못된 것은?

① 장소적 요건 : 보도와 차도가 구분된 도로에서 도로 내 사고
② 피해자 요건 : 보도 내에서 보행 중 사고
③ 운전자 과실 : 고의적 과실, 의도적 과실, 현저한 부주의
④ 시설물 설치요건 : 보도설치권한이 있는 행정관서에서 설치하여 관리하는 보도

⊙해설 ①의 문항 "도로 내"가 아닌, "보도 내"가 옳은 문항이다.

170 다음 중 교통사고 조사규칙에서 용어의 정의로 잘못된 것은?

① 대형사고 : 3명 이상이 사망(사고 발생일로부터 30일 내 사망)하거나 20명 이상의 사상자가 발생한 것
② 스키드 마크(Skid mark) : 차의 급제동으로 인하여 타이어의회전이 정지된 상태에서 노면에 미끄러져 생긴 타이어 마모흔적 또는 활주 흔적
③ 요마크(Yaw mark) : 급 핸들 등으로 인하여 차의 바퀴가 돌면서 차축과 평행하게 옆으로 미끄러진 마모흔적
④ 충돌 : 차가 정 방향 또는 측방에서 진입하여 그 차의 정면으로 다른 차의 정면 또는 측면을 충격한 것

⊙해설 ④의 문항 중 차의 정방향이 아닌, 차의 반대방향이다.

제1절 자동차 점검

01. 일상 점검

자동차를 운행하는 사람이 매일 자동차를 운행하기 전에 점검하는 것

① 점검 항목

점검 항목		점검 내용
엔진룸 내부	엔진	• 엔진 오일, 냉각수 • 브레이크 오일 • 배터리액 • 윈도 워셔액 • 팬벨트 장력
	변속기	• 변속기 오일 • 누유 여부
	기타	• 라디에이터 상태 • 엔진룸 오염 정도
자동차의 외관	완충 스프링	• 스프링 연결 부위의 손상 및 균열 여부
	타이어	• 타이어 공기압 • 타이어의 균열 및 마모 정도 • 타이어 홈 깊이 • 휠 볼트 및 너트의 조임 정도
	램프	• 라이트의 점등 상황
	등록번호판	• 번호판의 손상 및 식별 가능 여부
	배기가스	• 배기가스의 색깔
운전석	엔진	• 엔진의 시동 상태 • 이상 소리 확인
	브레이크 (풋브레이크/ 주차 브레이크)	• 브레이크 페달의 밟히는 정도 • 브레이크의 작동 상태 • 주차 브레이크의 작동 상태
	변속기	• 클러치의 자유 간극 적정 여부 • 변속 레버의 정상 조작 여부 • 변속 시 반발력 확인
	후사경	• 운전자 입장에서 시야 정상 확보 여부
	경음기	• 정상 작동 여부
	와이퍼	• 정상 작동 여부 • 워셔액 적정량
	각종 계기	• 오작동 신호 확인

02. 운행 전 자동차 점검

① 운전석에서 점검

① 연료 게이지량

② 브레이크 페달 유격 및 작동 상태

③ 룸미러 각도, 경음기 작동 상태, 계기 점등 상태

④ 와이퍼 작동 상태

⑤ 스티어링 휠(핸들) 및 운전석 조정

② 엔진 점검

① 엔진 오일의 적당량과 불순물의 존재 여부

② 냉각수의 적당량과 변색 유무

③ 각종 벨트의 장력 상태 및 손상의 여부

④ 배선의 정리, 손상, 합선 등의 누전 여부

③ 외관 점검

① 유리의 상태 및 손상 여부

② 차체의 손상과 후드(보닛)의 고정 상태

③ 타이어의 공기 압력, 마모 상태

④ 차체의 기울기 여부

⑤ 후사경의 위치 및 상태

⑥ 차체의 외관

⑦ 반사기 및 번호판의 오염 및 손상 여부

⑧ 휠 너트의 조임 상태

⑨ 파워스티어링 오일 및 브레이크 액의 적당량과 상태

⑩ 오일, 연료, 냉각수 등의 누출 여부

⑪ 연료탱크 캡의 잠금 상태

⑫ 각종 등화의 이상 유무

④ 경고등·표시등 확인 (※자동차에 따라 다를 수 있음)

명칭	경고등 및 표시등	내용
주행빔(상향등) 작동 표시등	▣▶	전조등이 주행빔(상향등)일 때 점등
안전벨트 미착용 경고등	🚶	시동키 「ON」 했을 때 안전벨트를 착용하지 않으면 경고등이 점등
연료잔량 경고등	⛽	연료의 잔류량이 적을 때 경고등이 점등
엔진오일 압력 경고등	OIL	엔진 오일이 부족하거나 유압이 낮아지면 경고등이 점등
ABS (Anti-Lock Braking System) 표시등	ASR ABS	– ABS는 각 브레이크 제동력을 전기적으로 제어하여 미끄러운 노면에서 타이어의 로크를 방지하는 장치 – ABS 경고등은 키 「ON」하면 약 3초간 점등된 후 소등되면 정상 – ASR은 한쪽 바퀴가 빙판 또는 진흙탕에 빠져 공회전하는 경우 공회전하는 바퀴에 일시적으로 제동력을 가해 회전수를 낮게 하고 출발이 용이하도록 하는 장치 – ASR 경고등은 차량 속도가 5~7 km/h에 도달하여 소등되면 정상
브레이크 에어 경고등	(!) BRAKE AIR	키가 「ON」 상태에서 AOH 브레이크 장착 차량의 에어탱크에 공기압이 4.5±0.5kg/㎠ 이하가 되면 점등

비상경고 표시등	⇦⇨	비상경고등 스위치를 누르면 점멸
배터리 충전 경고등	🔋	벨트가 끊어졌을 때나 충전장치가 고장났을 때 경고등이 점등
주차 브레이크 경고등	Ⓟ PARKING	주차 브레이크가 작동되어 있을 경우에 경고등이 점등
엔진 정비 지시등	CHECK ENGINE	– 키를 「ON」하면 약 2~3초간 점등된 후 소등 – 엔진의 전자 제어 장치나 배기가스 제어에 관계되는 각종 센서에 이상이 있을 때 점등
엔진 예열작동 표시등	∞	엔진 예열상태에서 점등되고 예열이 완료되면 소등
냉각수 경고등	WATER	냉각수가 규정 이하일 경우에 경고등 점등

03. 운행 중 점검

1 출발 전
① 배터리 출력 상태
② 계기 장치 이상 유무
③ 등화 장치 이상 유무
④ 시동 시 잡음 유무
⑤ 엔진 소리 상태
⑥ 클러치 정상 작동 여부
⑦ 액셀레이터 페달 상태
⑧ 브레이크 페달 상태
⑨ 기어 접속 이상 유무
⑩ 공기 압력 상태

2 운행 중
① 조향 장치 작동 상태
② 제동 장치 작동 상태
③ 차체 이상 진동 여부
④ 계기 장치 위치
⑤ 차체 이상 진동 여부
⑥ 이상 냄새 유무
⑦ 동력 전달 이상 유무

04. 운행 후 자동차 점검

1 외관 점검
① 차체의 굴곡이나 손상 여부
② 타이어 공기압 차이로 인한 기울어짐 여부
③ 보닛의 고리 빠짐 여부
④ 주차 후 바닥에 오일 및 냉각수 누출 여부

2 짧은 점검 주기가 필요한 주행 조건
① 짧은 거리를 반복해서 주행
② 모래, 먼지가 많은 지역 주행
③ 과도한 공회전
④ 33℃ 이상의 온도에서 교통 체증이 심한 도로를 절반 이상 주행
⑤ 험한 상태의 길(비포장도로 등) 주행 빈도가 높은 경우
⑥ 산길, 오르막길, 내리막길의 주행 횟수가 많은 경우
⑦ 고속 주행(약 180km/h)의 빈도가 높은 경우
⑧ 해변, 부식 물질이 있는 지역 및 한랭 지역을 주행한 경우

제2절 주행 전·후 안전 수칙

01. 주행 전 안전 수칙
① 짧은 거리의 주행이라도 안전벨트를 착용한다.
② 안전운전을 위한 청결 유지한다.
③ 올바른 운전 자세
④ 핸들, 후사경, 룸 미러 등을 확인한다.
⑤ 주행 전 건강을 확인한다.

혈중알코올농도에 따른 행동적 증후

마신 양	혈중알코올 농도(%)	취한 상태	취하는 기간 구분
2잔 이하	0.02~0.04	기분이 상쾌해짐, 피부가 빨갛게 됨, 쾌활해짐, 판단력이 조금 흐려짐	초기
3~5잔	0.05~0.10	얼큰히 취한 기분, 압박에서 탈피하여 정신이완, 체온상승, 맥박이 빨라짐	중기, 손상 가능기
6~7잔	0.11~0.15	마음이 관대해짐, 상당히 큰소리를 냄, 화를 자주 냄, 서면 휘청거림	완취기
8~14잔	0.16~0.30	갈지자걸음, 같은 말을 반복해서 함, 호흡이 빨라짐, 매스꺼움을 느낌	구토, 만취기
15~20잔	0.31~0.40	똑바로 서지 못함, 같은 말을 반복해서 함, 말할 때 갈피를 잡지 못함	혼수상태
21잔 이상	0.41~0.50	흔들어도 일어나지 않음, 대소변을 무의식중에 함, 호흡을 천천히 깊게 함	사망 가능

※65kg의 건강한 성인남성 기준, 맥주의 경우 캔을 기준으로 함

⑥ 일상 점검을 생활화한다.
⑦ 화재위험물질을 방치하지 않는다.

02. 주행 중 안전 수칙
① 핸드폰 사용을 금지한다.
② 주행 중에는 엔진을 정지하지 않는다.
③ 창문 밖으로 신체의 일부를 내밀지 않는다.
④ 문을 연 상태로 운행하지 않는다.
⑤ 높이 제한이 있는 도로에서는 차의 높이에 주의한다.
⑥ 음주 및 과로한 상태에서는 운행하지 않는다.

03. 주행 후 안전 수칙
① 주행 종료 후에도 긴장을 늦추지 않는다.
② 주행 종료 후 주차 시 가능한 편평한 곳에 주차하고 경사가 있는 곳에 주차할 경우 변속 기어를 "P"에 놓고 주차 브레이크를 작동시키고 바퀴를 좌·우측 방향으로 조향 핸들을 작동시킨다.
③ 차량 관리를 위해 습기가 많고 통풍이 잘되지 않는 차고에는 주차하지 않는 것이 바람직하다.
④ 휴식을 위해 장시간 주·정차 시 반드시 시동을 끈다.
⑤ 휴식을 위해 장시간 주·정차 시 반드시 창문을 열어 놓는다.

제3절 자동차 관리 요령

01. 세차

1 시기
① 겨울철에 동결 방지제가 뿌려진 도로를 주행하였을 경우
② 해안 지대를 주행하였을 경우
③ 진흙 및 먼지 등으로 심하게 오염되었을 경우
④ 옥외에서 장시간 주차하였을 경우
⑤ 새의 배설물, 벌레 등이 붙어 도장의 손상이 의심되는 경우
⑥ 아스팔트 공사 도로를 주행하였을 경우

2 주의 사항
① 겨울철에 세차하는 경우에는 물기를 완전히 제거한다.
② 기름 또는 왁스가 묻어 있는 걸레로 전면 유리를 닦지 않는다.
③ 세차할 때 엔진룸은 에어를 이용하여 세척한다.

❸ 외장 손질
① 차량 표면에 녹이 발생하거나, 부식되는 것을 방지하도록 깨끗이 세척한다.
② 차량의 도장보호를 위해 오염 물질들이 퇴적되지 않도록 깨끗이 제거한다.
③ 자동차의 오염이 심할 경우 **자동차 전용 세척제를 사용**하여 고무 제품의 변색을 예방한다.
④ 범퍼나 차량 외부를 세차 시 부드러운 브러시나 스펀지를 사용하여 닦아낸다.
⑤ 차량 외부의 합성수지 부품에 엔진 오일, 방향제 등이 묻으면 즉시 깨끗이 닦아낸다.
⑥ 차체의 먼지나 오물은 도장 보호를 위해 마른 걸레로 닦아내지 않는다.

❹ 내장 손질
① 차량 내장을 아세톤, 에나멜 및 표백제 등으로 세척할 경우 **변색 및 손상**이 발생할 수 있다.
② 액상 방향제가 유출되어 계기판이나 인스트루먼트 패널 및 공기 통풍구에 묻으면 **방향제의 고유 성분으로 인해 손상**될 수 있다.
③ 실내등 청소시 **전원을 끄고** 청소를 실시한다.

❺ 타이어마모에 영향을 주는 요소
① 타이어 공기압 : 타이어의 공기압이 낮으면 승차감은 좋아지나, 타이어 숄더 부분에 마찰력이 집중되어 타이어 수명이 짧아지게 된다. 타이어의 공기압이 높으면 승차감이 나빠지며, 트레드 중앙부분의 마모가 촉진 된다.
② 차의 하중 : 타이어에 걸리는 차의 하중이 커지면 공기압이 부족한 것처럼 타이어는 크게 굴곡되어 타이어의 마모를 촉진하게 된다. 타이어에 걸리는 차의 하중이 커지면 마찰력과 발열량이 증가하여 타이어의 내마모성(耐磨耗性)을 저하시키게 된다.
③ 차의 속도 : 타이어가 노면과의 사이에서 발생 하는 마찰력은 타이어의 마모를 촉진시킨다. 속도가 증가하면 타이어의 내부온도도 상승하여 트레드 고무의 내마모성이 저하된다.
④ 커브(도로의 굽은 부분) : 차가 커브를 돌 때에는 관성에 의한 원심력과 타이어의 구동력 간의 마찰력 차이에 의해 미끄러짐 현상이 발생하면 타이어 마모를 촉진하게 된다. 커브의 구부러진 상태나 커브구간이 반복될수록 타이어 마모는 촉진된다.
⑤ 브레이크 : 고속주행 중에 급제동한 경우는 저속주행 중에 급제동한 경우보다 타이어 마모는 증가한다. 브레이크를 밟는 횟수가 많으면 많을수록 또는 브레이크를 밟기 직전의 속도가 빠르면 빠를수록 타이어의 마모량은 커진다.
⑥ 노면 : 포장도로는 비포장도로를 주행하였을 때보다 타이어 마모를 줄일 수 있다. 콘크리트 포장도로는 아스팔트 포장도로보다 타이어 마모가 더 발생한다.
⑦ 기타
　　㉠ 정비불량 : 타이어 휠의 정렬 불량이나 차량의 서스펜션 불량 등은 타이어의 자연스런 회전을 방해하여 타이어 이상마모 등의 원인이 된다.
　　㉡ 기온 : 기온이 올라가는 여름철은 타이어 마모가 촉진되는 경향이 있다.
　　㉢ 운전자의 운전습관, 타이어의 트레드 패턴 등도 타이어 마모에 영향을 미친다.

제4절　LPG 자동차

01. LPG 성분의 일반적 특성
① 주성분은 부탄과 프로판의 혼합체
② 감압 또는 가열 시 쉽게 기화되며 발화하기 쉬우므로 취급 주의
③ 원래 무색무취의 가스이나 가스누출 시 위험을 감지할 수 있도록 부취제가 첨가 됨
④ 과충전 방지 장치가 내장돼 있어 85% 이상 충전되지 않으나 약 80%가 적정

02. LPG 자동차의 장단점

❶ LPG 자동차의 장점
① 연료비가 적게 들어 경제적
② 유해 배출 가스량이 적음
③ 연료의 옥탄가가 높아 노킹 현상이 거의 발생하지 않음
④ 가솔린 자동차에 비해 엔진 소음이 적음
⑤ 엔진 관련 부품의 수명이 상대적으로 길어 경제적

❷ LPG 자동차의 단점
① LPG 충전소가 적어 연료 충전이 불편
② 겨울철에 시동이 잘 걸리지 않음
③ 가스 누출 시 가스가 잔류하여 점화원에 의해 폭발의 위험성이 있음

❸ LPG 연료탱크의 구성
① 충전 밸브(녹색)
　　㉠ LPG 연료 충전 시에 사용되며, 과충전 방지 밸브와 일체형으로 구성되어 있다.
　　㉡ 연료가 과충전 되는 것을 방지하는 기능을 한다.
② 연료 차단 밸브(적색)
　　㉠ 연료를 수동으로 강제 차단하는 밸브이다.
　　㉡ 정비 시나 비상시에 차단하여야 한다.

❹ LPG 차량 관리 요령
① 엔진 시동 전 점검 사항
　　㉠ LPG 탱크 밸브(적색, 녹색)의 열림 상태 점검
　　㉡ LPG 탱크 고정 벨트의 풀림 여부 점검
　　㉢ 연료 파이프의 **연결 상태 및 연료 누기 여부** 점검
　　㉣ 가스 누출 시, 화기를 멀리하고 모든 **창문을 개방** 후 전문 정비 업체에 연락하여 조치
　　㉤ 엔진에서 베이퍼라이저로 가는 냉각수 **호스 연결 상태 및 누수 여부** 점검
　　㉥ 냉각수 적정 여부를 점검
② 주행 중 준수사항
　　㉠ 주행 중에는 LPG 스위치에 손을 대지 않는다. LPG 스위치가 꺼졌을 시 엔진이 정지되어 안전 운전에 지장을 초래할 수 있다.
　　㉡ LPG 용기의 구조상 급가속, 급제동, 급선회 및 경사로를 지속 주행할 시 경고등이 점등될 우려가 있으나 **이상 현상은 아니다.**
　　㉢ 주행 상태에서 **계속 경고등이 점등**되면 바로 **연료를 충전**한다.
③ 주차 시 준수 사항
　　㉠ 지하 주차장이나 밀폐된 장소 등에 장시간 주차하지 말아야 하고 장시간 주차 시 **연료 충전 밸브(녹색)**를 잠가야 한다.
　　㉡ 연료 출구 밸브(적색, 황색)를 시계 방향으로 돌려 잠근다.
　　㉢ 가급적 환기가 잘되는 건물 내 또는 지하 주차장에 주차 하거나 옥외 주차 시에는 엔진 룸의 위치가 건물 벽을 향하도록 주차한다.

④ LPG 충전 방법

ㄱ 연료를 충전하기 전에 반드시 시동을 끈다.

ㄴ 출구 밸브 핸들(적색)을 잠근 후, 충전 밸브 핸들(녹색)을 연다.

ㄷ LPG 주입 뚜껑을 열어, LPG 충전량이 85%를 초과하지 않도록 충전한다.

ㄹ 주입이 끝난 다음 LPG 주입 뚜껑을 닫는다.

ㅁ 밀폐된 공간에서는 충전하지 않는다.

⑤ 가스 누출 시 응급조치

ㄱ 엔진을 정지시킨다.

ㄴ LPG 스위치를 끈다.

ㄷ LPG 탱크의 모든 밸브(적색, 황색, 녹색)를 잠근다.

ㄹ 필요한 정비를 한다.

ㅁ 비눗물로 누출 여부를 확인한다.

ㅂ 누출량이 많은 부위는 하얗게 서리 현상이 발생하는데, 절대 손대지 않는다. (동상 위험)

5 LPG 충전 방법

① 연료를 충전하기 전에 반드시 시동을 끈다.

② 연료 주입구 도어를 연다. 차량의 잠금을 해제한 후 연료 주입구 도어의 뒤쪽 끝부분을 눌렀다 놓으면 도어가 열린다.

③ 결빙 등으로 인해 도어가 열리지 않을 경우, 연료 주입구 도어를 손으로 몇 번 가볍게 두드리면 열린다.

④ 외기 온도의 상승으로 인해 연료 탱크 내의 압력이 상승할 수 있어 LPG 충전량이 85%를 초과하지 않도록 충전하여야 한다.

⑤ 연료 주입구 도어를 닫은 뒤 확인한다.

6 주차 요령(겨울철)

① 가급적 건물 내 또는 주차장에 주차하는 것이 바람직하나 부득이 옥외에 주차하게 될 경우에는 엔진 위치가 건물 벽 방향으로 향하도록 주차한다.

② 차량 앞쪽을 해가 뜨는 방향으로 주차해놓음으로써 태양열의 도움을 받을 수 있도록 하는 것이 시동성 향상에 도움이 된다.)

제5절 운행 시 자동차 조작 요령

01. 브레이크 조작 방법

① 풋 브레이크를 약 2~3회에 걸쳐 밟게 되면 안정적 제동이 가능하고, 뒤따라오는 차량에게 안전 조치를 취할 수 있는 시간이 생겨 후미 추돌을 방지할 수 있다.

② 길이가 긴 내리막 도로에서는 저단 기어로 변속하여 엔진 브레이크가 작동되게 한다.

③ 주행 중에는 핸들을 안정적으로 잡고 변속 기어가 들어가 있는 상태에서 제동한다.

④ 내리막길에서 운행할 때 연료 절약 등을 위해 기어를 중립에 두고 운행하지 않는다.

🚘 내리막길에서 브레이크 고장 시 대처 요령

ㄱ 속도가 30km 이하가 되었을 때, 주차 브레이크를 서서히 당긴다.

ㄴ 변속 장치를 저단으로 변속하여 엔진 브레이크를 활용한다.

ㄷ 풋 브레이크만 과도하게 사용하면 브레이크 이상 현상이 발생하니 주의한다.

ㄹ 최악의 경우는 피해를 최소화하기 위해 수풀이나 산의 사면으로 핸들을 돌린다.

02. ABS (Anti-lock Braking System) 조작

① 급제동할 때 ABS가 정상적으로 작동하기 위해서는 브레이크 페달을 차량이 완전히 정지할 때까지 힘껏 밟고 있어야 한다.

② ABS 차량이라도 옆으로 미끄러지는 위험은 방지할 수 없으며, 자갈길이나 평평하지 않은 도로 등 접지면이 부족한 경우에는 일반 브레이크보다 제동 거리가 더 길어질 수 있다.

③ 키 스위치를 ON 했을 때 ABS가 정상일 경우 ABS 경고등은 3초 동안 점등(자가진단)된 후 소등된다. 만약 계속 점등된다면 점검이 필요하다.

03. 브레이크 이상 현상

1 베이퍼 록(Vaper Lock) 현상

긴 내리막길 운행 등에서 풋 브레이크를 과도하게 사용하였을 때 브레이크 디스크와 패드 간의 마찰열에 의해 연료 회로 또는 브레이크 장치 유압 회로 내에 브레이크액이 온도 상승으로 인해 기화되어 압력 전달이 원활하게 이루어지지 않아 제동 기능이 저하되는 현상이다. 베이퍼 록이 발생하면 브레이크 페달을 밟아도 스펀지를 밟는 것처럼 브레이크의 작용이 매우 둔해진다. 풋 브레이크 사용을 줄임과 동시에 엔진 브레이크를 사용하여 저단 기어를 유지하면 예방할 수 있다.

2 페이드(Fade) 현상

운행 중 계속해서 브레이크를 사용하면 온도 상승으로 인해 마찰열이 라이닝에 축적되어 브레이크의 제동력이 저하되는 현상이다. 일정시간 경과 후 온도가 내려가면 정상적으로 회복된다.

3 모닝 록(Morning Lock) 현상

장마철이나 습도가 높은 날, 장시간 주차 후 브레이크 드럼 등에 미세한 녹이 발생하여 브레이크 디스크와 패드 간의 마찰 계수가 높아지면 평소보다 브레이크가 민감하게 작동되는 현상이다. 출발 시 서행하면서 브레이크를 몇 차례 밟아주면 이 현상을 해소시킬 수 있다.

03. 차바퀴가 빠져 헛도는 경우

변속 레버를 전진과 후진 위치로 번갈아 두며 가속 페달을 부드럽게 밟으면서 탈출을 시도하고, 필요한 경우에는 납작한 돌, 나무 또는 바퀴의 미끄럼을 방지할 수 있는 물건을 타이어 밑에 놓은 다음 자동차를 앞뒤로 반복하여 움직이면서 탈출을 시도한다.

제2장 🚘 자동차 응급조치 요령

제1절 상황별 응급조치 요령

01. 저속 회전하면 엔진이 쉽게 꺼지는 상황

추정 원인	조치 사항
① 낮은 공회전 속도	ㄱ 공회전 속도 조절
② 에어 클리너 필터의 오염	ㄴ 에어 클리너 필터 청소 및 교환
③ 연료 필터의 막힘	ㄷ 연료 필터 교환
④ 비정상적인 밸브 간극	ㄹ 밸브 간극의 조정

02. 시동 모터가 작동되지 않거나 천천히 회전하는 상황

추정 원인	조치 사항
① 배터리의 방전	㉠ 배터리 충전 또는 교환
② 배터리 단자의 부식, 이완, 빠짐 현상	㉡ 배터리 단자의 이상 부분 처리 및 고정
③ 접지 케이블의 이완	㉢ 접지 케이블 고정
④ 너무 높은 엔진 오일의 점도	㉣ 적정 점도의 오일로 교환

03. 시동 모터가 작동되나 시동이 걸리지 않는 상황

추정 원인	조치 사항
① 연료 부족	㉠ 연료 보충 후 공기 배출
② 불충분한 예열 작동	㉡ 예열 시스템 점검
③ 연료 필터 막힘	㉢ 연료 필터 교환

04. 엔진이 과열된 상황

추정 원인	조치 사항
① 냉각수 부족 및 누수	㉠ 냉각수 보충 및 누수 부위 수리
② 느슨한 팬벨트의 장력(냉각수의 순환 불량)	㉡ 팬벨트 장력 조정
③ 냉각팬 작동 불량	㉢ 냉각팬, 전기배선 등의 수리
④ 라디에이터 캡의 불완전한 장착	㉣ 라디에이터 캡의 완전한 장착
⑤ 온도조절기(서모스탯) 작동 불량	㉤ 서모스탯 교환

05. 배기가스의 색이 검은 상황

추정 원인	조치 사항
① 에어 클리너 필터의 오염	㉠ 에어 클리너 필터 청소 또는 교환
② 비정상적인 밸브 간극	㉡ 밸브 간극 조정

색에 따른 배기가스 고장

㉠ 무색 혹은 엷은 청색 : 완전 연소
㉡ 검은색 : 불완전 연소, 초크 고장, 연료장치 고장 등
㉢ 백색 : 헤드 개스킷 손상, 피스톤 링 마모 등

06. 브레이크의 제동 효과가 나쁜 상황

추정 원인	조치 사항
① 과다한 공기압	㉠ 적정 공기압으로 조정
② 공기 누설	㉡ 브레이크 계통 점검 후 다시 조임
③ 라이닝의 간극 과다 또는 심한 마모	㉢ 라이닝 간극 조정 또는 교환
④ 심한 타이어 마모	㉣ 타이어 교환

07. 브레이크가 편제동되는 상황

추정 원인	조치 사항
① 서로 다른 좌·우 타이어 공기압	㉠ 적정 공기압으로 조정
② 타이어의 편마모	㉡ 편마모된 타이어 교환
③ 서로 다른 좌·우 라이닝 간극	㉢ 라이닝 간극 조정

08. 배터리가 자주 방전되는 상황

추정 원인	조치 사항
① 배터리 단자 벗겨짐, 풀림, 부식	㉠ 배터리 단자의 부식 부분 제거 및 조임
② 느슨한 팬벨트	㉡ 팬벨트 장력 조정
③ 배터리액 부족	㉢ 배터리액 보충
④ 배터리의 수명의 만료	㉣ 배터리 교환

09. 연료 소비량이 많은 상황

추정 원인	조치 사항
① 연료 누출	㉠ 연료 계통 점검 및 누출 부위 정비
② 타이어 공기압 부족	㉡ 적정 공기압으로 조정
③ 클러치의 미끄러짐	㉢ 클러치 간극 조정 및 클러치 디스크 교환
④ 제동 상태에 있는 브레이크	㉣ 브레이크 라이닝 간극 조정

제2절   장치별 응급조치 요령

01. 타이어 펑크 조치 사항

① 핸들이 돌아가지 않도록 견고하게 잡고, 비상 경고등 작동
② 가속 페달에서 발을 떼어 속도를 서서히 감속시키면서 길 가장자리로 이동
③ 브레이크를 밟아 차를 도로 옆 평탄하고 안전한 장소에 주차 후 주차 브레이크 당기기
④ 후방에서 접근하는 차량들이 확인할 수 있도록 고장 자동차 표지 설치
⑤ 밤에는 사방 500m 지점에서 식별 가능한 적색 섬광 신호, 전기제등 또는 불꽃 신호 추가 설치
⑥ 잭으로 차체를 들어 올릴 시 교환할 타이어의 대각선 쪽 타이어에 고임목 설치

02. 잭 사용 시 주의 사항

① 잭 사용 시 평탄하고 안전한 장소에서 사용
② 잭 사용 시 시동 걸면 위험
③ 잭으로 차량을 올린 상태일 때 차량 하부로 들어가면 위험
④ 잭 사용 시 후륜의 경우에는 리어 액슬 아랫부분에 설치

제3장   자동차의 구조 및 특성

제1절   동력 전달 장치

동력 발생 장치(엔진)는 자동차의 주행과 주행에 필요한 보조 장치들을 작동시키기 위한 동력을 발생시키는 장치이며, 동력 전달 장치는 동력 발생 장치에서 발생한 동력을 주행 상황에 맞는 적절한 상태로 변화를 주어 바퀴에 전달하는 장치

01. 클러치

1 클러치의 필요성

기어를 변속할 때 엔진의 동력을 변속기에 전달하거나 일시 차단한다.

2 클러치가 미끄러지는 경우

① 미끄러지는 원인
   ㉠ 클러치 페달의 자유간극(유격)이 없다.
   ㉡ 클러치 디스크의 마멸이 심하다.
   ㉢ 클러치 디스크에 오일이 묻어 있다.
   ㉣ 클러치 스프링의 장력이 약하다.

② 영향
  ㉠ 연료 소비량이 증가한다.
  ㉡ 엔진이 과열한다.
  ㉢ 등판 능력이 감소한다.
  ㉣ 구동력이 감소하여 출발이 어렵고, 증속이 잘 되지 않는다.

❸ 클러치 차단이 잘 안되는 원인
  ① 클러치 페달의 자유간극이 크다.
  ② 릴리스 베어링이 손상되었거나 파손되었다.
  ③ 클러치 디스크의 흔들림이 크다.
  ④ 유압 장치에 공기가 혼입되었다.
  ⑤ 클러치 구성 부품이 심하게 마멸되었다.

02. 변속기

❶ 수동 변속기
변속기는 도로의 상태, 주행속도, 적재 하중 등에 따라 변하는 구동력에 대응하기 위해 엔진과 추진축 사이에 설치되어 **엔진의 출력을** 자동차 주행 속도에 알맞게 회전력과 속도로 바꾸어서 구동 바퀴에 전달하는 장치
  ① 엔진과 차축 사이에서 **회전력을 변환**시켜 전달해준다.
  ② 엔진을 시동할 때 엔진을 무부하 상태로 만들어준다.
  ③ 자동차를 후진시키기 위하여 필요하다.

❷ 자동 변속기
자동 변속기란 클러치와 변속기의 작동이 **자동차의 주행 속도나 부하**에 따라 자동적으로 이루어지는 장치를 말하며, 수동 변속기와 비교하였을 때에 장·단점은 다음과 같다.
  ① 장점
    ㉠ 기어 변속이 **자동**으로 이루어져 운전이 편리하다.
    ㉡ 발진과 가속·감속이 원활하여 승차감이 좋다.
    ㉢ 조작 미숙으로 인한 **시동 꺼짐이 없다.**
    ㉣ 충격이나 진동이 적다.
  ② 단점
    ㉠ 구조가 복잡하고 가격이 **비싸다.**
    ㉡ 차를 밀거나 끌어서 시동을 걸 수 없다.
    ㉢ 연료 소비율이 약 10% 정도 많아진다.

〈참고〉 자동변속기의 오일 색깔
㉠ 정상 : 투명도가 높은 붉은 색
㉡ 갈색 : 가혹한 상태에서 사용되거나, 장시간 사용한 경우
㉢ 투명도가 없어지고 검은 색을 띨 때 : 자동변속기 내부의 클러치 디스크의 마멸분말에 의한 오손, 기어가 마멸된 경우
㉣ 니스 모양으로 된 경우 : 오일이 매우 높은 고온에 노출된 경우
㉤ 백색 : 오일에 수분이 다량으로 유입된 경우

03. 타이어

❶ 주요 역할
  ① 자동차의 하중을 지탱
  ② 엔진의 **구동력** 및 브레이크의 **제동력**을 노면에 전달
  ③ 노면으로부터 전달되는 **충격을 완화**
  ④ 자동차의 진행 방향을 전환 또는 유지

❷ 타이어의 종류
  ① 튜브리스 타이어
    ㉠ 튜브 타이어에 비해 공기압을 유지하는 성능이 우수
    ㉡ 못에 찔려도 공기가 급격히 새지 않음
    ㉢ 주행 중 발생하는 **열의 발산이 좋아** 발열이 적음

    ㉣ 튜브로 인한 고장이 없음
    ㉤ 펑크 수리가 간단하고, 작업 능률이 향상됨
    ㉥ 림이 변형되면 타이어와의 밀착 불량으로 공기가 새기 쉬워짐
    ㉦ 유리 조각 등에 의해 손상되면 수리가 곤란
  ② 바이어스 타이어
    ㉠ 오랜 연구 기간의 연구 성과로 인해 전반적으로 안정된 성능을 발휘
    ㉡ 현재는 타이어의 주류에서 서서히 레디얼 타이어에게 물려주고 있다.
  ③ 레디얼 타이어
    ㉠ 접지 면적이 큼
    ㉡ 타이어 수명이 김
    ㉢ 하중에 의한 변형이 적음
    ㉣ 회전할 때 구심력이 좋음
    ㉤ 스탠딩 웨이브 현상이 잘 일어나지 않음
    ㉥ 고속 주행 시 안정성이 큼
    ㉦ 충격 흡수의 강도가 적어 승차감이 좋지 않음
    ㉧ 저속 주행 시 조향 핸들이 다소 무거움
  ④ 스노 타이어
    ㉠ 눈길 미끄러짐을 막기 위한 타이어로, 바퀴가 고정되면 제동 거리가 길어짐
    ㉡ 견인력 감소를 막기 위해 천천히 출발해야 함
    ㉢ 구동 바퀴에 걸리는 하중을 크게 해야 함
    ㉣ 트레드 부위가 50% 이상 마멸되면 제 기능을 발휘하지 못함

04. 주행 시 타이어의 이상 현상

❶ 스탠딩 웨이브(Standing Wave)
주행 시 변형과 복원을 반복하는 타이어가 고속 회전으로 인해 속도가 올라가면 변형된 접지부가 복원되기 전에 다시 접지하게 된다. 이때 접지한 곳 뒷부분에서 진동의 물결이 발생하게 된다. 이를 스탠딩 웨이브라 하며 원인은 다음과 같다.
  ① 타이어의 공기압 부족
  ② 고속으로 2시간 이상 주행 시 타이어에 축적된 열

❷ 수막현상(Hydroplaning)
물이 고인 노면을 고속으로 주행할 때 타이어의 요철용 무늬 사이에 있는 물이 빠지지 않아 발생하는 물의 저항에 의해 노면으로부터 떠올라 물위를 미끄러지게 되는 현상이다. 80km/h이상으로 주행 시 **부분 수막현상**이, 100km/h로 주행할 경우 수막현상이 일어난다. 방지책은 다음과 같다.
  ① 저속 주행
  ② 마모된 타이어 사용 금지
  ③ 공기압을 조금 높임
  ④ 배수 효과가 좋은 타이어 (리브형)를 사용

제2절 ┃ 현가장치

01. 현가장치
주행 중 노면으로부터 발생하는 진동이나 충격을 완화시켜 자동차를 보호하고 화물의 손상 방지와 승차감, 자동차의 주행 안전성을 향상시키는 역할을 담당

02. 주요 기능

① 적정한 자동차의 높이를 유지
② 상·하 방향이 유연하여 차체가 노면에서 받는 충격을 완화
③ 올바른 휠 밸런스 유지
④ 차체의 무게를 지탱
⑤ 타이어의 접지 상태를 유지
⑥ 주행 방향을 일부 조정

03. 구성

1 스프링

차체와 차축 사이에 설치되어 주행 중 노면에서의 충격이나 진동이 차체에 전달되지 않도록 보호함

① 판 스프링
  : 적당히 구부린 띠 모양의 스프링 강을 몇 장 겹친 뒤, 그 중심에서 볼트로 조인 것
  ㉠ 버스나 화물차에 사용
  ㉡ 스프링 자체의 강성으로 차축을 정해진 위치에 지지할 수 있어 구조가 간단
  ㉢ 판간 마찰에 의한 진동 억제 작용이 큼
  ㉣ 내구성이 큼
  ㉤ 판간 마찰이 있어 작은 진동의 흡수는 곤란

② 코일 스프링
  : 스프링 강을 코일 모양으로 감아서 제작한 것
  ㉠ 외부의 힘을 받으면 비틀어짐
  ㉡ 판간 마찰이 없어 진동의 감쇠 작용이 불가
  ㉢ 옆 방향 작용력에 대한 저항력 없음
  ㉣ 차축을 지지할 시, 링크 기구나 쇽업소버를 필요로 하고 구조가 복잡
  ㉤ 단위 중량당 에너지 흡수율이 판 스프링 보다 크고 유연
  ㉥ 승용차에 많이 사용

③ 토션바 스프링
  : 비틀었을 때 탄성에 의해 원위치하려는 성질을 이용한 스프링 강 막대
  ㉠ 스프링의 힘은 바의 길이와 단면적에 따라 달라짐
  ㉡ 코일 스프링과 같이 진동의 감쇠 작용이 없어 쇽업소버를 병용
  ㉢ 구조가 간단

④ 공기 스프링
  : 공기의 탄성을 이용한 것
  ㉠ 다른 스프링에 비해 유연한 탄성을 얻을 수 있음
  ㉡ 노면으로부터 작은 진동도 흡수 가능
  ㉢ 우수한 승차감
  ㉣ 장거리 주행 자동차 및 대형 버스에 사용
  ㉤ 무게 증감에 관계없이 차체의 높이를 일정하게 유지 가능
  ㉥ 스프링의 세기가 하중과 거의 비례해서 변화
  ㉦ 구조가 복잡하고 제작비 소요가 큼

2 쇽업소버

스프링 진동을 감압시켜 진폭을 줄이는 기능

① 노면에서 발생한 스프링의 진동을 빨리 흡수하여 승차감을 향상시킴
② 스프링의 피로를 줄이기 위해 설치하는 장치
② 움직임을 멈추지 않는 스프링에 역방향으로 힘을 발생시켜 진동 흡수를 앞당김

③ 스프링의 상·하 운동 에너지를 열에너지로 변환시킴
④ 진동 감쇠력이 좋아야 함

3 스태빌라이저

좌·우 바퀴가 동시에 상·하 운동을 할 때는 작용하지 않으나 서로 다르게 상·하 운동을 할 때는 작용하여 차체의 기울기를 감소시켜 주는 장치

① 커브 길에서 원심력 때문에 차체가 기울어지는 것을 감소시켜 차체가 롤링(좌·우 진동)하는 것을 방지
② 토션바의 일종으로 양끝이 좌·우의 로어 컨트롤 암에 연결되며 가운데는 차체에 설치됨

제3절 ⟍ 조향장치

01. 조향장치

조향장치는 자동차의 진행 방향을 운전자가 의도하는 바에 따라 임의로 조작할 수 있는 장치로 앞바퀴의 방향을 바꿀 수 있도록 되어 있다.

02. 고장 원인

1 조향 핸들이 무거운 원인

① 타이어 공기압의 부족
② 조향 기어의 톱니바퀴 마모
③ 조향 기어 박스 내의 오일 부족
④ 앞바퀴의 정렬 상태 불량
⑤ 타이어의 마멸 과다

2 조향 핸들이 한 쪽으로 쏠리는 원인

① 타이어의 공기압 불균일
② 앞바퀴의 정렬 상태 불량
③ 쇽업소버의 작동 상태 불량
④ 허브 베어링의 마멸 과다

03. 동력조향장치

앞바퀴의 접지 압력과 면적이 증가하여 신속한 조향이 어렵게 됨에 따라 가볍고 원활한 조향 조작을 위해 엔진의 동력으로 오일펌프를 구동시켜 발생한 유압을 이용해 조향 핸들의 조작력을 경감시키는 장치

1 장점

① 조향 조작력이 작아도 됨
② 노면에서 발생한 충격 및 진동을 흡수
③ 앞바퀴가 좌·우로 흔들리는 현상을 방지
④ 조향 조작이 신속하고 경쾌
⑤ 앞바퀴의 펑크 시, 조향 핸들이 갑자기 꺾이지 않아 위험도가 낮음

2 단점

① 기계식에 비해 구조가 복잡하고 비쌈
② 고장이 발생한 경우 정비가 어려움
③ 오일펌프 구동에 엔진의 출력이 일부 소비됨

04. 휠 얼라인먼트

자동차의 앞바퀴는 어떤 기하학적인 각도 관계를 가지고 설치되어 있는데 충격이나 사고, 부품 마모, 하체 부품의 교환 등에 따라 이들 각도가 변화하게 되고 결국 문제를 야기한다. 이러한 각도를 수정하는 일련의 작업을 휠 얼라인먼트 (차륜 정렬)라 한다.

1 역할
① 캐스터의 작용 : 조향 핸들의 조작을 확실하게 하고 안전성 부여
② 캐스터와 조향축(킹핀) 경사각의 작용 : 조향 핸들에 복원성을 부여
③ 캠버와 조향축(킹핀) 경사각의 작용 : 조향 핸들의 조작을 가볍게 해줌
④ 토인의 작용 : 타이어 마멸을 최소로 해줌

2 필요한 시기
① 자동차 하체가 충격을 받았거나 사고가 발생한 경우
② 타이어를 교환한 경우
③ 핸들의 중심이 어긋난 경우
④ 타이어 편마모가 발생한 경우
⑤ 자동차가 한 쪽으로 쏠림 현상이 발생한 경우
⑥ 자동차에서 롤링 (좌 · 우 진동)이 발생한 경우
⑦ 핸들이나 자동차의 떨림이 발생한 경우

3 캠버(Camber)
① 앞에서 보았을 때 앞바퀴가 수직선에 대해 어떤 각도를 두고 설치되어 있는 것
② 조향 핸들 조작을 가볍게 하고, 수직 방향 하중에 의한 앞 차축의 휨 방지하고, 부의 캠버를 방지
③ 캠버가 틀어지는 경우는 전면 추돌사고 시나 오래된 자동차로 현가장치의 구조 장치가 마모된 경우

> ### 🔧 캠버
> • 정의 캠버 : 바퀴의 윗부분이 바깥쪽으로 기울어진 상태
> • 0의 캠버 : 바퀴의 중심선이 수직일 때
> • 부의 캠버 : 바퀴의 윗부분이 안쪽으로 기울어진 상태

4 캐스터(Caster)
① 앞바퀴를 옆에서 보았을 때 조향축(킹핀)이 수직선과 어떤 각도를 두고 설치되어 있는 것
② 주행 중 조향 바퀴에 방향성 부여
③ 조향하였을 때 직진 방향으로의 복원력 부여

> ### 🔧 캐스터
> • 정의 캐스터 : 조향축 윗부분이 자동차의 뒤쪽으로 기울어진 상태
> • 0의 캐스터 : 조향축의 중심선이 수직선과 일치된 상태
> • 부의 캐스터 : 조향축의 윗부분이 앞쪽으로 기울어진 상태

5 토인(Toe-in)
① 앞바퀴를 위에서 내려다봤을 때 양쪽 바퀴의 중심선 사이 거리가 뒤쪽보다 앞쪽이 약간 작게 돼 있는 것
② 앞바퀴의 옆 방향 미끄러짐 방지
③ 타이어의 마멸 방지

6 조향축(킹핀) 경사각
① 앞에서 보았을 때 조향축이 수직선과 이루는 각도
② 조향핸들의 조작을 가볍게 함
③ 앞바퀴에 복원성 부여
④ 앞바퀴의 시미 현상(바퀴가 좌 · 우로 흔들리는 현상) 방지

제4절 | 제동 장치

01. 개요
제동 장치는 주행 자동차를 감속 또는 정지시키고 동시에 주차 상태를 유지하기 위해 사용하는 자동차 구조 장치, 일반적으로 마찰력을 이용하여 자동차의 운동에너지를 열에너지로 바꾸어 제동 작용을 하는 마찰식 브레이크가 사용

02. 제동장치의 구분02.
① 유압 배력식 제동장치 : 파스칼의 원리를 응용한 것. 브레이크 페달을 밟으면 유압이 발생하는 마스터 실린더와 그 유압을 받아 브레이크 슈(Shoe)를 드럼에 밀어 붙여 제동력을 발생하게 하는 휠 실린더, 브레이크 파이프 및 호스 등으로 구성
② 마스터 실린더 (master cyclinder) : 페달을 밟으면 필요한 유압을 발생하는 부분, 자동차 안전기준에 의해 앞 뒤 어느 한쪽의 유압계통에 브레이크액이 새어도 남은 한쪽을 안전하게 작동시킬 수 있도록 되어 있는 탠덤(Tandem) 마스터 실린더가 사용
③ 휠실린더 (wheel cylinder) : 드럼식 브레이크인 경우 실린더의 유압을 받아 두 개의 피스톤이 바깥쪽으로 팽창, 피스톤의 팽창에 따라 브레이크 슈가 드럼을 제동. 피스톤, 피스톤 컵 및 푸시로드로 구성
④ 디스크 브레이크(disk brake) : 캘리퍼형 디스크 브레이크(disk brake)인 경우 유압을 받은 피스톤은 안쪽으로 작동하여 브레이크 패드(Pad)가 회전하는 디스크를 제동
⑤ 드럼식 브레이크 종류 및 구조 : 휠 실린더의 유압을 받은 브레이크 슈(라이닝)가 바깥쪽으로 벌어져 회전하는 드럼을 제동

03. ABS(Anti-lock braking System)

1 ABS(Anti-lock braking System)
'기계'와 '노면의 환경'에 따른 제동 시 바퀴의 잠김 순간을 컴퓨터로 제어해 1초에 10여 차례 이상, 브레이크 유압을 통해 바퀴가 잠기기 직전 풀고 잠그고를 반복하는 기능으로, 차량 급제동 시 차체는 주행함에도 바퀴가 잠기는 상태를 방지하는 시스템

2 특징
① 바퀴의 미끄러짐이 없는 제동 효과를 얻을 수 있음
② 자동차의 방향 안정성, 조종 성능을 확보해 줌
③ 앞바퀴의 고착에 의한 조향 능력 상실 방지
④ 노면이 비에 젖더라도 우수한 제동 효과를 얻을 수 있음

제4장 🎖 자동차 검사 및 보험

제1절 | 자동차 검사

01. 자동차 종합 검사

1 개념
자동차 종합 검사란 배출 가스 검사와 안전도 검사를 받는 것을 의미하며, 자동차 정기 검사와 배출 가스 정밀 검사 또는 특정경유자동차 배출 가스 검사의 검사 항목을 하나의 검사로 통합하고 검사 시기를 자동차 정기 검사 시기와 통합하여 한 번의 검사로 모든 검사가 완료되도록 함으로써 자동차 검사로 인한 국민의 불편을 최소화하고 편익을 도모하기 위해 시행하는 제도이다.

2 자동차 관리법
대기환경보전법에 따른 운행 차 배출 가스 정밀 검사 시행 지역에 등록한 자동차 소유자 및 특정경유자동차 소유자는 정기 검사와 배출 가스 정밀 검사 또는 특정경유자동차 배출 가스 검사를 통합하여 국토교통부장관과 환경부장관이 공동으로 다음 각 호에 대하여 실시하는 자동차

종합 검사를 받아야 한다. 종합 검사를 받은 경우에는 정기 검사, 정밀 검사 및 특정경유자동차 검사를 받은 것으로 본다.

① 자동차의 동일성 확인 및 배출 가스 관련 장치 등의 작동 상태 확인을 관능검사(사람의 감각 기관으로 자동차의 상태를 확인하는 검사) 및 기능 검사로 하는 공통 분야

② 자동차 안전 검사 분야

③ 자동차 배출 가스 정밀 검사 분야

❸ 종합 검사의 유효기간(자동차 종합 검사의 시행 등에 관한 규칙 별표1)

검사 대상		적용 차령	검사 유효 기간
승용자동차	비사업용	차령이 4년 초과인 자동차	2년
	사업용	차령이 2년 초과인 자동차	1년
경형·소형의 승합자동차	비사업용	차령이 4년 초과인 자동차	1년
	사업용	차령이 4년 초과인 자동차	1년
경형·소형의 화물자동차	비사업용	차령이 4년 초과인 자동차	1년
	사업용	차령이 2년 초과인 자동차	1년
중형·대형의 승합자동차	비사업용	차령이 3년 초과인 자동차	차령 8년까지는 1년, 이후부터는 6개월
	사업용	차령이 2년 초과인 자동차	차령 8년까지는 1년, 이후부터는 6개월
중형·대형의 화물자동차	비사업용	차령이 3년 초과인 자동차	차령 5년까지는 1년, 이후부터는 6개월
	사업용	차령이 2년 초과인 자동차	차령 5년까지는 1년, 이후부터는 6개월
그 밖의 자동차	비사업용	차령이 3년 초과인 자동차	차령 5년까지는 1년, 이후부터는 6개월
	사업용	차령이 2년 초과인 자동차	차령 5년까지는 1년, 이후부터는 6개월

① 검사 유효 기간이 6개월인 자동차의 경우, 종합 검사 중 자동차 배출 가스 정밀 검사 분야의 검사는 1년마다 시행

② 최초로 종합 검사를 받아야 하는 날은 위 표의 적용 차령 후 처음으로 도래하는 정기 검사 유효 기간 만료일로 한다. 다만, 자동차가 정기 검사를 받지 않아 정기 검사 기간이 경과된 상태에서 적용 차령이 도래한 자동차가 최초로 종합 검사를 받아야 하는 날은 적용 차령 도래일로 한다.

③ 자동차 종합 검사 미필시 과태료 부과 기준(자동차 관리법 시행령 별표2)

  ㉠ 자동차 종합 검사를 받아야 하는 기간 만료일부터 30일 이내인 경우 : 4만 원

  ㉡ 자동차 종합 검사를 받아야 하는 기간 만료일부터 30일 초과 114일 이내인 경우 4만 원에 31일째부터 계산하여 3일 초과 시마다 2만 원을 더한 금액

  ㉢ 자동차 종합 검사를 받아야 하는 기간 만료일부터 115일 이상인 경우 : 60만 원

02. 자동차 정기 검사 (안전도 검사)

1 개념

자동차관리법에 따라 종합 검사 시행 지역 외 지역에 대하여 안전도 분야에 대한 검사를 시행하며, 배출 가스 검사는 공회전 상태에서 배출 가스를 측정한다.

2 정기검사 미시행에 따른 과태료

① 정기 검사를 받아야 하는 기간 만료일부터 30일 이내인 경우 : 4만 원

② 정기 검사를 받아야 하는 기간 만료일부터 30일을 초과 114일 이내인 경우 4만 원에 31일째부터 계산하여 3일 초과 시마다 2만 원을 더한 금액

③ 정기 검사를 받아야 하는 기간 만료일부터 115일 이상인 경우 : 60만 원

❸ 검사 유효 기간(자동차 관리법 시행규칙 별표15의2)

구분		검사유효기간
비사업용 승용자동차 및 피견인자동차		2년(신조차로서 신규검사를 받은 것으로 보는 자동차의 최초 검사 유효기간은 4년)
사업용 승용자동차		1년(신조차로서 신규검사를 받은 것으로 보는 자동차의 최초 검사 유효기간은 2년)
경형·소형의 승합자동차 및 비사업용 화물자동차	차령이 4년 이하인 경우	2년
	차령이 4년 초과인 경우	1년
중형·대형의 비사업용 승합자동차	차령이 8년 이하인 경우	1년(신조차로서 신규검사를 받은 것으로 보는 자동차 중 길이 5.5미터 미만인 자동차의 최초 검사 유효기간은 2년
	차령이 8년 초과인 경우	6개월
중형·대형의 사업용 승합자동차	차령이 8년 이하인 경우	1년
	차령이 8년 초과인 경우	6개월
경형·소형의 사업용 화물자동차		1년(신조차로서 신규검사를 받은 것으로 보는 자동차의 최초 검사 유효기간은 2년)
사업용 대형 화물자동차	차령이 2년 이하인 경우	1년
	차령이 2년 초과인 경우	6개월
그 밖의 자동차	차령이 5년 이하인 경우	1년
	차령이 5년 이하인 경우	6개월

> 🔵 참고
> ① 신규 검사 : 신규 등록을 하려는 경우에 실시하는 검사
> ② 임시 검사 : 자동차관리법 또는 자동차관리법에 따른 명령이나 자동차 소유자의 신청을 받아 비정기적으로 실시하는 검사

03. 튜닝 검사

1 개념

튜닝의 승인을 받은 날부터 45일 이내에 안전 기준 적합 여부 및 승인받은 내용대로 변경하였는가에 대해 검사를 받아야 하는 일련의 행정 절차

2 튜닝 승인 신청 구비 서류(자동차 관리법 시행규칙 제56조)

① 튜닝 승인 신청서

  : 자동차 소유자가 신청, 대리인인 경우 소유자(운송 회사)의 위임장 및 인감 증명서 필요

② 튜닝 전·후의 주요 제원 대비표 : 제원 변경이 있는 경우만 해당

③ 튜닝 전·후의 자동차 외관도 : 외관 변경이 있는 경우에 한함

④ 튜닝하려는 구조·장치의 설계도

❸ 튜닝 검사 신청 서류(자동차 관리법 시행규칙 제78조)

① 자동차 등록증

② 튜닝 승인서

③ 튜닝 전·후의 주요 제원 대비표

④ 튜닝 전·후의 자동차 외관도 (외관의 변경이 있는 경우)

⑤ 튜닝하려는 구조·장치의 설계도

4 승인 불가 항목(자동차 관리법 시행규칙 제55조제2항)

① 총중량이 증가되는 튜닝

② 승차 정원 또는 최대 적재량의 증가를 가져오는 승차 장치 또는 물품 적재 장치의 튜닝

③ 자동차의 종류가 변경되는 튜닝. 다만 다음의 경우는 예외로 함

　ㄱ 승용자동차와 동일한 차체 및 차대로 제작된 승합자동차의 좌석 장치를 제거하여 승용자동차로 튜닝하는 경우(튜닝하기 전의 상태로 회복하는 경우 포함)

　ㄴ 화물자동차를 특수자동차로 튜닝하거나 특수자동차를 화물자동차로 튜닝하는 경우

④ 튜닝 전보다 성능 또는 안전도가 저하될 우려가 있는 경우의 튜닝

5 승인 항목

구 분	승인 대상	승인 불필요 대상
구 조	ㄱ 길이 · 너비 및 높이 (범퍼, 라디에이터그릴 등 경미한 외관 변경의 경우 제외) ㄴ 총중량	ㄱ 최저 지상고 ㄴ 중량 분포 ㄷ 최대 안전 경사 각도 ㄹ 최소 회전 반경 ㅁ 접지 부분 및 접지 압력
장 치	ㄱ 원동기 (동력 발생 장치) 및 동력 전달 장치 ㄴ 주행 장치 (차축에 한함) ㄷ 조향 장치 ㄹ 제동 장치 ㅁ 연료 장치 ㅂ 차체 및 차대 ㅅ 연결 장치 및 견인 장치 ㅇ 승차 장치 및 물품 적재 장치 ㅈ 소음 방지 장치 ㅊ 배기가스 발산 방지 장치 ㅋ 전조등 · 번호등 · 후미등 · 제동등 · 차폭등 · 후퇴등 기타 등화 장치 ㅌ 내압 용기 및 그 부속 장치 ㅍ 기타 자동차의 안전 운행에 필요한 장치로서 국토교통부령이 정하는 장치	ㄱ 조종 장치 ㄴ 현가 장치 ㄷ 전기 · 전자 장치 ㄹ 창유리 ㅁ 경음기 및 경보 장치 ㅂ 방향 지시등 기타 지시 장치 ㅅ 후사경 · 창닦이기 기타 시야를 확보 하는 장치 ㅇ 후방 영상 장치 및 후진 경고음 발생 장치 ㅈ 속도계 · 주행 거리계 기타 계기 ㅊ 소화기 및 방화 장치

6 튜닝 검사 신청 서류

① 「자동차등록규칙」 제40조제1항에 따른 말소등록사실증명서

② 튜닝승인서

③ 튜닝 전 · 후의 주요 제원 대비표

④ 튜닝 전 · 후의 자동차외관도(외관의 변경이 있는 경우)

⑤ 튜닝하려는 구조 · 장치의 설계도

7 신규검사

① 개념 : 신규등록을 하고자 할 때 받는 검사

② 신규검사를 받아야 하는 경우

　1) 여객자동차 운수사업법에 의하여 면허, 등록, 인가 또는 신고가 실효하거나 취소되어 말소한 경우

　2) 자동차를 교육 · 연구목적으로 사용하는 등 대통령령이 정하는 사유에 해당하는 경우

　　ㄱ 자동차 자기인증을 하기 위해 등록한 자

　　ㄴ 국가 간 상호인증 성능시험을 대행할 수 있도록 지정된 자

　　ㄷ 자동차 연구개발 목적의 기업부설연구소를 보유한 자

　　ㄹ 해외자동차업체와 계약을 체결하여 부품개발 등의 개발업무를 수행하는 자

　　ㅁ 전기자동차 등 친환경 · 첨단미래형 자동차의 개발 · 보급을 위하여 필요하다고 국토교통부장관이 인정하는 자

　3) 자동차의 차대번호가 등록원부상의 차대번호와 달라 직권 말소된 자동차

　4) 속임수나 그 밖의 부정한 방법으로 등록되어 말소된 자동차

　5) 수출을 위해 말소한 자동차

　6) 도난당한 자동차를 회수한 경우

③ 신규검사 신청서류

　1) 신규검사 신청서

　2) 출처증명서류(말소사실증명서 또는 수입신고서, 자기인증 면제 확인서)

　3) 제원표(이미 자기인증된 자동차와 같은 제원의 자동차인 경우 제원표 첨부 생략가능)

제2절　자동차 보험

01. 대인 배상 I (책임 보험)

1 개념

자동차를 소유한 사람은 의무적으로 가입해야 하는 보험으로 자동차의 운행으로 인해 남을 사망케 하거나 다치게 하여 자동차손해배상보장법에 의한 손해 배상 책임을 짐으로서 입은 손해를 보상해 준다.

2 책임 기간

보험료를 납입한 때로부터 시작되어 보험 기간 마지막 날의 24시에 종료되며, 단, 보험 기간 개시 이전에 보험 계약을 하고 보험료를 납입한 때에는 보험 기간의 첫날 0시부터 유효하다.

3 의무 가입 대상

① 자동차관리법에 의하여 등록된 모든 자동차

② 이륜 자동차

③ 9종 건설기계 : 12톤 이상 덤프 트럭, 콘크리트 믹서 트럭, 타이어식 기중기, 트럭 적재식 콘크리트 펌프, 타이어식 굴삭기, 아스콘 살포기, 트럭 지게차, 도로 보수 트럭, 노면 측정 장비 (단, 피견인 차량은 제외)

4 미가입시 불이익(자동차 손해 보장법 시행령 별표5)

신규 등록 및 이전 등록이 불가하고 자동차의 정기 검사를 받을 수 없으며 벌금 및 과태료가 부과된다.

① 벌금 부과 : 미가입 자동차 운전 시 1년 이하의 징역 또는 500만원 이하 벌금

② 과태료 부과(자동차 손해 보장법 시행령 별표5)

담보	차 종	미가입 (10일 이내)	미가입 (10일 초과)	한도 (대당)
대인 I	이륜 자동차	6천원	6천원에 매 1일당 1,200원 가산	20만원
	비사업용 자동차	1만원	1만원에 매 1일당 4천원 가산	60만원
	사업용 자동차	3만원	3만원에 매 1일당 8천원 가산	100만원
대인 II	사업용 자동차	3만원	3만원에 매 1일당 8천원 가산	100만원
대물	이륜 자동차	3천원	3천원에 매 1일당 6백원 가산	10만원
	비사업용 자동차	5천원	5천원에 매 1일당 2천원 가산	30만원
	사업용 자동차	5천원	5천원에 매 1일당 2천원 가산	30만원

5 책임 보험금 지급 기준

① 사망 : 1인당 최저 2천만 원이며 최고 1.5억 원 내에서 약관 지급 기준에 의해 산출한 금액을 보상

② 부상 : 상해 등급 (1~14급)에 따라 1인당 최고 3천만 원을 한도로 보상

③ 후유 장애 : 신체에 장애가 남는 경우 장애의 정도 (1~14급)에 따라 급수별 한도액 내에서 최고 1.5억 원까지 보상

6 특성

① 강제성 보험으로 의무가입 대상
② 보험자의 계약인수 의무화
③ 피해자 구호를 위한 무 면책 특성(음주운전, 무면허운전, 절취운전, 등의 사고도 보상)
④ 계약해지 제한(말소등록이나 중복계약, 자동차 양도 등을 제외하고는 계약해지 불가
⑤ 피해자의 권리를 보호하기 위해 피해자의 직접청구권 인정
⑥ 책임보험 청구권은 압류 및 양도를 금지
⑦ 고의로 인한 사고는 면책, 단) 보험사가 피해자에게 손해배상을 지급한 때에는 피보험자에게 청구권 행사
⑧ 청구권 소멸시한 3년
⑨ 피해자가 가해자 측으로부터 일부 보상을 받은 경우에는 보장사업으로 지급하는 금액에서 이미 보상받은 금액을 공제

02. 대인 배상 II

1 개념

대인 배상 I 로 지급되는 금액을 초과하는 손해를 보상한다. 피해자 1인당 5천만 원, 1억 원, 2억 원, 3억 원, 무한 등 5가지 중 한 가지를 선택한다. 교통사고의 피해가 커지는 경향이고 또한 교통사고처리특례법의 혜택을 보기 위해 대부분 무한으로 가입하고 있는 실정이다.

> 🚗 참고
> 산식 : 법률 손해 배상 책임액 + 비용 – 대인배상 I 보험금

2 보상하는 손해

① 사망(2017년 이후)
  ㉠ 장례비 : 5백만 원 정액
  ㉡ 위자료
    ㉮ 만 60세 미만 : 1인당 8천만 원
    ㉯ 만 60세 이상 : 1인당 5천만 원
  ㉢ 상실 수익액
    산식 – (사망 직전 월 평균 현실 소득액 – 생활비) × 취업 가능 월수에 해당되는 라이프니츠 계수(선이자 공제)
② 부상
  ㉠ 위자료 : 상해 급수 1급(2백만 원)~14급(15만원)
  ㉡ 치료 관계비
    입원 및 통원, 간병비 – 상해 등급 1~5등급 피해자(일용직 근로자 평균 임금 1일 108,921원 지급) 2020년 상반기 적용 기준
  ㉢ 휴업 손해
    ㉮ 유직자 : 현실 소득액의 산정 방법에 따라 신청한 금액
    ㉯ 가사 종사자 : 도시 일용 근로자 임금 적용
    ㉰ 유아, 연소자, 학생, 연금 생활자 기타 금리나 임대료에 의한 생활자는 수입이 없는 것으로 산정
    ㉱ 소득이 두 가지 이상 : 사망의 경우 현실 소득액의 산정 방법과 동일
    ㉲ 인정 기간
      실제 치료 기간 동안의 휴업 손해(산식 – 1일 수입 감소액 × 휴일 일수 × 85/100)
  ㉣ 손해 배상금
    • 입원 : 1일당 13,110원 지급
    • 통원 : 1일당 8천원 지급
③ 후유 장애
  ㉠ 위자료 : 노동 능력 상실 비율에 따라 산정

  ㉡ 상실 수익액
    노동 능력 상실로 인한 소득의 상실이 있는 경우 피해자의 월 평균 현실 소득액에 노동 능력 상실률과 상실 기간에 해당하는 금액(산식 – 월 평균 현실 소득액 × 노동 능력 상실률(%) × 노동 능력 상실 기간의 라이프니츠 계수)
  ㉢ 가정 간호비(개호비)
    인정 대상 – 치료가 종결되어 더 이상의 치료 효과를 기대할 수 없게 된 때 1인 이상의 해당 전문의로부터 노동 능력 상실을 100%의 후유 장애 판정을 받은 자로 생명 유지에 필요한 일상생활의 처리 동작에 있어 항상 다른 사람의 개호를 요하는 자(지급 방법 : 개호 타당 판정을 받은 경우 생존 기간 동안 가정 간호비를 매월 정기 또는 일시금으로 지급)

3 보상하지 않는 손해

① 기명 피보험자 또는 그 부모, 배우자 및 자녀
② 피보험 자동차를 운전 중인 자(운전 보조자 포함) 및 그 부모, 배우자, 자녀
③ 허락 피보험자 또는 그 부모, 배우자, 자녀
④ 피보험자의 피용자로서 산재 보험 보상을 받을 수 있는 사람. 단, 산재 보험 초과 손해는 보상한다.
⑤ 피보험자의 동료로서 산재 보험 보상을 받을 수 있는 사람
⑥ 무면허 운전을 하거나 무면허 운전을 승인한 사람
⑦ 군인, 군무원, 경찰 공무원, 향토 예비군 대원이 전투 훈련 기타 집무 집행과 관련하거나 국방 또는 치안 유지 목적상 자동차에 탑승 중 전사, 순직 또는 공상을 입은 경우 보상하지 않음

03. 대물 보상

1 개념

피보험자가 자동차 소유, 사용, 관리하는 동안 사고로 인하여 다른 사람의 자동차나 재물에 손해를 끼침으로서 손해 배상 책임을 지는 경우 보험가인 금액을 한도로 보상하는 담보이다.

① 타인의 재물에 피해를 입혔을 때 법률상 손해 배상 책임을 짐으로서 입은 직접 손해와 간접 손해를 보상한다.
② 2천만 원까지는 의무적으로 가입해야 하고 한 사고 당 보상 한도액은 2천만 원, 3천만 원, 5천만 원, 1억 원, 5억 원, 10억 원, 무한 중 한 가지를 선택한다.

2 보상하는 손해

① 직접 손해
  ㉠ 수리 비용 : 자동차 또는 건물 등이 파손되었을 때 원상회복 가능한 경우 직전의 상태로 회복하는데 소요되는 필요 타당한 비용 중 피해물의 사고 직전 가액의 120~130%를 한도로 보상
  ㉡ 교환 가액 : 수리 비용이 피해물 사고 직전 가액을 초과하거나 원상회복이 불가능한 경우 사고 직전 피해물의 가액 상당액 또는 피해물과 같은 종류의 대용품 가액과 이를 교환하는데 소요되는 필요 타당성 비용을 보상 (단, 수리가 불가능하거나 수리비가 사고 당시의 가액을 넘는 전부 손해일 경우 다른 차량으로 대체 시 등록세와 취득세 등을 추가로 보상)
② 간접 손해
  ㉠ 대차료 : 비사업용 자동차가 파손 또는 오손되어서 가동하지 못하는 기간 동안에 다른 자동차를 대신 사용할 필요가 있는 경우에 그 소요되는 필요 타당한 비용을 수리가 완료될 때까지 30일 한도로 보상

㉮ 렌터카를 사용할 경우, 대여 자동차로 대체 사용할 수 있는 차종에 대하여 차량만 대여하는 경우를 기준으로 한 대여 자동차 요금의 100% 보상

㉯ 대여 자동차로 대체 사용할 수 없는 차종에 대해서는 사업용 해당 차종의 휴차료 범위 안에서 실제 임차료 보상

㉰ 렌터카를 사용하지 않을 경우에는 사업용 해당 차종 휴차료의 30% 상당액을 교통비로 보상하며 수리가 불가능할 경우에는 10일간 인정

ⓛ 휴차료 : 사업용 자동차(건설 기계 포함)가 파손 및 오손되어 사용하지 못하는 기간에 발생하는 영업 손해로서 운행에 필요한 기본 경비를 공제한 금액에 휴차 일수를 곱한 금액을 지급한다. 인정 기간은 대차료 기준과 동일하며 개인택시인 경우 수리 기간이 경과하여도 운전자가 치료중이면 30일 범위 내에서 휴차료를 인정한다.

ⓒ 영업 손실 : 사업장 또는 그 시설물을 파괴하여 휴업함으로서 발생한 손해를 원상 복구에 소요되는 기간을 기준으로 보상한다. 다만 합의 지연이나 복구 지연으로 연장되는 기간은 휴업 기간에서 제외한다. 인정 기준액은 세법에 따른 관계 증명서가 있으면 그에 따라 산정한 금액을 지급하며, 입증 자료가 없는 경우에는 일용 근로자 임금을 기준으로 30일 한도로 보상한다.

ⓔ 공제액 : 엔진, 변속기, 화물차의 적재함 등 중요한 부품을 새 부품으로 교환할 경우 그 교환된 부품이 감가상각에 해당되는 금액을 공제

❸ 보상하지 않는 대물손해

배상 책임을 지는 피보험자가 피해자인 동시에 가해자가 되어 권리 혼돈과 같은 현상이 생기는 점과 피보험자의 도덕적 위험을 방지하기 위해 피보험자(차주 및 운전자) 또는 그 부모 배우자 및 자녀가 소유, 사용, 관리하는 재물에 생긴 손해는 보상하지 않는다.

제5장 안전운전의 기술

제1절 인지·판단의 기술

안전 운전에 있어 효율적인 정보 탐색과 정보 처리는 매우 중요하며 운전의 위험을 다루는 효율적인 정보처리 방법의 하나는 '확인 → 예측 → 판단 → 실행'의 과정을 따르는 것이다. 이 과정은 안전 운전을 하는데 필수적인 과정이고 운전자의 안전 의무로 볼 수 있다.

01. 확인

확인이란 주변의 모든 것을 빠르게 보고 한눈에 파악하는 것을 말한다. 이때 중요한 것은 가능한 한 멀리까지 시선의 위치를 두고 전방 200~300m 앞, 시내 도로는 앞의 교차로 신호 2개 앞까지 주시할 수 있어야 한다.

❶ 실수의 요인
① 주의의 고착 – 선택적인 주시 과정에서 어느 한 물체에 주의를 뺏겨 오래 머무는 것
② 주의의 분산 – 운전과 무관한 물체에 대한 정보 등을 받아들여 주의가 흐트러지는 것

❷ 주의해서 보아야 할 사항
확인의 과정에서 주의 깊게 봐야 할 것들은 다른 차로의 차량, 보행자, 자전거 교통의 흐름과 신호 등이다. 특히 화물 차량 등 대형차가 있을 때는 대형 차량에 가린 것들에 대한 단서에 주의해야 한다.

02. 예측
예측한다는 것은 운전 중에 확인한 정보를 모으고, 사고가 발생할 수 있는 지점을 판단하는 것이다. 예측의 주요 요소는 다음과 같다.
① 주행로 : 다른 차의 진행 방향과 거리
② 행동 : 다른 차의 운전자가 할 것으로 예상되는 행동
③ 타이밍 : 다른 차의 운전자가 행동하게 될 시점
④ 위험원 : 특정 차량, 자전거 이용자 또는 보행자의 잠재적 위험
⑤ 교차 지점 : 교차하는 문제가 발생하는 정확한 지점

> **예측회피 운전의 기본적 방법**
> ㉠ 속도 가속, 감속 : 때로는 속도를 낮추거나 높이는 결정을 해야 한다.
> ㉡ 위치 바꾸기(진로 변경) : 사고 상황이 발생할 경우를 대비해서 주변에 긴급 상황 발생시 회피할 수 있는 완충 공간을 확보하면서 운전한다.
> ㉢ 다른 운전자에게 신호하기 : 가다 서고를 반복하고 수시로 차선변경을 필요로 하는 택시의 운전은 자신의 의도를 주변에 등화 신호로 미리 알려 주어야 한다.

03. 판단
판단 과정에서는 운전자의 경험뿐 아니라 성격, 태도, 동기 등 다양한 요인이 작용한다. 사전에 위험을 예측, 통제 가능한 속도로 주행 하는 사람은 높은 상태의 각성 수준을 유지할 필요가 없다. 반면에 기분을 중시하고, 비교적 높은 속도로 주행하는 사람은 그만큼 각성 수준은 높게 유지하게 되지만 위험 상황을 쉽게 마주치게 되고, 그만큼 사고 가능성도 높아진다. 판단 과정에서 고려할 주요 방법은 다음과 같다.
① 속도 가속, 감속 : 상황에 따라 가속을 할지 감속을 할지 판단
② 위치 바꾸기(진로 변경) : 만일의 사고에 대비해 회피할 공간이 확보된 위치로 이동
③ 다른 운전자에게 신호하기 : 등화나 그 밖의 신호 방법으로 진로 방향을 항상 사전에 신호

04. 실행
이 과정에서 가장 중요한 것은 요구되는 시간 안에 필요한 조작을, 가능한 부드럽고, 신속하게 해내는 것이다. 기본적인 조작 기술이지만 가속, 감속, 제동 및 핸들 조작 기술을 제대로 구사하는 것이 매우 중요하다.

제2절 안전 운전의 5가지 기술

01. 운전 중에 전방을 멀리 본다.
가능한 한 시선은 전방 먼 쪽에 두되, 바로 앞 도로 부분을 내려다보지 않도록 한다. 일반적으로 20~30초 전방까지 본다. 20~30초 전방이란 도시에서는 대략 시속 40~50km의 속도에서 교차로 하나 이상의 거리를 말하며, 고속도로와 국도 등에서는 대략 시속 80~100km의 속도에서 약 500~800m 앞의 거리를 살피는 것을 말한다.

02. 전체적으로 살펴본다.
모든 상황을 여유 있게 포괄적으로 바라보고 핵심이 되는 상황만 선택적으로 반복, 확인해서 보는 것을 말한다. 이때 중요한 것은 어떤 특정한 부분에 사로잡혀 다른 것을 놓쳐서는 안 된다는 것이며, 핵심이 되는 것을 다시 살펴보되 다른 곳을 확인하는 것도 잊어서는 안 된다.

03. 눈을 계속해서 움직인다.

좌우를 살피는 운전자는 움직임과 사물, 조명을 파악할 수 있지만, 시선이 한 방향에 고정된 운전자는 주변에서 다른 위험 사태가 발생하더라도 파악할 수 없다. 그러므로 전방만 주시하는 것이 아니라, 동시에 좌우도 항상 같이 살펴야 한다.

04. 다른 사람들이 자신을 볼 수 있게 한다.

회전을 하거나 차로 변경을 할 경우에 다른 사람이 미리 알 수 있도록 신호를 보내야 한다. 시내 주행 시 30m 전방, 고속도로 주행 시 100m 전방에서 방향지시등을 켠다. 어둡거나 비가 올 경우 전조등을 사용해야 하며 경적을 사용할 때는 30m 이상의 거리에서 미리 경적을 울려야 한다. 그 밖의 도로 상황에 따라 방향지시기ㆍ등화, 경음기 등을 사용하여 알려야 한다.

05. 차가 빠져나갈 공간을 확보한다.

운전자는 주행 시 만일의 사고를 대비해 전ㆍ후방뿐만 아니라 좌ㆍ우측으로 안전 공간을 확보하도록 노력해야 한다. 좌ㆍ우로 차가 빠져나갈 공간이 없을 때는 앞차와의 차간 거리를 더 확보해야 하며 가급적 무리를 지은 차량 대열의 중간에 끼는 것을 피할 필요가 있다. 그 밖에 의심스런 상황이 발생할 경우에는 항상 거리를 유지해야만 한다.

제3절 방어 운전의 기본 기술

방어 운전이란, 가장 대표적으로 발생하는 기본적인 사고 유형에 대처 전략을 숙지하고, 평소에 실행하는 것을 말한다. 이는 방어 운전의 기본적인 전제인 교통사고의 90% 이상은 사실상 운전자가 당시에 합리적으로 행동했다면 예방 가능했던 사고라는 점에서 시작된다.

01. 기본적인 사고 유형

1 정면충돌 사고

직선로, 커브 및 좌회전 차량이 있는 교차로에서 주로 발생한다. 회피 요령은 다음과 같다.

① 전방의 도로 상황을 파악하여 내 차로로 들어오거나 앞지르려고 하는 차 혹은 보행자에 대해 주의
② 정면으로 마주칠 때 핸들 조작의 기본적 동작은 오른쪽으로 함
③ 오른쪽으로 방향을 조금 틀어 공간을 확보. 필요하다면 차도를 벗어나 길 가장자리 쪽으로 주행하고 상대에게 차도를 양보
④ 감속. 속도를 줄이는 것은 주행 거리와 충격력을 줄이는 효과가 있음

2 후미 추돌 사고

가장 흔한 사고의 형태로, 이를 피하기 위한 참고 사항은 다음과 같다.

① 제동등, 방향 지시기 등을 단서로 활용하여 앞차의 운전자가 어떻게 행동할지를 보여주는 징후나 신호를 살피고 항상 앞차에 대해 주의하기

② 앞차 너머의 상황을 살펴 앞차의 행동을 예측하고 대비하기
③ 앞차와 충분한 거리를 유지하기
④ 위험 상황이 전개될 경우 바로 상대보다 더 빠르게 속도 줄이기

3 단독 사고

주로 빈약한 판단력에서 비롯되므로, 과로를 피하고 심신이 안정된 상태에서 운전해야 하며, 낯선 곳 등의 주행에 있어서는 사전에 주행 정보를 수집하여 여유 있는 주행이 가능하도록 해야 한다.

4 미끄러짐 사고

눈, 비가 오는 등의 날씨에 주로 발생한다. 이러한 날씨에는 다음과 같은 사항에 주의한다.

① 다른 차량 주변으로 가깝게 다가가지 않기
② 수시로 브레이크 페달을 작동해서 제동이 제대로 되는지를 살펴보기
③ 제동 상태가 나쁠 경우 도로 조건에 맞춰 속도를 낮추기

5 차량 결함 사고

브레이크와 타이어 결함 사고가 대표적이다. 대처 방법은 다음과 같다.

① 차의 앞바퀴가 터지는 경우, 핸들을 단단하게 잡아 차가 한 쪽으로 쏠리는 것을 막고 의도한 방향을 유지한 다음 감속
② 뒷바퀴의 바람이 빠져 차가 한쪽으로 미끄러지는 것을 느끼면 핸들 방향을 그 방향으로 틀되, 순간적으로 과도하게 틀면 안 되며, 페달은 수회 반복적으로 나누어 밟아 안전한 곳에 정차
③ 브레이크 베이퍼록 현상으로 페달이 푹 꺼진 경우는 브레이크 페달을 반복해서 밟으며 유압 계통에 압력이 생기게 하고, 브레이크 유압 계통이 터진 경우라면 전자와는 달리 빠르고 세게 밟아 속도를 줄이는 순간 변속기 기어를 저단으로 바꾸어 엔진브레이크로 속도를 감속 후 안전한 장소에 정차
④ 페이딩 현상(브레이크를 계속 밟아 열이 발생하여 제어가 불가능한 현상)이 일어난다면 차를 멈추고 브레이크가 식을 때까지 대기

02. 시인성, 시간, 공간의 관리

1 시인성을 높이는 법

시인성은 자신이 도로의 장애물 등을 확인하는 능력과, 다른 운전자나 보행자가 자신을 볼 수 있게 하는 능력

1) 운전하기 전
㉠ 차 안팎 유리창을 깨끗이 닦는다.
㉡ 차의 모든 등화를 깨끗이 닦는다.
㉢ 성애제거기, 와이퍼, 워셔 등이 제대로 작동되는지를 점검한다.
㉣ 후사경과 사이드 미러를 조정한다. 운전석의 높이도 적절히 조정한다.
㉤ 선글라스, 점멸등, 창 닦게 등을 준비하여 필요할 때 사용할 수 있도록 한다.
㉥ 후사경에 매다는 장식물이나 시야를 가리는 차내의 장애물을 치운다.

2) 운전 중
㉠ 낮에도 흐린 날 등에는 하향(변환빔) 전조등을 켠다(운전자, 보행자에게 600-700m 전방에서 좀 더 빠르게 볼 수 있게끔 하는 효과가 있다).
㉡ 자신의 의도를 다른 도로이용자에게 좀 더 분명히 전달함으로써 자신의 시인성을 최대화 할 수 있다.
㉢ 다른 운전자의 사각에 들어가 운전하는 것을 피한다.
㉣ 남보다 시력이 떨어지면 항상 안경이나 콘택트렌즈를 착용한다.
㉤ 햇빛 등으로 눈부신 경우는 선글라스를 쓰거나 선바이저를 사용한다.

2 시간을 다루는 법

1) 시간을 현명하게 다룸으로서 운전상황에 대한 통제력을 높일 수 있고, 위험도 감소

2) 차를 정지시켜야 할 때 필요한 시간과 거리는 속도의 제곱에 비례

　　㉠ 공주거리 : 문제를 인식하고 반응하는 동안 진행한 거리

　　㉡ 제동거리 : 브레이크가 듣기 시작하여 차가 설 때까지 가는 거리

　　㉢ 정지거리 : 공주거리와 제동거리를 더한 거리

❸ 공간을 다루는 법

1) 속도와 시간, 거리 관계를 항상 염두

2) 차 주위의 공간을 평가하고 조절

❹ 젖은 도로 노면을 다루는 법

1) 비가 오면 노면의 마찰력이 감소하기 때문에 정지거리가 늘어남

2) 노면의 마찰력이 가장 낮아지는 시점은 비오기 시작한지 5~30분 이내

3) 비가 많이 오게 되면 이번에는 수막현상을 주의

03. 앞지르기 방법과 방어 운전

❶ 앞지르기 순서 및 방법 주의 사항

① 앞지르기 금지 장소 여부를 확인한다.

② 전방의 안전을 확인함과 동시에 후사경으로 좌측 및 좌측 후방을 확인한다.

③ 좌측 방향 지시등을 켠다.

④ 최고 속도의 제한 범위 내에서 가속하여 진로를 서서히 좌측으로 변경한다.

⑤ 차가 일직선이 되었을 때 방향 지시등을 끈 다음 앞지르기 당하는 차의 좌측을 통과한다.

⑥ 앞지르기 당하는 차를 후사경으로 볼 수 있는 거리까지 주행한 후 우측 방향 지시등을 켠다.

⑦ 진로를 서서히 우측으로 변경한 후 차가 일직선이 되었을 때 방향 지시등을 끈다.

❷ 앞지르기 금지 상황

① 앞차가 좌측으로 진로를 바꾸려고 하거나 다른 차를 앞지르려고 할 때

② 앞차의 좌측에 다른 차가 나란히 가고 있을 때

③ 뒤차가 자기 차를 앞지르려고 할 때

④ 마주 오는 차의 진행을 방해할 염려가 있을 때

⑤ 앞차가 교차로나 철길 건널목 등에서 정지 또는 서행하고 있을 때

⑥ 앞차가 경찰 공무원 등의 지시에 따르거나 위험 방지를 위해 정지 또는 서행하고 있을 때

⑦ 어린이 통학 버스가 어린이 또는 유아를 태우고 있다는 표시를 하고 도로를 통행할 때

❸ 앞지르기할 때의 방어 운전

① 자신의 차가 다른 차를 앞지르는 경우

　　㉠ 앞지르기에 필요한 속도가 그 도로의 최고 속도 범위 이내일 때 시도

　　㉡ 앞지르기에 필요한 충분한 거리와 시야가 확보되었을 때 시도

　　㉢ 앞차가 앞지르기를 하고 있을 때는 시도 금지

　　㉣ 앞차의 오른쪽으로는 앞지르기 금지

　　㉤ 점선으로 되어있는 중앙선을 넘어 앞지르기 하는 때에는 대향차의 움직임에 주의

② 다른 차가 자신의 차를 앞지르는 경우

　　㉠ 앞지르기를 시도하는 차가 원활하게 주행 차로로 진입할 수 있도록 감속

　　㉡ 앞지르기 금지 장소 등에서도 앞지르기를 시도하는 차가 있다는 사실을 항상 고려

01. 시가지 교차로에서의 방어 운전

❶ 교차로에서의 방어 운전

① 신호는 운전자의 눈으로 직접 확인 후 앞서 직진, 좌회전, 우회전 또는 U턴 하는 차량 등에 주의

② 신호에 따라 진행하는 경우에도 신호를 무시하고 갑자기 달려드는 차 또는 보행자가 있다는 사실에 주의

③ 좌·우회전할 때는 방향 지시등을 정확히 점등

④ 성급한 우회전은 금지

⑤ 통과하는 앞차를 맹목적으로 따라가지 않도록 주의

⑥ 교통정리가 행해지고 있지 않고 좌·우를 확인할 수 없거나 교통이 빈번한 교차로에 진입할 때는 일시 정지하여 안전 확인 후 출발

⑦ 우회전 시 뒷바퀴로 자전거나 보행자를 치지 않도록 주의하고, 좌회전 시 정지해 있는 차와 충돌하지 않도록 주의

❷ 교차로 황색 신호에서의 방어 운전

① 황색 신호일 때는 멈출 수 있도록 감속하여 접근

② 황색 신호일 때 모든 차는 정지선 바로 앞에 정지

③ 이미 교차로 안으로 진입해 있을 때 황색 신호로 변경된 경우 신속히 교차로 밖으로 이동

④ 교차로 부근에는 무단 횡단하는 보행자 등 위험 요인이 많으므로 돌발 상황에 대비

⑤ 가급적 감속하여 신호가 변경되면 바로 정지 할 수 있도록 준비

> **회전 교차로에서의 통행 방법**
>
> ㉠ 회전 교차로 통과 시 모든 자동차가 중앙 교통섬을 중심으로 하여 **시계 반대 방향으로 회전**하며 통과 한다.
> ㉡ 회전 교차로에 진입 시 **충분히 속도를 줄인 후 진입**한다.
> ㉢ 회전차로 내부에서 **주행 중인 차를 방해**할 우려가 있을 시 진입 금지
> ㉣ 회전 교차로에 진입하는 자동차는 회전 중인 **자동차에게 양보**한다.

02. 시가지 이면 도로에서의 방어 운전

어린이 보호 구역에서는 시속 30km 이하로 운전해야 한다. 주요 주의 사항은 다음과 같다.

❶ 항상 보행자의 출현 등 돌발 상황에 대비하여 감속

❷ 위험한 대상물은 계속 주시

① 돌출된 간판 등과 충돌하지 않도록 주의

② 자전거나 이륜차가 통행하고 있을 때에는 통행 공간을 배려하면서 운행

③ 자전거나 이륜차의 갑작스런 회전 등에 대비

④ 주·정차된 차량이 출발하려고 할 때에는 감속하여 안전거리를 확보

> **안전거리**
>
> 앞차가 갑자기 정지하게 되는 경우 그 앞차와의 충돌을 피할 수 있는 거리

01. 커브 길의 방어 운전

❶ 커브 길에서의 주행 개념

지방 도로에는 커브 길이 많다. 커브 길에서의 개념과 주행 방법은 다음과 같다.

① 슬로우-인, 패스트-아웃 (Slow-In, Fast-Out)
  : 커브 길에 진입할 때에는 속도를 줄이고, 진출할 때에는 속도를 높이라는 의미

② 아웃-인-아웃(Out-In-Out)
  : 차로 바깥쪽에서 진입하여 안쪽, 바깥쪽 순으로 통과하라는 의미

2 커브 길 주행 방법

① 커브 길에 진입하기 전에 경사도나 도로의 폭을 확인하고 가속 페달에서 발을 떼어 엔진 브레이크가 작동되도록 감속
② 엔진 브레이크만으로 속도가 충분히 줄지 않으면 풋 브레이크를 사용해 회전 중에 더 이상 감속하지 않도록 조치
③ 감속된 속도에 맞는 기어로 변속
④ 회전이 끝나는 부분에 도달하였을 때는 핸들을 바르게 위치
⑤ 가속 페달을 밟아 속도를 서서히 올리기

3 커브길 주행 시의 주의 사항

① 커브 길에서는 기상 상태, 노면 상태 및 회전 속도 등에 따라 차량이 미끄러지거나 전복될 위험이 증가하므로 부득이한 경우가 아니면 핸들 조작·가속·제동은 갑작스럽게 하지 않는다.
② 회전 중에 발생하는 가속과 감속에 주의해야 한다.
③ 커브길 진입 전에 감속 행위가 이뤄져야 차선 이탈 등의 사고를 예방할 수 있다.
④ 중앙선을 침범하거나 도로의 중앙선으로 치우친 운전은 피한다.
⑤ 시야가 제한되어 있다면 주간에는 경음기, 야간에는 전조등을 사용하여 내 차의 존재를 반대 차로 운전자에게 알린다.
⑥ 급커브 길 등에서의 앞지르기는 대부분 규제 표지 및 노면 표시 등 안전표지로 금지하고 있으나, 금지 표지가 없어도 전방의 안전이 확인되지 않으면 절대 하지 않는다.
⑦ 겨울철 커브 길은 노면이 얼어있는 경우가 많으므로 사전에 충분히 감속하여 안전사고가 발생하지 않도록 주의한다.

02. 언덕길의 방어 운전

1 내리막길에서의 방어 운전

① 내리막길을 내려갈 때에는 엔진 브레이크로 속도 조절하는 것이 바람직하다.
② 엔진 브레이크를 사용하면 페이드 현상 및 베이퍼 록 현상을 예방하여 운행 안전도를 높일 수 있다.
③ 도로의 내리막이 시작되는 시점에서 브레이크를 힘껏 밟아 브레이크를 점검한다.
④ 내리막길에서는 반드시 변속기를 저속 기어로, 자동 변속기는 수동 모드의 저속 기어 상태로 두고 엔진 브레이크를 사용하여 감속 운전 한다.
⑤ 경사길 주행 중간에 불필요하게 속도를 줄이거나 급제동하는 것은 주의한다.
⑥ 비교적 경사가 가파르지 않은 긴 내리막길을 내려갈 때 운전자의 시선은 먼 곳을 바라보고, 무심코 가속 페달을 밟아 순간 속도를 높일 수 있으므로 주의한다.

2 오르막길에서의 방어 운전

① 정차할 때는 앞차가 뒤로 밀려 충돌할 가능성이 있으므로 충분한 차간 거리를 유지한다.
② 오르막의 정상 부근은 시야가 제한되므로 반대 차로의 차량을 대비해 서행한다.
③ 정차해 있을 때에는 가급적 풋 브레이크와 핸드 브레이크를 동시에 사용한다.

④ 뒤로 미끄러지는 것을 방지하기 위해 정지했다가 출발할 때는 핸드 브레이크를 사용하면 도움이 된다.
⑤ 오르막길에서 부득이하게 앞지르기 할 때에는 힘과 가속이 좋은 저단 기어를 사용하는 것이 안전하다.
⑥ 언덕길에서 올라가는 차량과 내려오는 차량이 교차할 때는 내려오는 차량에게 통행 우선권이 있으므로 올라가는 차량이 양보해야 한다.

03. 철길 건널목 방어 운전

① 철길 건널목에 접근할 때는 속도를 줄여 접근
② 일시 정지 후에는 철도 좌·우의 안전을 확인
③ 건널목을 통과할 때는 기어 변속 금지
④ 건널목 건너편 여유 공간을 확인 후 통과

제6절 고속도로에서의 안전 운전

01. 고속도로 진·출입부에서의 안전 운전

1 진입부에서의 안전 운전

① 본선 진입 의도를 다른 차량에게 방향 지시등으로 표시
② 본선 진입 전 충분히 가속해 본선 차량의 교통 흐름을 방해하지 않도록 주의
③ 진입을 위한 가속차로 끝부분에서 감속하지 않도록 주의
④ 고속도로 본선을 저속으로 진입하거나 진입 시기를 잘못 맞추면 교통사고가 발생할 수 있으므로 주의

2 진출부에서의 안전 운전

① 본선 진출 의도를 다른 차량에게 방향 지시등으로 표시
② 진출부에 진입 전 본선 차량에 영향을 주지 않도록 주의
③ 본선 차로에서 천천히 진출부로 진입하여 출구로 이동

02. 고속도로 안전 운전 방법

1 전방 주시

고속도로 교통사고 원인의 대부분은 전방주시 의무를 게을리 한 탓이다. 운전자는 앞차의 뒷부분과 함께 앞차 전방의 상황까지 시야에 두면서 운전해야 한다.

2 진입 전 천천히 안전하게, 진입 후 빠른 가속

고속도로에 진입할 때는 방향 지시등으로 진입 의사를 표시한 후 가속차로에서 충분히 속도를 높인 뒤 주행하는 다른 차량의 흐름을 살펴 안전을 확인 후 진입한다. 진입한 후에는 빠른 속도로 가속해서 교통 흐름에 방해가 되지 않도록 한다.

3 주변 교통 흐름에 따라 적정 속도 유지

고속도로에서는 주변 차량들과 함께 교통 흐름에 따라 운전하는 것이 중요하다. 주변 차량들과 다른 속도로 주행하면 다른 차량의 운행과 교통 흐름을 방해할 수 있기 때문에 최고 속도 이내에서 적정 속도를 유지해야 한다.

4 주행 차로로 주행

느린 속도의 앞차를 추월할 경우 앞지르기 차로를 이용하며, 추월이 끝나면 주행 차로로 복귀한다. 복귀할 때는 뒤차와 거리가 충분히 벌어졌을 때 안전하게 차로를 변경한다.

5 적절한 휴식

미리 여유 있는 운전계획을 세우고 장시간 계속 운전하지 않도록 하며, 적어도 2시간에 1회는 휴식한다. 2시간 이상, 200km 이상 운전을 자제 및 15분 휴식, 4시간 이상 운전 시 30분간 휴식한다.

❻ 전 좌석 안전띠 착용

교통사고로 인한 인명 피해를 예방하기 위해 전 좌석 안전띠를 착용해야 하며 고속도로 및 자동차 전용 도로는 전 좌석 안전띠 착용이 의무 사항이다.

03. 교통 사고 및 고장 발생 시 대처 요령

고속도로는 차량이 고속으로 주행하는 특성 상 2차사고 발생 시 사망 사고로 이어질 가능성이 매우 높다.

❶ 2차사고의 방지

① 신속히 비상등을 켜고 다른 차의 소통에 방해가 되지 않도록 갓길로 차량을 이동. 만일, 차량 이동이 어려운 경우 탑승자들은 안전 조치 후 신속하고 안전하게 가드레일 바깥 등의 안전한 장소로 대피

② 후방에서 접근하는 차량의 운전자가 쉽게 확인할 수 있도록 고장 자동차의 표지 설치, 야간에는 적색 섬광신호 · 전기제등 또는 불꽃 신호를 추가로 설치

③ 경찰관서, 소방관서 또는 한국도로공사 콜센터로 연락하여 도움 요청

❷ 부상자의 구호

① 사고 현장에 의사, 구급차 등이 도착할 때까지 부상자에게는 가제나 깨끗한 손수건으로 지혈하는 등 응급조치 실행

② 함부로 부상자를 움직여서는 안 되며, 특히 두부에 상처를 입었을 때에는 움직이는 것은 금지 (단, 2차사고의 우려가 있을 경우에만 안전한 장소로 이동)

③ 사고를 낸 운전자는 사고 발생 장소, 사상자 수, 부상 정도, 그 밖의 조치 상황을 경찰 공무원이 현장에 있을 때는 경찰 공무원에게, 경찰 공무원이 없을 때는 가장 가까운 경찰관서에 신고

④ 사고 발생 신고 후 사고 차량의 운전자는 경찰 공무원이 말하는 부상자 구호와 교통안전 상 필요한 사항을 반드시 준수

※ 고속도로 2504 긴급견인 서비스(1588-2504, 한국도로공사 콜센터)
- 고속도로 본선, 갓길에 멈춰 2차사고가 우려되는 소형차량을 안전지대 (휴게소, 영업소, 쉼터 등)까지 견인하는 제도로서 한국도로공사가 비용을 부담하는 무료서비스
- 대상차량 : 승용차, 16인 이하 승합차, 1.4톤 이하 화물차

제7절 · 야간 및 악천후 시의 안전 운전

01. 야간 운전의 위험성

① 야간에는 시야가 제한됨에 따라 노면과 앞차의 후미등 전방만을 보게 되므로 가시거리가 100m 이내인 경우에는 최고 속도를 50% 정도 감속하여 운행한다.

② 커브길이나 길모퉁이에서는 전조등 불빛이 회전하는 방향을 제대로 비추지 못하는 경향이 있으므로 속도를 줄여 주행한다.

③ 야간에는 운전자의 좁은 시야로 인해 안구 동작이 활발하지 못해 자극에 대한 반응이 둔해지고, 그로 인해 졸음운전을 하게 되므로 더욱 주의가 필요하다.

④ 원근감과 속도감이 저하되어 과속으로 운행하는 경향이 발생할 수 있다.

⑤ 술 취한 사람이 갑자기 도로에 뛰어들거나, 도로에 누워있는 경우가 발생하므로 주의해야 한다.

⑥ 밤에는 낮보다 장애물이 잘 보이지 않거나, 발견이 늦어 조치 시간이 지연될 수 있다.

😵 야간에 발생하는 주요 현상

- **증발 현상** : 마주 오는 대향차의 전조등 불빛으로 인해 도로 보행자의 모습을 볼 수 없게 되는 현상
- **현혹 현상** : 마주 오는 대향차의 전조등 불빛으로 인해 운전자의 눈 기능이 순간적으로 저하되는 현상

위의 두 경우 약간 오른쪽을 바라보며 대향차의 전조등 불빛을 정면으로 보지 않도록 한다.

02. 야간의 안전 운전

① 해가 지기 시작하면 곧바로 전조등을 켜 다른 운전자들에게 자신을 알린다.

② 주간 속도보다 20% 속도를 줄여 운행한다.

③ 보행자 확인에 더욱 세심한 주의를 기울인다.

④ 승합 자동차는 야간에 운행할 때에 실내 조명등을 켜고 운행한다.

⑤ 선글라스를 착용하고 운전하지 않는다.

⑥ 커브 길에서는 상향등과 하향등을 적절히 사용하여 자신이 접근하고 있음을 알린다.

⑦ 대향차의 전조등을 직접 바라보지 않는다.

⑧ 전조등 불빛의 방향을 아래로 향하게 한다.

⑨ 장거리를 운행할 때는 적절한 휴식 시간을 포함시킨다.

⑩ 불가피한 경우가 아니면 도로 위에 주 · 정차 하지 않는다.

⑪ 밤에 고속도로 등에서 자동차를 운행할 수 없게 되었을 때는 후방에서 접근하는 자동차의 운전자가 확인할 수 있는 위치에 고장 자동차 표지를 설치하고 사방 500m 지점에서 식별할 수 있는 적색의 섬광 신호, 전기제등 또는 불꽃 신호를 추가로 설치하는 등 조치를 취해야 한다.

⑫ 전조등이 비추는 범위의 앞쪽까지 살핀다.

⑬ 앞차의 미등만 보고 주행하지 않는다.

03. 안개길의 안전 운전

① 전조등, 안개등 및 비상점멸표시등을 켜고 운행한다.

② 가시거리가 100m 이내인 경우에는 최고속도를 50% 정도 감속하여 운행한다.

③ 앞차와의 차간거리를 충분히 확보하고, 앞차의 제동이나 방향지시 등의 신호를 예의 주시하며 운행한다.

④ 앞을 분간하지 못할 정도의 짙은 안개로 운행이 어려울 때에는 차를 안전한 곳에 세우고 잠시 기다린다. 이때에는 미등, 비상점멸표시등을 켜서 지나가는 차에게 내 차량의 위치를 알려서 충돌 사고를 방지한다.

04. 빗길의 안전 운전

① 비가 내려 노면이 젖어있는 경우에는 최고 속도의 20%를 줄인 속도로 운행한다.

② 폭우로 가시거리가 100m 이내인 경우에는 최고 속도의 50%를 줄인 속도로 운행한다.

③ 물이 고인 길을 통과할 때에는 속도를 줄여 저속으로 통과한다.

④ 물이 고인 길을 벗어난 경우에는 브레이크를 여러 번 나누어 밟아 마찰열로 브레이크 패드나 라이닝의 물기를 제거한다.

⑤ 보행자 옆을 통과할 때에는 속도를 줄여 흙탕물이 튀지 않도록 주의한다.

⑥ 공사 현장의 철판 등을 통과할 때는 사전에 속도를 충분히 줄여 미끄러지지 않도록 천천히 통과한다.

⑦ 급출발, 급핸들, 급브레이크 조작은 미끄러짐이나 전복 사고의 원인이 되므로 엔진 브레이크를 적절히 사용하고, 브레이크를 밟을 때에는 페달을 여러 번 나누어 밟는다.

제8절 경제 운전

01. 경제 운전의 개념과 효과

경제 운전은 연료 소모율을 낮추고, 공해 배출을 최소화하며, 위험 운전을 하지 않음으로 안전운전의 효과를 가져 오고자 하는 운전 방식이다. (에코 드라이빙)

1 경제 운전의 기본적인 방법

① 급가속을 피한다.
② 급제동을 피한다.
③ 급한 운전을 피한다.
④ 불필요한 공회전을 피한다.
⑤ 일정한 차량 속도(정속 주행)를 유지한다.

2 경제 운전의 효과

① 연비의 고효율 (경제 운전)
② 차량 구조 장치 내구성 증가 (차량 관리비, 고장 수리비, 타이어 교체비 등의 감소)
③ 고장 수리 작업 및 유지관리 작업 등의 시간 손실 감소
④ 공해 배출 등 환경 문제의 감소
⑤ 방어 운전 효과
⑥ 운전자 및 승객의 스트레스 감소

02. 퓨얼-컷 (Fuel-cut)

퓨얼-컷(Fuel-cut)이란 연료가 차단된다는 것이다. 운전자가 주행하다가 가속 페달을 밟고 있던 발을 떼었을 때, 자동차의 모든 제어 및 명령을 담당하는 컴퓨터인 ECU가 가속 페달의 신호에 따라 스스로 연료를 차단시키는 작업을 말한다. 자동차가 달리고 있던 관성(가속력)에 의해 축적된 운동 에너지의 힘으로 계속 달려가게 되는데, 이러한 관성 운전이 경제 운전임을 이해하여야 한다.

03. 경제 운전에 영향을 미치는 요인

1 도심 교통 상황에 따른 요인

우리의 도심은 고밀도 인구에 도로가 복잡하고 교통 체증도 심각한 환경이다. 그래서 운전자들이 바쁘고 가속·감속 및 잦은 브레이크에 자동차 연비도 증가한다. 그러므로 경제 운전을 하기 위해서는 불필요한 가속과 브레이크를 덜 밟는 운전 행위로 에너지 소모량을 최소화하는 것이 중요하다. 따라서 미리 교통 상황을 예측하고 차량을 부드럽게 움직일 필요가 있다. 도심 운전에서는 멀리 200~300m를 예측하고 2개 이상의 교차로 신호등을 관찰 하는 것도 경제 운전이다. 복잡한 시내운전 일지라도 앞차와의 차간 거리를 속도에 맞게 유지하면서 퓨얼컷 기능을 살려 경제 운전이 가능하다. 따라서 필요 이상의 브레이크 사용을 자제하고 피로가 가중되지 않는 여유로운 방어 운전이 곧 경제 운전이다.

2 도로 조건

도로의 젖은 노면과 경사도는 연료 소모를 증가시킨다. 그러므로 고속도로나 시내의 외곽 도로 전용 도로 등에서 시속 100km라면 그 속도를 유지하면서 가장 하향으로 안정된 엔진 RPM을 유지하는 것이 연비 좋은 정속 주행이다.

3 기상 조건

맞바람은 공기 저항을 증가시켜 연료 소모율을 높인다. 고속 운전에서 차창을 열고 달림은 연비 증가에 영향을 주며, 더운 날 에어컨의 작동

은 연비에 좋지 않은 것은 사실이나 차량 규격이 중형차 이상은 엔진의 여유 출력이 크므로 연비에 큰 영향을 주지 않을 수도 있다.

04. 경제운전은 곧 안전운전

1 경제운전 실천 요령

① 시동을 걸때 클러치를 반드시 밟는다.
② 시동을 걸 때 가속페달을 밟지 않는다.
③ 시동 직후 급가속이나 급출발을 삼간다.
④ 급출발, 급제동 삼가고 교차로 선행신호등 주지
⑤ 경제속도로 정속주행 한다.
⑥ 적절한 시기에 변속한다.
⑦ 올바른 운전습관을 가져야 한다.
⑧ 타이어 공기압력을 적절히 유지한다.
⑨ 정기적으로 엔진을 점검한다.
⑩ 경제적인 주행코스(내비게이션)정보를 선택한다.

2 주행방법에 따른 경제운전

① 속도 : 가능한 한 일정 속도로 주행한다.
② 기어변속 : 엔진회전속도가 2,000~3,000 RPM상태에서 고단 기어 변속이 바람직하다.
③ 제동과 관성 주행 : 교차로에 접근하든가 할 때 가속페달에서 발을 떼고 관성으로 차를 움직이게 할 수 있을 때는 제동을 피한다.
④ 교통류에의 합류와 분류 : 지선에서 차량속도가 높은 본선으로 합류할 때는 강한 가속이 필수적이다.
⑤ 위험예측운전 : 자신의 운전행동을 도로 및 교통조건에 맞추어 나가는 것이다.
⑥ 경제운전과 방어운전 : 다른 도로이용자의 행동과 도로, 교통조건 등을 예측, 판단해서 그 조건에 맞는 운전을 실행하는 것이다. 본질적으로는 방어운전이지만 경제운전이 될 수도 있다.

제9절 기본운행수칙

01. 출발

① 매일 운행을 시작할 때는 후사경이 제대로 조정되어 있는지 확인한다.
② 시동을 걸 때는 기어가 들어가 있는지 확인한다. 기어가 들어가 있는 상태에서는 클러치를 밟지 않고 시동을 걸지 않는다.
③ 주차 브레이크가 채워진 상태에서는 출발하지 않는다.
④ 주차 상태에서 출발할 때는 차량의 사각지점을 고려해 전·후·좌·우의 안전을 직접 확인한다.
⑤ 운행을 시작하기 전에 제동등이 점등되는지 확인한다.
⑥ 도로의 가장자리에서 도로로 진입하는 경우에는 진행하려는 방향의 안전 여부를 확인한다.
⑦ 정류소에서 출발 할 때에는 자동차문을 완전히 닫은 상태에서 방향지시등을 작동시켜 도로 주행 의사를 표시한 후 출발한다.
⑧ 출발 후 진로 변경이 끝나기 전에 신호를 중지하지 않는다.
⑨ 출발 후 진로 변경이 끝나면 신호를 중지한다.

02. 정지

① 정지할 때는 미리 감속하여 급정지로 인한 타이어 흔적이 발생하지 않도록 한다. 이때 엔진 브레이크와 저단 기어 변속을 활용하도록 한다.

② 정지할 때까지 여유가 있는 경우에는 브레이크 페달을 가볍게 2~3회 나누어 밟는 조작을 통해 정지한다.
③ 미끄러운 노면에서는 제동으로 인해 차량이 회전하지 않도록 주의한다.

03. 주차

① 주차가 허용된 지역이나 안전한 지역에 주차한다.
② 주행 차로로 주차된 차량의 일부분이 돌출되지 않도록 주의한다.
③ 경사가 있는 도로에 주차할 때에는 밀리는 현상을 방지하기 위해 바퀴에 고임목 등을 설치하여 안전 여부를 확인한다.
④ 도로에서 차가 고장이 일어난 경우에는 안전한 장소로 이동한 후 비상 삼각대와 같은 고장 자동차의 표지를 설치한다.

04. 주행

① 교통량이 많은 곳에서는 급제동 또는 후미 추돌 등을 방지하기 위해 감속하여 주행한다.
② 노면 상태가 불량한 도로에서는 감속하여 주행한다.
③ 전방의 시야가 충분히 확보되지 않는 기상 상태나 도로 조건 등에서는 감속한다.
④ 해질 무렵, 터널 등 조명 조건이 불량한 경우에는 감속하여 주행한다.
⑤ 주택가나 이면 도로에서는 돌발 상황 등에 대비하여 과속이나 난폭 운전을 하지 않는다.
⑥ 곡선 반경이 작은 도로나 과속 방지턱이 설치된 도로에서는 감속하여 안전하게 통과한다.
⑦ 주행하는 차들과 제한 속도를 넘지 않는 범위 내에서 속도를 맞추어 주행한다.
⑧ 통행 우선권이 있는 다른 차가 진입할 때에는 양보한다.
⑨ 직선 도로를 통행하거나 구부러진 도로를 돌 때 다른 차로를 침범하거나, 2개 차로에 걸쳐 주행하지 않는다.
⑩ 앞차가 급제동할 때 후미를 추돌하지 않도록 안전거리를 유지한다.
⑪ 적재 상태가 불량하거나, 적재물이 떨어질 위험이 있는 자동차에 근접하여 주행하지 않는다.
⑫ 좌·우측 차량과 일정 거리를 유지한다.
⑬ 다른 차량이 차로를 변경하는 경우에는 양보하여 안전하게 진입할 수 있도록 한다.

05. 진로 변경

① 갑작스럽게 차로 변경을 하지 않는다.
② 일반 도로에서 차로를 변경하는 경우, 그 행위를 하려는 지점에 도착하기 전 30m(고속도로에서는 100m) 이상의 지점에 이르렀을 때 방향 지시등을 작동시킨다.
③ 도로 노면에 표시된 백색 점선에서 진로를 변경한다.
④ 터널 안, 교차로 직전 정지선, 가파른 비탈길 등 백색 실선이 설치된 곳에서는 진로를 변경하지 않는다.
⑤ 다른 통행 차량 등에 대한 배려나 양보 없이 본인 위주의 진로 변경을 하지 않는다.
⑥ 진로 변경이 끝나기 전에 신호를 중지하지 않는다. 진로 변경이 끝나면 즉시 신호를 중지한다.

06. 앞지르기

① 앞지르기를 할 때는 항상 방향 지시등을 작동시킨다.
② 앞지르기는 허용된 구간에서만 시행한다.
③ 앞지르기 할 때는 반드시 반대 방향 차량, 추월 차로에 있는 차량, 전·후 차량과의 안전 여부를 확인한 후 시행한다.
④ 제한 속도를 넘지 않는 범위 내에서 시행한다.
⑤ 앞지르기한 후 본 차로로 진입할 때에는 뒤차와의 안전을 고려하여 진입한다.
⑥ 앞 차량의 좌측 차로를 통해 앞지르기를 한다.
⑦ 도로의 구부러진 곳, 오르막길의 정상부근, 급한 내리막길, 교차로, 터널 안, 다리 위에서는 앞지르기를 하지 않는다.
⑧ 앞차가 다른 자동차를 앞지르고자 할 때에는 앞지르기를 시도하지 않는다.
⑨ 앞차의 좌측에 다른 차가 나란히 가고 있는 경우에는 앞지르기를 시도하지 않는다.

제10절 계절별 운전

01. 봄철

1 기상 특성
① 발달된 양쯔 강 기단이 이동성 고기압으로 한반도를 통과하면 장기간 맑은 날씨가 지속, 봄 가뭄이 발생
② 푄현상으로 경기 및 충청지방으로 고온 건조한 날씨 지속
③ 시베리아기단이 한반도에 겨울철 기압배치를 이루면 꽃샘추위가 발생
④ 저기압이 한반도에 영향을 주면 약한 강우를 동반한 지속성이 큰 안개가 자주 발생
⑤ 중국에서 발생한 모래먼지에 의한 황사현상이 자주 발생
⑥ 일교차가 커지는 일기변화로 인해 환절기 환자가 급증하는 시기

2 자동차 관리
① 세차 : 봄철은 고압 물세차를 1회 정도는 반드시 해주는 것이 좋다.
② 월동장비 정리 : 스노우 타이어, 체인 등 물기 제거
③ 배터리 및 오일류 점검
배터리 액이 부족하면 증류수 등을 보충해 주고, 추운 날씨로 인해 엔진 오일이 변질될 수 있기 때문에 엔진 오일 상태를 점검
④ 낡은 배선 및 부식된 부분 교환
⑤ 부동액이 샜는지 확인
⑥ 에어컨 작동 확인

3 안전 운행 및 교통사고 예방
① 과로운전 주의
② 도로의 노면상태 파악
③ 환경 변화를 인지 후, 방어 운전

02. 여름철

1 기상 특성
① 시베리아기단과 북태평양기단의 경계를 나타내는 한대전선대가 한반도에 위치할 경우 장마가 발생한다.
② 국지적으로 집중호우가 발생
③ 북태평양 기단(氣團)의 영향으로 습기가 많고, 온도가 높은 무더운 날씨가 지속
④ 따뜻하고 습한 공기가 차가운 지표면이나 수면 위를 이동해 오면 밑 부분이 식어서 생기는 이류안개가 번번히 발생, 연안이나 해상에서 주로 발생.

⑤ 저위도에서 형성된 열대저기압이 태풍으로 발달하여 한반도까지 접근

⑥ 열대야 현상이 발생, 운전자들의 주의집중이 곤란하고, 쉽게 피로해짐.

❷ 자동차 관리
① 냉각 장치 점검 : 냉각수의 양과 누수 여부 등
② 와이퍼의 작동 상태 점검 : 정상 작동 유무, 유리면과 접촉 여부 등
③ 타이어 마모상태 점검 : 홈 깊이가 1.6mm 이상 여부 등
④ 차량 내부의 습기 제거 : 배터리를 분리한 후 작업
⑤ 에어컨 냉매 가스 관리 : 냉매 가스의 양이 적절한지 점검
⑥ 브레이크, 전기 배선 점검 및 세차 : 브레이크 패드, 라이닝, 전기 배선 테이프 점검. 해안 부근 주행 후 세차

❸ 안전 운행 및 교통사고 예방
① 뜨거운 태양 아래 장시간 주차하는 경우 창문을 열어 실내의 더운 공기를 환기시킨 다음 운행
② 주행 중 갑자기 시동이 꺼졌을 경우 통풍이 잘 되고 그늘진 곳으로 옮겨 열을 식힌 후 재시동
③ 비가 내리고 있을 때 주행하는 경우 감속 운행

03. 가을철

❶ 기상 특성
① 가을공기는 대체로 건조하고, 대기 중에 떠다니는 먼지가 적어 깨끗하다.
② 큰 일교차로 지표면에 접한 공기가 냉각되어 안개(복사안개)가 발생
③ 해안안개는 해수온도가 높아 수면으로부터 증발이 잘 일어나고, 습윤한 공기는 육지로 이동하여 야간에 냉각되면서 생기는 이류안개가 빈번하다. 특히 하천이나 강을 끼고 있는 곳에서는 짙은 안개가 자주 발생

❷ 자동차 관리
① 세차 및 곰팡이 제거
② 히터 및 서리제거 장치 점검
③ 타이어 점검
④ 냉각수, 브레이크액, 엔진오일 및 팬벨트의 장력 점검
⑤ 각종 램프의 작동 여부를 점검
⑥ 고장이나 점검에 필요한 예비 부품 준비

❸ 안전 운행 및 교통사고 예방
① 안개 지역을 통과할 때는 감속 운행
② 보행자에 주의하여 운행
③ 행락철에는 단체 여행의 증가로 운전자의 주의력이 산만해질 수 있으므로 주의
④ 농기계와의 사고 주의

04. 겨울철

❶ 기상 특성
① 한반도는 북서풍이 탁월하고 강하여, 습도가 낮고 공기가 매우 건조
② 겨울철 안개는 서해안에 가까운 내륙지역과 찬 공기가 쌓이는 분지 지역에서 주로 발생
③ 대도시지역은 연기, 먼지 등 오염물질이 올라갈수록 기온이 상승되어 있는 기층 아래에 쌓여서 옅은 안개가 자주 발생
④ 기온이 급강하하고 한파를 동반한 눈이 자주 내리며, 눈길, 빙판길, 바람과 추위는 운전에 악영향

❷ 자동차 관리
① 월동장비 점검
② 냉각장치 점검 : 부동액의 양 및 점도를 점검
③ 정온기(온도조절기) 상태 점검

❸ 안전 운행 및 교통사고 예방
① 도로가 미끄러울 때에는 부드럽게 천천히 출발
② 미끄러운 길에서는 기어를 2단에 넣고 출발
③ 앞바퀴는 직진 상태로 변경해서 출발
④ 충분한 차간 거리 확보 및 감속 운행
⑤ 다른 차량과 나란히 주행하지 않도록 주의
⑥ 장거리 운행 시 기상악화나 불의의 사태에 대비

01 안전 운전의 필수적 과정으로 옳은 것은?

① 실행-확인-예측-판단
② 확인-예측-실행-판단
③ 예측-확인-판단-실행
④ 확인-예측-판단-실행

02 예측의 주요 요소로 옳지 않은 것은?

① 감각　　　　　② 위험원
③ 교차 지점　　　④ 주행로

➕해설 예측의 주요 요소는 주행로, 행동, 타이밍, 위험원, 교차 지점이다.

03 시야 고정의 빈도가 높은 운전자의 특징으로 옳지 않은 것은?

① 예측회피 운전이 용이하다.
② 주변에서 다른 위험 사태가 발생하더라도 파악할 수 없다.
③ 주변 사물 변화에 둔감해진다.
④ 좌우를 살피지 못해 움직임, 조명을 파악하기가 어렵다.

➕해설 좌우를 살피는 운전자는 움직임과 사물, 조명을 파악할 수 있지만, 시선이 한 방향에 고정된 운전자는 주변에서 다른 위험 사태가 발생하더라도 파악할 수 없다. 그러므로 전방만 주시하는 것이 아니라, 동시에 좌우도 항상 같이 살펴야 한다.

04 안전거리의 의미로 옳은 것은?

① 운전자가 위험을 발견하고 자동차를 완전히 멈추기까지의 거리
② 앞차가 갑자기 정지하게 되는 경우 그 앞차와의 충돌을 피할 수 있는 거리
③ 주행하던 자동차의 브레이크 작동 시점부터 완전히 멈추기까지의 거리
④ 브레이크 페달을 밟은 시점부터 실제 제동되기까지의 거리

➕해설 안전거리 : 앞차가 갑자기 정지하게 되는 경우 그 앞차와의 충돌을 피할 수 있는 거리

05 앞지르기 방법에 대한 설명으로 옳지 않은 것은?

① 전방의 안전을 확인함과 동시에 후사경으로 좌측 및 좌측 후방을 확인한다.
② 앞지르기가 끝나면 진로를 서서히 우측으로 변경한 후 차가 일직선이 되었을 때 방향 지시등을 끈다.
③ 우측 방향 지시등을 켠다.
④ 최고 속도의 제한 범위 내에서 가속하여 진로를 서서히 좌측으로 변경한다.

➕해설 ③ 좌측 방향 지시등을 켠다.

06 앞지르기 시 방어운전에 대한 설명으로 옳지 않은 것은?

① 앞지르기에 필요한 속도가 그 도로의 최고 속도 범위 이내일 때 시도한다.
② 앞차가 앞지르기를 하고 있을 때는 시도 금지이다.
③ 앞차의 왼쪽으로는 앞지르기 금지이다.
④ 앞지르기에 필요한 충분한 거리와 시야가 확보되었을 때 시도한다.

➕해설 ③ 앞차의 오른쪽으로는 앞지르기 금지이다.

07 다음 중 기본적인 사고유형에 대한 방어운전 방법으로 옳지 않은 것은?

① 앞차 너머의 상황에 시선을 두지 않는다.
② 정면충돌 사고 시, 핸들 조작의 기본적 동작은 오른쪽으로 한다.
③ 과로를 피하고 심신이 안정된 상태에서 운전한다.
④ 악천후 시, 제동 상태가 나쁠 경우 도로 조건에 맞춰 속도를 낮춘다.

➕해설 ① 앞차 너머의 상황을 살펴 앞차의 행동을 예측하고 대비해야 한다.

08 전방탐색 시 주의 사항으로 옳지 않은 것은?

① 보행자
② 주변 건물의 위치
③ 다른 차로의 차량
④ 대형차에 가려진 것들에 대한 단서

➕해설 전방탐색 시 주의해서 봐야할 것들은 다른 차로의 차량, 보행자, 자전거 교통의 흐름과 신호 등이다. 특히 화물 자동차와 같은 대형차가 있을 때는 대형차에 가려진 것들에 대한 단서에 주의한다.

09 다음 중 예측회피 운전의 방법으로 옳지 않은 것은 무엇인가?

① 상황에 따라 속도를 낮추거나 높이는 결정을 해야 한다.
② 사고 상황이 발생할 경우에 대비하여 진로를 변경한다.
③ 주변에 시선을 두지 않고 전방만 주시해야 한다.
④ 필요할 시 다른 사람에게 자신의 의도를 알려야 한다.

➕해설 예측회피 운전의 기본적 방법
㉠ 속도 가속, 감속 : 때로는 속도를 낮추거나 높이는 결정을 해야 한다.
㉡ 위치 바꾸기(진로 변경) : 사고 상황이 발생할 경우를 대비해서 주변에 긴급 상황 발생시 회피할 수 있는 완충 공간을 확보하면서 운전한다.
㉢ 다른 운전자에게 신호하기 : 가다 서고를 반복하고 수시로 차선변경을 필요로 하는 택시의 운전은 자신의 의도를 주변에 등화 신호로 미리 알려 주어야 한다.

10 방어 운전의 기본 사항 중 옳지 않은 것은?

① 예측 능력과 판단력
② 자기중심적인 빠른 판단
③ 능숙한 운전 기술
④ 반성의 자세

해설 방어 운전의 기본 사항 : 능숙한 운전 기술, 정확한 운전 지식, 세심한 관찰력, 예측 능력과 판단력, 양보와 배려의 실천, 교통상황 정보 수집, 반성의 자세, 무리한 운행 배제

11 주행 중 앞바퀴가 터졌을 시 운전법으로 옳은 것은?

① 미끄러지는 방향으로 핸들을 틀어 대처한다.
② 수시로 브레이크 페달을 밟아 제동이 잘 되는지 확인한다.
③ 핸들을 단단하게 잡아 한 쪽으로 쏠리는 것을 막고 의도한 방향을 유지한 후 감속한다.
④ 다른 차량과 거리를 좁힌다.

해설 ①은 뒷바퀴가 터졌을 시의 요령이다.
②는 미끄럼짐 사고 시의 방어 운전법이다.
④ 다른 차량과는 안전거리를 유지한다.

12 내리막 주행 중 브레이크가 고장 났을 때 취하는 방법 중 옳지 않는 것은?

① 주차 브레이크를 서서히 당긴다.
② 변속장치를 저단으로 변속하여 엔진 브레이크를 활용한다.
③ 풋 브레이크를 여러 번 나누어 밟아본다.
④ 최악의 경우는 피해를 최소화하기 위해 수풀이나 산의 사면으로 핸들을 돌린다.

해설 ③ 풋 브레이크를 과도하게 사용하면 브레이크 이상 현상이 발생한다.

13 미끄러운 눈길에서 자동차를 정지시키고자 할 때 가장 안전한 제동 방법으로 옳은 것은?

① 엔진 브레이크와 핸드 브레이크를 함께 사용한다.
② 풋 브레이크와 핸드 브레이크를 동시에 힘 있게 작용시킨다.
③ 클러치 페달을 밟은 후 풋 브레이크 강하게 한 번에 밟는다.
④ 엔진 브레이크로 속도를 줄인 다음 서서히 풋 브레이크를 사용한다.

14 후미 추돌 사고의 원인으로 옳지 않은 것은?

① 앞차의 과속
② 안전거리 미확보
③ 급제동
④ 전방주시 태만

해설 ① 다른 차량의 끼어들기에 의한 앞차의 급제동 및 감속

15 후미 추돌 사고를 회피하는 방어운전 요령으로 옳지 않은 것은?

① 앞차 너머의 상황을 살펴 앞차의 행동을 예측하고 대비하기
② 앞차의 징후나 신호를 살펴 항상 앞차에 대해 주의하기
③ 위험 상황이 전개될 경우 바로 상대보다 더 빠르게 속도 줄이기
④ 앞차와 바짝 붙어 주행하기

해설 ④ 앞차와 충분한 거리를 유지하기

16 운전 상황별 방어운전 요령으로 옳지 않은 것은?

① 주행 시 속도 조절 : 주행하는 차들과 맞춰 물 흐르듯이 주행
② 차간 거리 : 다른 차량이 끼어들지 못하도록 가급적 밀착하여 주행
③ 앞지르기 할 때 : 반드시 안전을 확보 후, 앞지르기 허용 지역에서 지정된 속도로 주행
④ 주행차로 사용 : 자기 차로를 선택하여 가급적 변경 없이 주행

해설 ② 차간 거리 : 앞차와는 정해진 안전거리를 유지하고, 끼어드는 경우 양보운전으로 안전하게 진입하도록 돕는다.

17 추돌 사고를 발생시키거나 당하지 않는 안전운행 요령이 아닌 것은?

① 적재물이 실린 차를 뒤따르는 경우 평소보다 차간 거리를 더 여유롭게 둔다.
② 앞차와 간격을 좁혀 앞차의 상황을 자세히 주시한다.
③ 가급적 3~4대 앞의 교통상황에도 주의를 기울인다.
④ 앞차의 급제동에 대비하여 안전거리를 유지한다.

해설 ② 앞차와의 간격은 항상 안전거리를 유지해야 한다.

18 시가지 도로 운전 중 안전 운전 방법으로 옳지 않은 것은?

① 교차로에서 성급한 우회전은 금지
② 이면 도로에서 자전거나 이륜차의 갑작스런 회전 등에 대비
③ 교차로에서 황색 신호일 때 모든 차는 정지선 바로 앞에 정지
④ 교차로에서 통과하는 앞차에만 집중하여 따라가기

해설 ④ 시가지 교차로에서는 앞서 통과하는 차량을 맹목적으로 따라가지 않도록 주의한다.

19 다음 중 커브길 주행 방법으로 옳지 않은 것은?

① 감속된 속도에 맞는 기어로 변속
② 엔진 브레이크만으로 속도가 충분히 줄지 않으면 풋 브레이크를 사용해 회전 중에 더 이상 감속하지 않도록 조치
③ 커브 길에 진입하기 전 가속 페달을 밟아 신속히 통과
④ 회전이 끝나는 부분에 도달하였을 때는 핸들을 바르게 위치

해설 ③ 커브 길에 진입하기 전에 경사도나 도로의 폭을 확인하고 가속 페달에서 발을 떼어 엔진 브레이크가 작동되도록 감속한다.

20 교차로 황색신호에서의 방어 운전으로 옳지 않은 것은?

① 이미 교차로 안으로 진입해 있을 때 황색 신호로 변경된 경우 신속히 교차로 밖으로 이동
② 교차로 부근에는 무단 횡단하는 보행자 등 위험 요인이 많으므로 돌발 상황에 대비
③ 모든 차는 정지선 바로 앞에 정지
④ 다른 차량을 방해하지 않도록 가속하여 빠르게 통과

해설 ④ 황색 신호일 때는 멈출 수 있도록 감속하여 접근한다.

21 주행 중 타이어 펑크가 발생하였을 때, 운전자의 올바른 주차 방법이 아닌 것은?

① 저단기어로 변속하고 엔진 브레이크를 사용한다.
② 즉시 급제동하여 차량을 정지시킨다.
③ 조금씩 속도를 떨어뜨려 천천히 도로 가장자리에 멈춰야 한다.
④ 핸들을 꽉 잡고 속도를 줄인다.

22 주행 중 가속 페달에서 발을 떼거나 저단 기어로 변속하여 감속하는 운전방법은 무엇인가?

① 기어 중립
② 주차 브레이크
③ 엔진 브레이크
④ 풋 브레이크

해설 엔진 브레이크는 내리막길이나 악천후로 노면 상태가 미끄러울 때 감속에 용이하다.

23 용어의 설명으로 옳지 않은 것은?

① 슬로우 인 패스트 아웃 – 커브 길에 진입할 때에는 속도를 줄이고, 진출할 때에는 속도를 높이는 것
② 원심력 – 어떠한 물체가 회전운동을 할 때 회전반경 안으로 잡아 당겨지는 힘
③ 아웃 인 아웃 – 차로 바깥쪽에서 진입하여 안쪽, 바깥쪽 순으로 통과하는 것
④ 자동차의 원심력 – 속도의 제곱에 비례하고, 커브의 반경이 짧을수록 커지는 힘

해설 ② 원심력 : 어떠한 물체가 회전운동을 할 때 회전반경으로부터 뛰쳐나가려고 하는 힘

24 오르막길에서의 방어 운전 방법으로 옳지 않은 것은?

① 오르막길의 정상 부근은 시야가 제한되므로 반대 차로의 차량을 대비해 서행한다.
② 정차할 때는 앞차가 뒤로 밀려 충돌할 가능성이 있으므로 충분한 차간 거리를 유지한다.
③ 오르막길에서 부득이하게 앞지르기 할 때는 저단 기어를 사용하지 않는 것이 안전하다.
④ 정차해 있을 때에는 가급적 풋 브레이크와 핸드 브레이크를 동시에 사용한다.

해설 ③ 오르막길에서 부득이하게 앞지르기 할 때에는 힘과 가속이 좋은 저단 기어를 사용하는 것이 안전하다.

25 철길 건널목 통과 시 방어 운전의 요령으로 옳지 않은 것은?

① 건널목 건너편 여유 공간을 확인 후 통과
② 일시 정지 후에는 철도 좌·우의 안전을 확인
③ 철길 건널목에 접근할 때는 속도를 높여 신속히 통과
④ 건널목을 통과할 때는 기어 변속 금지

해설 ③ 철길 건널목에 접근할 때는 속도를 줄여 접근

26 시가지 이면 도로에서의 안전 운전 방법으로 옳지 않은 것은?

① 자전거나 이륜차가 통행하고 있을 때에는 통행 공간을 배려하면서 운행
② 주·정차된 차량이 출발하려고 할 때는 가속하여 신속히 주행
③ 돌출된 간판 등과 충돌하지 않도록 주의
④ 자전거나 이륜차의 갑작스런 회전 등에 대비

해설 ② 주·정차된 차량이 출발하려고 할 때는 감속하여 안전거리를 확보

27 커브길 주행 시 주의 사항으로 옳지 않은 것은?

① 급커브 길 등에서의 앞지르기는 금지 표지가 없어도 전방에 대한 안전 확인 없이는 절대 하지 않는다.
② 회전 중에 발생하는 가속과 감속에 주의해야 한다.
③ 중앙선을 침범하거나 도로의 중앙선으로 치우친 운전은 피한다.
④ 커브 길에서는 차량이 전복될 위험이 증가하므로 급제동할 준비가 돼 있어야 한다.

해설 ④ 커브 길에서는 기상 상태, 노면 상태 및 회전 속도 등에 따라 차량이 미끄러지거나 전복될 위험이 증가하므로 부득이한 경우가 아니면 핸들 조작·가속·제동은 갑작스럽게 하지 않는다.

28 고속도로 진입부에서의 안전 운전 요령으로 옳지 않은 것은?

① 적절한 휴식
② 전 좌석 안전띠 착용
③ 진입 전 가속, 진입 후 감속
④ 전방 주시

해설 ③ 진입 전 천천히 안전하게, 진입 후 빠른 가속한다.

29 운전 중 앞지르기 할 때 발생하기 쉬운 사고 유형으로 옳지 않은 것은?

① 앞지르기 후 본선 진입 시, 앞지르기 당한 차와의 충돌
② 앞지르기를 시도하는 차와 앞지르기 당하는 차의 정면충돌
③ 최초 진로 변경 시, 동일한 방향의 차 혹은 나란히 진행하는 차와의 충돌
④ 중앙선을 넘게 되는 경우, 반대 방향 차와의 충돌

해설 ② 앞지르기를 시도하는 차는 앞지르기 당하는 차와 후미 추돌 사고의 위험이 있다.

30 다음 중 타이어의 역할이 아닌 것은?

① 자동차의 하중을 지탱한다.
② 엔진의 구동력 및 제동력을 노면에 전달한다.
③ 노면으로부터 받은 충격력을 흡수하여 승차감을 저하시킨다.
④ 진행방향을 전환 또는 유지시키는 기능을 한다.

해설 ③ 노면으로부터 전달되는 충격을 완화하여 승차감을 좋게 한다.

31 타이어 공기압 부족 시 발생할 수 있는 현상은?

① 하이드로플레닝 현상
② 스탠딩 웨이브 현상
③ 베이퍼 록 현상
④ 시미현상

● 해설 스탠딩웨이브(Standing wave) : 주행 시 변형과 복원을 반복하는 타이어가 고속 회전으로 인해 속도가 올라가면 변형된 접지부가 복원되기 전에 다시 접지하게 된다. 이때 접지한 곳 뒷부분에서 진동의 물결이 발생하게 된다. 이를 스탠딩웨이브라 한다.

32 야간 운전 시 안전 운전 방법으로 옳지 않은 것은?

① 대향차의 전조등을 직접 바라보지 않는다.
② 전조등 불빛의 방향을 정면으로 향하여 자신의 위치를 알린다.
③ 속도를 줄여 운행한다.
④ 보행자 확인에 더욱 세심한 주의를 기울인다.

● 해설 ② 전조등 불빛의 방향을 아래로 향해야 한다.

33 빗길 운전 시 안전 운전 방법으로 옳지 않은 것은?

① 폭우로 가시거리가 100m 이내인 경우에는 최고 속도의 30%를 줄인 속도로 운행한다.
② 보행자 옆을 통과할 때에는 속도를 줄여 흙탕물이 튀지 않도록 주의한다.
③ 비가 내려 노면이 젖어있는 경우에는 최고 속도의 20%를 줄인 속도로 운행한다.
④ 물이 고인 길을 통과할 때에는 속도를 줄여 저속으로 통과한다.

● 해설 ① 폭우로 가시거리가 100m 이내인 경우 최고 속도의 50%를 줄인 속도로 운행한다.

34 회전 교차로의 통행 방법에 대한 설명으로 옳은 것은?

① 회전 교차로 통과 시 모든 자동차가 중앙 교통섬을 중심으로 시계방향으로 회전하며 통과한다.
② 회전차로 내부에서 주행 중인 차를 방해할 우려가 있을 시 진입을 금지한다.
③ 회전 교차로에 진입할 때는 속도를 높여 진입한다.
④ 회전 중인 자동차는 회전 교차로에 진입하는 자동차에게 양보한다.

● 해설 ① 회전 교차로 통과 시 모든 자동차가 중앙 교통섬을 중심으로 하여 시계 반대 방향으로 회전하며 통과 한다.
③ 회전 교차로에 진입 시 충분히 속도를 줄인 후 진입한다.
④ 회전 교차로에 진입하는 자동차는 회전 중인 자동차에게 양보한다.

35 지방 도로에서의 방어운전으로 옳지 않은 것은?

① 오르막길에서 부득이하게 앞지르기 할 때에는 힘과 가속이 좋은 저단 기어를 사용하는 것이 안전하다.
② 커브길에서 중앙선을 침범하거나 도로의 중앙선으로 치우친 운전은 피한다.
③ 내리막길을 내려갈 때에는 풋 브레이크로만 속도를 조절하는 것이 좋다.
④ 언덕길에서는 도로의 내리막이 시작되는 시점에서 브레이크를 힘껏 밟아 브레이크를 점검한다.

● 해설 ③ 내리막길을 내려갈 때에는 엔진 브레이크로 속도 조절하는 것이 바람직하다.

36 커브길 사고가 빈번한 이유로 옳지 않은 것은?

① 겨울철 커브 길은 노면이 얼어있는 경우가 많기 때문
② 기상 상태, 회전 속도 등에 따라 차량이 미끄러지거나 전복될 위험이 높기 때문
③ 커브 길에서 감속할 경우 차량의 무게 중심이 한쪽으로 쏠리기 때문
④ 커브 길에서는 마찰력이 크게 작용하기 때문

● 해설 ④ 커브 길에서는 원심력이 크게 작용하기 때문이다.

37 다음 설명 중 오르막길 운전방법으로 옳지 않은 것은?

① 뒤로 미끄러지는 것을 방지하기 위해 정지했다가 출발할 때 핸드 브레이크를 사용
② 오르막길에서 부득이하게 앞지르기 할 때 힘과 가속이 좋은 저단 기어를 사용
③ 언덕길에서는 올라가는 차량에게 통행 우선권이 있으므로 내려가는 차량이 양보
④ 정차할 때는 앞차와 충분한 차간 거리를 유지

● 해설 ③ 언덕길에서 올라가는 차량과 내려오는 차량이 교차할 때는 내려오는 차량에게 통행 우선권이 있으므로 올라가는 차량이 양보해야 한다.

38 내리막길에서의 방어 운전에 대한 사항으로 옳지 않은 것은?

① 풋 브레이크를 사용하면 브레이크 이상 현상 예방이 가능
② 경사길 주행 중간에 불필요하게 속도를 줄이거나 급제동하는 것은 주의
③ 비교적 경사가 가파르지 않은 긴 내리막길을 내려갈 때 운전자의 시선은 먼 곳을 응시
④ 도로의 내리막이 시작되는 시점에서 브레이크를 힘껏 밟아 브레이크를 점검

● 해설 ① 엔진 브레이크를 사용하면 페이드 현상 및 베이퍼 록 현상을 예방하여 운행 안전도를 높일 수 있다.

39 브레이크의 올바른 조작 방법으로 옳은 것은?

① 내리막길에서 운행할 때 연료 절약 등을 위해 기어를 중립에 둔다.
② 주행 중에는 핸들을 안정적으로 잡고 변속 기어가 들어가 있는 상태에서 제동한다.
③ 풋 브레이크를 자주 밟으면 안정적 제동이 가능하고, 뒤따라오는 차량에게 안전 조치를 취할 수 있는 시간이 생겨 후미 추돌을 방지할 수 있다.
④ 길이가 긴 내리막 도로에서는 고단 기어로 변속한다.

40 다음 중 내리막길에서 브레이크에 이상 발생 시 요령으로 옳지 않은 것은?

① 풋 브레이크만 과도하게 사용하면 브레이크 이상 현상이 발생하니 주의한다.
② 최악의 경우는 피해를 최소화하기 위해 수풀이나 산의 사면으로 핸들을 돌린다.
③ 변속 장치를 저단으로 변속하여 엔진 브레이크를 활용한다.
④ 속도가 10km 이하가 되었을 때, 주차 브레이크를 서서히 당긴다.

🔎해설 ④ 속도가 30km 이하가 되었을 때, 주차 브레이크를 서서히 당긴다.

41 다음 중 경사로 주차 방법으로 옳지 않은 것은?

① 바퀴를 벽 방향으로 돌려놓아야 한다.
② 변속기 레버를 'P'에 위치시킨다.
③ 받침목까지 뒷바퀴에 대주는 것이 좋다.
④ 수동 변속기의 경우 내리막길에서 위를 보고 주차하는 경우 후진 기어를 넣는다.

🔎해설 ④ 수동 변속기의 경우 내리막길에서 아래를 보고 주차하는 경우 후진 기어를 넣는다.

42 철길 건널목에서의 안전 운전 요령으로 옳지 않은 것은?

① 건널목 건너편 여유 공간을 확인 후 통과
② 일시 정지 후에는 곧바로 신속히 통과
③ 건널목을 통과할 때는 기어 변속 금지
④ 철길 건널목에 접근할 때는 속도를 줄여 접근

🔎해설 ② 일시 정지 후에는 철도 좌·우의 안전을 확인

43 고속도로에서의 안전 운전 방법에 대한 설명 중 옳지 않은 것은?

① 진입 전·후 모두 신속하게 진행한다.
② 앞지르기 상황이 아니면 주행 차로로 주행한다.
③ 전방 주시에 만전을 기한다.
④ 주변 교통 흐름에 따라 적정 속도 유지한다.

🔎해설 ① 진입 전 천천히 안전하게, 진입 후 빠른 가속을 사용해 나온다.

44 고속도로 진출입부에서의 방어 운전 요령으로 옳은 것은?

① 다른 차량의 흐름에 상관없이 자신만의 속도로 진행한다.
② 가속 차로에서는 충분히 속도를 높인다.
③ 진입 후 감속하여 위험을 방지한다.
④ 고속도로에 진입 전에는 빠르게 진입한다.

🔎해설 고속도로 진입 방법
고속도로에 진입할 때는 방향 지시등으로 진입 의사를 표시한 후, 가속 차로에서 충분히 속도를 높인 뒤 주행하는 다른 차량의 흐름을 살펴 안전을 확인 후 진입한다. 진입한 후에는 빠른 속도로 가속해서 교통 흐름에 방해가 되지 않도록 한다.

45 야간에 보행자가 사고 방지를 위해 입으면 좋은 옷 색깔로 가장 적절한 것은?

① 흑색　　　　　　② 적색
③ 회색　　　　　　④ 백색

🔎해설 ② 야간에 식별하기에 용이한 색은 적색, 백색 순이며 흑색이 가장 어려운 색이다.

46 야간 운행 중 마주 오는 대향차의 전조등 불빛으로 인해 운전자의 눈 기능이 순간적으로 저하되는 현상으로 옳은 것은?

① 광막 현상　　　　② 현혹 현상
③ 착시 현상　　　　④ 수막 현상

47 야간 운행 중 마주 오는 대향차의 전조등 불빛으로 인해 도로 보행자의 모습을 볼 수 없게 되는 현상으로 옳은 것은?

① 착시 현상　　　　② 현혹 현상
③ 증발 현상　　　　④ 광막 현상

48 안개길 운전 시 주의사항으로 옳지 않은 것은?

① 전조등, 안개등 및 비상점멸표시등을 켜고 운행한다.
② 앞을 분간하지 못할 정도의 짙은 안개로 운행이 어려울 시 차를 안전한 곳에 세우고 잠시 기다린다.
③ 안개가 짙으면 앞차가 보이지 않으므로 최대한 붙어서 간다.
④ 가시거리가 100m 이내인 경우에는 최고속도를 50% 정도 감속하여 운행한다.

🔎해설 ③ 앞차와의 차간거리를 충분히 확보하고, 앞차의 제동이나 방향 지시등의 신호를 예의 주시하며 운행한다.

49 야간 운전 시 주의 사항으로 옳지 않은 것은?

① 야간에는 시야가 제한됨에 따라 노면과 앞차의 후미등 전방만을 보게 되므로 가시거리가 100m 이내인 경우에는 최고 속도를 20% 정도 감속하여 운행한다.
② 술 취한 사람이 갑자기 도로에 뛰어들거나, 도로에 누워있는 경우가 발생하므로 주의해야 한다.
③ 밤에는 낮보다 장애물이 잘 보이지 않거나, 발견이 늦어 조치 시간이 지연될 수 있다.
④ 원근감과 속도감이 저하되어 과속으로 운행하는 경향이 발생할 수 있다.

🔎해설 ① 야간에는 시야가 제한됨에 따라 노면과 앞차의 후미등 전방만을 보게 되므로 가시거리가 100m 이내인 경우에는 최고 속도를 50% 정도 감속하여 운행한다.

50 야간 운전 시 안전 운전 요령으로 옳지 않은 것은?

① 선글라스를 착용하여 대향차의 전조등에 대비한다.
② 대향차의 전조등을 직접 바라보지 않는다.
③ 해가 지기 시작하면 곧바로 전조등을 켜 다른 운전자들에게 자신을 알린다.
④ 커브 길에서는 상향등과 하향등을 적절히 사용하여 자신이 접근하고 있음을 알린다.

🔎해설 ① 선글라스를 착용하고 운전하지 않는다.

51 야간 및 악천후 시 운전에 대한 설명으로 옳지 않은 것은?

① 대향차의 전조등을 직접 바라보지 않는다.
② 안개 길에서는 가시거리가 100m 이내인 경우에는 최고 속도를 50% 정도 감속 운행한다.
③ 보행자 확인에 더욱 세심한 주의를 기울인다.
④ 비가 내려 노면이 젖어있는 경우에는 최고 속도의 30%를 줄인 속도로 운행한다.

해설 ④ 비가 내려 노면이 젖어있는 경우에는 최고 속도의 20%를 줄인 속도로 운행한다.

52 겨울철 자동차 관리에 필수 사항이 아닌 것은?

① 냉각수　　　　② 와이퍼 액
③ 정온장치　　　　④ 에어컨

53 야간에는 주간에 비해 시야가 전조등의 범위로 한정되는 경향이 있다. 그러므로 주간보다 야간에는 속도를 감속해야 하는데 그 속도로 옳은 것은?

① 주간 속도보다 약 50% 감속
② 주간 속도보다 약 40% 감속
③ 주간 속도보다 약 30% 감속
④ 주간 속도보다 약 20% 감속

54 다음 중 경제 운전 요령에 대한 설명 중 틀린 것은?

① 불필요한 짐은 싣고 다니지 않는다.
② 속도에 따라 엔진에 무리가 없는 범위 내에서 고단기어를 사용한다.
③ 가능한 한 고속 주행으로 목적지까지 빨리 간다.
④ 타이어 공기압력을 적당한 수준으로 유지한다.

55 다음 중 경제운전의 기본 방법으로 옳지 않은 것은?

① 불필요한 공회전을 피한다.　② 급제동을 피한다.
③ 급한 운전을 피한다.　　　④ 고속 주행을 유지한다.

해설 ④ 일정한 차량 속도 (정속 주행)를 유지한다.

56 경제 운전에서는 가·감속이 없는 정속 주행을 해야 한다. 이러한 속도의 명칭은 무엇인가?

① 최고 속도　　　　② 일정 속도
③ 최저 속도　　　　④ 제한 속도

57 다음 중 경제 운전 시 발생하는 요인으로 옳지 않은 것은?

① 운전자 및 승객의 스트레스 감소
② 고장 수리 작업 및 유지관리 작업 등의 시간 손실 증가
③ 공해 배출 등 환경 문제의 감소
④ 차량 구조 장치 내구성 증가

해설 ② 경제 운전 시 차량에 주는 부담이 적어지므로, 고장 수리나 유지관리 때문에 투자하게 되는 시간이 감소한다.

58 경제 운전의 용어 중 연료가 차단된다는 의미로, 관성을 이용한 운전에 속하는 용어는 무엇인가?

① 토-인　　　　② 슬로우-인, 패스트-아웃
③ 퓨얼-컷　　　④ 아웃-인-아웃

해설 퓨얼-컷(Fuel-cut)이란 운전자가 주행하다가 가속 페달을 밟고 있던 발을 떼었을 때, 자동차의 모든 제어 및 명령을 담당하는 컴퓨터인 ECU가 가속 페달의 신호에 따라 스스로 연료를 차단시키는 작업을 말한다. 자동차가 달리고 있던 관성(가속력)에 의해 축적된 운동 에너지의 힘으로 계속 달려가게 되는 경제 운전 방법 중 하나이다.
①은 앞바퀴를 위에서 내려다봤을 때 양쪽 바퀴의 중심선 사이 거리가 뒤쪽보다 앞쪽이 약간 작게 돼 있는 것을 지칭하는 용어이다. ②, ④는 커브 길 주행 시 사용되는 운전 방법을 지칭하는 용어이다.

59 다음 중 경제 운전에 영향을 미치는 요인으로 옳지 않은 것은?

① 운전자의 감정　　　② 도심의 교통 상황
③ 기상 조건　　　　④ 도로 조건

해설 ② 도심은 고밀도 인구에 도로가 복잡하고 교통 체증도 심각한 환경이므로 운전자들이 바쁘고, 그로인해 가속·감속 및 잦은 브레이크에 자동차 연비도 증가한다.
③ 맞바람은 공기 저항을 증가시켜 연료 소모율을 높인다.
④ 도로의 젖은 노면과 경사도는 연료 소모를 증가시킨다.

60 운전 중 정지 시 기본 운행 수칙에 어긋나는 것은?

① 정지를 위한 감속 시, 엔진 브레이크와 고단 기어를 활용한다.
② 미끄러운 노면에서는 제동으로 인해 차량이 회전하지 않도록 주의
③ 정지할 때는 미리 감속하여 급정지로 인한 타이어 흔적이 발생하지 않도록 주의
④ 정지할 때까지 여유가 있는 경우에는 브레이크 페달을 가볍게 2~3회 나누어 밟는 조작을 통해 정지

해설 ① 정지할 때는 미리 감속하여 급정지로 인한 타이어 흔적이 발생하지 않도록 한다. 이때 엔진 브레이크와 저단 기어 변속을 활용하도록 한다.

61 다음 중 앞지르기 시 기본 운행에 관한 설명으로 어긋나는 것은?

① 앞지르기를 할 때는 항상 방향 지시등을 작동시킨다.
② 앞지르기한 후 본 차로로 진입할 때에는 뒤차와의 안전을 고려하여 진입한다.
③ 앞지르기는 허용된 구간에서만 시행한다.
④ 앞 차량의 우측 차로를 통해 앞지르기를 한다.

해설 ④ 앞 차량의 좌측 차로를 통해 앞지르기를 한다.

62 다음 중 진로 변경에 관한 기본 운행 수칙으로 옳지 않은 것은?

① 다른 통행 차량 등에 대한 배려나 양보 없이 본인 위주의 진로 변경을 하지 않는다.
② 일반 도로에서는 차로를 변경하려는 지점에 도착하기 전 30m(고속도로에서는 100m) 이상의 지점에 이르렀을 때 방향 지시등을 작동시킨다.
③ 백색 실선이 설치된 곳에서만 진로를 변경한다.
④ 갑작스럽게 차로 변경을 하지 않는다.

해설 ③ 백색 실선이 설치된 곳에서는 진로를 변경하지 않는다.

63 다음 중 기본 운행 수칙에 따른 올바른 주행 방법으로 옳지 않은 것은?

① 앞차가 급제동할 때 후미를 추돌하지 않도록 안전거리를 유지한다.

② 노면 상태가 불량한 도로에서는 감속하여 주행한다.

③ 해질 무렵, 터널 등 조명 조건이 불량한 경우에는 감속하여 주행한다.

④ 앞뒤로 일정한 간격을 유지하되, 좌·우측 차량과는 밀접한 거리를 유지한다.

해설 ④ 좌·우측 차량과 일정 거리를 유지한다.

64 운행 중 과로나 운전피로로 인해 발생하는 현상은?

① 현혹 현상 　　　　② 증발 현상

③ 졸음 현상 　　　　④ 수막 현상

해설 ①, ②는 야간 운전 시 발생하는 현상이며, ④는 빗길에서 고속주행 시 나타나는 현상이다.

65 다음 중 주차에 관한 기본 운행 수칙으로 옳지 않은 것은?

① 주차가 허용된 지역이나 갓길에 주차한다.

② 도로에서 차가 고장이 일어난 경우에는 안전한 장소로 이동한 후 비상 삼각대와 같은 고장 자동차의 표지를 설치한다.

③ 주행 차로로 주차된 차량의 일부분이 돌출되지 않도록 주의한다.

④ 경사가 있는 도로에 주차할 때에는 밀리는 현상을 방지하기 위해 바퀴에 고임목 등을 설치하여 안전 여부를 확인한다.

해설 ① 주차가 허용된 지역이나 안전한 지역에 주차한다. 갓길 주차는 매우 위험하므로 피한다.

66 다음 중 출발 시 기본 운행 수칙에 어긋나는 행동은?

① 운행을 시작하기 전에 제동등이 점등되는지 확인한다.

② 주차 브레이크가 채워진 상태에서 출발한다.

③ 매일 운행을 시작할 때는 후사경이 제대로 조정되어 있는지 확인한다.

④ 출발 후 진로 변경이 끝나면 신호를 중지한다.

해설 ② 주차 브레이크가 채워진 상태에서는 출발하지 않는다.

67 고속도로 주행 시 연료 절약을 위한 경제속도는?

① 60km/h 　　　　② 80km/h

③ 100km/h 　　　　④ 110km/h

68 차량 운행에 있어 봄철의 계절별 특성에 해당 되는 것은?

① 날씨가 따뜻해짐에 따라 사람들의 활동이 활발함

② 무더운 현상이 지속되는 열대야 현상이 나타남

③ 단풍을 구경하려는 행락객 등 교통수요가 많음

④ 사람, 자동차, 도로환경 등 다른 계절에 비해 열악함

해설 ②는 여름, ③은 가을 ④는 겨울이다.

69 겨울철에 해야 하는 자동차 점검 사항으로 옳지 않은 것은?

① 정온기(온도조절기) 상태 점검

② 월동장비 점검

③ 에어컨 냉매 가스 관리

④ 냉각장치 점검

해설 ③ 여름철 점검 사항이다.

70 습도와 불쾌지수로 인해 사고가 발생하게 되는 계절은?

① 가을

② 봄

③ 겨울

④ 여름

71 보행자의 통행, 교통량이 증가함에 따라 어린이 관련 교통사고가 많이 발생하는 계절은?

① 여름

② 가을

③ 겨울

④ 봄

72 가을철 안전 운행 및 교통사고 예방법으로 옳지 않은 것은?

① 보행자에 주의하여 운행

② 농기계와의 사고 주의

③ 안개 지역을 통과할 때는 고속 운행

④ 행락철에는 단체 여행의 증가로 운전자의 주의력이 산만해질 수 있으므로 주의

해설 ③ 안개 지역을 통과할 때는 감속 운행

73 다음 중 겨울철 안전 운행 및 교통사고 예방법으로 옳지 않은 것은?

① 앞바퀴는 직진 상태로 변경해서 출발

② 충분한 차간 거리 확보 및 감속 운행

③ 도로가 미끄러울 때에는 부드럽게 천천히 출발

④ 다른 차량과 나란히 주행

해설 ④ 다른 차량과 나란히 주행하지 않도록 주의

74 여름철 무더위와 장마로 인해 습도와 불쾌지수가 높아지면 나타날 수 있는 현상으로 옳지 않은 것은?

① 스트레스의 증가로 신체이상이 나타날 수 있다.

② 차량 조작의 민첩성이 떨어지고, 운전 시 예민해진다.

③ 감정에 치우친 운전으로 사고가 발생할 수 있다.

④ 불쾌지수로 인한 예민도가 높아져 주변 상황에 민감하게 대처가 가능하다.

해설 ④ 감정이 예민해져 사소한 일에도 주의를 쏟게 되고, 그로인해 주변 상황에 대한 대처가 저하될 가능성이 높다.

75 다음 중 겨울철 자동차 관리법으로 옳지 않은 것은?

① 히터 및 서리제거 장치를 점검한다.
② 부동액의 양 및 점도를 점검한다.
③ 눈길에 대비하여 바퀴 체인을 구비한다.
④ 온도조절기의 상태를 확인한다.

해설 ①은 가을철 관리법이다.

76 다음 중 봄철 자동차 관리법으로 옳지 않은 것은?

① 월동장비 정리   ② 배터리 및 오일류 점검
③ 에어컨 작동 확인   ④ 에어컨 냉매 가스 관리

해설 ④는 여름철 관리법이다.

77 다음 중 가을철에 자동차 관리 시 요령에 대해 옳은 것은?

① 에어컨 작동 확인
② 정온기(온도조절기) 상태 점검
③ 세차 및 곰팡이 제거
④ 월동장비 점검

해설 ①은 봄철 관리법이고, ②, ④는 겨울철 관리법이다.

78 계절별 교통사고를 예방하기 위한 안전운행 수칙에 대한 설명으로 옳지 않은 것은?

① 봄에는 졸음이 오기 쉬운 계절이므로 과로운전에 주의
② 여름에 주행 중 갑자기 시동이 꺼졌을 경우 더위 때문에 위험하므로 신속하게 재시동
③ 가을에는 단체 여행의 증가로 운전자의 주의력이 산만해질 수 있으므로 주의
④ 겨울에 장거리 운행 시 기상악화나 불의의 사태에 대비

해설 ② 주행 중 갑자기 시동이 꺼졌을 경우 통풍이 잘 되고 그늘진 곳으로 옮겨 열을 식힌 후 재시동을 건다.

79 유턴을 할 수 있는 곳의 도로 표시로 옳은 것은?

① 중앙선이 백색 점선으로 표시된 곳
② 중앙선이 황색 실선으로 표시된 곳
③ 중앙선이 황색 점선으로 표시된 곳
④ 중앙선이 백색 실선으로 표시된 곳

80 앞지르기할 수 있는 곳은?

① 중앙선이 황색실선인 구간
② 중앙선이 황색점선인 구간
③ 백색실선 구간
④ 황색실선과 황색점선의 복선구간

81 베이퍼 록과 페이드 현상에 대한 설명으로 틀린 것은?

① 페이드 현상 등이 발생하면 브레이크가 듣지 않아 대형 사고의 원인이 된다.
② 내리막길을 내려갈 때에는 반드시 핸드 브레이크만 사용해야 한다.
③ 베이퍼 록이란 브레이크를 자주 밟으면 마찰열로 인해 브레이크가 듣지 않는 현상이다.
④ 페이드란 브레이크를 자주 밟으면 마찰열이 브레이크 라이닝 재질을 변화시켜 브레이크가 밀리거나 듣지 않는 현상이다.

해설 ② 길이가 긴 내리막 도로에서는 저단 기어로 변속하여 엔진 브레이크가 작동되게 한다.

82 제동 장치의 마찰부가 과열되어 제동력이 저하되는 현상은?

① 베이퍼 록 현상   ② 페이드 현상
③ 노킹 현상   ④ 오버 히트 현상

83 브레이크슈와 드럼의 과열로 인해 마찰력이 급격히 떨어져 브레이크가 잘 듣지 않게 되는 페이드 현상의 원인은?

① 긴 내리막길에서 풋 브레이크를 한 번에 세게 밟았을 때
② 긴 내리막길에서 엔진 브레이크를 세게 밟았을 때
③ 긴 내리막길에서 풋 브레이크를 남용했을 때
④ 긴 내리막길에서 엔진 브레이크를 남용했을 때

84 수막현상에 대한 대응 방법 중 맞는 것은?

① 과다 마모된 타이어나 재생타이어 사용을 자제한다.
② 출발하기 전 브레이크를 몇 차례 밟아 녹을 제거한다.
③ 엔진 브레이크를 사용하여 저단 기어를 유지한다.
④ 속도를 낮추고 타이어 공기압을 높인다.

85 빗길 속 수막현상에 대한 설명으로 올바르지 않은 것은?

① 속도를 조절할 수 없어 사고가 많이 일어난다.
② 이러한 현상은 시속 90km 이상일 때 많이 일어나지만 물이 고여 있는 곳에서는 더 낮은 속도에서도 나타난다.
③ 타이어가 새 것일수록 이러한 현상이 많이 나타난다.
④ 타이어와 노면과의 사이에 물막이 생겨 자동차가 물 위에 뜨는 현상이 나타난다.

86 스탠딩 웨이브 현상이 일어나는 원인이 아닌 것은?

① 속도가 빠를 때   ② 타이어 공기압이 낮을 때
③ 타이어가 펑크 났을 때 ④ 빗길일 때

87 자동차의 동력 전달 장치에 대한 설명으로 옳은 것은?

① 동력을 주행 상황에 맞는 적절한 상태로 변화를 주어 바퀴에 전달하는 장치
② 자동차의 진행 방향을 운전자가 의도하는 바에 따라 임의로 조작할 수 있는 장치
③ 노면으로부터 발생하는 진동이나 충격을 완화시켜 자동차를 보호하고 주행 안전성을 향상시키는 장치
④ 자동차의 주행과 주행에 필요한 보조 장치들을 작동시키기 위한 동력을 발생시키는 장치

해설 ②는 조향 장치, ③은 현가장치, ④는 동력 발생 장치이다.

88 타이어의 기능으로 옳지 않은 것은?

① 자동차의 진행 방향을 전환 또는 유지
② 자동차의 동력을 발생
③ 자동차의 하중을 지탱
④ 엔진의 구동력 및 브레이크의 제동력을 노면에 전달

🔍해설 ②는 동력 발생 장치에 대한 설명이다. 타이어는 노면으로부터 전달되는 충격을 완화하는 기능도 있다.

89 자동 변속기 차량의 엔진 시동 순서로 옳은 것은?

① 시동키 작동 → 브레이크 밟음 → 변속 레버의 위치 확인 → 핸드브레이크 확인
② 핸드브레이크 확인 → 브레이크 밟음 → 변속 레버의 위치 확인 → 시동키 작동
③ 핸드브레이크 확인 → 브레이크 밟음 → 시동키 작동 → 변속 레버의 위치 확인
④ 브레이크 밟음 → 핸드브레이크 확인 → 변속 레버의 위치 확인 → 시동키 작동

90 타이어 마모 시 발생하는 현상으로 옳지 않은 것은?

① 빗길에서의 빈번한 미끄러짐
② 수막현상
③ 제동거리의 증가
④ 브레이크의 성능 증가

91 튜브리스타이어에 대한 설명으로 옳지 않은 것은?

① 펑크 수리가 간단하고, 작업 능률이 향상됨
② 튜브 타이어에 비해 공기압을 유지하는 성능이 떨어짐
③ 못에 찔려도 공기가 급격히 새지 않음
④ 유리 조각 등에 의해 손상되면 수리가 곤란

🔍해설 ② 튜브 타이어에 비해 공기압을 유지하는 성능이 우수

92 바이어스 타이어의 대한 것으로 옳은 것은?

① 스탠딩 웨이브 현상이 잘 일어나지 않음
② 오랜 연구 기간의 연구 성과로 인해 전반적으로 안정된 성능을 발휘
③ 현재는 타이어의 주류로 주목받고 있음
④ 저속 주행 시 조향 핸들이 다소 무거움

🔍해설 ①, ④는 레디얼 타이어에 관한 설명이다.
• 바이어스 타이어
  ㉠ 오랜 연구 기간의 연구 성과로 인해 전반적으로 안정된 성능을 발휘
  ㉡ 현재는 타이어의 주류에서 서서히 밀리고 있음

93 수막현상의 예방법으로 옳지 않은 것은?

① 배수 효과가 좋은 타이어를 사용
② 마모된 타이어 사용 금지
③ 고속 주행
④ 공기압을 조금 높임

🔍해설 ③ 저속 주행

94 레디얼 타이어의 설명으로 옳은 것은?

① 림이 변형되면 타이어와의 밀착 불량으로 공기가 새기 쉬워짐
② 회전할 때 구심력이 좋음
③ 주행 중 발생하는 열의 발산이 좋아 발열이 적음
④ 유리 조각 등에 의해 손상되면 수리가 곤란

🔍해설 ①, ③, ④는 튜브리스타이어에 대한 설명이다.

95 주행 시 변형과 복원을 반복하는 타이어가 고속 회전으로 인해 속도가 올라가면 변형된 접지부가 복원되기 전에 다시 접지하게 된다. 이때 접지한 곳 뒷부분에서 진동의 물결이 발생하게 되는데, 이를 무엇이라 하는가?

① 페이드 현상   ② 스탠딩웨이브 현상
③ 수막현상   ④ 베이퍼록 현상

🔍해설 ①, ④는 브레이크 이상 현상이고, ③은 빗길에서의 타이어 이상으로 인한 현상이다.

96 스탠딩웨이브 현상의 원인으로 옳지 않은 것은?

① 타이어의 펑크
② 고속으로 2시간 이상 주행 시 타이어에 축적된 열
③ 배수 효과가 나쁜 타이어
④ 타이어의 공기압 부족

🔍해설 ③은 수막현상의 원인이다.

97 다음 중 스노 타이어에 대한 설명으로 옳지 않은 것은?

① 견인력 감소를 막기 위해 천천히 출발해야 함
② 눈길 미끄러짐을 막기 위한 타이어로, 바퀴가 고정되면 제동 거리가 길어짐
③ 트레드 부위가 30% 이상 마멸되면 제 기능을 발휘하지 못함
④ 구동 바퀴에 걸리는 하중을 크게 해야 함

🔍해설 ③ 트레드 부위가 50% 이상 마멸되면 제 기능을 발휘하지 못함

98 자동차 클러치가 미끄러지는 원인으로 옳지 않은 것은?

① 오일이 묻은 클러치 디스크
② 강한 클러치 스프링의 장력
③ 자유간극 (유격)이 없는 클러치 페달
④ 마멸이 심각한 클러치 디스크

🔍해설 ② 클러치 스프링의 장력이 약할 때 발생한다.

99 자동 변속기의 장점과 단점에 대한 설명으로 옳지 않은 것은?

① 연료 소비율이 약 10% 정도 많아진다.
② 충격이나 진동이 적다.
③ 구조가 복잡하고 가격이 비싸다.
④ 발진과 가속·감속이 원활하지 못해 승차감이 떨어진다.

🔍해설 ④ 발진과 가속·감속이 원활하여 승차감이 좋다.

100 변속기에 대한 설명으로 옳지 않은 것은?

① 엔진과 차축 사이에서 회전력을 변환시켜 전달해준다.
② 엔진을 시동할 때 엔진을 무부하 상태로 만들어준다.
③ 노면으로부터 발생하는 진동이나 충격을 완화시킨다.
④ 자동차를 후진시키기 위하여 필요하다.
⊕해설 ③ 현가장치에 대한 설명이다.

101 다음 중 현가장치의 구성품으로 옳지 않은 것은?

① 쇽업소버
② 캠버
③ 스프링
④ 스태빌라이저
⊕해설 ② 조향 장치에 속한다.

102 스프링의 종류에 관한 설명 중, 잘못 짝지어진 것은?

① 공기 스프링 – 차체의 기울기를 감소시킴
② 코일 스프링 – 승용차에 많이 사용
③ 토션바 스프링 – 진동의 감쇠 작용이 없어 쇽업소버를 병용
④ 판 스프링 – 버스나 화물차에 사용
⊕해설 ① 쇽업소버에 관한 설명이다. 공기 스프링은 스프링의 세기가 하중과 거의 비례해서 변화하는 특징이 있다.

103 현가장치의 주요 기능으로 옳지 않은 것은?

① 타이어의 접지 상태를 유지
② 올바른 휠 밸런스 유지
③ 차체의 무게를 지탱
④ 엔진의 구동력 및 브레이크의 제동력을 노면에 전달
⊕해설 ④는 타이어의 기능이다.

104 자동차의 진행 방향을 운전자가 의도하는 바에 따라 임의로 조작할 수 있는 장치로 앞바퀴의 방향을 바꿀 수 있는 장치를 무엇이라 하는가?

① 제동 장치
② 현가장치
③ 조향 장치
④ 동력 전달 장치

105 조향 장치 중 조향하였을 때 직진 방향으로의 복원력을 부여하는 장치는 무엇인가?

① 토인
② 캠버
③ 조향축
④ 캐스터

106 조향 장치 중 조향 핸들 조작을 가볍게 하고, 수직 방향 하중에 의한 앞 차축의 휨을 방지하는 장치는 무엇인가?

① 토인
② 캠버
③ 캐스터
④ 조향축

107 주행 자동차를 감속 또는 정지시키고 동시에 주차 상태를 유지하기 위해 사용하는 자동차 구조 장치를 무엇이라 하는가?

① 현가장치
② 동력 발생 장치
③ 조향 장치
④ 제동 장치

108 제동 장치 ABS(Anti-lock Break System)의 특징으로 옳은 것은?

① 노면이 비에 젖으면 제동 효과가 떨어짐
② 자동차의 방향 안정성, 조종 성능을 확보해 줌
③ 뒷바퀴의 고착에 의한 조향 능력 상실 방지
④ 경우에 따라 바퀴의 미끄러짐이 다소 발생함
⊕해설 ABS(Anti-lock Break System)
'기계'와 '노면의 환경'에 따른 제동 시 바퀴의 잠김 순간을 컴퓨터로 제어해 1초에 10여 차례 이상, 브레이크 유압을 통해 바퀴가 잠기기 직전 풀고 잠그고를 반복하는 기능으로, 차량 급제동 시 차체는 주행함에도 바퀴가 잠기는 상태를 방지하는 시스템
㉠ 바퀴의 미끄러짐이 없는 제동 효과를 얻을 수 있음
㉡ 자동차의 방향 안정성, 조종 성능을 확보해 줌
㉢ 앞바퀴의 고착에 의한 조향 능력 상실 방지
㉣ 노면이 비에 젖더라도 우수한 제동 효과를 얻을 수 있음

109 운행 전 차량 외관 점검 사항으로 옳지 않은 것은?

① 유리의 상태 및 손상 여부
② 차체의 기울기 여부
③ 액셀레이터 페달 상태
④ 휠 너트의 조임 상태
⊕해설 ③ 액셀레이터 페달 상태는 운행 중 출발 전에 하는 점검 사항이다.

110 운행 전 차량 엔진 점검 시 확인해야 할 사항으로 옳지 않은 것은?

① 각종 벨트의 장력 상태 및 손상의 여부
② 냉각수의 적당량과 변색 유무
③ 배선의 정리, 손상, 합선 등의 누전 여부
④ 연료의 게이지량
⊕해설 ④는 운행 전 자동차 점검 중 운전석에서 점검할 사항이다.

111 운행 중에 해야 할 점검 사항 중 출발 전 점검 사항으로 옳지 않은 것은?

① 공기 압력 상태
② 시동 시 잡음 유무
③ 브레이크 페달 상태
④ 휠 너트의 조임 상태
⊕해설 ④는 운행 전에 해야 할 점검 사항 중 외관 점검에 해당한다.

112 자동차 일상 점검 시의 주의사항으로 옳지 않은 것은?

① 경사가 없는 평탄한 장소에서 점검
② 점검은 항상 밀폐 된 공간에서 시행
③ 검사 시에는 반드시 엔진의 시동을 끈 후 점검
④ 변속 레버를 '주차'에 위치시킨 후 주차 브레이크 걸기
⊕해설 ② 점검은 항상 환기가 잘 되는 장소에서 시행

113 다음의 일상 점검 내용 중 엔진 룸 내부에 관한 점검 내용이 아닌 것은?

① 변속기 오일
② 라디에이터 상태
③ 윈도 워셔액
④ 배기가스의 색깔

🔍해설 ④ 자동차 외관의 배기가스 관련 점검 사항이다.

114 운행 중에 하는 점검 중 출발 전 점검 사항으로 옳은 것은?

① 동력 전달 이상 유무
② 등화 장치 이상 유무
③ 계기 장치 위치
④ 배선 상태

🔍해설 ①, ③은 운행 중 점검 사항, ④는 운행 후 점검 사항이다.

115 일상적으로 점검해야 하는 사항 중 운전석에서 검사할 사항으로 옳지 않은 것은?

① 라이트의 점등 상황
② 브레이크 페달의 밟히는 정도
③ 와이퍼 정상 작동 여부
④ 오작동 신호 확인

🔍해설 ①은 일상 점검 중 자동차의 외관에서 검사할 사항이다.

116 다음 중 운행 중 안전 수칙에 어긋나는 행동은 무엇인가?

① 창문 밖으로 신체의 일부를 내밀지 않는다.
② 문이 잘 닫혔는지 확인 후 운전한다.
③ 급한 용무가 있을 때는 잠시 핸드폰을 사용한다.
④ 높이 제한이 있는 도로에서는 차의 높이에 주의한다.

🔍해설 ③ 핸드폰 사용을 금지한다.

117 다음 중 운행 후의 안전 수칙으로 옳지 않은 것은?

① 워밍업이나 주·정차를 할 때는 배기관 주변을 확인한다.
② 점검이나 워밍업 시도는 반드시 밀폐된 공간에서 한다.
③ 차에서 내리거나 후진할 경우 차 밖의 안전을 확인한다.
④ 주행 종료 후에도 긴장을 늦추지 않는다.

🔍해설 ② 밀폐된 곳에서는 점검이나 워밍업 시도를 금한다.

118 다음은 주차 시 안전 수칙에 관한 설명이다. 안전 수칙을 위반한 경우는 무엇인가?

① 오르막길 주차는 1단, 내리막길 주차는 후진에 기어를 놓고, 바퀴에는 고임목을 설치한다.
② 가능한 편평한 곳에 주차한다.
③ 습하고 통풍이 없는 차고에는 주차하지 않는다.
④ 주차 브레이크는 상황에 따라 작동시킨다.

🔍해설 ④ 반드시 주차 브레이크를 작동시킨다.

119 다음 자동차 관리 요령 중 세차해야 하는 시기에 관한 설명으로 옳지 않은 것은?

① 해안 지대를 주행하였을 경우
② 아스팔트 공사 도로를 주행하였을 경우
③ 차체가 열기로 뜨거워졌을 경우
④ 진흙 및 먼지 등으로 심하게 오염되었을 경우

120 다음 중 LPG 자동차의 일반적 특성으로 옳지 않은 것은?

① 원래 무색무취의 가스이나 가스누출 시 위험을 감지할 수 있도록 부취제가 첨가 됨
② 감압 또는 가열 시 쉽게 기화되며 발화하기 쉬우므로 취급 주의
③ 과충전 방지 장치가 내장돼 있어 75% 이상 충전되지 않으나 약 70%가 적정
④ 주성분은 부탄과 프로판의 혼합체

🔍해설 ③ 과충전 방지 장치가 내장돼 있어 85% 이상 충전되지 않으나 약 80%가 적정

121 다음 중 LPG 자동차의 장·단점에 관한 설명이다. 잘못된 설명은 무엇인가?

① 연료비가 적게 들어 경제적
② 가스 누출 시 가스가 잔류하여 점화원에 의해 폭발의 위험성이 있음
③ LPG 충전소가 적어 연료 충전이 불편
④ 유해 배출 가스량이 높음

🔍해설 ④ 유해 배출 가스량이 적음

122 LPG 자동차 주행 중 준수사항으로 잘못된 것은?

① LPG 용기의 구조상 급가속, 급제동, 급선회 및 경사로를 지속 주행할 시 경고등이 점등될 우려가 있으나 이상 현상은 아니다.
② 주행 상태에서 계속 경고등이 점등되면 바로 연료를 충전한다.
③ 주행 중 갑자기 시동이 꺼졌을 경우 통풍이 잘 되고 그늘진 곳으로 옮겨 열을 식힌 후 재시동한다.
④ 주행 중에는 LPG 스위치에 손을 대지 않는다.

🔍해설 ③은 여름철 안전 운행 및 교통사고 예방 수칙이다.

123 엔진 과열 시 조치 사항에 관한 내용으로 짝지어진 내용 중 옳지 않은 것은?

① 느슨한 팬벨트의 장력 - 적정 공기압으로 조정
② 냉각수 부족 및 누수 - 냉각수 보충 및 누수 부위 수리
③ 라디에이터 캡의 완전한 장착 - 라디에이터 캡의 완전한 장착
④ 냉각팬 작동 불량 - 냉각팬, 전기배선 등의 수리

🔍해설 ① 느슨한 팬벨트의 장력 - 팬벨트 장력 조정

124 배기가스의 색이 검을 때 추정해 볼 수 있는 원인과 할 수 있는 조치 방법은?

① 연료 부족 – 연료 보충 후 공기 배출
② 연료 누출 – 연료 계통 점검 및 누출 부위 정비
③ 비정상적인 밸브 간극 – 밸브 간극 조정
④ 공기 누설 – 브레이크 계통 점검 후 다시 조임

⊙해설 ①은 시동 모터가 작동되나 시동이 걸리지 않는 상황
②는 연료 소비량이 많은 상황
④는 브레이크의 제동 효과가 나쁜 상황

125 타이어 펑크 시 조치 사항으로 옳지 않은 것은?

① 브레이크를 밟아 차를 도로 옆 평탄하고 안전한 장소에 주차 후 주차 브레이크 당기기
② 밤에는 사방 500m 지점에서 식별 가능한 적색 섬광 신호, 전기제등 또는 불꽃 신호 추가 설치
③ 핸들이 돌아가지 않도록 견고하게 잡고, 비상 경고등 작동
④ 잭으로 차체를 들어 올릴 시 교환할 타이어의 반대편 쪽 타이어에 고임목 설치

⊙해설 ④ 잭으로 차체를 들어 올릴 시 교환할 타이어의 대각선 쪽 타이어에 고임목 설치

126 잭을 사용할 때 주의해야 할 사항으로 옳지 않은 것은?

① 잭 사용 시 후륜의 경우에는 리어 액슬 윗부분에 설치
② 잭으로 차량을 올린 상태일 때 차량 하부로 들어가면 위험
③ 잭 사용 시 시동 금지
④ 잭 사용 시 평탄하고 안전한 장소에서 사용

⊙해설 ① 잭 사용 시 후륜의 경우에는 리어 액슬 아랫부분에 설치

127 LPG 자동차 주차 요령으로 옳은 것은?

① 장시간 주차 시 연료 충전 밸브(적색)를 잠가야 한다.
② 주차 시, 지하 주차장이나 밀폐된 장소 등에 주차한다.
③ 연료 출구 밸브(적색, 황색)를 반시계 방향으로 돌려 잠근다.
④ 옥외 주차 시에는 엔진룸의 위치가 건물 벽을 향하도록 주차한다.

⊙해설 LPG 자동차 주차 시 준수 사항
㉠ 지하 주차장이나 밀폐된 장소 등에 장시간 주차하지 말아야 하고 장시간 주차 시 연료 충전 밸브(녹색)를 잠가야 한다.
㉡ 연료 출구 밸브(적색, 황색)를 시계 방향으로 돌려 잠근다.
㉢ 가급적 환기가 잘되는 건물 내 또는 지하 주차장에 주차 하거나 옥외 주차 시에는 엔진룸의 위치가 건물 벽을 향하도록 주차한다.

128 다음 중 LPG 연료 충전 방법으로 옳지 않은 것은?

① 연료를 충전하기 전에 반드시 시동을 끈다.
② LPG 주입 뚜껑을 열어, LPG 충전량이 85%를 초과하지 않도록 충전한다.
③ 밀폐된 공간에서는 충전하지 않는다.
④ 연료 출구 밸브(적색, 황색)를 연다.

⊙해설 출구 밸브 핸들(적색)을 잠근 후, 충전 밸브 핸들(녹색)을 연다.

129 다음 중 정밀검사 대상 자동차에 속하지 않는 것은 무엇인가?

① 차령이 4년 초과인 비사업용 경형·소형의 승합 및 화물 자동차
② 차령이 2년 미만인 사업용 승용 자동차
③ 차령이 4년 초과인 비사업용 승용 자동차
④ 차령이 2년 초과 사업용 대형 화물 자동차

⊙해설 ② 차령이 2년 초과인 사업용 승용 자동차

130 사업용 승용 자동차의 검사 유효기간으로 옳은 것은?

① 5년 　　　　② 3년
③ 1년 　　　　④ 2년

⊙해설 ③ 단, 신조차로서 신규 검사를 받은 것으로 보는 자동차의 최초 검사 유효기간은 2년이다.

131 튜닝 승인 불가 항목으로 옳지 않은 것은?

① 튜닝 전보다 성능 또는 안전도가 저하될 우려가 있는 경우의 튜닝
② 총중량이 감소하는 튜닝
③ 승차 정원 또는 최대 적재량의 증가를 가져오는 승차 장치 또는 물품 적재 장치의 튜닝
④ 자동차의 종류가 변경되는 튜닝

⊙해설 ② 총중량이 증가되는 튜닝

132 자동차 보험 중 대인 배상Ⅰ(책임 보험)에 미가입시 부과되는 벌금으로 옳은 것은?

① 400만 원 이하 벌금
② 500만 원 이하 벌금
③ 200만 원 이하 벌금
④ 300만 원 이하 벌금

133 자동차 보험 중 대인 배상Ⅱ가 보상하는 손해가 아닌 것은?

① 사망(2017년 이후)
② 부상
③ 후유 장애
④ 무면허 운전을 하거나 무면허 운전을 승인한 사람

⊙해설 자동차 보험 중 대인 배상Ⅱ가 보상하지 않는 손해
㉠ 기명 피보험자 또는 그 부모, 배우자 및 자녀
㉡ 피보험 자동차를 운전 중인 자(운전 보조자 포함) 및 그 부모, 배우자, 자녀
㉢ 허락 피보험자 또는 그 부모, 배우자, 자녀
㉣ 피보험자의 피용자로서 산재 보험 보상을 받을 수 있는 사람. (단, 산재 보험 초과 손해는 보상)
㉤ 피보험자의 동료로서 산재 보험 보상을 받을 수 있는 사람
㉥ 무면허 운전을 하거나 무면허 운전을 승인한 사람
㉦ 군인, 군무원, 경찰 공무원, 향토 예비군 대원이 전투 훈련 기타 직무 집행과 관련하거나 국방 또는 치안 유지 목적상 자동차에 탑승 중 전사, 순직 또는 공상을 입은 경우 보상하지 않음

제1장  여객운수종사자의 기본자세

제1절 서비스의 개념과 특징

01. 서비스의 개념

1) 한 당사자가 다른 당사자에게 소유권의 변동 없이 제공해 줄 수 있는 무형의 행위 또는 활동
2) 여객운송업에 있어 서비스란 긍정적인 마음을 적절하게 표현하여 승객을 편안하고 안전하게 목적지까지 이동시키는 것으로 말과 이론이 아닌 감정과 행동이 수반되는 응대
① 서비스란 승객의 편익을 도모하기 위해 행동하는 정신적·육체적 노동
② 서비스도 하나의 상품으로 서비스 품질에 대한 승객만족을 위해 계속적으로 승객에게 제공하는 모든 활동을 의미
③ 여객운송서비스는 택시를 이용하여 승객을 출발지에서 최종목적지까지 이동시키는 상업적 행위를 말하며, 택시를 이용하여 승객이 원하는 구간으로 이동시키는 서비스를 제공하는 행위 그 자체를 의미

02. 올바른 서비스 제공을 위한 5요소

① 단정한 용모 및 복장
② 밝은 표정
③ 공손한 인사
④ 친근한 말
⑤ 따뜻한 응대

03. 서비스의 특징

① 무형성 : 눈에 보이지 않음
② 동시성 : 생산과 소비가 동시에 발생하므로 재고가 발생하지 않음
③ 인적 의존성 : 사람에 의존
④ 소멸성 : 즉시 사라짐
⑤ 무소유권 : 소유가 불가
⑥ 변동성 : 운송 서비스의 소비 활동은 택시 실내의 공간적 제약 요인으로 인해 상황의 발생 정도에 따라 시간, 요일 및 계절별로 변동성을 가질 수 있음
⑦ 다양성 : 승객 욕구의 다양함과 감정의 변화, 서비스 제공자에 따라 상대적이며, 승객의 평가 역시 주관적이어서 일관되고 표준화된 서비스 질을 유지하기 어려움

제2절 승객 만족

01. 기본 예절

① 승객을 기억하기

② 자신만 챙기는 이기주의는 바람직한 인간관계 형성의 저해 요소
③ 약간의 어려움을 감수하는 것은 좋은 인간관계 유지를 위한 투자
④ 예의란 인간관계에서 지켜야할 도리
⑤ 연장자는 사회의 선배로서 존중하고, 공·사를 구분하여 예우
⑥ 상스러운 말의 금지
⑦ 승객을 향한 관심은 승객으로 하여금 나를 향한 호감을 불러일으킴
⑧ 관심을 통해 인간관계는 더욱 성숙함
⑨ 승객의 입장을 이해하고 존중
⑩ 승객의 여건, 능력, 개인차를 인정하고 배려
⑪ 승객의 결점 지적 시 진지한 충고와 격려가 동반돼야 함
⑫ 승객을 존중하는 것은 돈 한 푼 들이지 않고 승객을 접대하는 효과를 가져옴
⑬ 모든 인간관계는 성실을 바탕으로 함
⑭ 항상 변함없는 진실한 마음으로 승객을 대하기

02. 승객의 욕구

① 환영받길 원함
② 중요한 사람으로 인식되길 원함
③ 편안해지고자 함
④ 존중받길 원함
⑤ 기대와 욕구가 수용되고 인정받길 원함

03. 승객만족을 위한 기본예절

① 승객을 환영한다.
　㉠ 승객을 환영한다는 것은 인간관계의 기본조건.
　㉡ 승객을 기쁜 마음으로 환대해야 서비스 시작
　㉢ 승객에 대한 관심을 표현함으로써 승객과의 관계는 더욱 가까워짐
② 자신의 입장에서만 생각하는 태도는 승객만족의 저해요소이다.
③ 약간의 어려움을 감수하는 것은 승객과 좋은 관계로 지속적인 고객을 투자이다.
④ 예의란 인간관계에서 지켜야할 도리이다.
⑤ 연장자는 사회의 선배로서 존중하고, 공·사를 구분하여 예우한다.
⑥ 상대가 불쾌하거나 불편해하는 말은 하지 않는다.
⑦ 승객에게 관심을 갖는 것은 승객으로 하여금 좋은 이미지를 갖게 한다.
⑧ 관심을 가짐으로써 승객과의 관계는 친숙해 질 수 있다.
⑨ 승객의 입장을 이해하고 존중한다.
⑩ 승객의 여건, 능력, 개인차를 수용하고 배려한다.
⑪ 승객을 존중하는 것은 돈 한 푼 들이지 않고 승객을 접대하는 효과가 있다.
⑫ 모든 인간관계는 성실을 바탕으로 한다.
⑬ 한결같은 마음으로 진정성 있게 승객을 대한다.

제3절 승객을 위한 행동예절

01. 인사

1 인사의 개념

인사는 서비스의 첫 동작이자 마지막 동작으로 서로 만나거나 헤어질 때 말·태도 등으로 존경, 사랑, 우정을 표현하는 행동양식이다. 상대의 인격을 존중하고 배려하기 위한 수단으로 마음, 행동, 말씨가 일치되어 승객에게 환대, 환송의 뜻을, 상사에게는 존경심을, 동료에게는 우애와 친밀감을 표현할 수 있는 수단이다.

2 올바른 인사

① 밝고 부드러운 미소 (표정)

② 고개는 반듯하게 들되, 턱을 내밀지 않고 자연스럽게 당긴 상태 (고개)

③ 인사 전·후에 상대방의 눈을 정면으로 바라보며, 진심으로 존중하는 마음을 눈빛에 담기 (시선)

④ 머리와 상체는 일직선이 된 상태로 천천히 숙이기 (머리와 상체)

⑤ 남자는 가볍게 쥔 주먹을 바지 재봉 선에 자연스럽게 붙이고 주머니에 손 넣지 않기 (손)

⑥ 뒤꿈치를 붙이되, 양발의 각도는 여자 15°, 남자 30° 정도 유지 (발)

⑦ 적당한 크기와 속도의 자연스러운 음성 (음성)

⑧ 본 사람이 먼저 하는 것이 좋으며, 상대방이 먼저 인사한 경우에는 응대 (인사)

3 잘못된 인사

① 턱을 쳐들거나 눈을 치켜뜨는 인사

② 할까 말까 망설이는 인사

③ 성의 없이 말로만 하는 인사

④ 무표정한 인사

⑤ 경황없이 급히 하는 인사

⑥ 뒷짐을 지고 하는 인사

⑦ 상대방 눈을 보지 않는 인사

⑧ 자세가 흐트러진 인사

⑨ 머리만 까딱거리는 인사

⑩ 고개를 옆으로 돌리고 하는 인사

02. 호감받는 표정 관리

1 시선 처리

① 자연스럽고 부드러운 시선으로 응시

② 눈동자는 항상 중앙에 위치

③ 가급적 승객의 눈높이와 맞추기

> 😠 승객이 싫어하는 시선
>
> ㉠ 위로 치켜뜨는 눈
> ㉡ 곁눈질
> ㉢ 한 곳만 응시하는 눈
> ㉣ 위·아래로 훑어보는 눈

2 좋은 표정 만들기

① 밝고 상쾌한 표정

② 얼굴 전체가 웃는 표정

③ 돌아서면서 굳어지지 않는 표정

④ 가볍게 다문 입

⑤ 양 꼬리가 올라간 입

3 잘못된 표정

① 상대의 눈을 보지 않는 표정

② 무관심하고 의욕 없는 표정

③ 입을 일자로 굳게 다문 표정

④ 갑자기 자주 변하는 표정

⑤ 눈썹 사이에 세로 주름이 지는 찡그리는 표정

⑥ 코웃음을 치는 것 같은 표정

4 승객 응대 마음가짐 10가지

① 사명감 가지기

② 승객의 입장에서 생각하기

③ 원만하게 대하기

④ 항상 긍정적인 생각하기

⑤ 승객이 호감을 갖게 만들기

⑥ 공사를 구분하고 공평하게 대하기

⑦ 투철한 서비스 정신을 가지기

⑧ 예의를 지켜 겸손하게 대하기

⑨ 자신감을 갖고 행동하기

⑩ 부단히 반성하고 개선하기

03. 용모 및 복장

첫인상과 이미지에 영향을 미치는 중요한 사항

1 복장의 기본 원칙

① 깨끗함

② 단정함

③ 품위있게

④ 규정에 적합함

⑤ 통일감있게

⑥ 계절에 적합함

⑦ 편한 신발 (단, 샌들이나 슬리퍼는 금지)

2 불쾌감을 주는 주요 몸가짐

① 충혈 된 눈

② 잠잔 흔적이 남아 있는 머릿결

③ 정리되지 않은 덥수룩한 수염

④ 길게 자란 코털

⑤ 지저분한 손톱

⑥ 무표정한 얼굴

04. 언어 예절

1 대화의 원칙

① 밝고 적극적인 어조

② 공손한 어조

③ 명료한 어투

④ 품위 있는 어조

2 승객에 대한 호칭과 지칭

① 누군가를 부르는 말은 그 사람에 대한 예의를 반영하므로 매우 조심스럽게 사용

② '고객'보다는 '승객'이나 '손님'이란 단어를 사용하는 것이 바람직

③ 나이 드신 분들은 '어르신'으로 호칭하거나 지칭

④ '아줌마', '아저씨'는 하대하는 인상을 주기 때문에 호칭이나 지칭으로 사용 자제

⑤ 초등학생과 미취학 어린이는 호칭 끝에 '어린이', '학생' 등의 호칭이나 지칭을 사용

⑥ 중·고등학생은 호칭 끝에 '승객'이나 '손님' 등 성인에 준하는 호칭이나 지칭을 사용

❸ 주의 사항

① 듣는 입장
  ㉠ 무관심한 태도 금물
  ㉡ 불가피한 경우를 제외하고 가급적 논쟁 금물
  ㉢ 상대방 말을 중간에 끊거나 말참견 금물
  ㉣ 다른 곳을 보면서 듣거나 말하기 금물
  ㉤ 팔짱 끼거나 손장난 금물

② 말하는 입장
  ㉠ 함부로 **불평불만** 말하기 금물
  ㉡ 전문적인 용어나 외래어 남용 금물
  ㉢ 욕설, 독설, 험담, 과장된 몸짓 금물
  ㉣ 중상모략의 언동 금물
  ㉤ 쉽게 감정에 치우치고 흥분하기 금물
  ㉥ 손아랫사람이라 할지라도 언제나 농담 조심
  ㉦ 함부로 단정하고 말하기 금물
  ㉧ 상대방의 약점을 잡는 언행 주의
  ㉨ 일반화의 오류 주의
  ㉩ 도전적 말하기, 태도 그리고 버릇 조심
  ㉪ 일방적인 말하기 주의

제2장 운송사업자 및 운수종사자 준수 사항

제1절 운송사업자 준수 사항

01. 일반적인 준수사항

① 운송사업자는 노약자·장애인 등에 대해서는 **특별한 편의**를 제공해야 한다.
② 운송사업자는 여객에 대한 서비스의 향상 등을 위하여 관할 관청이 필요하다고 인정하는 경우에는 운수종사자로 하여금 **단정한 복장 및 모자**를 착용하게 해야 한다.
③ 운송사업자는 자동차를 항상 깨끗하게 유지하여야 하며, 관할 관청이 단독으로 실시하거나 관할 관청과 조합이 합동으로 실시하는 청결 상태 등의 검사에 대한 확인을 받아야 한다.
④ 운송사업자[대형(승합자동차를 사용하는 경우로 한정) 및 고급형 택시운송사업자는 제외]는 회사명(개인택시운송사업자의 경우는 게시하지 아니한다), 자동차번호, 운전자 성명, 불편사항 연락처 및 차고지 등을 적은 표지판을 승객이 자동차 안에서 쉽게 볼 수 있는 위치에 게시해야 한다. 이 경우 택시운송사업자는 앞좌석의 승객과 뒷좌석의 승객이 각각 볼 수 있도록 **2곳 이상**에 게시해야 한다.
⑤ 운송사업자는 운수종사자로 하여금 **여객을 운송**할 때 다음의 사항을 성실하게 지키도록 하고, 이를 항시 **지도·감독**해야 한다.
  ㉠ 정류소 또는 택시 승차대에서 주차 또는 정차할 때에는 질서를 문란하게 하는 일이 없도록 할 것
  ㉡ 정비가 불량한 사업용자동차를 운행하지 않도록 할 것
  ㉢ 위험 방지를 위한 운송사업자·경찰 공무원 또는 도로 관리청 등의 조치에 응하도록 할 것

  ㉣ **교통사고**를 일으켰을 때에는 긴급조치 및 신고의 의무를 충실하게 이행하도록 할 것
  ㉤ 자동차의 차체가 헐었거나 망가진 상태로 운행하지 않도록 할 것
⑥ 운송사업자는 속도 제한 장치 또는 운행 기록계가 장착된 운송사업용 자동차를 해당 장치 또는 기기가 정상적으로 작동되는 상태에서 운행되도록 해야 한다.
⑦ 택시운송사업자 [대형(승합자동차를 사용하는 경우로 한정) 및 고급형 택시운송사업자는 제외]는 차량의 입·출고 내역, 영업 거리 및 시간 등 택시 미터기에서 생성되는 **택시운송사업용 자동차의 운행 정보를 1년 이상 보존**해야 한다.
⑧ 일반택시운송사업자는 소속 운수종사자가 아닌 자(형식상의 근로 계약에도 불구하고 실질적으로는 소속 운수종사자가 아닌 자를 포함)에게 관계 법령상 허용되는 경우를 제외하고는 운송사업용 자동차를 제공해서는 안 된다.
⑨ 운송사업자(개인택시운송사업자 및 특수여객자동차운송사업자는 제외)는 차량 운행 전에 운수종사자의 건강 상태, 음주 여부 및 운행 경로 숙지 여부 등을 확인해야 하고, 확인 결과 운수종사자가 질병·피로·음주 또는 그 밖의 사유로 안전한 운전을 할 수 없다고 판단되는 경우에는 해당 운수종사자가 차량을 운행하도록 해서는 안 된다.
⑩ 수요응답형 여객자동차운송사업자는 여객의 운행 요청이 있는 경우 이를 거부해서는 안 된다.
⑪ 운송사업자(개인택시운송사업자 및 특수여객자동차운송사업자는 제외)는 운수종사자를 위한 휴게실 또는 대기실에 난방 장치, 냉방 장치 및 음수대 등 편의 시설을 설치해야 한다.

02. 자동차의 장치 및 설비 등에 관한 준수 사항

❶ 택시운송사업용 자동차 및 수요응답형 여객자동차(승용 자동차만 해당)

① 택시운송사업용 자동차[대형(승합자동차를 사용하는 경우로 한정) 및 고급형 택시운송사업용 자동차는 제외]의 안에는 여객이 쉽게 볼 수 있는 위치에 요금미터기를 설치해야 한다.
② 대형(승합자동차를 사용하는 경우는 제외) 및 모범형 택시운송사업용 자동차에는 요금영수증 발급과 신용카드 결제가 가능하도록 관련기기를 설치해야 한다.
③ 택시운송사업용 자동차 및 수요응답형 여객자동차 안에는 난방 장치 및 냉방 장치를 설치해야 한다.
④ 택시운송사업용 자동차 [대형(승합자동차를 사용하는 경우로 한정) 및 고급형 택시운송사업용 자동차는 제외] 윗부분에는 택시운송사업용 자동차임을 표시하는 설비를 설치하고, 빈차로 운행 중일 때에는 외부에서 빈차임을 알 수 있도록 하는 조명 장치가 자동으로 작동되는 설비를 갖춰야 한다.
⑤ 대형(승합자동차를 사용하는 경우는 제외) 및 모범형 택시운송사업용 자동차에는 호출 설비를 갖춰야 한다.
⑥ 택시운송사업자[대형(승합자동차를 사용하는 경우로 한정) 및 고급형 택시운송사업자는 제외]는 택시 미터기에서 생성되는 택시운송사업용 자동차 운행 정보의 수집·저장 장치 및 정보의 조작을 막을 수 있는 장치를 갖춰야 한다.
⑦ 수요응답형 여객자동차에는 시·도지사가 정하는 수요응답 시스템을 갖춰야 한다.
⑧ 그 밖에 국토교통부장관이나 시·도지사가 지시하는 설비를 갖춰야 한다.

제2절 운수종사자 준수 사항

01. 준수 사항

① 여객의 안전과 사고 예방을 위하여 운행 전 사업용 자동차의 안전 설비 및 등화 장치 등의 이상 유무를 확인해야 한다.

② 질병·피로·음주나 그 밖의 사유로 안전한 운전을 할 수 없을 때에는 그 사정을 해당 운송사업자에게 알려야 한다.

③ 자동차의 운행 중 중대한 고장을 발견하거나 사고가 발생할 우려가 있다고 인정될 때는 즉시 운행을 중지하고 적절한 조치를 해야 한다.

④ 운전 업무 중 해당 도로에 이상이 있었던 경우에는 운전 업무를 마치고 교대할 때에 다음 운전자에게 알려야 한다.

⑤ 관계 공무원으로부터 운전면허증, 신분증 또는 자격증의 제시 요구를 받으면 즉시 이에 따라야 한다.

⑥ 여객자동차운송사업에 사용되는 자동차 안에서 담배를 피워서는 안 된다.

⑦ 사고로 인하여 사상자가 발생하거나 사업용 자동차의 운행을 중단할 때는 사고의 상황에 따라 적절한 조치를 취해야 한다.

⑧ 영수증 발급기 및 신용카드 결제기를 설치해야 하는 택시의 경우 승객이 요구하면 영수증의 발급 또는 신용카드 결제에 응해야 한다.

⑨ 관할 관청이 필요하다고 인정하여 복장 및 모자를 지정할 경우에는 그 지정된 복장과 모자를 착용하고, 용모를 항상 단정하게 해야 한다.

⑩ 택시운송사업의 운수종사자[구간 운임제 시행 지역 및 시간 운임제 시행 지역의 운수종사자와 대형(승합자동차를 사용하는 경우로 한정) 및 고급형 택시운송사업의 운수종사자는 제외]는 승객이 탑승하고 있는 동안에는 미터기를 사용해 운행해야 한다.

⑪ 운송사업자의 운수종사자는 운송 수입금의 전액에 대하여 다음 각 호의 사항을 준수해야 한다.

  ㉠ 1일 근무 시간 동안 택시요금미터에 기록된 운송 수입금의 전액을 운수종사자의 근무 종료 당일 운송사업자에게 납부할 것

  ㉡ 일정 금액의 운송 수입금 기준액을 정하여 납부하지 않을 것

⑫ 운수종사자는 차량의 출발 전에 여객이 좌석 안전띠를 착용하도록 안내해야 한다. 이때 안내의 방법, 시기, 그 밖에 필요한 사항은 국토교통부령으로 정한다.

⑬ 그 밖에 이 규칙에 따라 운송사업자가 지시하는 사항을 이행해야 한다.

02. 금지 사항

① 문을 완전히 닫지 않은 상태에서 자동차를 출발시키거나 운행하는 행위

② 택시요금미터를 임의로 조작 또는 훼손하는 행위

제3장 운수종사자의 기본 소양

제1절 운전자의 기본자세 및 예절

01. 사업용 운전자의 자세와 사명

1 기본자세

① 교통 법규에 대해 이해하고 이를 준수해야 한다.

② 여유 있는 마음가짐으로 양보 운전을 해야 한다.

③ 운전 시 주의력이 흐트러지지 않도록 집중해야 한다.

④ 운전하기에 알맞은 안정된 심신 상태에서 운전을 해야 한다.

⑤ 추측 운전을 하지 않도록 주의해야 한다.

⑥ 자신의 운전 기술에 대해 과신하지 않도록 해야 한다.

⑦ 배출 가스로 인한 대기 오염 및 소음 공해를 최소화하려 노력해야 한다.

2 운전자의 사명

① 생명 존중 : 사람의 생명은 이 세상 다른 무엇보다도 존귀하고 소중하며, 안전운행을 통해 인명손실을 예방할 수 있다.

② '공인'이라는 사명감 : 승객의 소중한 생명을 보호할 의무가 있는 공인이라는 사명감이 수반되어야 한다.

02. 운전예절

1 운전자가 지켜야 하는 행동

① 횡단보도에서의 올바른 행동

  ㉠ 신호등이 없는 횡단보도에서 보행자가 통행 중이라면 일시 정지하여 보행자를 보호한다.

  ㉡ 보행자가 통행하고 있는 횡단보도 안으로 차가 넘어가지 않도록 정지선을 지킨다.

② 전조등의 올바른 사용

  ㉠ 야간 운행 중 반대 방향에서 오는 차가 있으면 전조등을 하향등으로 조정해 상대 운전자의 눈부심 현상을 방지한다.

  ㉡ 야간에 커브 길에 진입하기 전, 상향등을 깜박여 반대 방향에서 주행 중인 차에게 자신의 진입을 알린다.

③ 차로 변경에서 올바른 행동

  방향 지시등을 작동시켜 차로 변경을 시도하는 차가 있는 경우, 속도를 줄여 원활하게 진입할 수 있도록 도와준다.

④ 교차로를 통과할 때 올바른 행동

  ㉠ 교차로 전방의 정체 현상으로 인해 통과하지 못할 때는 교차로에 진입하지 않고 대기한다.

  ㉡ 앞 신호에 따라 진행 중인 차가 있는 경우, 안전하게 통과하는 것을 확인한 후 출발한다.

2 운전자가 삼가야 하는 행동

① 다른 운전자를 불안하게 만드는 행동을 하지 않는다.

② 과속 주행을 하며 급브레이크를 밟는 행위를 하지 않는다.

③ 운행 중 갑자기 끼어들거나 다른 운전자에게 욕설을 하지 않는다.

④ 도로상에서 사고가 발생 시, 시비·다툼 등의 행위로 다른 차량의 통행을 방해하지 않는다.

⑤ 운행 중 갑자기 오디오 볼륨을 올려 승객을 놀라게 하거나, 경음기를 눌러 다른 운전자를 놀라게 하지 않는다.

⑥ 신호등이 바뀌기 전, 빨리 출발하라고 전조등을 깜빡이거나 경음기를 누르는 등의 행위를 하지 않는다.

⑦ 교통 경찰관의 단속에 불응·항의하는 행위를 하지 않는다.

⑧ 갓길 통행하지 않는다.

제2절 운전자 상식

01. 교통관련 용어 정의

1 교통사고조사규칙(경찰청 훈령)에 따른 대형 사고

① 3명 이상이 사망 (교통사고 발생일로부터 30일 이내에 사망)

② 20명 이상의 사상자가 발생

2 여객자동차 운수사업법에 따른 중대한 교통사고
① 전복 사고
② 화재가 발생한 사고
③ 사망자 2명 이상이 발생한 사고
④ 사망자 1명과 중상자 3명 이상이 발생한 사고
⑤ 중상자 6명 이상이 발생한 사고

3 교통사고조사규칙에 따른 교통사고 용어
① 충돌 사고 : 차가 반대 방향 또는 측방에서 진입하여 그 차의 정면 으로 다른 차의 정면 또는 측면을 충격한 것
② 추돌 사고 : 2대 이상의 차가 동일 방향으로 주행 중 뒤차가 앞차의 후면을 충격한 것
③ 접촉 사고 : 차가 추월, 교행 등을 하려다가 차의 좌우측면을 서로 스친 것
④ 전도 사고 : 차가 주행 중 도로 또는 도로 이외의 장소에 차체의 측 면이 지면에 접하고 있는 상태

> 🚗 전도 사고
> 좌측면이 지면에 접해 있으면 좌전도 사고, 우측면이 지면에 접해 있으면 우전도 사고

⑤ 전복 사고 : 차가 주행 중 도로 또는 도로 이외의 장소에 뒤집혀 넘 어진 것
⑥ 추락 사고 : 자동차가 도로의 절벽 등 높은 곳에서 떨어진 사고

02. 자동차와 관련된 용어

① 공차 상태 : 자동차에 사람이 승차하지 않고 물품(예비 부분품 및 공구 기타 휴대 물품을 포함)을 적재하지 않은 상태로서, 연료 · 냉 각수 및 윤활유를 만재하고 예비 타이어(예비 타이어를 장착한 자 동차만 해당)를 설치하여 운행할 수 있는 상태
② 차량 중량 : 공차 상태의 자동차 중량
③ 적차 상태 : 공차 상태의 자동차에 승차 정원의 인원이 승차하고 최 대 적재량의 물품이 적재된 상태

> 🚗 적재 시, 다음과 같이 적재시킨 상태여야 한다.
> ① 승차 정원 1인의 중량은 65kg으로 계산 (13세 미만의 자는 1.5인이 승차 정 원 1인)
> ② 좌석 정원의 인원은 정위치에, 입석 정원의 인원은 입석에 균등하게 승차
> ③ 물품은 물품 적재 장치에 균등하게 적재시킨 상태

④ 차량 총중량 : 적차 상태의 자동차의 중량
⑤ 승차 정원 : 자동차에 승차할 수 있도록 허용된 최대 인원 (운전자 포함)

03. 교통사고 현장에서의 원인조사

1 노면에 나타난 흔적 조사
타이어 자국, 적재물의 낙하 위치, 혈흔, 피해자의 위치 및 방향 등

2 사고 차량 및 피해자 조사
사고 차량의 손상 부위 및 방향, 사고 차량에 묻은 흔적, 피해자의 위 치 및 방향 등

3 사고 당사자 및 목격자 조사
운전자, 탑승자, 목격자 등에 대한 사고 상황 조사

4 사고 현장 시설물 조사
사고 지점 부근의 시설물 위치, 신호등 및 신호 체계, 안전표지, 노면 상태 등

5 사고 현장 측정 및 사진 촬영
사고 지점의 위치, 물리적 흔적 등에 대한 사진촬영, 도로의 시설물 위 치 등

제3절 응급 처치 방법

01. 부상자 의식 상태 확인

① 말을 걸거나 팔을 꼬집어 눈동자를 확인 후 의식이 있으면 말로 안 심시키기
② 의식이 없다면 기도 확보 시도. 머리를 뒤로 충분히 젖힌 후, 입안 에 있는 피나 토한 음식물 등을 긁어내 막힌 기도 확보하기
③ 의식이 없거나 구토할 시 질식을 방지하기 위해 옆으로 눕히기
④ 목뼈 손상의 가능성이 있는 경우 목 뒤쪽을 한 손으로 받치기
⑤ 환자의 몸을 심하게 흔드는 것은 금지

02. 심폐소생술

1 의식 · 호흡 확인 및 주변에 도움 요청
① 성인 · 소아 : 환자를 바로 눕히고 양쪽 어깨를 가볍게 두드리며 의 식 확인. 정상적인 호흡이 이뤄지는 지 확인 후, 주변 사람들에게 119 신고 및 자동 제세동기를 가져오도록 요청
② 영아 : 한쪽 발바닥을 가볍게 두드리며 의식이 있는지 확인. 정상적 인 호흡이 이뤄지는지 확인 후 주변 사람들에게 119 신고 및 자동 제세동기를 가져오도록 요청

2 가슴 압박 30회
① 성인, 소아 : 가슴 압박 30회 (분당 100~120회 / 약 5cm 이상의 깊이)
② 영아 : 가슴압박 30회 (분당 100~120회 / 약 4cm 이상의 깊이)

3 기도 개방 및 인공호흡 2회
성인, 소아, 영아 – 가슴이 충분히 올라올 정도로 2회 실시(1회당 1 초간)

4 반복 시행
30회 가슴 압박과 2회 인공호흡 반복 (30:2)

> 🚗 심폐소생술
> (1) 가슴 압박 방법
> 1) 성인
> ① 가슴의 중앙인 흉골의 아래쪽 절반 부위에 손바닥을 위치
> ② 양손을 깍지 낀 상태로 손바닥의 아래 부위만을 환자의 흉골 부위에 접촉
> ③ 시술자의 어깨는 환자의 흉골이 맞닿는 부위와 수직이 되게 위치
> ④ 양어깨의 힘을 이용해 분당 100~120회 속도, 5cm 이상 깊이로 강하고 빠르게 30회 압박
> 2) 소아
> ① 양쪽 젖꼭지의 부위를 잇는 선의 정중앙 바로 아랫부분에 위치
> ② 한 손으로 손바닥의 아래 부위만을 환자의 흉골 부위에 접촉
> ③ 시술자의 어깨는 환자의 흉골이 맞닿는 부위와 수직이 되게 위치
> ④ 한 손으로 분당 100~120회 정도의 속도, 5cm 이상 깊이로 강하고 빠르게 30회 압박
> 3) 영아
> ① 양쪽 젖꼭지 부위를 잇는 선 정중앙의 바로 아랫부분에 위치
> ② 검지 · 중지 또는 중지 · 약지 손가락을 모아 첫마디 부위를 환자의 흉골 부위에 접촉
> ③ 시술자의 손가락은 환자의 흉골이 맞닿는 부위와 수직이 되게 위치
> ④ 분당 100~120회의 속도, 4cm 이상의 깊이로 강하고 빠르게 30회 압박

(2) 기도 개방 및 인공호흡 방법
  1) 성인
    ① 한 손으로 턱을 들어 올리고, 다른 손으로 머리를 뒤로 젖혀 기도를 개방
    ② 머리를 젖힌 손의 검지와 엄지로 코 막기
    ③ 가슴 상승이 눈으로 확인될 정도로 1초 동안 인공호흡을 2회 실시
  2) 소아
    ① 한 손으로 턱을 들어 올리고, 다른 손으로 머리를 뒤로 젖혀 기도를 개방
    ② 머리를 젖힌 손의 검지와 엄지로 코 막기
    ③ 가슴 상승이 눈으로 확인될 정도로 1초 동안 인공호흡을 2회 실시
  3) 영아
    ① 한 손으로 귀와 바닥이 평행하도록 턱을 들어 올리고, 다른 손으로 머리를 뒤로 젖혀 기도 개방
    ② 환자의 입과 코에 동시에 숨을 불어 넣을 준비
    ③ 가슴 상승이 눈으로 확인될 정도로 1초 동안 인공호흡을 2회 실시

03. 출혈 또는 골절

❶ 출혈
① 출혈이 심할 시 출혈 부위보다 심장에 가까운 부위를 헝겊 또는 손수건 등으로 지혈될 때까지 꽉 잡아맨다.
② 출혈이 적을 때에는 거즈나 깨끗한 손수건으로 상처를 꽉 누른다.

❷ 내출혈
① 가슴이나 배를 강하게 부딪쳐 내출혈 발생 시, 얼굴에 핏기가 사라져 창백해지고 식은땀을 흘리며 호흡이 얕고 빨라지는 쇼크 증상이 나타난다.
② 옷의 단추를 푸는 등 옷을 헐렁하게 하고 하반신을 높게 한다.
③ 부상자가 춥지 않도록 모포 등을 덮어주되, 햇볕은 직접 쬐지 않도록 조치한다.

❸ 골절
① 골절 부상자는 가급적 구급차가 올 때까지 기다리는 것이 바람직하다.
② 지혈이 필요하다면 골절 부분은 건드리지 않도록 주의하며 지혈한다.
③ 팔이 골절되었다면 헝겊으로 띠를 만들어 팔을 매달도록 한다.

04. 차멀미

① 환자의 경우 통풍이 잘되고 비교적 흔들림이 적은 앞쪽으로 앉도록 조치한다.
② 심한 경우 휴게소 내지는 안전하게 정차할 수 있는 곳에 정차 후 차에서 내려 시원한 공기를 마시도록 조치한다.
③ 토할 경우를 대비해 위생 봉지를 준비한다.
④ 토한 경우에는 주변 승객이 불쾌하지 않도록 신속히 처리한다.

05. 교통사고 발생 시 조치 사항

피해 최소화와 제2차 사고 방지를 우선적으로 조치

❶ 탈출
우선 엔진을 멈추게 하고 연료가 인화되지 않도록 조치. 안전하고 신속하게 사고차량에서 탈출해야 하며 반드시 침착할 것

❷ 인명구조
① 적절한 유도로 승객의 혼란 방지에 노력
② 부상자, 노인, 여자, 어린이 등 노약자를 우선적으로 구조
③ 정차 위치가 위험한 장소일 때는 신속히 도로 밖의 안전 장소로 유도
④ 부상자가 있을 때는 우선 응급조치를 시행
⑤ 야간에는 특히 주변 안전에 주의 하며 냉정하고 기민하게 구출 유도

❸ 후방방호
고장 시 조치 사항과 동일. 특히 경황이 없는 와중 위험한 행동은 금물

❹ 연락
보험 회사나 경찰 등에 다음 사항을 연락
① 사고 발생 지점 및 상태
② 부상 정도 및 부상자 수
③ 회사명
④ 운전자 성명
⑤ 우편물, 신문, 여객의 휴대 화물 상태
⑥ 연료 유출 여부

❺ 대기
고장 시 조치 사항과 동일. 다만, 부상자가 있는 경우 부상자 구호에 필요한 조치를 먼저 하고 후속 차량에 긴급 후송을 요청할 것. 이때 부상자는 위급한 환자부터 먼저 후송하도록 조치

06. 차량 고장 시 조치 사항

① 정차 차량의 결함이 심할 시 비상등을 점멸시키면서 갓길에 바짝 차를 대어 정차
② 차에서 하차 시, 옆 차로의 차량 주행 상황을 살핀 후 하차
③ 야간에는 밝은 색 옷 혹은 야광 옷 착용이 좋음
④ 비상 전화하기 전, 차의 후방에 경고 반사판을 설치. 야간에는 특히 더욱 주의
⑤ 비상 주차대에 정차할 때는 다른 차량의 주행에 지장이 없도록 정차
⑥ 후방에 대한 안전 조치 시행
⑦ 고장자동차의 표지는 후방에서 접근하는 자동차의 운전자가 확인할 수 있는 위치에 설치. 밤에는 고장자동차의 표지와 함께 사방 500미터 지점에서 식별할 수 있는 적색의 섬광신호 · 전기제등 또는 불꽃신호를 추가로 설치
⑧ 반드시 안전지대로 나가서 구조차 또는 서비스차를 기다리도록 유도

07. 재난 발생 시 조치 사항

① 신속하게 차량을 안전지대로 이동시킨 후 즉각 회사 및 유관 기관에 보고
② 장시간 고립 시 유류, 비상식량, 구급 환자 발생 등을 현재 상황을 즉시 신고한 뒤, 한국도로공사 및 인근 유관 기관 등에 협조를 요청
③ 승객의 안전 조치를 가장 우선적으로 시행
  ㉠ 폭설 및 폭우 시, 응급환자 및 노인, 어린이를 우선적으로 안전지대에 대피시킨 후, 유관 기관에 협조 요청
  ㉡ 차내에 유류 확인 및 업체에 현재 위치보고 후, 도착 전까지 차내에서 안전하게 승객을 보호
  ㉢ 차량 내부의 이상 여부 확인 및 신속하게 안전지대로 차량 대피

01 다음 중 여객운송사업의 서비스 개념으로 잘못된 것은?

① 한 당사자가 다른 당사지자에게 소유권의 변동 없이 제공해 줄 수 있는 유형의 행위 또는 활동을 말한다.

② 서비스란 긍정적인 마음을 적절하게 표현하여 승객을 편안하고 안전하게 목적지까지 이동시키는 것을 말한다.

③ 봉사하는 마음을 기반으로 친절, 적극적인 태도, 신뢰를 통해 승객을 만족시켜 주는 것이다.

④ 고객의 만족으로 보람, 성취감을 느끼는 것으로 말과 이론이 아닌 감정과 행동이 수반되는 응대이다.

해설 유형의 행위 또는 활동이 아닌, 무형의 행위 또는 활동이 옳은 문항이다.

02 다음 중 여객운송서비스에 대한 설명으로 옳지 않은 것은?

① 서비스란 승객의 편익을 도모하기 위해 행동하는 정신적·육체적 노동을 말한다.

② 서비스도 하나의 상품으로 서비스 품질에 대한 승객만족을 위해 일시적으로 승객에게 제공하는 모든 활동을 말한다.

③ 여객운송서비스는 택시를 이용하여 승객을 출발지에서 최종목적지까지 이동시키는 상업적 행위를 말한다.

④ 여객 운송서비스는 택시를 이용하여 승객이 원하는 구간으로 이동시키는 서비스를 제공하는 행위 그 자체를 말한다.

해설 ②의 문항 중 "일시적으로"가 아닌, "지속적으로"가 맞는 문항이다.

03 여객운송업의 올바른 서비스 제공을 위한 요소가 아닌 것은?

① 단정한 용모 및 복장

② 공손한 인사와 밝은 표정

③ 따뜻한 응대와 친근한 말

④ 머리만 까딱거리는 인사

해설 ④의 문항은 잘못된 인사법의 하나이다.

04 여객운송서비스의 특징에 대한 설명이다. 틀린 것은?

① 무형성 : 보이지 않는다.

② 인적 의존성 : 사람에 의존한다.

③ 소멸성 : 즉시 사라진다.

④ 동시성 : 생산과 소비가 동시 발생하므로 재고가 발생한다.

해설 ④의 문항 중 "재고가 발생한다."가 아닌, "재고가 발생하지 않는다."가 옳은 문항이다.

05 여객운송서비스의 특징에 대한 설명이다. 옳지 못한 것은?

① 서비스는 형태가 없는 무형의 상품으로서 제품과 같이 누구나 볼 수 있는 형태로 제시 되지 않으며, 서비스를 측정하기는 어렵지만 누구나 느낄 수는 있다.

② 서비스는 공급자에 의해 제공됨과 동시에 승객에 의해 소비되는 성질을 가지고 있다.

③ 운송서비스는 운전자에 의해 생산되기 때문에 인적 의존성이 높다.

④ 서비스는 승객이 제공 받을 수는 있으나, 유형재처럼 소유권을 이전받을 수 있다.

해설 ④의 문항 끝에 "이전받을 수 있다."가 아닌, "이전받을 수는 없다."가 옳은 문항이다.

06 서비스는 형태가 없는 무형의 상품으로서 제품과 같이 누구나 볼 수 있는 형태로 제시되지 않으며, 서비스를 측정하기는 어렵지만 누구나 느낄 수는 있다. 는 어떤 서비스 특징에 대한 설명인가?

① 무형성

② 동시성

③ 인적 의존성

④ 소멸성

해설 서비스의 특징 중 무형성에 해당된다.

07 한 업체에 대해 고객이 거래를 중단하는 이유로 맞는 것은?

① 종사자의 불친절

② 제품에 대한 불만

③ 경쟁사의 회유

④ 가격이나 기타

해설 ①의 "종사자의 불친절"이 68%로 제일 많다. 기타 사유 : 제품에 대한 불만(14%), 경쟁사의 회유(9%), 가격이나 기타(9%)

08 일반적인 승객의 욕구에 대한 설명으로 맞지 않는 것은?

① 환영받고 싶어 한다.

② 중요한 사람으로 인식되고 싶어 한다.

③ 편안해지고 싶어 한다.

④ 친절해지고 싶어 한다.

해설 ④의 문항 중 "친절해지고"가 아닌, "존중받고"가 맞는 문항이며, 그 외에 "기대와 욕구를 수용하고 인정받고 싶어 한다."가 있다.

09 승객만족을 위한 기본예절 중 틀린 문항은?

① 승객을 환영한다는 것은 인간관계의 기본조건이다.

② 승객에게 관심을 갖지 않고 안전운전에만 전념한다.

③ 승객을 존중하는 것은 돈 한 푼 들이지 않고 승객을 접대하는 효과가 있다.

④ 연장자는 서회의 선배로서 존중하고 공·사를 구분하여 예우한다.

해설 ②의 문항이 아닌 "승객에 대한 관심을 표현함으로써 승객 과의 관계는 더욱 가까워지고 친숙해 질 수 있다."이다.

10 승객을 위한 행동예절에서 긍정적인 이미지(Image)를 만들기 위한 요소로 해당되지 않는 것은?

① 시선처리(눈빛) ② 음성관리(목소리)
③ 표정관리(미소) ④ 용모복장 관리(외형)

●해설 ④의 문항 "용모복장 관리(외형)"가 아닌 용모복장(단정한 용모), 제스쳐(비언어적요소인 손짓, 자세)가 있다.

11 다음 중 인사의 개념에 대한 설명으로 잘못된 문항은?

① 인사는 서비스의 첫 동작이자 마지막 동작이다.
② 인사는 서로 만나거나 헤어질 때 말·태도 등으로 존경, 사랑, 우정을 표현하는 행동양식이다.
③ 상대의 인격을 존중하고 배려하기 위한 수단으로 마음, 행동, 말씨가 일치되어 승객에게 환대, 환송의 뜻을 전달하는 방법이다.
④ 상사에게는 우애와 동료에게는 존경심과 친밀감을 표현할 수 있는 수단이다.

●해설 ④의 문항 중 "상사에게는 우애와 동료에게는 존경심과"가 아닌, "상사에게는 존경심을 동료에게는 우애와"가 맞는 문항이다.

12 다음 중 인사의 중요성에 대한 설명으로 맞지 않는 문항은?

① 인사는 평범하고도 대단히 쉬운 생활화되지 않아도 실천에 옮기기 쉽다.
② 인사는 애사심, 존경심, 우애, 자신의 교양 및 인격의 표현이다.
③ 인사는 서비스의 주요 기법이다.
④ 인사는 승객과 만나는 첫걸음이다.

●해설 ①의 문항은 "인사는 평범하고도 대단히 쉬운 행동이지만 생활화되지 않으면 실천에 옮기기 어렵다"가 맞는 문항이다.

13 다음 중 올바른 인사방법에 대한 설명으로 맞지 않는 것은?

① 표정 : 밝고 부드러운 미소를 짓는다.
② 고개 : 반듯하게 들되, 턱을 내밀지 아니하고 자연스럽게 당긴다.
③ 음성 : 적당한 크기와 속도로 자연스럽고 부드럽게 말한다.
④ 입 : 입은 일자로 굳게 다문 표정을 짓는다.

●해설 ④의 문항 "입 : 미소를 짓는다."가 옳은 문항이다.

14 다음 중 올바른 인사법에서 정중한 인사(정중례)의 각도로 옳은 것은?

① 인사 각도 15° ② 인사 각도 20°
③ 인사 각도 30° ④ 인사 각도 45°

●해설 ①은 가벼운 인사(목례), ②는 해당 없음, ③은 보통 인사(보통례) 방법이다.

15 다음은 잘못된 인사방법에 대한 설명이다. 옳은 인사 방법은?

① 턱을 쳐들거나 눈을 치켜뜨고 하는 인사
② 먼저 본 사람이 하는 것이 좋으며, 상대방이 먼저 인사한 경우에는 "네, 안녕하십니까."로 응대한다.
③ 뒷짐을 지거나 호주머니에 손을 넣은 채 하는 인사
④ 상대방의 눈을 보지 않고 하는 인사

●해설 ②의 문항이 올바른 인사방법이며, ①, ③, ④ 외에 할까말까망설이다하는 인사와 성의 없이 말로만 하는 인사, 무표정한인사, 자세가 흐트러진 인사 또는 머리만 까닥거리는 인사 등이 있다.

16 다음 중 표정의 중요성에 대한 설명으로 옳지 않는 문항은?

① 밝고 환한 표정은 첫인상을 좋게 만든다.
② 첫 인상은 대면 직후 결정되는 경우가 적다.
③ 좋은 인상은 긍정적인 호감도로 이어진다.
④ 밝은 표정과 미소는 신체와 정신 건강을 향상시킨다.

●해설 ②의 문항 끝에 "적다"가 아닌, "많다"가 옳은 문항이다.

17 다음은 밝은 표정의 효과에 대한 설명이다. 틀린 문항은?

① 타인의 건강증진에 도움이 된다.
② 상대방과의 긍정적인 친밀감을 만드는데 도움아 된다.
③ 밝은 표정은 전이효과가 있어 상대에게 전달되며, 상대방에게도 밝은 표정으로 연결 되며, 좋은 분위기에서 업무를 볼 수 있다.
④ 업무능률 향상에 도움이 된다.

●해설 ①의 문항 중 "타인의"가 아닌, "자신의"가 맞는 문항이다.

18 다음 표정관리 중 승객이 싫어하는 시선은?

① 자연스럽고 부드러운 시선으로 상대를 본다.
② 위로 치켜뜨는 눈, 한곳만 응시하는 눈
③ 눈동자는 항상 중앙에 위치하도록 한다.
④ 가급적 승객의 눈높이와 맞춘다.

●해설 ②의 문항은 승객이 싫어하는 시선이며, 외에 곁눈질, 위·아래로 훑어보는 눈이 있다.

19 호감 받는 표정관리로 좋은 표정 만들기에 맞지 않는 것은?

① 밝고 상쾌한 표정을 만든다.
② 얼굴 전체가 웃는 표정을 만든다.
③ 상대 얼굴을 보면서 표정이 굳어지지 않도록 한다.
④ 입은 가볍게 다문다.

●해설 ③문항 "상대 얼굴을 보면서"가 아닌, "돌아서면서"가 옳은 문항이며, 외에 입은 가볍게 다문다. 입의 양꼬리가 올라가게 한다. 가 있다.

20 다음 중 잘못된 표정에 대한 설명이 아닌 문항은?

① 돌아서면서 표정이 굳어지지 않아야 한다.
② 상대의 눈을 보지 않는 표정.
③ 무관심하고 의욕이 없는 무표정.
④입을 일자로 굳게 다물거나 입꼬리가 처져 있는 표정.

●해설 ①의 문항은 "좋은 표정 만들기"의 문항에 해당된다.

21 다음 중 승객응대 마음가짐에 대한 설명으로 잘못된 것은?

① 사명감을 가지고, 승객의 입장에서 생각한다.
② 승객을 편안하게 대하고, 항상 부정적으로 생각한다.
③ 승객이 호감을 갖도록 공평하게 대하며, 자신감을 갖고 행동한다.
④ 승객의 니즈를 파악하려고 노력한다.

●해설 ②의 문항 중 "부정적으로 생각 한다"가 아닌, "긍정적으로 생각 한다"가 옳은 문항이다.

22 다음 중 단정한 용모와 복장의 중요성의 설명으로 맞지 않는 것은?

① 운수회사가 받는 첫인상을 결정 한다.
② 회사의 이미지를 좌우하는 요인을 제공 한다.
③ 하는 일의 성과에 영향을 미친다.
④ 활기찬 직장 분위기 조성에 영향을 준다.

🔍**해설** ①의 문항 중 "운수회사가 받는"이 아닌, "승객이 받는"이 맞는 문항이다.

23 근무복에 대한 공적인(운수회사) 입장이 아닌 것은?

① 시각적인 안정감과 편안함을 승객에게 전달할 수 있다.
② 승객에게 신뢰감을 줄 수 있다.
③ 종사자의 소속감 및 애사심 등 심리적인 효과를 유발시킬 수 있다.
④ 효율적이고 능동적인 업무처리에 도움을 줄 수 있다.

🔍**해설** ②의 문항은 "사적인(종사자) 입장"에 해당된다.

24 복장의 기본 원칙에 대한 설명으로 맞지 않는 것은?

① 깨끗하고, 단정하게
② 품위 있고, 규정에 맞게
③ 통일감 있고, 계절에 맞게
④ 편한 신발을 신되 샌들이나 슬리퍼를 신어도 된다.

🔍**해설** ④의 문항 중 "슬리퍼를 신어도 된다."가 아닌, "슬리퍼는 삼가야 한다."가 옳은 문항이다.

25 다음 중 승객에게 불쾌감을 주는 몸가짐의 설명이 아닌 것은?

① 밝은 표정의 얼굴
② 잠잔 흔적이 남아 있는 머릿결
③ 정리되지 않은 덥수룩한 수염
④ 무표정한 얼굴과 지저분한 수염

🔍**해설** ①의 문항은 "좋은 표정"의 하나이다.

26 대화의 4원칙에 대한 설명으로 잘못된 문항은?

① 밝고 적극적으로 말한다.
② 공손하고, 명료하게 말한다.
③ 확실하게 말한다.
④ 상대방의 입장을 고려해 말한다.

🔍**해설** ③의 문항 중 "확실하게 말한다."가 아닌, "품위 있게 말한다."가 옳은 문항이다.

27 대화에 대한 설명으로 맞지 않는 문항은?

① 밝고 적극적으로 말한다. : 밝고 따뜻한 말투로 즐거운 마음으로 대화를 이어가며, 적절한 유머를 활용하면 좋다.
② 공손하고 명료하게 말한다. : 친밀감과 존중의 마음(존경어, 겸양어, 정중한 어휘)으로 정확한 발음과 적절한 속도로 알기쉽게 말한다.
③ 확실하게 말한다. : 승객의 입장을 고려한 어휘의 선택과 호칭을 사용하는 배려를 아끼지 않아야 한다.
④ 상대방의 입장을 고려해 말한다. : 승객이 대화하기를 불편해하면 운행 서비스에 꼭 필요한 내용만으로 응대한다.

🔍**해설** ③의 문항 "확실하게"가 아닌, "품위 있게"가 옳은 문항이다.

28 승객에 대한 호칭과 지칭으로 적당하지 않는 것은?

① 고객 보다 : 승객이나 손님
② 할아버지, 할머니 : 어르신 또는 선생님
③ 아줌마, 아저씨, 아가씨 : 상대방을 높이는 느낌이 있으므로 이대로 사용한다.
④ 초등학생과 미취학 어린이 : 000 어린이/학생의 호칭이나 지칭을 사용하고, 중·고등학생은 000승객이나 손님으로 성인에 준하여 호칭이나 지칭한다.

🔍**해설** ③의 문항은 상대방을 높이는 느낌이 들지 않으므로 호칭이나 지칭으로 사용하지 않는다.

29 다음 중 대화를 나눌 때 언어예절 의미가 아닌 문항은?

① 존경어 : 사람이나 사물을 높여 말해 직접적으로 상태에 대해 경의를 나타내는 말이다.
② 존경어 : 회사의 일을 승객에게 말할 때.
③ 겸양어 : 자신의 동작이나 자신과 관련된 것을 낮추어 말해 간접적으로 상대를 높이는 말이다.
④ 정중어 : 자신이나 상대와 관계없이 말하고자 하는 것을 정중히 말해 상대에 대해 경의를 나타내는 말이다.

🔍**해설** ②의 존경어 문항은 언어예절의 사용방법에 해당하는 문항이다.

30 대화를 나눌 때(듣는 입장)의 표정 및 예절이다. 다른 것은?

① 눈 : 듣는 사람을 정면으로 바라보고 말하며, 상대방 눈을 부드럽게 주시한다.
② 몸 : 정면을 향해 조금 앞으로 내미는듯한 자세를 취하고, 끄덕끄덕하거나 메모하는 태도를 유지한다.
③ 입 : 맞장구를 치며 경청하고, 모르면 질문하여 물어보며, 대화의 핵심사항을 재확인하며 말한다.
④ 마음 : 흥미와 성의를 가지고 경청하고, 말하는 사람의 입장에서 생각하는 마음을 가진다(역지사지의 마음).

🔍**해설** ①의 설명은 "말하는 입장"에서의 표정 및 예절로 다른문항이며, "듣는 입장"의 설명은 상대방을 정면으로 바라보며 경청하고, 시선을 자주 마주 친다.가 옳은 문항이다.

31 다음은 대화를 나눌 때(말하는 입장)의 표정 및 예절이다. 다른 것은?

① 눈 : 듣는 사람을 정면으로 바라보고 말하며, 상대방 눈을 부드럽게 주시한다.
② 몸 : 표정을 밝게 하고, 등을 펴고 똑바른 자세를 취하며, 자연스런 몸짓이나 손짓을 사용한다.
③ 입 : 고상한 용어를 사용하고, 경어를 사용하며, 말끝을 흐리지 않는다.
④ 마음 : 성의를 가지고 말하며, 최선을 다하는 마음으로 말한다.

🔍**해설** ③의 문항 중 "고상한 용어"가 아닌, "쉬운 용어"가 맞는 문항이다.

32 다음 중 대화할 때(듣는 입장)의 주의사항으로 잘못된 문항은?

① 침묵으로 일관하는 등 무관심한 태도를 취하지 않는다.
② 불가피한 경우를 제외하고 가급적 논쟁을 피한다.
③ 상대방의 말을 처음부터 끊거나 말참견을 하지 않는다.
④ 다른 곳을 바라보면서 말을 듣거나 말하지 않으며, 팔짱을 끼고 손장난을 치지 않는다.

해설 ③의 문항 중 "처음부터"가 아닌, "중간에"가 옳은 문항이다.

33 다음 중 대화를 할 때(말하는 입장)의 주의사항으로 잘못된 문항은?

① 어르신이라 할지라도 농담은 조심스럽게 한다.
② 전문적인 용어나 외래어를 사용하여 말한다.
③ 남을 중상 모략하는 언동은 조심한다.
④ 쉽게 흥분하거나 감정에 치우치지 않는다.

해설 ①의 문항 중 "어르신"이 아닌, "손 아랫사람"이다.

34 직업의 의미에 대한 구성요소로 해당되지 않는 것은?

① 경제적 의미　② 사회적 의미
③ 인간적 의미　④ 심리적 의미

해설 ③의 "인간적 의미"는 해당 없는 문항이다.

35 다음은 직업의 의미와 특징에 대한 설명이다. 해당되지 않는 문항은?

① 직업이란 경제적 소득을 얻거나 사회적 가치를 이루기 위해 참여하는 계속적인 활동으로 삶의 고정이다.
② 직업을 통해 생계를 유지할 뿐만 아니라 사회적 역할을 수행하고, 자아실현을 이루어 간다.
③ 어떤 사람들은 일을 통해 보람과 긍지를 맛보며 만족스런삶을 살아가지만, 어떤 사람들은 그렇지 못하다.
④ 직업은 사회적으로 유용한 것이어야 하며, 사회발전 및 유지에 도움이 되어야 한다.

해설 ④의 문항은 직업의 의미에서 "사회적 의미"에 해당되는 문항이다.

36 다음은 직업의 경제적 의미에 대한 설명이다. 다른 문항은?

① 직업을 통해 안정된 삶을 영위해 나갈 수 있어 중요한 의미를 가진다.
② 직업은 인간 개개인에게 일할 기회를 제공한다.
③ 일의 대가로 임금을 받아 본인과 가족의 경제생활을 영위한다.
④ 인간은 직업을 통해 자신의 이상을 실현한다.

해설 ④의 문항은 "심리적 의미"의 하나로 다른 문항이다.

37 다음은 직업의 사회적 의미에 대한 설명이다. 다른 문항은?

① 직업을 통해 원만한 사회생활, 인간관계 및 봉사를 하게 되며, 자신이 맡은 역할을 수행하여 능력을 인정받는 것이다.
② 직업을 갖는다는 것은 현대사회의 조직적이고 유기적인 분업 관계 속에서 분담된 기능의 어느 하나를 맡아 사회적 분업 단위의 지분을 수행하는 것이다.

③ 직업은 경제적으로 유용한 것이어야 하며, 사회생활 및 유지에 도움이 되어야 한다.
④ 사람은 누구나 직업을 통해 타인의 삶에 도움을 주기도 하고, 사회에 공헌하며 사회발전에 기여하게 된다.

해설 ③의 문항 중 "경제적으로"가 아닌, "사회적으로"가 옳은문항이다.

38 다음은 직업의 심리적 의미에 대한 설명이다. 다른 문항은?

① 인간은 직업을 통해 경제적 이득을 실현한다.
② 인간의 잠재적 능력, 타고난 소질과 적성 등이 직업을 통해 개발되고 발전한다.
③ 직업은 인간 개개인의 자아실현의 매개인 동시에 장이 되는 것이다.
④ 자신이 갖고 있는 제반 욕구를 충족하고, 자신의 이상이나 자아를 직업을 통해 실현함으로써 인격의 완성을 기하는 것이다.

해설 ①의 문항 중에 "경제적 이득"이 아닌, "자신의 이상"이 맞는 문항이다.

39 다음 중 직업관의 상응관계 3가지 측면이 아닌 것은?

① 생계유지 수단　② 개성발휘의 장
③ 사회적 역할의 실현　④ 전문 의식

해설 ④의 문항은 "올바른 직업윤리"의 하나이다.

40 바람직한 직업관에 대한 설명이다. 아닌 것은?

① 소명의식을 지닌 직업관 : 항상 소명 의식을 가지고 일하며, 자신의 직업을 천직으로 생각한다.
② 사회구성원으로서의 역할 지향적 직업관 : 직분을 다하는 일이자 봉사하는 일이라 생각 한다.
③ 내재적 가치 : 자신의 능력을 최대한 발휘하길 원하며, 그로 인한 사회적인 헌신과 인간관계를 중시 한다.
④ 미래 지향적 전문능력 중심의 직업관 : 자기 분야의 최고 전문가가 되겠다는 생각으로 최선을 다해 노력한다.

해설 ③의 문항은 직업의 가치 중 "내재적 가치"이다.

41 다음은 직업관에 대한 설명이다. 맞지 않는 것은?

① 생계유지 수단적 직업관 : 직업을 출세하기 위한 수단으로 본다.
② 지위 지향적 직업관 : 직업생활의 최고 목표는 높은 지위에 올라가는 것이라고 생각 한다.
③ 귀속적 직업관 : 능력으로 인정받으려 하지 않고, 학연과 지연에 의지한다.
④ 폐쇄적 직업관 : 신분이나 성별 등에 따라 개인의 능력을 발휘할 기회를 차단 한다.

해설 ①의 문항 중에 "출세하기 위한 수단"이 아닌, "생계를 유지하기 위한 수단"이 옳은 문항이다.

42 다음 중 올바른 직업윤리에 대한 설명이 아닌 것은?

① 소명의식 : 자신이 하는 일에 전력을 다하는 것이 하늘의 뜻에 따르는 것이라고 생각한다.

② 천직의식 : 자신의 직업에 긍지를 느끼며, 그 일에 열성을 가지고 성실히 임하는 직업의식을 말한다.

③ 직분의식 : 각자의 직업을 통해서 직접 또는 간접으로 사회 구성원으로서 본분을 다해야 한다.

④ 전문의식 : 직업인은 자신의 직무를 수행하는데 필요한 일반적 지식과 기술을 갖추어야 한다.

🔍해설 ④의 문항 중 "일반적 지식과"가 아닌, "전문적 지식과"가 옳은 문항이며, 외에 ① 봉사정신 : 자신의 직무수행과정에서 협동정신 등이 필요로 하게 된다. ① 책임의식 : 사회적 역할과 직무를 충실히 수행하고, 맡은 바 임무나 의무를 다해야 한다. 가 있다.

43 다음 중 직업의 내재적 가치에 대한 설명이 아닌 것은?

① 자신에게 있어서 직업 그 자체에 가치를 둔다.

② 자신에게 있어서 직업을 도구적인 면에 가치를 둔다.

③ 자신의 능력을 최대한 발휘하길 원하며, 그로 인한 사회적인 헌신과 인간관계를 중시한다.

④ 자기표현이 충분히 되어야 하고, 자신의 이상을 실현하는데 그 목적과 의미를 두는 것에 초점을 맞추려는 경향을 갖는다.

🔍해설 ②의 문항은 "직업의 외재적 가치"의 하나이다.

44 운송사업자의 일반적인 준수사항이 잘못되어 있는 것은?

① 운송사업자는 13세 미만의 어린이에 대해서는 특별한 편의를 제공해야 한다.

② 운송사업자는 관할관청이 필요하다고 인정하는 경우에는 운수 종사자로 하여금 단정한 복장과 모자를 착용하여야 한다.

③ 운송사업자는 자동차를 깨끗하게 유지하여야 하며, 관할관청이 단독으로 실시하거나 관할관청과 조합이 합동으로 실시하는 경우에는 청결상태 등의 검사에 대한 확인을 받아야 한다.

④ 운송사업자는 속도제한장치 또는 운행기록계가 장착된 운송사업용 자동차를 해당 장치 또는 기기가 정상적으로 작동되는 상태에서 운행되도록 해야 한다.

🔍해설 ①의 문항 중 "13세 미만의 어린이"가 아닌, "노약자·장애인 등"이 옳은 문항이다.

45 다음 중 운송사업자의 일반적인 준수사항으로 잘못된 것은?

① 일반 택시운송사업자는 소속 운수종사자가 아닌(실질적으로 소속 운수종사자가 아닌 자를 포함)자에게 관계법령상 허용되는 경우를 제외하고 운송 사업용 자동차를 제공하여서는 아니 된다.

② 운송사업자(개인택시 및 특수여객자동차운송사업자는 제외)는 차량운행 전에 건강상태 음주여부 및 운행경로 숙지여부 등을 확인해야 한다.

③ ②의 확인 결과 질병·피로·음주 또는 그 밖의 사유가 경미하여 안전한 운전을 할 수 있다고 판단되는 경우에는 자동차를 운행해도 된다.

④ 수요응답형 여객자동차운송사업자는 여객의 요청이 있는 경우 이를 거부하여서는 안 된다.

🔍해설 ③의 문항이 잘못된 문항이며, "확인 결과 운수종사자가 질병·피로·음주 또는 그 밖의 사유로 안전한 운전을 할 수 없다고 판단되는 경우에는 해당 운수종사자가 차량을 운행하도록 해서는 안 된다."가 옳은 문항이다.

46 다음 중 운송사업자가 운수종사자로 하여금 여객을 운송할 때 성실하게 지키도록 항상 지도·감독할 사항이 아닌 것은?

① 정류소 또는 택시 승차대에서 주차 또는 정차할 때에는 질서를 문란하게 하는 일이 없도록 할 것

② 정비가 양호한 사업용자동차를 운행할 것

③ 위험방지를 위한 운송사업자·경찰공무원 또는 도로관리청 등의 조치에 응하도록 할 것

④ 자동차의 차체가 헐었거나 망가진 상태로 운행 하지 않도록 할 것

🔍해설 ②의 문항은 해당 없다. "정비가 불량한 사업용자동차를 운행하지 않도록 할 것"이 옳은 문항이며, 외에 "교통사고를 일으켰을 때에는 긴급조치 및 신고의무를 충실하게이행하도록 할 것"이 있다.

47 택시운송사업자(대형 또는 고급형은 제외)는 차량의 입·출고 내역, 영업거리 및 시간 등 택시 미터기에서 생성되는 자동차의 운행정보의 보존 기한으로 맞는 것은?

① 1년 이상   ② 2년 이상

③ 3년 이상   ④ 4년 이상

🔍해설 ①의 1년 이상 보존하여야 한다.

48 자동차의 장치 및 설비 등에 관한 준수사항의 설명으로 옳지 않는 것은?

① 택시운송사업용 자동차(대형 및 고급형은 제외) 안에는 여객이 쉽게 볼 수 있는 위치에 요금미터기를 설치해야 한다.

② 대형 및 모범형 택시 운송사업자동차에는 요금영수증 발급과 신용카드 결제가 가능하도록 관련기기를 설치해야 한다.

③ 택시 운송사업용 자동차 및 수요 응답형 여객자동차 안에는 난방장치 및 냉방장치를 설치해야 한다.

④ 모든 택시운송사업용 자동차에는 호출 설비를 갖춰야 한다.

🔍해설 ④의 문항 중 "모든"이 아닌, "대형 및 모범형"이 맞는 문항이다.

49 자동차의 장치 및 설비 등에 관한 준수사항의 설명으로 맞지 않는 것은?

① 택시운송사업용 자동차(대형승합차로 한정하고, 고급형 택시는 제외) 윗부분에는 택시운송사업용 자동차임을 표시하는 설비를 설치하여야 한다.

② 택시운송사업용 자동차가 빈(공)차로 운행 중일 때에는 외부에서 빈(공)차임을 알 수 있도록 하는 조명 장치가 자동으로 작동되는 설비를 갖춰야 한다.

③ 수요응답형 여객자동차에는 국토교통부장관이 정한 수요응답시스템을 갖추어야 한다.

④ 택시운송사업자(대형 및 고급형 택시는 제외)는 택시 미터기에서 생성되는 택시운송사업용 자동차 운행정보의 수집·저장장치 및 정보의 조작을 막을 수 있는 장치를 갖추어야 한다.

🔍해설 ③의 문항 중 "국토교통부장관이"가 아닌, "시·도지사가"가 맞는 문항이다.

50 다음 중 운수종사자의 준수사항에 대한 설명으로 맞지 않는 것은?

① 여객의 안전과 사고예방을 위하여 운행 전 사업용 자동차의 안전설비 및 등화장치 등의 이상 유무를 확인해야 한다.

② 질병·피로·음주나 그 밖의 사유로 안전한 운전을 할 수 없을때에는 그 사정을 해당 운송사업자에게 알려야 한다.

③ 자동차의 운행 중 중대한 고장을 발견하거나 사고가 발생할 우려가 있다고 인정될 때에는 즉시 운행을 중지하고 적절한 조치를 해야 한다.

④ 운전업무 중 해당 도로에 이상이 있을 경우에는 즉시 운행을 중지하고 운송사업자에게 알려야 한다.

🔍**해설** ④의 문항이 아닌, "운전업무 중 해당 도로에 이상이 있었던 경우에는 운전업무를 마치고 교대할 때에 다음 운전자에게 알려야 한다."가 옳은 문항이다.

51 다음은 운수종사자의 준수사항에 대한 설명이다. 옳지 않는 것은?

① 관계 공무원으로부터 운전면허증, 신분증, 신분증 또는 자격증의 제시 요구를 받으면 이에 따라야 한다.

② 여객자동차 운송사업에 사용되는 자동차 안에서 담배를 피워서는 아니 된다.

③ 관할관청이 필요하다고 인정하여 복장 및 모자를 지정할 경우에는 그 지정된 복장과 모자를 착용하고, 용모를 항상 단정하게 해야 한다.

④ 영수증 발급기 및 신용카드 결제기를 설치해야 하는 택시의 경우 운전자가 요구하면 영수증의 발급 또는 신용카드 결제에 응해야 한다.

🔍**해설** ④의 문항 중에 "운전자가 요구하면"이 아닌, "승객이 요구 하면"이 맞는 문항이다.

52 다음 중 운수종사자가 승객의 승차를 제지할 수 대상에서 제외 되는 경우는?

① 장애인 보조견이나 전용 운반상자에 넣은 애완동물과 함께 승차하는 경우

② 다른 여객에게 위해(危害)를 끼칠 우려가 있는 폭발성 물질, 인화성 물질 등의 위험물을 자동차 안으로 가지고 들어 오는 경우

③ 다른 여객에게 위해를 끼치거나 불쾌감을 줄 우려가 있는 동물을 자동차 안으로 데리고 들어오는 경우

④ 자동차 출입구 또는 통로를 막을 우려가 있는 물품을 자동차 안으로 가지고 들어오는 경우

🔍**해설** ①의 경우는 승객과 같이 승차할 수 있는 경우에 해당한다.

53 운전자가 사고로 인하여 사상자가 발생하거나 사업용 자동차운행을 중단할 때 사고의 상황에 따라 적절한 조치사항으로 잘못된 것은?

① 가능한 응급수송수단의 마련

② 가족이나 그 밖의 연고자에 대한 신속한 통지

③ 대체운송수단의 확보와 여객에 대한 편의제공

④ 그 밖에 사상자의 보호 등 필요한 조치

🔍**해설** ①의 문항 중 "가능한"이 아닌, "신속한"이 옳은 문항이다.

54 다음은 택시운송사업의 운수종사자가 미터기를 사용하지 않고 운행하는 경우이다. 잘못된 것은?

① 구간운임제 시행지역 및 시간운임제 시행지역의 운수종사자

② 대형(승합자동차를 사용하는 경우로 한정) 및 고급형 택시 운송사업의 운수종사자

③ 일반 승객이 탑승하고 운행 중인 경우

④ 운송가맹점의 운수종사자(플랫폼가맹사업자가 확보한 운송 플랫폼을 통해서 사전에 요금을 정하여 여객과 운송계약을 체결한 경우에만 해당)

🔍**해설** ③의 일반승객이 탑승하고 운행한 경우는 반드시 미터기를 사용하고 운행해야 한다.

55 다음 중 택시운수종사자의 준수사항으로 잘못된 것은?

① 1일 근무 시간 동안 택시 요금미터에 기록된 운송수입금의 전액을 운수종사자의 근무종료 당일 운송사업자에게 납부할 것

② 운수종사자는 일정금액의 운송수입금 기준액을 정하여 납부하지 않을 것

③ 운수종사자는 차량의 출발 전에 여객이 좌석안전띠를 착용하도록 안내해야 한다.

④ 좌석안전띠 착용 안내의 방법, 시기, 그 밖에 필요한 사항은 행정안전부령으로 정한다.

🔍**해설** ④의 문항 중 "행정안전부령"이 아닌, "국토교통부령"이 맞는 문항이다.

56 다음 중 택시운수종사자의 금지사항이 아닌 것은?

① 문을 닫지 않은 상태에서 자동차를 출발 시키거나 운행하는 경우

② 자동차 안에서 담배를 피우는 행위

③ 택시요금미터를 임의로 조작 또는 훼손하는 행위

④ 승객을 태우고 운행 중에 중대한 고장을 발견한 뒤, 즉시 운행을 중단하고 조치를 한 경우

🔍**해설** ④의 경우는 운수종사자의 준수사항 중의 하나이다.

57 다음 중 교통질서의 중요성에 대한 설명이 아닌 것은?

① 제한된 도로 공간에서 많은 운전자가 안전한 운전을 하기 위해서는 운전자의 질서의식이 제고되어야 한다.

② 타인도 쾌적하고 자신도 쾌적한 운전을 하기 위해서는 모든 운전자가 교통질서를 준수해야 한다.

③ 교통사고로부터 국민의 생명 및 재산을 보호하고, 원활한 교통 흐름을 유지하기 위해서는 운전자 스스로 교통질서를 준수해야 한다.

④ 사람의 됨됨이는 그 사람이 얼마나 예의 바른가에 가늠하기도 한다.

🔍**해설** ④의 문항은 운전예절의 중요성이다.

58 다음 중 운전자의 인성과 습관의 중요성에 대한 설명으로 잘못된 것은?

① 운전자는 일반적으로 각 개인이 가지는 사고, 태도 및 행동 특성인 인성(人性)의 영향을 받게 된다.

② 습관은 후천적으로 형성되는 조건반사 현상으로 무의식중에 어떤 것을 반복적으로 행할 때 타인도 모르게 생활화 된 행동으로 나타나게 된다.

③ 습관은 본능에 가까운 힘을 발휘하게 되어 나쁜 운전습관이 몸에 배면 나중에 고치기 어려우며 잘못된 습관은 교통사고로 이어질 수 있다.

④ 올바른 운전 습관은 다른 사람에게 자신의 인격을 표현하는 방법 중의 하나이다.

🔎**해설** ②의 문항 중 "타인도"가 아닌, "자신도"가 옳은 문항이다.

59 다음 중 택시운전자의 운전예절의 중요성에 대한 설명으로 잘못된 것은?

① 사람은 사회생활의 대인관계에서 예의범절을 중시하고 있다.

② 사람의 됨됨이는 그 사람이 얼마나 예의 바른가에 따라 가늠 하기도 한다.

③ 예의바른 운전습관은 명랑한 교통질서를 유지한다.

④ 예의바른 운전습관은 교통사고를 예방할 뿐만 아니라 교통문화 선진화의 지름길이 될 수 있다.

🔎**해설** ①의 문항 중 "사회생활의"가 아닌, "일상생활의"가 옳은 문항이다.

60 다음 중 택시운전자가 지켜야하는 행동에 대한 설명으로 잘못된 문항은?

① 횡단보도에서의 올바른 행동 : 신호등이 없는 횡단보도를 통행하고 있는 보행자가 없어도 일시 정지하여 보행자를 보호한다.

② 전조등의 올바른 사용 : 야간운행 중 반대차로에서 오는 차가 있으면 전조등을 변환빔(하향등)으로 조정하여 상대 운전자의 눈부심 현상을 방지한다.

③ 차로변경에서 올바른 행동 : 방향지시등을 작동시킨 후 차로를 변경하고 있는 경우에는 속도를 줄여 진입이 원활하도록 도와준다.

④ 교차로를 통과할 때의 올바른 행동 : 교차로 전방의 정체 현상으로 통과하지 못할 때에는 교차로에 진입하지 않고 대기한다.

🔎**해설** ①의 문항 중 "없어도"가 아닌, "있으면"이 옳은 문항이다.

61 다음 중 운전자가 삼가 하여야하는 행동이 아닌 것은?

① 지그재그 운전으로 다른 운전자를 불안하게 만드는 행동을 하지 않는다.

② 운행 중에 갑자기 끼어들거나 다른 운전자에게 욕설을 하지 않으며, 상황에 따라 갓길 통행 등 유동적인 운전을 한다.

③ 도로상에서 사고가 발생한 경우 차량을 세워 둔 채로 시비, 다툼 등의 행위로 다른 차량의 통행을 방해하지 않는다.

④ 교통 경찰관의 단속에 불응하거나 항의하는 행위를 하지 않는다.

🔎**해설** ②의 문항 중 "상황에 따라 갓길 통행 등 유동적인 운전을 한다."가 아닌, "갓길로 통행하지 않는다."가 옳은 문항이다. 이외에 과속운행 또는 급브레이크를 밟는 행위를 하지 않는다. 신호등이 바뀌기 전에 빨리 출발하라고 전조등을 깜 빡이거나 경음기로 재촉하는 행위를 하지 않는다. 가 있다.

62 다음 중 교통사고조사규칙에 따른 교통사고의 용어에 대한 설명으로 잘못된 것은?

① 충돌사고 : 차가 반대방향 또는 측방에서 진입하여 그 차의 정면으로 다른 차의 정면을 또는 측면을 충격한 것을 말함.

② 추돌사고 : 2대 이상의 차가 반대 방향으로 주행 중 뒤차가 앞차의 후면을 충격한 것을 말한다.

③ 전도사고 : 차가 주행 중 도로 또는 도로 이외의 장소에 차체의 측면이 지면에 접하고 있는 상태(좌측면이 지면에 접해 있으면 좌전도, 우측면이 지면에 접해 있으면 우전도)를 말한다.

④ 전복사고 : 차가 주행 중 도로 또는 도로 이외의 장소에 뒤집혀 넘어진 것을 말한다.

🔎**해설** ②의 문항 중 "반대 방향"이 아닌, "동일 방향"이며, 외에접촉사고(차가 추월,교행 등을 하려다가 차의 좌우측면을 서로 스친 것), 추락사고(자동차가 도로의 절벽 등 높은 곳 에서 떨어진 사고)가 있다.

63 다음 중 자동차와 관련된 용어에 대한 설명으로 틀린 문항은?

① 차량 중량 : 공차 상태의 자동차 중량을 말한다.

② 차량 총중량 : 적차 상태의 자동차의 중량을 말한다.

③ 적차 상태 : 공차상태의 자동차에 승차정원의 인원이 승차하고, 최대의 물품이 적재된 상태를 말한다.

④ 승차 정원 : 자동차에 승차할 수 있도록 허용된 최대인원(운전자를 포함한다)을 말한다.

🔎**해설** ③의 문항 중 "최대의 물품"이 아닌, "최대적재량의 물품"이 맞는 문항이며, 외에 공차상태 : 자동차에 사람이 승차하지 아니하고 물품(예비 부분품 및 공구 기타 휴대품을 포함)을 적재하지 아니한 상태로서 연료·냉각수 및 윤활유를 만재하고 예비 타이어(예비 타이어를 장착한 자동차만 해당)를 설치하여 운행할 수 있는 상태가 있다.

64 최대적재량의 적재상태를 판단할 때 승차정원 1인 중량은?

① 75kg   ② 65kg   ③ 55kg   ④ 45kg

🔎**해설** ②가 옳은 문항이며, 13세 미만의 자는 1.5인을 승차 정원 1인으로 본다.

65 다음 중 교통사고 현장에서 원인조사를 할 때 조사해야 하는 사항이 아닌 것은?

① 노면에 나타난 흔적조사 : 스키드 마크, 요마크, 타이어 자국, 차량 파손품, 액체 잔존물, 차량적재물의 위치 및 방향, 등

② 사고 차량 및 피해자 조사 : 사고 차량의 손상 부위 정도 및 손상 방향, 사고차량에 묻은 흔적, 찰과흔(擦過痕) 등

③ 사고 당사자 및 목격자 조사 : 운전자 · 탑승자 · 목격자에 대한 사고 상황조사. 사고 운전자의 가정환경 조사

④ 사고현장 측정 및 사진 촬영 : 사고지점 부근의 가로등, 가로수, 전신주(電信柱) 등의 시설물 위치, 신호등(신호기 및 신호체계), 차로, 중앙선, 중앙분리대, 갓길 등 도로 횡단구성 요소,방호울타리, 충격흡수시설, 안전표지 등 안전시설 요소, 노면의 파손, 결빙 배수불량 등 노면상태 요소

🔎**해설** ③의 문항에서 "사고운전자의 가정환경"은 조사사항이 아니다.

66 다음 중 부상자의 의식상태 확인에 대한 설명으로 잘못된 것은?

① 말을 걸거나 팔을 꼬집어 눈동자를 확인한 후 의식이 없다면 몸을 심하게 흔들어 의식유무를 확인 한다.

② 의식이 없거나 부토할 때는 목이 오물로 막혀 질식하지 않도록 옆으로 눕힌다.

③ 목뼈 손상의 가능성이 있는 경우에는 목 뒤쪽을 한 손으로 받쳐 준다.

④ 의식이 없다면 기도를 확보 한다. 머리를 뒤로 충분히 젖힌 뒤, 입안에 있는 피나 토한 음식물 등을 긁어 내어 막힌 기도를 확보한다.

⊕해설 ①의 문항 중 "의식이 없다면 몸을 심하게 흔들어 의식유무를 확인한다."가 아닌, "의식이 있으면 말로 안심시킨다."가 맞는 문항이다. 외에 "환자의 몸을 심하게 흔드는 것은 금지 한다. 가 있다.

67 다음은 심폐소생술을 하기 위한 성인과 영아의 의식 상태 확인 요령에 대한 설명이다. 다른 문항은?

① 성인 : 환자를 바로 눕힌 후 양쪽 어깨를 가볍게 두드리며 의식이 있는지 반응을 확인한다.

② 성인 : 숨을 정상적으로 쉬는지 확인하고, 자동제세기를 가져올 것을 요청한다.

③ 영아 : 한쪽 발바닥을 가볍게 두드리며 의식이 있는지 확인하고, 숨을 정상적으로 쉬고 있는지 반응을 확인한다.

④ 성인, 소아, 영아는 가슴이 충분히 올라올 정도로 2회(1회당 1초간) 실시한다.

⊕해설 ④의 문항은 "기도개방 및 인공호흡 실시방법"의 하나이다.

68 다음 중 심폐소생술을 시행할 때 성인에 대한 가슴압박의 깊이로 옳은 것은?

① 약 5cm 이상   ② 약 4cm 이상
③ 약 3cm 이상   ④ 약 2cm 이상

⊕해설 ①의 "약 5cm 이상"이 맞는 문항이다. 영아의 경우는 "약 4cm 이상"의 깊이로 압박한다.

69 다음 중 심폐소생술을 시행할 때 가슴압박의 속도와 횟수로 맞는 문항은?

① 30회(분당 80~100회)   ② 30회(분당 100~120회)
③ 40회(분당 80~100회)   ④ 40회(분당 100~120회)

⊕해설 ②의 "30회(분당 100~120회)"가 맞는 문항이다.

70 다음 중 심폐소생술을 실시할 때 가슴압박 : 인공호흡 횟수로 맞는 것은?

① 20 : 2   ② 25 : 2
③ 30 : 2   ④ 40 : 2

⊕해설 ③의 "30회 가슴압박과 인공호흡 2회 반복실시"가 맞다.

71 다음 중 교통사고 발생 시 가장 먼저 확인해야 할 사항은?

① 부상자의 체온 확인   ② 부상자의 신분 확인
③ 부상자의 출혈 확인   ④ 부상자의 호흡 확인

⊕해설 ④의 부상자의 호흡 상태를 확인하여야 한다.

72 음식물이나 이물질로 인하여 기도가 폐쇄되어 질식할 위험이 있을 때 흉부에 강한 압력을 주어 토해내게 하는 응급처치 방법으로 맞는 것은?

① 인공호흡법   ② 하임리히법
③ 가슴압박법   ④ 심폐소생술

⊕해설 ②의 "하임리히법"이 맞는 문항이다.

73 출혈 또는 내출혈 환자에 대한 응급조치요령으로 잘못된 것은?

① 출혈이 심하다면 출혈부위보다 심장에 가까운 부위를 헝겊 또는 손수건 등으로 지혈될 때까지 꽉 잡아맨다.

② 출혈이 적을 때에는 거즈나 깨끗한 손수건으로 상처를 꽉 누른다.

③ 부상자 옷의 단추를 푸는 등 옷을 헐렁하게 하고, 상반신을 높게 한다.

④ 내출혈이 발생하였을 때에는 부상자가 춥지 않도록 모포 등을 덮어 주지만 햇볕은 직접 쬐지 않도록 한다.

⊕해설 ③의 문항 중 "상반신을 높게 한다."가 아닌 "하반신을 높게 한다."가 맞는 문항이다.

74 다음 중 골절부상자를 위한 응급조치로 잘못된 것은?

① 골절부상자는 가급적 구급차가 올 때까지 기다리는 것이 바람직하다.

② 환자를 움직이지 말고 손으로 머리를 고정하고 환자를 지지한다.

③ 팔이 골절 되었다면 헝겊으로 띠를 만들어 팔을 매달도록 한다.

④ 지혈이 필요하다면 골절부분은 건드리지 않도록 주의하며 지혈을 하고, 다친 부위를 심장보다 낮게 한다.

⊕해설 ④의 문항 중 "심장보다 낮게 한다."가 아닌, "심장보다 높게 한다."가 옳은 문항이다.

75 차멀미를 하는 승객이 있을 때 조치할 수 있는 사항으로 옳지 않은 것은?

① 환자의 경우는 통풍이 잘되고 비교적 흔들림이 적은 앞쪽으로 앉도록 한다.

② 차멀미가 심한 경우에는 휴게소 내지는 안전하게 정차할 수 있는 곳에 정차하여 차에서 내려 시원한 공기를 마시도록 한다.

③ 차멀미가 예상되는 승객은 차 중간의 좌석에 승차하는 것이 안전하다.

④ 차멀미 승객이 토할 경우를 대비해 위생봉지를 준비한다.

⊕해설 ③의 문항은 차멀미 환자의 조치사항을 부적당하고, 외에"차멀미 승객이 토할 경우에는 주변 승객이 불쾌하지 않도록 신속히 처리한다."가 있다.

76 교통사고 발생 시 운전자의 조치 순서로 옳은 것은?

① 탈출→인명구조→후방방호→신고→대기
② 탈출→신고→인명구조→후방방호→대기
③ 신고→인명구조→탈출→후방방호→대기
④ 인명구조→신고→후방방호→탈출→대기

🔍**해설** ①의 문항이 옳은 문항이다.

77 다음은 교통사고가 발생 시 인명구조를 해야 될 경우 유의 해야 할 사항이다. 잘못된 문항은?

① 승객이나 동승자가 있는 경우 적절한 유도로 승객의 혼란방 지에 노력해야 한다.
② 인명구출 시 부상자, 노인, 어린아이 및 부녀자 등 노약자 를 우선적으로 구조한다.
③ 정차위치가 차도, 노견 등과 같이 위험한 장소일 때에는 신 속히 도로 밖의 안전장소로 유도하고, 2차 피해가 일어나지 않도록 한다.
④ 주간에는 주변의 안전에 특히 주의하고 냉정하고 기민하게 구출유도를 해야 한다.

🔍**해설** ④의 문항 중 "주간에는"이 아닌, "야간에는"이 옳은 문항이며, 외에 "부상자 가 있을 때에는 우선 응급조치를 한다." 가 있다.

78 교통사고 발생 시 보험회사나 경찰 등에 전달할 사항으로 올지 않은 것은?

① 사고발생 지점 및 상태
② 부상정도 및 부상자 수
③ 사고차 운전자의 주민등록번호
④ 회사명과 운전자 성명

🔍**해설** ③의 문항은 해당되지 않는다. 외에 우편물, 신문, 여객의 휴대화물의 상태, 사고 차량의 연료유출 여부 등이 있다.

79 자동차 고장 시 조치해야 하는 사항으로 옳지 않는 것은?

① 정차 차량의 결함이 심할 때는 비상등을 점멸시키면서 길어 깨(갓길)에 바짝 차를 대서 정차한다.
② 차에서 내릴 때에는 옆 차로의 차량 주행상황을 살핀 후 내 린다.
③ 야간에는 밝은 색 옷이나 야광이 되는 옷을 착용하는 것이 좋다.
④ 도로변에 정차할 때는 타 차량의 주행에 지장이 없도록 정 차해야 한다.

🔍**해설** ④의 문항 중 "도로변에"가 아닌, "비상주차대에"가 옳은문항이며, 외에 "비 상전화를 하기 전에 차의 후방에 경고반사판을 설치해야 하며, 특히 야간에는 주의를 기울인다.""밤에는 고장자동차의 표지와 함께 사방 500미터 지점에서 식별할 수 있 는 적색의 섬광신호·전기제등 또는 불꽃신호를 추가로 설치하여야 한다." 가 있다.

80 다음 중 재난발생 시 운전자의 조치사항에 대한 설명으로 잘못된 것은?

① 운행 중 재난이 발생한 경우에는 신속하게 차량을 안전지대 로 이동한 후 즉각 회사 및 유관기관에 보고 한다.
② 장시간 고립 시에는 유류, 비상식량, 구급환자발생 등을 즉 시 신고, 한국도로공사에만 협조를 요청한다.
③ 폭설 및 폭우로 운행이 불가능하게 된 경우에는 응급환자 및 노인, 어린이 승객을 우선적으로 안전지대로 대피시키고 유관기관에 협조를 요청한다.
④ 재난 시 차내에 유류 확인 및 업체에 현재 위치를 알리고, 도착 전까지 차내에서 안전하게 승객을 보호한다.

🔍**해설** ②의 문항 중 "한국도로공사에만 협조를 요청한다."가 아닌, "한국도로공사 및 인근 유관기관 등에 협조를 요청한다."가 맞는 문항이며, 외에 "재난 시 차량 내부 의 이상 여부 확인 및 신속하게 안전지대로 차량을 대피한다."가 있다.

서울특별시 주요지리 요점정리

서울특별시지역 응시자용

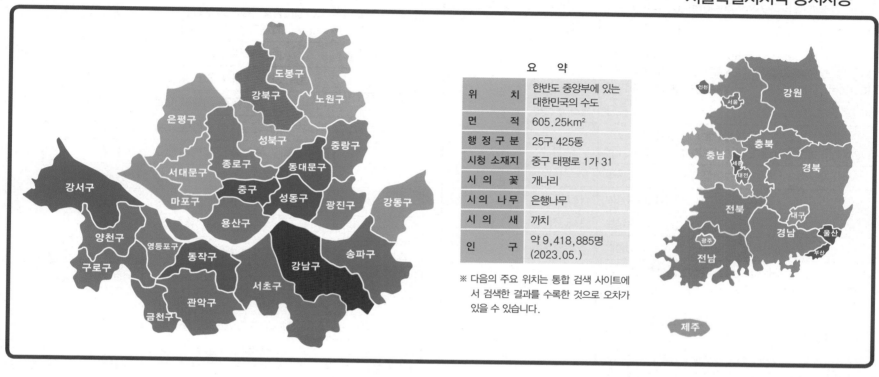

요 약	
위 치	한반도 중앙부에 있는 대한민국의 수도
면 적	605.25km²
행정구분	25구 425동
시청 소재지	중구 태평로 1가 31
시의 꽃	개나리
시의 나무	은행나무
시 의 새	까치
인 구	약 9,418,885명 (2023.05.)

※ 다음의 주요 위치는 통합 검색 사이트에서 검색한 결과를 수록한 것으로 오차가 있을 수 있습니다.

01. 지역별 주요 관공서 및 공공건물 위치

소재지		명 칭
강남구	개포동	강남우체국, 서울수서경찰서
	논현동	서울본부세관, 한국토지주택공사 서울지역본부, 서울지방통계청, 국민연금공단서울남부지역본부
	대치동	서울강남경찰서, 강남운전면허시험장
	도곡동	강남세브란스병원
	삼성동	강남구청, 한국도심공항, 서울특별시 강남서초교육지원청, 강남구보건소, 코엑스, 강남소방서
	역삼동	국기원, 전국택시운송사업조합, 강남차병원, 특허청 서울사무소, 삼성세무서, 서초세무서
	일원동	삼성서울병원
	청담동	우리들병원, 강남세무서
강동구	길 동	강동성심병원
	둔촌동	보훈공단중앙보훈병원
	상일동	강동경희대학교의대병원
	성내동	강동구청, 강동소방서, 서울강동경찰서
강북구	미아동	성북강북교육지원청
	번 동	서울강북경찰서, 강북구보건소
	수유동	강북구청, 국립재활원, 대한병원
강서구	방화동	김포국제공항국제선청사
	등촌동	서울강서우체국
	외발산동	강서운전면허시험장
	화곡동	강서구청, 강서경찰서

소재지		명 칭
관악구	봉천동	관악구청, 관악구보건소, 관악소방서, 낙성대역
	신림동	관악우체국, 서울대학교 관악캠퍼스, 신림역, 양지병원
	청룡동	서울관악경찰서
광진구	구의동	서울광진경찰서, 동서울종합터미널
	군자동	세종대학교
	자양동	광진구청, 혜민병원
	중곡동	국립정신건강센터
	화양동	건국대학교 서울캠퍼스, 건국대학교병원
구로구	고척동	구로소방서
	구로동	구로구청, 구로구보건소, 서울구로경찰서, 고려대학교 구로병원
	항 동	성공회대학교
금천구	가산동	구로세관, 한국건설생활환경연구원
	독산동	금천세무서, 금천우체국
	시흥동	금천구청, 금천구보건소, 서울금천경찰서
노원구	공릉동	한국원자력의학원 원자력병원, 서울여자대학교, 삼육대학교, 서울과학기술대학교, 육군사관학교
	상계동	도봉운전면허시험장, 노원구청, 노원구보건소, 인제대학교 상계백병원
	월계동	광운대학교, 인덕대학교
	하계동	서울노원경찰서, 노원소방서, 노원을지대학교병원

소재지		명 칭
도봉구	도봉동	서울북부지방법원, 서울북부지방검찰청
	방학동	도봉구청
	쌍문동	덕성여자대학교, 한일병원
	창 동	서울특별시 북부교육지원청, 노원세무서, 서울도봉경찰서
동대문구	이문동	한국외국어대학교 서울캠퍼스
	용두동	동대문구보건소, 동대문구청, 서울특별시 동부병원
	전농동	청량리역, 서울특별시 동부교육지원청, 서울시립대학교
	제기동	경동시장
	청량리동	서울동대문경찰서, 동대문세무서, KAIST 서울캠퍼스, 서울성심병원
	회기동	경희대학교 서울캠퍼스, 경희의료원
	휘경동	삼육서울병원
동작구	노량진동	서울동작경찰서, 동작구청, 서울특별시교육청 동작도서관
	사당동	총신대학교, 사당역
	상도동	동작관악교육지원청, 동작구보건소, 숭실대학교
	신대방동	기상청, 서울특별시 보라매병원, 동작소방서
	흑석동	중앙대학교 서울캠퍼스, 중앙대학교병원
마포구	공덕동	서울서부지방법원, 한겨레신문, 서부지방검찰청
	마포동	BBS불교방송국
	상수동	홍익대학교 서울캠퍼스
	상암동	서부운전면허시험장, 서울특별시 미디어재단TBS, MBC신사옥, YTN뉴스퀘어, SBS플러스, KBS미디어센터, 국민건강보험공단 마포지사
	성산동	마포구청, 마포보건소, 한국교통안전공단 서울본부
	신수동	서강대학교
	아현동	서울마포경찰서
서대문구	남가좌동	명지대학교 인문캠퍼스
	대현동	서울특별시 서부교육지원청, 이화여자대학교
	미근동	서울서대문경찰서, 경찰청, 경찰 위원회
	북아현동	추계예술대학교
	신촌동	연세대학교 신촌캠퍼스, 세브란스병원
	연희동	서대문구청, 서대문구보건소, 서대문소방서
	충정로2가	경기대학교 서울캠퍼스
	충정로3가	국민연금공단 서울북부지역 본부
	합 동	프랑스대사관(문화과)
서초구	반포동	국립중앙도서관, 센트럴시티터미널, 서울고속버스터미널, 서울지방조달청, 가톨릭대학교 성의교정, 가톨릭대학교 서울성모병원, 가톨릭중앙의료원, 통일연구원
	방배동	서울방배경찰서
	서초동	서울남부터미널, 서울법원종합청사 서울중앙지방법원, 서초구청, 대검찰청, 국립국악원, 예술의전당, 서울교육대학교, 서울서초경찰서, 대법원, 서울고등법원, 서울고등검찰청, 서초역, 서울중앙지방검찰청
	양재동	서울가정법원, 서울행정법원
	염곡동	도로교통공단 서울지부
성동구	사근동	한양대학교 서울캠퍼스, 한양대학교병원
	송정동	성동세무서
	용답동	서울교통공사
	행당동	성동광진교육지원청, 성동구청, 서울성동경찰서

소재지		명 칭
성북구	돈암동	성신여자대학교
	삼선동	서울성북경찰서, 성북구청, 한성대학교
	안암동	고려대학교 서울캠퍼스, 고려대학교 안암병원
	정릉동	국민대학교, 서경대학교
	하월곡동	동덕여자대학교, 서울종암경찰서
송파구	가락동	가락농수산물종합도매시장, 서울송파경찰서, 경찰병원, 중앙전파관리소
	문정동	서울동부지방법원, 서울동부지방검찰청
	방이동	대한체육회, KSPO DOME(올림픽체조경기장), 한국체육대학교
	신천동	국민연금공단 송파지사, 송파구청, 송파구보건소, 서울시교통회관
	잠실동	강동송파교육지원청, 잠실종합운동장
	풍납동	서울아산병원
양천구	목 동	이대목동병원, CBS기독교방송 본사, 서울지방식품의약품안전청, SBS 본사
	신월동	강서양천교육지원청, 서울과학수사연구소
	신정동	양천구청, 서울출입국외국인청, 서울남부지방법원, 홍익병원
영등포구	당산동	영등포구청, 서울영등포경찰서, 영등포보건소
	대림동	대림성모병원
	문래동	서울특별시 남부교육지원청
	신길동	서울지방병무청, 성애의료재단 성애병원
	여의도동	국회의사당, 국회도서관, 여의도우체국, 가톨릭대학교 여의도성모병원, KBS, KBS별관, 인도네시아대사관, 국민건강보험공단 서울강원지역본부
	영등포동	영등포역, 한림대학교 한강성심병원, 한국소방안전원
용산구	보광동	한국폴리텍대학 서울정수캠퍼스
	동빙고동	이란이슬람공화국대사관, 모로코대사관, 헝가리대사관, 카자흐스탄대사관, 레바논대사관
	동자동	서울역
	용산동3가	국방부
	원효로1가	서울용산경찰서
	청파동	숙명여자대학교 제1캠퍼스
	이태원동	용산구청, 사우디아라비아왕국대사관, 필리핀대사관, 조지아대사관, 케냐대사관
	한강로3가	용산역
	한남동	이탈리아대사관, 태국대사관, 스페인대사관, 남아프리카공화국대사관, 인도대사관, 슬로바키아대사관, 순천향대학교부속 서울병원, 미얀마대사관
은평구	녹번동	은평구청, 은평구보건소, 서울서부경찰서
	진관동	은평소방서, 가톨릭대학교 은평성모병원
	불광동	서울은평경찰서
종로구	공평동	서울종로경찰서(임시청사)
	내자동	서울경찰청
	동숭동	한국방송통신대학교 본관
	삼청동	감사원, 베트남대사관
	세종로	미국대사관, 정부서울청사 본관
	수송동	종로구청, 서울지방국세청, 연합뉴스
	명륜3가	성균관대학교
	신문로2가	서울특별시교육청
	연건동	서울대학교병원
	인의동	혜화경찰서

소재지		명 칭
종로구	종로1가	서울지방우정청, 호주대사관
	중학동	일본대사관, 멕시코대사관, 체코대사관
	팔판동	브라질대사관
	평 동	강북삼성병원, 서울적십자병원
	혜화동	가톨릭대학교 성신교정
	효제동	서울특별시 중부교육지원청
	홍지동	상명대학교 서울캠퍼스
중구	남대문로4가	대한상공회의소
	남대문로5가	서울남대문경찰서, 한국일보사, 독일대사관, 스웨덴대사관, EU대표부
	남학동	중부세무서
	다 동	한국관광공사 관광일자리센터
	명동2가	명동성당, 중국대사관
	묵정동	제일내과의원
	봉래동2가	서울역
	서소문동	서울특별시청 서소문청사1동, 중앙일보플러스, 중앙빌딩
	예관동	중구청
	예장동	숭의여자대학교
	을지로6가	국립중앙의료원
	장교동	서울고용노동청 본청
	장충동1가	튀르키예대사관
	장충동2가	장충체육관, 국립극장, 동국대학교 서울캠퍼스
	저동1가	가톨릭평화방송 평화신문, 남대문세무서
	저동2가	서울중부경찰서
	정 동	경향신문사 본사, 러시아대사관, 영국대사관, 네덜란드대사관, 캐나다대사관, 뉴질랜드대사관
	태평로1가	서울특별시청, 서울특별시의회 본관
중랑구	망우동	서울특별시 북부병원
	상봉동	상봉터미널, 중랑우체국
	신내동	중랑구청, 중랑구보건소, 중랑경찰서, 서울특별시 서울의료원

02. 문화유적·관광지

소재지	명 칭
강남구	선정릉, 봉은사, 스타필드 코엑스몰, 도산공원, 대모산도시자연공원
강동구	서울암사동유적, 광나루한강공원
강북구	화계사, 국립4.19민주묘지, 우이공원유원지, 북서울꿈의숲
강서구	허준박물관, 서울식물원, 강서한강공원, kbs스포츠월드
구로구	고척스카이돔, 여계묘역, 평강성서유물박물관
관악구	호림박물관
광진구	어린이대공원, 뚝섬한강공원, 아차산생태공원, 유니버설아트센터
금천구	서울호암산성
동대문구	세종대왕기념관, 경동시장, 홍릉시험림(홍릉숲)
동작구	노량진수산물도매시장, 사육신역사공원, 보라매공원, 국립서울현충원
마포구	망원한강공원, 서울월드컵경기장, 월드컵공원, 하늘공원, 평화의공원
서대문구	독립문, 서대문형무소역사관

소재지	명 칭
서초구	반포한강공원, 매헌시민의숲, 몽마르뜨공원
성동구	서울숲
성북구	북한산국립공원, 정릉, 오동공원
송파구	롯데월드어드벤처, 롯데월드타워, 가든파이브, 올림픽공원, 석촌호수, 잠실한강공원, 풍납토성, 몽촌토성
양천구	파리공원, 용왕산근린공원, 목동종합운동장
영등포구	63스퀘어, 선유도공원, 여의도공원
용산구	전쟁기념관, N서울타워, 국립중앙박물관, 용산가족공원, 효창공원, 백범김구기념관, 국립극장
종로구	조계사, 보신각, 흥인지문, 종묘, 창경궁, 창덕궁, 경복궁, 경희궁, 세종문화회관, 서울역사박물관, 국립민속박물관, 탑골공원, 마로니에공원, 사직공원, 돈의문역사관, 동묘, 이화장, 낙산공원
중 구	숭례문, 덕수궁, 남산공원, 서울광장
중랑구	용마폭포공원, 돌산체육공원

03. 주요 호텔

소 재 지		명 칭
강남구	논현동	임피리얼팰리스서울, 조선팰리스, 아난티 앳 강남
	대치동	글래드강남코엑스센터, 파크하얏트서울호텔
	삼성동	오크우드프리미어코엑스센터, 인터컨티넨탈서울코엑스
	신사동	안다즈서울강남
	역삼동	노보텔앰배서더서울강남
강서구	염창동	나이아가라호텔
광진구	광장동	그랜드워커힐서울, 비스타워커힐서울
마포구	도화동	서울가든호텔, 글래드마포
	공덕동	롯데시티호텔마포
서대문구	홍은동	스위스그랜드호텔
서초구	반포동	JW메리어트호텔서울, 센트럴시티
	잠원동	더리버사이드호텔
송파구	잠실동	롯데호텔월드
영등포구	여의도동	콘래드서울호텔, 글래드여의도
용산구	남영동	호텔뉴월드
	이태원동	해밀톤호텔, 몬드리안 서울 이태원
	한남동	그랜드하얏트서울
종로구	종로6가	JW메리어트동대문스퀘어서울
	당주동	포시즌스호텔서울
중구	남대문로5가	호텔릿
	당주동	포시즌스호텔서울
	명동1가	로얄호텔서울
	소공동	웨스턴조선서울, 롯데호텔서울
	을지로1가	프레지던트호텔
	을지로6가	노보텔앰배서더서울동대문
	장충동2가	서울신라호텔, 앰배서더서울풀만호텔, 반얀트리클럽앤스파서울

소 재 지		명 칭
중구	충무로2가	세종호텔
	태평로1가	코리아나호텔
	태평로2가	더플라자

04. 주요 한강 교량

명 칭	구 간
가양대교	마포구(상암동) ~ 강서구(가양동)
강동대교	구리시(토평동) ~ 강동구(강일동)
광진교	광진구(광장동) ~ 강동구(천호동)
김포대교	고양시(토당동) ~ 김포시(고촌읍)
당산철교	마포구(합정동) ~ 영등포구(당산동) ※ 지하철 2호선 전용철교
동작대교	용산구(이촌동) ~ 동작구(동작동) ※ 지하철 4호선 통과
동호대교	성동구(옥수동) ~ 강남구(압구정동) ※ 지하철 3호선 통과
마포대교	마포구(마포동) ~ 영등포구(여의도동)
반포대교	용산구(서빙고동) ~ 서초구(반포동)
방화대교	고양시(강매동) ~ 강서구(방화동) ※ 인천국제공항 고속도로와 연결
서강대교	마포구(신정동) ~ 영등포구(여의도동)
성산대교	마포구(망원동) ~ 영등포구(양화동)
성수대교	성동구(성수동) ~ 강남구(압구정동)
암사대교	구리시(아천동) ~ 강동구(암사동)
양화대교	마포구(합정동) ~ 영등포구(당산동)
영동대교	광진구(자양동) ~ 강남구(청담동)
올림픽대교	광진구(구의동) ~ 송파구(풍납동)
원효대교	용산구(이촌동) ~ 영등포구(여의도동)
월드컵대교	마포구(상암동) ~ 영등포구(양평동)
잠수교	용산구(서빙고동) ~ 서초구(반포동)
잠실철교	광진구(구의동) ~ 송파구(신천동) ※ 지하철 2호선과 도로 겸용교량
잠실대교	광진구(자양동) ~ 송파구(신천동)
천호대교	광진구(광장동) ~ 강동구(천호동)
청담대교	광진구(자양동) ~ 강남구(청담동)
팔당대교	남양주시(조안면) ~ 하남시(창우동)
한강대교	용산구(이촌동) ~ 동작구(본동)
한강철교	용산구(이촌동) ~ 동작구(노량진동)
한남대교	용산구(한남동) ~ 서초구(잠원동)
행주대교, 신행주대교	고양시(행주외동) ~ 강서구(개화동)

05. 주요 도로명

1 고속 도로

명 칭	구 간
경부고속도로	한남IC ~ 만남의광장
경인고속도로	양천우체국삼거리 ~ 서인천IC
서울양양고속도로	강일IC ~ 양양JC

2 간선도로(국도, 지방도)

명 칭	구 간
강남대로	한남대교북단 ~ 염곡사거리
강변북로	가양대교북단 ~ 가운사거리(경기도 남양주시)
고산자로	성수대교북단 ~ 고려대역
남부순환로	방화동 ~ 수서IC
내부순환로	월드컵대교북단 ~ 성동JC
노들로	양화교 ~ 한강대교남단
도산대로	신사역교차로 ~ 영동대교남단
독산로	박미삼거리 ~ 구로전화국사거리
독서당로	한남역 ~ 응봉사거리
돈화문로	관수교 ~ 돈화문
돌곶이로	석관동 ~ 북서울꿈의숲
동부간선도로	복정교차로 ~ 상촌IC(경기도 의정부시)
동작대로	사당역 ~ 동작대교북단
북부간선도로	하월곡JC ~ 양정동(경기도 남양주시)
삼청로	경복궁교차로(동십자각) ~ 삼청터널남측
새문안로	서대문역 ~ 세종대로사거리
서부간선도로	기아대교 ~ 성산대교남단
선유로	문래동5가 ~ 양화대교북단
성산로	성산대교북단 ~ 독립문사거리
세종대로	서울역 ~ 광화문
양재대로	선암IC ~ 구리암사대교북단(경기도 구리시)
양천로	개화사거리 ~ 양화교교차로
언주로	개포지하차도 ~ 성수대교북단
올림픽대로	행주대교 ~ 강동대교
용마산로	아차산역삼거리 ~ 신내IC
율곡로	경복궁사거리 ~ 오간수교
을지로	서울특별시청앞 ~ 한양공고삼거리
창경궁로	퇴계로4가교차로 ~ 한성대입구역
태평로	숭례문로터리 ~ 세종로사거리
테헤란로	강남역 ~ 삼성교

❸ 주요 터널

명 칭	구 간
수락산 터널	노원구 상계동
솔샘 터널	성북구 정릉동
오패산 터널	강북구 미아동
초안생태 터널	노원구 월계동
자하문 터널	종로구 청운동
구기 터널	종로구 구기동
동망봉 터널	성북구 보문동3가
삼청 터널	성북구 성북동
북악 터널	종로구 평창동
홍지문 터널	종로구 부암동
은평 터널	은평구 수색동
월드컵 터널	마포구 성산동
방화 터널	강서구 방화동
화곡 터널	강서구 화곡동
남산1호 터널	중구 예장동
남산2호 터널	중구 장충동2가
남산3호 터널	용산구 용산동2가
사직 터널	종로구 사직동
무지개 터널	성동구 성수동1가
금화 터널	서대문구 신촌동
작동 터널	구로구 궁동
까치울 터널	양천구 신월동
천왕2생태 터널	구로구 천왕동

명 칭	구 간
천왕산생태 터널	구로구 오류동
궁동 터널	구로구 궁동
신월여의지하도로	영등포구 여의도동
상도 터널	동작구 본동
밤동산 터널	구로구 구로동
위례대로 터널	송파구 마천동
일원 터널	강남구 개포동
세곡 터널	서초구 내곡동
우면산 터널	서초구 우면동
서리풀 터널	서초구 서초동
구룡 터널	서초구 내곡동
매봉 터널	강남구 도곡동
봉천 터널	관악구 남현동
서초 터널	서초구 방배동
금호 터널	성동구 금호동3가
옥수 터널	성동구 옥수동
난곡 터널	관악구 신림동
국사봉 터널	동작구 상도동
관악 터널	관악구 신림동
낙성대 터널	관악구 봉천동
산복 터널	관악구 신림동
호암1 터널	금천구 시흥동
호암2 터널	금천구 시흥동
삼성산 터널	금천구 시흥동

서울특별시 주요지리 출제예상문제

1 가든파이브가 위치해 있는 곳은?

① 송파구   ② 강북구
③ 광진구   ④ 서초구

2 중부세무서가 위치하고 있는 곳은?

① 종로구 수송동   ② 영등포구 여의도동
③ 중구 남학동   ④ 서초구 서초동

3 강남구에 있는 특급호텔은?

① 스위스그랜드호텔   ② 롯데호텔월드
③ 웨스턴조선서울   ④ 조선팰리스

4 강남구에 없는 호텔은?

① 신라호텔   ② 파크하얏트 서울호텔
③ 인터컨티넨탈호텔   ④ 임피리얼팰리스서울

5 강남구와 성동구를 연결하는 다리는?

① 올림픽대교   ② 청담대교
③ 성산대교   ④ 동호대교

6 신사역에서 영동대교남단으로 연결되는 도로는?

① 강남대로   ② 율곡로
③ 도산대로   ④ 돈화문로

7 강남구 삼성동에 소재한 것은?

① 한국도심공항   ② 삼성서울병원
③ 서울강남경찰서   ④ 서울본부세관

8 용산구 동자동에 위치한 전철역은?

① 동대입구역   ② 서울역
③ 동대문역   ④ 명동역

9 다음 중 강남운전면허시험장이 있는 곳은?

① 논현동   ② 삼성동
③ 도곡동   ④ 대치동

10 강남구에 소재한 호텔로만 묶인 것은?

① 신라호텔, 세종호텔, 더플라자
② 파크하얏트 서울호텔 , 인터컨티넨탈 서울 코엑스, 조선팰리스
③ 롯데호텔월드, 그랜드하얏트서울, JW메리어트동대문스퀘어서울
④ 스위스그랜드호텔, JW메리어트호텔서울, 임피리얼팰리스서울

11 서울역교차로에서 광화문교차로로 연결된 도로는?

① 화랑로   ② 미아로
③ 세종대로   ④ 도봉로

12 강서구 가양동에서 상암월드컵경기장을 가기 위해 어떤 다리를 건너야 하는가?

① 반포대교   ② 가양대교
③ 동호대교   ④ 성수대교

13 강서운전면허시험장이 위치한 동은?

① 강서구 외발산동   ② 강서구 우장산동
③ 강서구 발산동   ④ 강서구 방화동

14 서울강북경찰서는 어느 동에 있나?

① 강북구 번동   ② 강북구 미아동
③ 강북구 수유동   ④ 성북구 삼선동

15 서울특별시청 서소문청사1동과 같은 동에 있는 건물은?

① 보신각(종각)   ② 롯데월드어드벤처
③ 서울시립미술관 서소문   ④ 서울역

16 건국대학교 서울캠퍼스의 위치는?

① 광진구 화양동   ② 광진구 자양동
③ 성동구 성수동   ④ 성동구 송정동

17 서울송파경찰서와 같은 동에 위치한 건물은?

① KSPO DOME(올림픽체조경기장)
② 서울아산병원
③ 국립 경찰 병원
④ 송파구청

정답   1 ①   2 ③   3 ④   4 ①   5 ④   6 ③   7 ①   8 ②   9 ④   10 ②   11 ③   12 ②   13 ①   14 ①   15 ③   16 ①   17 ③

18 프랑스대사관 문화과가 위치한 곳은?
① 합동
② 방배동
③ 제기동
④ 상암동

19 고산자로 구간이 맞는 것은?
① 석관동 ~ 북서울꿈의숲
② 경복궁사거리 ~ 오간수교
③ 성수대교북단 ~ 고려대역
④ 한남역 ~ 응봉사거리

20 창덕궁에서 가장 멀리 있는 건물은?
① 종로경찰서
② 가톨릭대학교 성신교정
③ 혜화경찰서
④ 몽촌토성

21 서울광진경찰서는 무슨 동에 있나?
① 구의동
② 능동
③ 자양동
④ 화양동

22 장충체육관, 국립극장, 신라호텔이 위치한 곳은?
① 영등포구 여의도동
② 중구 장충동 2가
③ 종로구 신문로 2가
④ 종로구 동승동

23 TBS 교통방송국이 소재한 곳은?
① 영등포구 여의도동
② 마포구 상암동
③ 종로구 홍지동
④ 성동구 성수동

24 서울특별시청이 위치한 곳은?
① 중구 태평로1가
② 중구 다동
③ 중구 예관동
④ 중구 정동

25 국립국악원의 위치는?
① 서초구 반포동
② 서초구 잠원동
③ 서초구 서초동
④ 서초구 방배동

26 국립중앙박물관은 무슨 구에 있나?
① 종로구
② 서초구
③ 마포구
④ 용산구

27 서울과학수사연구소가 있는 동은?
① 신정동
② 신월동
③ 신사동
④ 신대방동

28 보훈공단중앙보훈병원이 소재한 구는?
① 강북구
② 강남구
③ 강동구
④ 강서구

29 국립극장이 위치한 곳은?
① 중구 장충동 2가
② 종로구 안국동
③ 성동구 왕십리동
④ 동대문구 용두동

30 경찰병원의 위치는?
① 성동구 홍익동
② 강동구 천호동
③ 송파구 문정동
④ 송파구 가락동

31 국립서울현충원은 어느 곳에 위치해 있는가?
① 동작구
② 서초구
③ 강북구
④ 광진구

32 화계사길이 있는 구는?
① 종로구
② 서대문구
③ 강북구
④ 마포구

33 서울지방국세청이 위치한 곳은?
① 서대문구
② 용산구
③ 종로구
④ 중구

34 성산대교북단에서 독립문사거리까지 이르는 도로는?
① 내부순환로
② 강변북로
③ 성산로
④ 올림픽대로

35 CBS 기독교방송국의 위치는?
① 종로구 연건동
② 양천구 목동
③ 종로구 평동
④ 강서구 등촌동

36 기상청은 어디에 있는가?
① 서대문구 신촌동
② 양천구 목동
③ 동작구 신대방동
④ 동대문구 청량리동

37 김포공항으로 가려면 지하철 몇 호선을 타야 하는가?
① 1호선
② 3호선
③ 5호선
④ 7호선

38 개화사거리에서 양화교교차로를 잇는 도로는?
① 승항대로
② 안양천로
③ 양천로
④ 허준로

39 방화동에서 수세IC로 이어진 도로는?
① 내부순환로
② 남부순환로
③ 서부간선도로
④ 동부간선도로

정답 18 ① 19 ③ 20 ④ 21 ① 22 ② 23 ② 24 ① 25 ③ 26 ④ 27 ② 28 ③ 29 ① 30 ④ 31 ①
32 ③ 33 ③ 34 ③ 35 ② 36 ③ 37 ③ 38 ③ 39 ②

40 장충체육관을 갈 때 가장 가까운 지하철역은 어디인가?

① 강남역   ② 충무로역
③ 동대입구역   ④ 잠실역

41 봉은사로와 교차하는 도로는?

① 구기터널   ② 남산1호터널
③ 삼청터널   ④ 언주로

42 남부지방법원의 소재는?

① 양천구 신월동   ② 양천구 신정동
③ 강서구 화곡동   ④ 강서구 등촌동

43 남부순환로에 걸쳐있는 전철역이 아닌 것은?

① 서초역   ② 사당역
③ 신림역   ④ 낙성대역

44 노원구청에서 가장 먼 곳은?

① 삼육대학교   ② 도봉운전면허시험장
③ 강남세브란스병원   ④ 노원구보건소

45 노원소방서가 위치한 곳은?

① 노원구 하계동   ② 노원구 월계동
③ 도봉구 창동   ④ 중랑구 신내2동

46 노원구에 있는 대학은?

① 삼육대학교, 서울여자대학교
② 광운대학교, 국민대학교
③ 삼육대학교, 서울시립대학교
④ 동덕여자대학교, 숭실대학교

47 서부운전면허시험장의 위치는?

① 종로구 정동   ② 마포구 상암동
③ 중구 충정로 1가   ④ 동작구 신대방동

48 창덕궁이 위치한 동은 어느 곳인가?

① 강남구 논현동   ② 종로구 와룡동
③ 광진구 군자동   ④ 강동구 천호동

49 대검찰청의 위치는 어느 구인가?

① 서초구   ② 중구
③ 강남구   ④ 종로구

50 도산대로는 어디에서 어디까지인가?

① 한남대교북단 ~ 염곡사거리
② 신사역교차로 ~ 영동대교남단
③ 아차산역삼거리 ~ 신내IC
④ 월드컵대교북단 ~ 성동JC

51 도봉역에서 가장 먼 곳은?

① 덕성여자대학교   ② 서울도봉경찰서
③ 성공회대학교   ④ 서울북부지방법원

52 독일대사관은 어느 구에 있나?

① 중구   ② 강남구
③ 종로구   ④ 양천구

53 망원동에서 양화동을 잇는 다리는?

① 양화대교   ② 성산대교
③ 마포대교   ④ 서강대교

54 독서당로는 어디에서 어디까지인가?

① 옥수동 ~ 압구정   ② 성수대교 ~ 경동시장
③ 석관동 ~ 장위동   ④ 한남역 ~ 응봉사거리

55 돈화문로가 잇는 지역으로 옳은 것은?

① 개화사거리 ~ 양화교교차로
② 관수교 ~ 창덕궁 돈화문
③ 숭례문로터리 ~ 세종로사거리
④ 경복궁교차로(동십자각) ~ 삼청터널남측

56 서울동대문경찰서는 어느 동에 있는가?

① 휘경동   ② 청량리동
③ 용두동   ④ 전농동

57 동부지방법원의 위치는 무슨 구에 있나?

① 송파구   ② 광진구
③ 강동구   ④ 동대문구

58 동대문역 근처에서 가장 먼 곳은?

① 성균관대학교   ② 중구청
③ 서울지방병무청   ④ 종로구청

59 동대입구역에서 가장 먼 곳은?

① 장충체육관   ② 동국대학교 서울캠퍼스
③ 중구청   ④ 예술의 전당

정답   40 ③   41 ④   42 ②   43 ①   44 ③   45 ①   46 ①   47 ②   48 ②   49 ①   50 ②   51 ③   52 ①   53 ②
54 ④   55 ②   56 ②   57 ①   58 ③   59 ④

60 동작구청 근처에 있는 건물이 아닌 것은?

① 서울동작경찰서　　　② 동작관악교육지원청
③ 노량진역　　　　　　④ 노량진 수산시장

61 동서울터미널에서 승객을 태우고 교통회관으로 가려면 건너야 할 대교는?

① 양화대교　　　　　　② 성산대교
③ 잠실대교　　　　　　④ 암사대교

62 러시아대사관의 위치는?

① 중구 정동　　　　　　② 종로구 세종로
③ 용산구 한남동　　　　④ 종로구 내자동

63 롯데월드어드벤처와 연결된 지하철 2호선 역명은?

① 잠실나루역　　　　　② 잠실새내역
③ 잠실역　　　　　　　④ 삼성역

64 외발산동은 어디에 위치해 있는가?

① 양천구　　　　　　　② 강서구
③ 광진구　　　　　　　④ 성동구

65 마포구 관내에 있는 학교는?

① 연세대, 경기대　　　② 총신대, 상명대
③ 서강대, 홍익대　　　④ 중앙대, 숙명여자대

66 마포구와 영등포구를 연결하는 교량이 아닌 것은?

① 성산대교　　　　　　② 동작대교
③ 마포대교　　　　　　④ 양화대교

67 한남동에서 응봉동으로 연결된 도로는 무엇인가?

① 노들로　　　　　　　② 독서당로
③ 돈화문로　　　　　　④ 삼청로

68 삼선동이 속한 곳은 어디인가?

① 종로구　　　　　　　② 강남구
③ 성북구　　　　　　　④ 구로구

69 몽촌토성은 어느 대교 남단에 위치하는가?

① 청담대교　　　　　　② 잠실대교
③ 천호대교　　　　　　④ 올림픽대교

70 미국대사관과 같은 지역에 있는 건물은?

① 상명대학교 서울캠퍼스　　② 종로경찰서
③ 정부서울청사 본관　　　　④ 혜화경찰서

71 한국방송통신대학교 본관 본부의 위치는?

① 종로구 수송동　　　② 종로구 동숭동
③ 서대문구 연희동　　④ 강남구 대치동

72 이태원에서 가톨릭대학교 서울성모병원으로 가기 위해서 건너야하는 다리는 무엇인가?

① 청담대교　　　　　　② 잠실대교
③ 서강대교　　　　　　④ 반포대교

73 방학동에 위치한 관공서는?

① 도봉구청　　　　　　② 서울도봉경찰서
③ 덕성여자대학교　　　④ 서울북부지방법원

74 보훈공단중앙보훈병원의 위치는?

① 광진구 구의동　　　② 마포구 상암동
③ 강남구 역삼동　　　④ 강동구 둔촌동

75 봉은사가 위치한 구에 있는 주요 건물로 옳은 것은?

① JW메리어트호텔서울
② 파크하얏트서울호텔
③ 로얄호텔서울
④ 그랜드워커힐서울

76 코엑스가 있는 구는?

① 동대문구　　　　　　② 강남구
③ 강북구　　　　　　　④ 성북구

77 사근동은 어느 구에 있는가?

① 성동구　　　　　　　② 종로구
③ 관악구　　　　　　　④ 노원구

78 동작대로에 속한 지하철역은 무엇인가?

① 사당역　　　　　　　② 잠실역
③ 이촌역　　　　　　　④ 내방역

79 중구에 소재한 호텔이 아닌 것은?

① 반얀트리클럽앤스파서울
② 웨스틴조선서울
③ 더플라자
④ 그랜드하얏트서울

80 국립 4.19 민주묘지는 어느 구에 있는가?

① 강북구　　　　　　　② 종로구
③ 용산구　　　　　　　④ 성북구

정답
60 ② 61 ③ 62 ① 63 ③ 64 ② 65 ③ 66 ② 67 ② 68 ③ 69 ④ 70 ③ 71 ② 72 ④ 73 ①
74 ④ 75 ② 76 ② 77 ① 78 ① 79 ④ 80 ①

81 다음 중 선정릉이 위치한 구는 어디인가?

① 구로구
② 강남구
③ 강동구
④ 광진구

82 연세대학교 신촌캠퍼스와 거리가 가장 먼 건물은?

① 프랑스대사관
② 경기대학교 서울캠퍼스
③ 서대문구청
④ 효창공원

83 국립중앙도서관에서 이태원으로 가는 데 가까운 대교는?

① 반포대교
② 동작대교
③ 한남대교
④ 한강대교

84 서울남부터미널의 위치는?

① 서대문구 합동
② 서대문구 연희동
③ 서초구 서초동
④ 서초구 방배동

85 호남선 KTX를 타려는 승객을 내려줘야 하는 역은 어디인가?

① 신길역
② 수서역
③ 용산역
④ 잠실역

86 서울소재 운전면허시험장과 위치가 바르게 연결되지 않은 것은?

① 강남운전면허시험장 – 강남구 대치동
② 강서운전면허시험장 – 강서구 외발산동
③ 도봉운전면허시험장 – 도봉구 창동
④ 서부운전면허시험장 – 마포구 상암동

87 다음 중 가장 서쪽에 있는 다리는 무엇인가?

① 올림픽대교
② 영동대교
③ 청담대교
④ 잠실대교

88 서울본부세관의 위치는?

① 강남구 역삼동
② 강남구 논현동
③ 강남구 대치3동
④ 동작구 노량진동

89 서울출입국외국인청이 위치한 곳은?

① 종로구
② 서대문구
③ 양천구
④ 강서구

90 서울아산병원 위치는?

① 용산구 한남동
② 송파구 풍납동
③ 송파구 잠실 1동
④ 강남구 신사동

91 서울특별시의회 본관의 위치는?

① 종로구 세종로
② 중구 서소문동
③ 종로구 훈정동
④ 중구 태평로 1가

92 서울경찰청의 위치는?

① 종로구 내자동
② 종로구 세종로
③ 중구 서소문동
④ 종로구 훈정동

93 서울지방병무청의 위치는?

① 영등포구 신길동
② 용산구 후암동
③ 강서구 외발산동
④ 강남구 대치동

94 성북구에서 종로구로 지나는 터널은?

① 남산3호터널
② 북악터널
③ 구룡터널
④ 금화터널

95 서울남부지방법원과 가장 먼 곳은?

① 구로소방서
② 보훈공단중앙보훈병원
③ 구로구청
④ 성공회대학교

96 개포지하차도에서 성수대교북단까지 이르는 도로는?

① 언주로
② 반포로
③ 우면로
④ 논현로

97 자양동에서 삼성코엑스로 가려면 건너야 할 다리는?

① 영동대교
② 성수대교
③ 한남대교
④ 동호대교

98 송파구청이 소재한 위치는 어디인가?

① 풍납동
② 신천동
③ 방이동
④ 문정동

99 SBS아이앤엠이 위치해 있는 곳은?

① 중구 예장동
② 양천구 목동
③ 마포구 상암동
④ 영등포구 여의도동

100 코엑스로 가려면 어느 지하철역에서 내리는 것이 가장 가까운가?

① 대치역
② 학여울역
③ 삼성역
④ 대청역

101 양화대교는 마포구 합정동과 어느 지역을 잇는 교량인가?

① 강남구 옥수동
② 송파구 풍납동
③ 영등포구 당산동
④ 강동구 천호동

정답

81 ② 82 ④ 83 ① 84 ③ 85 ③ 86 ③ 87 ② 88 ② 89 ③ 90 ② 91 ④ 92 ① 93 ① 94 ②
95 ② 96 ① 97 ① 98 ② 99 ③ 100 ③ 101 ③

102 어린이대공원의 위치는?

① 강동구   ② 광진구
③ 송파구   ④ 성동구

103 어린이대공원 후문에서 망우동에 이르는 도로명은?

① 겸재로   ② 용마산로
③ 면목로   ④ 사가정로

104 여의도동에 소재한 건물로만 묶인 것은?

① KBS, 여의도성모병원, 국회도서관
② 서울고용노동청, 63스퀘어, 서울아산병원
③ KBS 본사, 서울과학수사연구소, 서울시교육청
④ 국회의사당, 대한상공회의소, 서울지방병무청

105 고산자로는 성수대교북단에서 어디까지 이르는 도로인가?

① 응봉삼거리   ② 남대문
③ 고려대역   ④ 삼성교

106 서울영등포경찰서가 있는 지역은 어디인가?

① 당산동   ② 여의도동
③ 문래동   ④ 신길동

107 강남세브란스병원의 위치는?

① 강남구 일원동   ② 강남구 논현동
③ 강남구 도곡동   ④ 강남구 역삼동

108 옥수동에서 압구정동으로 갈 때 건너야 할 대교는?

① 청담대교   ② 성수대교
③ 한강대교   ④ 동호대교

109 서울교육대학교의 위치는 어디인가?

① 서초구 방배동   ② 서초구 양재동
③ 서초구 서초동   ④ 동작구 사당동

110 용산구에 있는 호텔은?

① 그랜드하얏트서울, 몬드리안서울이태원, 해밀톤호텔
② 서울로얄호텔, 프레지던트호텔, 코리아나호텔
③ 서울팰레스호텔, 프레지던트호텔, 뉴월드호텔
④ 서울힐튼호텔, 롯데호텔월드, 세종호텔

111 서울삼육병원의 위치는 어디인가?

① 종로구 수송동   ② 강동구 천호동
③ 동대문구 휘경동   ④ 마포구 공덕동

112 원효로에서 여의도로 건너야 할 다리는?

① 서강대교   ② 원효대교
③ 마포대교   ④ 한강대교

113 월드컵경기장의 위치는?

① 마포구 염리동   ② 마포구 도화동
③ 마포구 성산동   ④ 마포구 상암동

114 삼육대학교의 위치로 옳은 것은?

① 노원구 월계동   ② 노원구 하계동
③ 노원구 공릉동   ④ 노원구 상계동

115 2호선과 5호선이 만나지 않는 역은?

① 충정로역   ② 합정역
③ 을지로4가역   ④ 왕십리역

116 종로 수송동에서 가장 먼 건물은?

① 미국대사관   ② 대한체육회
③ 한국방송통신대학교 본관   ④ 종로구청

117 국립중앙의료원은 어느 구에 있는가?

① 용산구   ② 중구
③ 서대문구   ④ 동대문구

118 강남구청의 위치로 옳은 것은 무엇인가?

① 서초구 방배동   ② 강남구 삼성동
③ 종로구 내자동   ④ 송파구 가락본동

119 위치와 병원이 잘못 짝지어진 것은?

① 송파구 풍납동 – 서울아산병원
② 서대문구 신촌동 – 신촌세브란스병원
③ 종로구 평동 – 서울적십자병원
④ 성북구 안암동 – 서울대병원

120 잠실역 근처에 위치하지 않는 것은?

① 예술의전당   ② 교통회관
③ 송파구청   ④ 롯데월드어드벤처

121 잠원동의 위치는?

① 올림픽대교 남단에 위치
② 강동구 둔촌동에 인접
③ 반포대교 남단과 한남대교 남단에 인접
④ 강남구 국기원 맞은 편

정답

102 ②   103 ②   104 ①   105 ③   106 ①   107 ③   108 ④   109 ③   110 ①   111 ③   112 ②   113 ③
114 ③   115 ②   116 ②   117 ②   118 ②   119 ④   120 ①   121 ③

122 장충체육관 옆에 있는 호텔명은?

① 롯데호텔월드　　　　② 서울신라호텔
③ 해밀턴호텔　　　　　④ 서울가든호텔

123 한강대교가 잇는 구역은 어디인가?

① 마포구(상암동) ~ 영등포구(양평동)
② 광진구(광장동) ~ 강동구(천호동)
③ 용산구(이촌동) ~ 동작구(본동)
④ 용산구(한남동) ~ 서초구(잠원동)

124 종로구에 없는 관공서는?

① 서울특별시교육청　　② 서울지방국세청
③ 서울경찰청　　　　　④ 서울본부세관

125 종로구에 소재하는 병원은?

① 강북삼성병원　　　　② 서울아산병원
③ 세브란스병원　　　　④ 이대목동병원

126 종로구에 위치하지 않는 곳은?

① 덕수궁　　　　　　　② 정부서울청사 본관
③ 미국대사관　　　　　④ 세종문화회관

127 종로구 중학동에서 가장 먼 곳은?

① 일본대사관　　　　　② 한국체육대학교
③ 보신각　　　　　　　④ 정부서울청사 본관

128 종로구청에서 가장 멀리 떨어진 곳은?

① 종로경찰서　　　　　② 프랑스대사관 문화과
③ 국립국악원　　　　　④ 성균관대학교

129 종로구 세종대로에 소재한 대사관은?

① 프랑스 대사관　　　　② 중국 대사관
③ 미국 대사관　　　　　④ 일본 대사관

130 중국 대사관의 위치는?

① 중구 명동2가　　　　② 용산구 남영동
③ 중구 남산동　　　　　④ 종로구 안국동

131 중구에 소재하지 않는 호텔은?

① 롯데호텔월드　　　　② 세종호텔
③ 서울신라호텔　　　　④ 프레지던트호텔

132 용산구에 있는 건물이 아닌 것은?

① 한국폴리텍대학 서울정수캠퍼스
② 상봉터미널
③ 숙명여자대학교 제1캠퍼스
④ 국방부

133 다음중 도봉구에 위치한 것은?

① 국방부　　　　　　　② 덕성여자대학교
③ 세종대학교　　　　　④ 프랑스대사관 문화과

134 지하철 4호선과 7호선이 만나는 역은?

① 이수역　　　　　　　② 사당역
③ 동작역　　　　　　　④ 고속터미널

135 지하철 매봉역, 도곡역, 학여울역은 어느 도로상에 있는가?

① 양재대로　　　　　　② 강남대로
③ 우면로　　　　　　　④ 남부순환로

136 지하철 5호선과 8호선이 만나는 역은?

① 강동역　　　　　　　② 군자역
③ 잠실역　　　　　　　④ 천호역

137 지하철 왕십리역을 통과하지 않는 것은?

① 지하철 5호선　　　　② 지하철 2호선
③ 지하철 1호선　　　　④ 경의중앙선

138 지하철 2호선에 있지 않는 역은?

① 신림역　　　　　　　② 역삼역
③ 장한평역　　　　　　④ 동대문역사문화공원역

139 고척동의 위치는?

① 구로구　　　　　　　② 송파구
③ 관악구　　　　　　　④ 서초구

140 서울영등포경찰서와 가까운 역은?

① 장한평역　　　　　　② 광진구청
③ 영등포구청역　　　　④ 군자교

경기도 주요지리 요점정리

경기도지역 응시자용

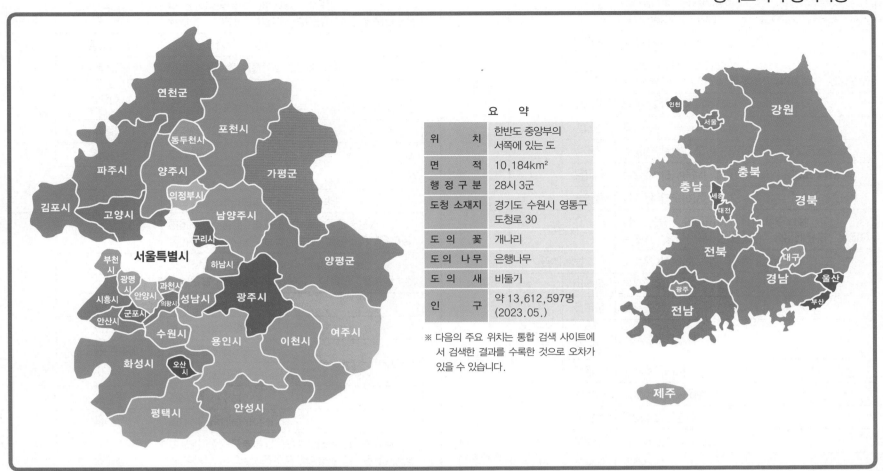

요 약	
위 치	한반도 중앙부의 서쪽에 있는 도
면 적	10,184km²
행 정 구 분	28시 3군
도청 소재지	경기도 수원시 영통구 도청로 30
도 의 꽃	개나리
도 의 나 무	은행나무
도 의 새	비둘기
인 구	약 13,612,597명 (2023.05.)

※ 다음의 주요 위치는 통합 검색 사이트에서 검색한 결과를 수록한 것으로 오차가 있을 수 있습니다.

01. 지역별 주요 관공서, 공공 건물 및 문화·관광지 위치

소 재 지		명 칭
가평군	가평읍 대곡리	가평소방서, 가평터미널
	가평읍 읍내리	가평군청, 경기도가평교육지원청, 가평우체국
	청평면 상천리	경기가평경찰서
	문화유적	캐나다·뉴질랜드·호주전투기념비, 현등사삼층석탑
	관광지	자라섬, 남이섬, 명지산, 유명산, 연인산, 명지계곡, 청평호, 용추계곡, 현등사, 조종암, 아침고요수목원, 칼봉산자연휴양림, 청평자연휴양림, 국립유명산자연휴양림, 청평유원지, 대성리국민관광지, 호명호수공원
고양시	덕양구 주교동	고양시청
	덕양구 화전동	화전역
	덕양구 화정동	덕양구청, 경기고양경찰서
	덕양구 현천동	한국항공대학교
	일산동구 마두동	일산동구청, 국립암센터, 마두역
	일산동구 백석동	국민건강보험공단일산병원, 고양종합터미널
	일산동구 식사동	동국대학교 일산병원
	일산동구 장항동	의정부지방검찰청고양지청, 일산MBC드림센터, CHA의과대학교 일산차병원, 의정부지방법원 고양지원
	일산동구 정발산동	일산동부경찰서
	일산동구 중산동	일산복음병원
	일산서구 대화동	일산서구청, 인제대학교 일산백병원, 일산서부경찰서, 대화역
	일산서구 덕이동	탄현역
	일산서구 일산동	일산역
	일산서구 탄현동	SBS 일산제작센터

소 재 지		명 칭
고양시	문화유적	고려공양왕릉, 서오릉, 최영장군묘
	관광지	행주산성, 북한산성, 벽제관지, 원마운트워터파크, 일산호수공원, 킨텍스
과천시	갈현동	과천시정보과학도서관
	과천동	경마공원역
	별양동	과천예일의원, 과천역
	막계동	대공원역
	문원동	과천문화원
	중앙동	과천시청, 과천경찰서, 정부과천종합청사, 과천외국어고등학교, 과천도시공사, 국사편찬위원회, 경인지방통계청, 과천정부청사역
	문화유적	과천향교
	관광지	관악산, 청계산, 온온사, 보광사, 연주대, 국립현대미술관 과천, 서울랜드, 서울대공원, 렛츠런파크 서울, 관문체육공원
광명시	광명동	광명교육지원청, 광명시광명도서관, 광명사거리역
	일직동	광명역 경부선(고속철도)
	철산동	광명시청, 경기광명경찰서, 광명시민회관, 광명성애병원, 철산역
	하안동	광명시민체육관
	문화유적	철산동지석묘, 영회원, 충현서원
	관광지	구름산, 광명동굴, 금강정사, 청룡사, 도덕산공원
광주시	경안동	광주시립중앙도서관, 서울장신대학교
	송정동	광주시청, 광주하남교육지원청
	역 동	경기광주역
	탄벌동	광주경찰서
	초월읍	광주소방서
	문화유적	광주조선백자도요지, 남한산성행궁, 천진암성지
	관광지	무갑산, 남한산성, 팔당호, 만해기념관, 곤지암도자공원

소 재 지		명 칭
구리시	교문동	구리시청, 경기구리경찰서, 한양대학교 구리병원, 서울삼육고등학교
	인창동	구리농수산물도매시장, 구리역
	토평동	구리여자고등학교
	문화유적	동구릉, 명빈묘, 구리시고구려대장간마을, 광개토태왕비동상
	관광지	아차산, 장자호수공원, 구리한강시민공원
군포시	금정동	군포시청, 군포의왕교육지원청, 경기군포경찰서, 군포고등학교
	당 동	효산의료재단 지샘병원, 군포역
	당정동	한세대학교
	대야미동	대야미역
	산본동	수리고등학교, 산본역, 수리산역
	문화유적	군포산본동조선백자요지
	관광지	수리산, 수리사, 반월호수공원, 초막골생태공원, 갈치저수지, 덕포진사적지
김포시	고촌읍 신곡리	고촌역
	북변동	걸포북변역
	사우동	김포시청, 풍무역, 사우역
	양촌읍 유현리	양촌역
	월곶면 갈산리	김포외국어고등학교
	운양동	김포교육지원청, 운양역
	장기동	경기김포경찰서, 뉴고려병원, 장기역
	문화유적	덕포진, 김포장릉, 김포향교, 통진향교
	관광지	애기봉, 문수사, 금정사, 광은사, 문수산성, 김포국제조각공원, 태산패밀리파크, 애기봉전망대, 대명포구
남양주시	금곡동	남양주시청 제1청사, 금곡역
	다산동	정약용도서관, 경기남양주남부경찰서, 남양주시청 제2청사, 의정부지방법원 남양주지원, 구리남양주교육지원청, 근로복지공단 남양주지사, 도농역
	별내동	별내역, 별내별가람역
	와부읍	팔당역, 덕소역
	이패동	남양주체육문화센터(종합운동장)
	조안면 삼봉리	남양주종합촬영소
	진건읍	남양주북부경찰서
	화도읍	남양주세무서, 마석역
	문화유적	광해군묘, 흥원(흥선대원왕), 휘경원, 홍유릉, 광릉, 순강원, 정약용선생묘, 정약용유적지
	관광지	천마산, 비금계곡, 밤섬유원지, 북한강야외공연장, 힐링별밤수목원, 물맑음수목원, 팔당유원지
동두천시	동두천동	동두천역, 동양대학교 동두천캠퍼스
	보산동	보산역
	상봉암동	소요산역
	생연동	동두천시청, 동두천중앙역
	지행동	동두천양주교육지원청, 동두천소방서, 동두천외국어고등학교, 지행역
	상패동	동두천경찰서, 신한대학교 제2캠퍼스
	문화유적	사패지경계석, 탑동석불
	관광지	자재암, 소요산, 마차산, 칠봉산, 반공희생자위령탑, 산불진화순직자추모탑, 예래원

소 재 지		명 칭
부천시	상 동	부천문화재단, 폴라리스호텔, 고려호텔, 상동역
	소사동	가톨릭대학교 부천성모병원
	소사본동	소사어울마당(구 소사구청), 부천세종병원, 서울신학대학교
	송내동	중동역, 송내역
	심곡동	부천대학교
	약대동	다니엘종합병원
	여월동	오정경찰서
	역곡동	가톨릭대학교 성심교정, 역곡역
	오정동	OBS경인TV, 오정동행정복지센터
	옥길동	부천소사경찰서
	원미동	원미2주민지원센터
	중 동	부천시청, 원미경찰서, 부천교육지원청, 경기예술고등학교, 순천향대학교부속 부천병원
	춘의동	춘의역
	문화유적	고강선사유적공원, 부천향토역사관
	관광지	웅진플레이도시, AINS WORLD(아인스월드), 한국만화박물관, 부천로보파크
성남시	분당구	구미동	분당서울대학교병원
		서현동	성남교육지원청, 서현역
		수내동	분당구청
		야탑동	성남시중앙도서관, CHA의과학대학교 분당차병원, 성남종합버스터미널, 성남시립예술단, 야탑역
		율 동	국군수도병원
		정자동	분당경찰서, 정자역
	수정구	단대동	성남세무서, 수원지방법원 성남지원
		복정동	가천대학교 글로벌캠퍼스
		신흥동	수정구청
		심곡동	서울공항
		양지동	을지대학교 성남캠퍼스
		창곡동	밀리토피아호텔
		태평동	경기성남수정경찰서
	중원구	금광동	성남중앙병원
		상대원동	성남중원경찰서
		성남동	중원구청
		여수동	성남시청
	문화유적		망경암마애여래좌상, 봉국사대광명전
	관광지		봉국사, 율동공원, 양지공원, 희망대공원, 남한산성도립공원, 모란민속5일장, 성호시장
수원시	권선구	구운동	서수원버스터미널
		권선동	경기주택도시공사, 대한적십자사 경기도지사
		서둔동	수원도시공사, 한국교통안전공단 경기남부본부
		탑 동	권선구청, 수원서부경찰서
	영통구	매탄동	영통구청, 수원남부경찰서
		영통동	동수원세무서, 경기지방중소벤처기업청, 경기도선거관리위원회, 망포역
		원천동	아주대학교, 아주대학교의료원
		이의동	경기대학교 수원캠퍼스, 수원외국어고등학교, 광교(경기대)역, 경기도청
		하 동	수원지방법원, 수원지방검찰청

소 재 지			명 칭
수원시	장안구	송죽동	경기과학고등학교
		연무동	경기남부경찰청, 연무시장
		영화동	수원교육지원청
		정자동	경기도의료원 수원병원, 경기수원중부경찰서
		조원동	경기도교육청, 장안구청, 경기교통연수원
		천천동	고용노동부 경기지청, 성균관대학교 자연과학캠퍼스
		파장동	경기도택시운송사업조합
	팔달구	매산로3가	수원세무서, 수원문화원, 수원시민회관
		매향동	팔달구청
		우만동	수원월드컵경기장
		인계동	수원시청, 경인지방통계청 수원사무소, 경인일보
		지동	가톨릭대학교 성빈센트병원, 지동시장
		화서동	경인지방병무청
	문화유적		화성행궁, 팔달문, 장안문, 수원여기산선사유적지
	관광지		팔달산, 창성사, 수원창성사지진각국사탑비, 수원화성, 광교산산림욕장, 반딧불이연무시장, 남문로데오시장
시흥시	과림동		한국조리과학고등학교
	대야동		신천연합병원, 시흥대야역
	장곡동		경기시흥경찰서
	장현동		시흥시청
	정왕동		시흥교육지원청, 시흥시중앙도서관, 시흥세무서, 시화병원, 센트럴병원, 경기과학기술대학교, 한국공학대학교
	문화유적		시흥소래산마애보살입상, 영응대군묘및신도비
	관광지		학미산, 군자봉, 오이도, 월곶포구, 물왕저수지, 소래산산림욕장, 관곡지, 연꽃테마파크, 옥구공원
안산시	단원구	고잔동	안산시청, 안산도시공사, 안산문화예술의전당, 안산단원경찰서, 수원지방검찰청 안산지청, 고려대학교 안산병원, 서울예술대학교, 안산21세기병원, 중앙역, 고잔역
		본오동	상록수역
		선부동	온누리병원, 한도병원, 선부역
		와 동	안산운전면허시험장
		원곡동	안산역
		초지동	단원구청, 단원병원, 안산시민시장, 초지역
	상록구	사 동	상록구청, 안산상록경찰서, 안산문화원, 한양대학교 ERICA캠퍼스, 안산교육지원청, 사리역
	문화유적		청문당, 사세충렬문
	관광지		수암봉, 광덕산, 쌍계사, 대부도, 안산시민공원, 화랑유원지, 시화호, 시화방조제
안성시	구포동		안성교육지원청, 안성성당
	대덕면 내리		중앙대학교 안성캠퍼스
	도기동		안성소방서
	봉산동		안성시청, 평택세무서 안성민원실
	석정동		한경대학교, 경기농업마이스터대학
	옥산동		안성경찰서
	문화유적		안성봉업사지오층석탑, 안성청룡사동종, 덕봉서원, 안성도기동삼층석탑
	관광지		서운산, 비봉산, 석남사, 청룡사, 천주교미리내성지, 서운산성, 죽주산성, 용설호수, 금광호수, 고삼저수지, 청룡저수지

소 재 지			명 칭
안양시	동안구	관양동	안양시청, 안양과천교육지원청, 동안양세무서, 안양시립평촌도서관, 평촌역
		비산동	동안구청, 안양동안경찰서, 대림대학교
	만안구	석수동	경인교육대학교 경기캠퍼스, 관악역
		안양동	안양역시외버스정류장, 안양대학교 안양캠퍼스, 만안구청, 안양세무서, 경기안양만안경찰서, 효산의료재단 안양샘병원, 성결대학교, 안양역
	문화유적		삼막사마애삼존불상, 만안교
	관광지		삼성산, 삼막사, 안양예술공원, 안양워터랜드, 평촌중앙공원, 석수체육공원, 안양남부시장
양주시	고암동		경동대학교 양주캠퍼스
	남방동		양주시청, 양주역
	덕계동		덕계역
	덕정동		양주시덕정도서관
	백석읍 오산리		양주시립꿈나무도서관
	옥정동		한국토지주택공사 양주사업본부
	은현면		예원예술대학교 양주캠퍼스
	회정동		양주경찰서
	문화유적		권율장군묘, 양주회암사지
	관광지		송추계곡, 두리랜드, 일영유원지, 장흥관광지
양평군	양평읍 양근리		양평군청, 양평교육지원청, 양평군립도서관, 양평역
	옥천면 아신리		아신대학교
	옥천면 옥천리		양평경찰서
	용문면 다문리		용문도서관, 용문역
	지평면 지평리		지평역
	문화유적		양평용문사은행나무, 양평상원사철조여래좌상, 양평군함왕성지
	관광지		용문산, 백운봉, 상원사, 용문사, 두물머리, 용문산자연휴양림
여주시	교 동		여주역
	매룡동		여주시상하수도사업소
	상 동		여주교육지원청
	상거동		여주시농업기술센터
	세종대왕면 신지리		세종대왕릉역
	창 동		경기여주경찰서
	하 동		세종도서관
	홍문동		여주시청
	문화유적		명성왕후생가, 세종대왕릉, 효종대왕릉, 이포나루터
	관광지		여주신륵사, 흥왕사, 여주온천, 금은모래캠핑장
연천군	신서면	대광리	신탄리역
		도신리	대광리역
	연천읍	상 리	신망리역
		차탄리	연천군청, 경기연천경찰서
		현가리	연천교육지원청, 연천고등학교
	전곡읍 은대리		연천소방서, 연천군보건의료원
	문화유적		연천경순왕릉, 연천삼곶리돌무지무덤, 숭의전, 임장서원, 상승OP, 연천전곡리유적
	관광지		재인폭포, 동막골유원지, 한탄강관광지, 태풍전망대, 샘터유원지, 상승OP(제1땅굴)

소 재 지		명 칭
오산시	내삼미동	화성오산교육지원청
	양산동	한신대학교 경기캠퍼스
	오산동	오산시청, 오산종합운동장, 조은오산병원
	청학동	오산시청학도서관, 오산대학교
	부산동	오산경찰서, 롯데인재개발원 오산캠퍼스
	문화유적	독산성세마대지, 궐리사성적도
	관광지	궐리사, 보적사, 물향기수목원
용인시	기흥구 구갈동	기흥구청, 강남대학교
	기흥구 농서동	삼성전자공과대학교
	기흥구 마북동	칼빈대학교
	기흥구 보정동	용인서부경찰서
	기흥구 상갈동	루터대학교
	기흥구 신갈동	용인운전면허시험장
	기흥구 영덕동	도로교통공단 경기도지부
	기흥구 하갈동	경희대학교 국제캠퍼스
	수지구 죽전동	단국대학교 죽전캠퍼스, 신세계백화점 경기점
	수지구 풍덕천동	수지구청, 수지구청역
	처인구 김량장동	처인구청, 다보스병원
	처인구 남동	명지대학교 자연캠퍼스
	처인구 삼가동	용인시청, 경기용인동부경찰서, 용인세무서, 용인교육지원청, 용인대학교
	처인구 역북동	용인중앙도서관, 더 트리니 호텔
	처인구 모현읍 왕산리	한국외국어대학교 글로벌캠퍼스
	문화유적	용인서리고려백자요지
	관광지	광교산, 구봉산, 백운산, 은이성지, 와우정사, 황새울관광농원, 에버랜드, 한국민속촌, 캐리비안베이, 양지파인리조트스키장
의왕시	고천동	의왕시청, 경기외국어고등학교, 의왕시중앙도서관 책마루, 의왕경찰서
	월암동	한국교통대학교 의왕캠퍼스
	문화유적	안자묘, 의왕청계사동종, 의왕청계사목판
	관광지	모락산, 청계사, 백운호수, 왕송호수, 지지대고개, 철도박물관
의정부시	가능동	의정부지방법원, 의정부지방검찰청, 가능역
	금오동	가톨릭대학교 의정부성모병원, 의정부시외버스터미널, 경기북부경찰청, 경기도교육청 북부청사, 의정부면허시험장, 의정부을지대학교병원
	녹양동	경기북과학고등학교
	신곡동	경기도청 북부청사, 의정부백병원
	의정부동	의정부역, 의정부시청, 의정부경찰서, 의정부교육지원청, 의정부예술의전당, 추병원, 의정부역
	호원동	회룡역, 경기북부병무지청, 사패산터널, 한국교통안전공단 경기북부본부
	문화유적	의정부회룡사오층석탑, 노강서원
	관광지	망월사, 회룡사, 도봉산둘레길

소 재 지		명 칭
이천시	관고동	이천시립박물관
	부발읍 아미리	부발역
	율현동	이천역
	중리동	이천시청, 경기이천경찰서
	증포동	이천교육지원청, 이천시보건소
	창전동	이천시립도서관
	문화유적	이천향교, 이천시현충탑, 이천어석리석불입상
	관광지	신흥사, 영원사, 영월암, 덕평공룡수목원, 이천설봉산성, 화계사, 별빛정원우주
파주시	금릉동	경기파주경찰서
	금촌동	파주교육지원청, 파주중앙도서관, 금촌역
	문발동	파주출판도시, 롯데프리미엄아울렛 파주점
	문산읍 마정리	임진강역
	문산읍 문산리	문산역
	아동동	파주시청
	야당동	운정역
	장단면 노상리	도라산역
	탄현면 금승리	웅지세무대학교
	문화유적	윤관장군묘, 파주장릉, 파주삼릉, 파주용미리마애이불입상
	관광지	박달산, 감악산, 보광사, 수길원, 소령원, 오두산성, 헤이리예술마을, 프로방스마을, 통일전망대, 통일공원, 임진각평화누리캠핑장, 판문점
평택시	비전동	평택시청, 경기평택경찰서, 평택시립비전도서관
	서정동	서정리역
	용이동	평택대학교
	지산동	송탄터미널
	죽백동	평택세무서
	평택동	평택고속버스터미널, 박애병원, 평택역
	포승읍 만호리	경기평택항만공사, 평택항국제여객터미널
	합정동	굿모닝병원
	문화유적	심복사석조비로자나불좌상
	관광지	법상종, 심복사, 명법사, 평택중앙공원, 송탄관광특구, 평택호관광단지, 아산만방조제, 안중전통시장, 통복시장
포천시	군내면 구읍리	포천교육지원청, 경기포천경찰서, 포천신문
	동교동	차의과학대학교
	선단동	대진대학교
	소흘읍 송우리	일심의료재단 우리병원
	신읍동	포천시청, 경기도립의료원포천병원, 포천상공회의소
	문화유적	영송리선사유적, 포천향교, 포천고모리산성
	관광지	왕방산, 운악산, 청계산, 산정호수, 한탄강, 백운계곡, 반월성지, 포천신북리조트, 국망봉자연휴양림, 베어스타운스키장, 국립수목원(광릉수목원)
하남시	망월동	하남종합운동장, 미사역
	미사동	미사리카페촌
	신장동	하남시청, 하남시신장도서관
	하산곡동	경기하남경찰서
	문화유적	하남동사지삼층석탑, 미사리선사유적
	관광지	검단산, 이성산성, 하남동사지, 미사경정공원조정카누경기장

소 재 지			명 칭
화성시	남양읍	남양리	화성시청, 화성의과학대학교
		신남리	경기화성서부경찰서
	매송면	어천리	어천역
		야목리	야목역
	봉담읍	와우리	수원대학교
		상리	협성대학교
		왕림리	수원가톨릭대학교
	오산동		동탄역, 화성동탄경찰서
	문화유적		융건릉, 화성건릉, 화성당성, 안곡서원, 남양향교, 남이장군묘
	관광지		서봉산, 초록산, 칠보산, 제부도, 국화도, 봉림사, 용주사, 궁평항, 전곡항, 제암리3·1운동순국기념관, 궁평리해수욕장, 조암시장, 사강시장

02. 주요 고속도로

명 칭	구 간
경부고속도로	성남 ~ 수원 ~ 오산 ~ 안성
서해안고속도로	광명 ~ 안산 ~ 화성 ~ 평택
중부고속도로	하남 ~ 광주 ~ 이천 ~ 안성
중부내륙고속도로	양평 ~ 여주
수도권 제1순환고속도로	김포 ~ 시흥 ~ 안산 ~ 군포 ~ 안양 ~ 성남 ~ 하남 ~ 남양주 ~ 구리 ~ 의정부 ~ 양주 ~ 고양
서울양양고속도로	하남 ~ 남양주 ~ 가평
세종포천고속도로	구리 ~ 남양주 ~ 포천

03. 고속도로 분기점

명 칭	구 간
안산JC	서해안고속도로 ~ 영동고속도로
신갈JC	경부고속도로 ~ 영동고속도로
호법JC	영동고속도로 ~ 중부고속도로 교차점

04. 주요 국도

명 칭	구 간
38번 국도	평택 ~ 안성 ~ 이천
45번 국도	평택 ~ 용인 ~ 광주 ~ 남양주
46번 국도	구리 ~ 대성리 ~ 청평
47번 국도	구리 ~ 남양주 ~ 포천

경기도 주요지리 출제예상문제

1 가평군과 관계없는 것은?

① 용추계곡
② 대성리국민관광지
③ 산정호수
④ 청평유원지

2 가평군에 있는 산이 아닌 것은?

① 연인산
② 명지산
③ 유명산
④ 치악산

3 가평군에 소재한 계곡이 아닌 것은?

① 명지계곡
② 귀목계곡
③ 용추계곡
④ 백운계곡

4 가평군에 소재한 휴양림이 아닌 것은?

① 칼봉산 자연휴양림
② 유명산 자연휴양림
③ 국망봉 자연휴양림
④ 청평 자연휴양림

5 경기도를 구성하는 시와 군의 수는?

① 25시 3군
② 26시 4군
③ 28시 3군
④ 24시 3군

6 경기도청 북부청사가 있는 곳은?

① 수원시
② 의정부시
③ 김포시
④ 성남시

7 경기남부경찰청이 위치한 곳은?

① 의정부시
② 과천시
③ 수원시
④ 인천시

8 경기도택시운송사업조합이 소재한 도시는?

① 의정부시
② 성남시
③ 수원시
④ 안양시

9 경인지방통계청이 있는 위치는?

① 과천시
② 부천시
③ 안산시
④ 김포시

10 경기도에 위치하지 않는 운전면허시험장은?

① 안산운전면허시험장
② 용인운전면허시험장
③ 의정부운전면허시험장
④ 서부운전면허시험장

11 경기도 신륵사가 위치한 지역은?

① 여주시
② 화성시
③ 이천시
④ 용인시

12 경기도 용문사가 위치하는 지역은?

① 용인시
② 의왕시
③ 구리시
④ 양평군

13 경부고속도로와 영동고속도로가 만나는 곳은?

① 수원분기점
② 안성분기점
③ 신갈분기점
④ 판교분기점

14 고양시에 위치한 것이 아닌 것은?

① 행주산성
② 호수공원
③ 서오릉
④ 송추일원

15 고양시 행정구역이 아닌 것은?

① 마두동
② 장항동
③ 송정동
④ 백석동

16 고양시와 가장 근접 위치한 시는?

① 광명시
② 남양주시
③ 김포시
④ 포천시

17 고양시 덕양구에 위치하는 것은?

① 한국항공대학교
② 인제대학교 일산백병원
③ 동국대학교 일산병원
④ MBC 드림센터

18 고양시 일산구에 위치하지 않는 역은?

① 탄현역
② 마두역
③ 일산역
④ 대곡역

19 과천시에 위치하지 않는 것은?

① 서울대공원
② 에버랜드
③ 렛츠런파크 서울
④ 서울랜드

20 과천시에 소재한 것이 아닌 것은?

① 온온사
② 국립현대미술관
③ 연주대
④ 어린이대공원

정답 **1** ③ **2** ④ **3** ④ **4** ④ **5** ③ **6** ② **7** ③ **8** ① **9** ① **10** ④ **11** ① **12** ④ **13** ③ **14** ④ **15** ③ **16** ③ **17** ① **18** ④ **19** ② **20** ④

21 과천시와 관계가 없는 것은?
① 국사편찬위원회　② 보광사
③ 정부과천종합청사　④ 청룡사

22 과천 관악산 근처에 있는 관광지는?
① 서오릉　② 금은모래캠핑장
③ 연주대　④ 율동 공원

23 광명시청이 위치하는 곳은?
① 광명동　② 일직동
③ 하안동　④ 철산동

24 광명시에 소재한 것이 아닌 곳은?
① 도덕산공원　② 충현서원
③ 금강정사　④ 백운계곡

25 광주시에 위치하지 않는 것은?
① 아차산　② 곤지암도자공원
③ 만해기념관　④ 남한산성

26 광주시에 소재한 것이 아닌 것은?
① 무갑산　② 광개토태왕비동상
③ 팔당호　④ 천진암성지

27 구리에서 대성리를 지나 청평으로 가는 도로는?
① 38번 국도　② 39번 국도
③ 42번 국도　④ 46번 국도

28 구리에서 남양주를 거쳐 포천으로 가는 국도는?
① 38번 국도　② 44번 국도
③ 47번 국도　④ 48번 국도

29 국립현대미술관이 위치한 곳은?
① 파주시　② 용인시
③ 여주시　④ 과천시

30 국립수목원이 있는 곳은?
① 포천시　② 용인시
③ 가평군　④ 여주시

31 김포시에 소재하지 않는 곳은?
① 문수산성　② 애기봉
③ 대명포구　④ 행주산성

32 김포시 월곶면에 있는 산성은?
① 문수산성　② 서운산성
③ 남한산성　④ 행주산성

33 남양주시와 관련이 없는 것은?
① 밤섬유원지　② 흥원(흥선대원왕)
③ 천진암성지　④ 축령산자연휴양림

34 남양주시에 소재한 것이 아닌 것은?
① 광해군묘　② 다산생태공원
③ 광릉　④ 베어스타운리조트

35 남양주시에 위치하지 않는 것은?
① 천마산　② 문수산
③ 휘경원　④ 정약용선생묘

36 남이장군묘소가 소재한 곳은?
① 남양주시　② 화성시
③ 가평군　④ 고양시

37 팔당유원지가 있는 곳은?
① 연천군　② 남양주시
③ 가평군　④ 여주시

38 대진대학교가 위치하고 있는 곳은?
① 수원시　② 의왕시
③ 포천시　④ 군포시

39 남한강과 북한강이 만나는 지명은?
① 양수리　② 양명리
③ 서모리　④ 합수머리

40 미사경정공원조정카누경기장이 위치하는 곳은?
① 하남시　② 이천시
③ 안양시　④ 김포시

41 물맑음수목원은 어느 곳에 위치하는가?
① 구리시　② 포천시
③ 남양주시　④ 가평군

42 부천시청이 위치하는 곳은 어디인가?
① 송내동　② 중동
③ 오정동　④ 원미동

정답 21 ④ 22 ③ 23 ④ 24 ④ 25 ① 26 ② 27 ④ 28 ③ 29 ④ 30 ① 31 ④ 32 ① 33 ③ 34 ④ 35 ② 36 ② 37 ② 38 ③ 39 ① 40 ① 41 ③ 42 ②

43 북한강과 남한강이 합쳐지는 곳은?

① 양주시   ② 가평군
③ 양평군   ④ 구리시

44 북한이 휴전선 비무장지대 지하에 굴착한 제1땅굴이 있는 상승OP가 위치하는 곳은?

① 파주시   ② 가평군
③ 포천시   ④ 연천군

45 산정호수가 위치해 있는 곳은?

① 가평군   ② 연천군
③ 남양주시   ④ 포천시

46 서오릉이 위치하는 곳은?

① 파주시 금촌동   ② 포천시 신북면
③ 고양시 용두동   ④ 양주시 화정동

47 렛츠런파크(구 서울경마공원)가 위치한 곳은?

① 과천시   ② 성남시
③ 이천시   ④ 용인시

48 서울랜드가 위치한 곳은?

① 수원시   ② 안양시
③ 과천시   ④ 용인시

49 서울과 구리시에 연결되어 있는 산은?

① 아차산   ② 수리산
③ 구름산   ④ 청계산

50 서울-김포-강화로 이어지는 도로는?

① 34번 국도   ② 38번 국도
③ 48번 국도   ④ 88번 국도

51 43번 국도가 이어지는 도로는?

① 서울-가평   ② 의정부-포천
③ 수원-안산   ④ 용인-팔당유원지

52 서해안고속도로와 영동고속도로가 교차(연결)되는 분기점은?

① 신갈분기점   ② 서평택분기점
③ 호법분기점   ④ 안산분기점

53 구리시에 위치하지 않는 것은 무엇인가??

① 명빈묘   ② 조선백자요지
③ 동구릉   ④ 광개토태왕비동상

54 성남시에 위치하는 것은 무엇인가?

① 오이도   ② 망경암마애여래좌상
③ 망포역   ④ 아주대학교

55 성남시 행정구역상 맞게 연결된 것은?

① 권선구-여수동   ② 단원구-인계동
③ 중원구-상대원동   ④ 덕양구-별양동

56 세종대왕릉이 위치하는 곳은?

① 이천시   ② 연천군
③ 가평군   ④ 여주시

57 동두천에 있으며 경기도의 소금강이라 불리기도 하는 산은?

① 소요산   ② 면지산
③ 유명산   ④ 금주산

58 송추일원이 위치하는 곳은?

① 가평군   ② 양주시
③ 여주시   ④ 파주시

59 수도권 전철 4호선 안산 방면에 없는 전철역은?

① 군포역   ② 초지역
③ 한대앞역   ④ 상록수역

60 수원시에 위치하지 않는 것은?

① 경기남부경찰청   ② 팔달문
③ 경희대학교 국제캠퍼스   ④ 경기도택시운송사업조합

61 수원시의 사대문에 속하지 않는 것은?

① 팔달문   ② 영은문
③ 장안문   ④ 창룡문

62 수원시에 위치한 대학이 아닌 것은?

① 성균관대학교   ② 아주대학교
③ 중앙대학교   ④ 경기대학교

63 경기도청이 위치한 지역은 어디인가?

① 장안구 조원동   ② 영통구 이의동
③ 팔달구 인계동   ④ 영통구 매탄동

64 수원지방검찰청 안산지청이 위치한 곳은?

① 상록구 사동   ② 상록구 일동
③ 단원구 고잔동   ④ 단원구 초지동

정답

43 ③   44 ④   45 ④   46 ③   47 ①   48 ③   49 ①   50 ③   51 ②   52 ③   53 ②   54 ②   55 ③   56 ④
57 ①   58 ②   59 ①   60 ③   61 ②   62 ③   63 ②   64 ③

65 시흥시에 위치하지 않는 것은?
① 옥구공원　　　　　② 시화호
③ 물왕호수　　　　　④ 월곶포구

66 신갈 분기점에서 만나는 고속도로는?
① 서해고속도로–영동고속도로
② 중앙고속도로–영동고속도로
③ 경부고속도로–영동고속도로
④ 중부고속도로–영동고속도로

67 안산시에 소재한 것이 아닌 것은?
① 쌍계사　　　　　② 제부도
③ 대부도　　　　　④ 시화방조제

68 단원구청이 위치한 곳은 어디인가?
① 부곡동　　　　　② 와동
③ 초지동　　　　　④ 성포동

69 안산운전면허시험장이 위치한 곳은?
① 상록구 사동　　　　② 단원구 와동
③ 상록구 월피동　　　④ 단원구 고잔동

70 안성시에 위치하지 않는 것은?
① 청룡저수지　　　　② 청룡사
③ 천주교미리내성지　④ 천진암성지

71 안양시청이 위치하는 곳은?
① 부흥동　　　　　② 관양동
③ 달안동　　　　　④ 안양동

72 안양시 동안구에 위치하는 것이 아닌 것은?
① 안양시청　　　　　② 안양과천교육지원청
③ 안양대학교 안양캠퍼스　④ 안양시립평촌도서관

73 단풍 명소로 불리는 운악산과 산정호수가 있는 지역은?
① 가평군　　　　　② 양평군
③ 남양주시　　　　④ 포천시

74 양주시에 소재한 관광지로 옳지 않은 것은?
① 금광호수　　　　② 송추계곡
③ 장흥관광지　　　④ 두리랜드

75 양주시청이 위치하고 있는 곳은?
① 덕정동　　　　　② 백석읍
③ 남방동　　　　　④ 화정동

76 양지파인리조트 스키밸리가 위치하는 곳은?
① 평창군　　　　　② 양주시
③ 포천시　　　　　④ 용인시

77 여주시에 소재하지 않는 것은?
① 신륵사　　　　　② 명성황후 생가
③ 흥왕사　　　　　④ 동막골유원지

78 연결이 올바르지 않은 것은?
① 안산시청 – 고잔동　　② 시흥시청 – 장현동
③ 오산시청 – 양산동　　④ 양주시청 – 남방동

79 연천군에 소재하지 않는 것은?
① 전곡리유적　　　　② 재인폭포
③ 유명산자연휴양림　④ 경순왕릉

80 용문사가 위치한 지역은?
① 가평군　　　　　② 의왕시
③ 양평군　　　　　④ 평택시

81 영동고속도로와 중부고속도로가 교차되는 분기점은?
① 안산분기점　　　② 신갈분기점
③ 서평택분기점　　④ 호법분기점

82 오산시에 위치하지 않는 것은?
① 동탄역　　　　　② 물향기수목원
③ 한신대학교 경기캠퍼스　④ 화성오산교육지원청

83 용인시에 소재하지 않는 것은?
① 은이성지　　　　② 양지파인리조트스키장
③ 보적사　　　　　④ 에버랜드

84 용인시에 위치하지 않는 것은?
① 한국민속촌　　　② 에버랜드
③ 고삼저수지　　　④ 와우정사

85 용인시에 위치하지 않는 대학은?
① 한신대학교　　　② 단국대학교
③ 루터대학교　　　④ 칼빈대학교

86 용인운전면허시험장이 위치하는 곳은?
① 처인구 삼가동　　② 기흥구 신갈동
③ 처인구 마평동　　④ 수지구 죽전동

87 유명산자연휴양림이 위치하는 곳은?
① 남양주시 ② 의정부시
③ 가평군 ④ 연천군

88 의왕시에 소재한 것이 아닌 것은?
① 철도박물관 ② 백운호수
③ 모락산 ④ 망월사

89 의정부시에 소재한 것이 아닌 것은?
① 노강서원 ② 사패산 터널
③ 망월사 ④ 불암사

90 의정부 예술의 전당이 위치하는 곳은?
① 녹양동 ② 가능동
③ 의정부동 ④ 신곡동

91 이천시에 위치한 것이 아닌 것은?
① 신흥사 ② 설봉산성
③ 금은모래캠핑장 ④ 도예촌

92 다음 중 잘못 짝지어진 것은?
① 한국민속촌-용인시 ② 천진암-광주시
③ 서운산성-김포시 ④ 행주산성-고양시

93 이포나루터가 있는 곳은?
① 양주시 ② 가평군
③ 여주시 ④ 포천시

94 장흥유원지와 일영유원지가 위치하는 곳은?
① 양주시 ② 포천시
③ 구리시 ④ 고양시

95 전곡리 선사유적지가 위치하는 곳은?
① 파주시 ② 가평군
③ 포천시 ④ 연천군

96 조선시대의 왕릉군인 동구릉이 소재한 곳은?
① 양주시 ② 여주시
③ 구리시 ④ 광주시

97 중부내륙고속도로가 통과하는 지역은?
① 여주시 ② 오산시
③ 수원시 ④ 평택시

98 물맑음수목원이 위치한 곳은?
① 광주시 ② 용인시
③ 고양시 ④ 남양주시

99 천주교 김대건신부 묘(천주교미리내성지)가 위치한 곳은?
① 용인시 ② 안성시
③ 고양시 ④ 안산시

100 청평호수가 위치해 있는 곳은?
① 가평군 ② 여주시
③ 양주시 ④ 양평군

101 밤섬유원지가 위치한 곳은?
① 포천시 ② 남양주시
③ 광주시 ④ 파주시

102 통일전망대가 위치해 있는 곳은?
① 가평군 ② 포천시
③ 파주시 ④ 김포시

103 파주시에 위치한 것이 아닌 것은?
① 장흥유원지 ② 임진각
③ 통일공원 ④ 판문점

104 평택-용인-광주-남양주를 통과하는 국도는?
① 38번국도 ② 42번국도
③ 45번국도 ④ 48번국도

105 평택에서 안성을 거쳐 이천으로 가는 국도는?
① 42번 국도 ② 38번 국도
③ 47번 국도 ④ 17번 국도

106 평택에서 아산을 연결하는 방조제는?
① 아산만 방조제 ② 남양만 방조제
③ 서해안 방조제 ④ 시화방조제

107 행정구역상 남한산성이 위치한 곳은?
① 과천시 ② 성남시
③ 남양주시 ④ 광주시

108 화성시에 소재하는 섬은 무엇인가?
① 구봉도 ② 제부도
③ 대부도 ④ 오이도

정답
87 ③ 88 ④ 89 ④ 90 ③ 91 ③ 92 ③ 93 ③ 94 ① 95 ④ 96 ③ 97 ① 98 ④ 99 ②
100 ① 101 ② 102 ③ 103 ① 104 ③ 105 ② 106 ① 107 ④ 108 ②

인천광역시지역 응시자용

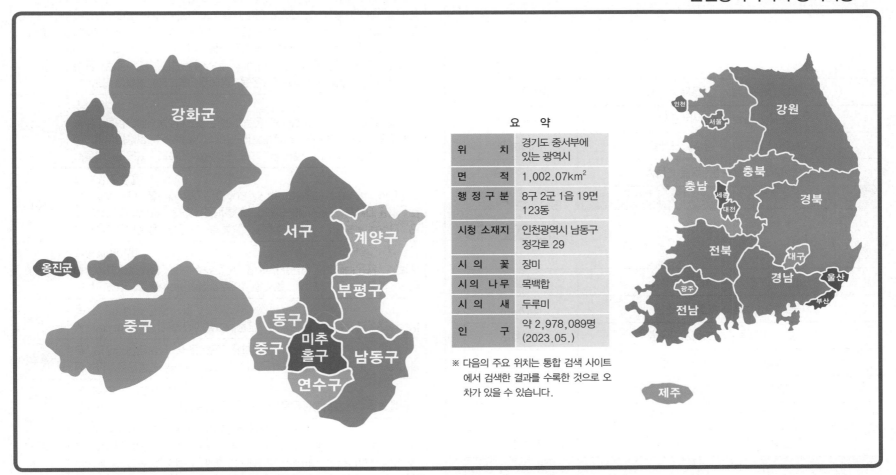

요	약	
위 치	경기도 중서부에 있는 광역시	
면 적	1,002.07km²	
행 정 구 분	8구 2군 1읍 19면 123동	
시청 소재지	인천광역시 남동구 정각로 29	
시 의 꽃	장미	
시 의 나무	목백합	
시 의 새	두루미	
인 구	약 2,978,089명 (2023.05.)	

※ 다음의 주요 위치는 통합 검색 사이트에서 검색한 결과를 수록한 것으로 오차가 있을 수 있습니다.

01. 지역별 주요 관공서 및 공공 건물 위치

소 재 지		명 칭
강화군	강화읍 갑곳리	강화병원
	강화읍 관청리	인천강화경찰서, 강화군청
	길상면 선두리	가천대학교 강화캠퍼스
	불은면 삼성리	안양대학교 강화캠퍼스, 강화교육지원청, 인천강화소방서, 강화군농업기술센터
	양도면 도장리	인천가톨릭대학교
계양구	계산동	경인교육대학교 인천캠퍼스, 인천계양경찰서, 계양구청, 인천광역시 계양구보건소, 인천광역시 교통연수원, 인천계양소방서, 경인여자대학교
	귤현동	귤현역
	서운동	인천광역시 농업기술센터
	작전동	계양세무서, 한림병원, 한마음병원, 인천세종병원
미추홀구	관교동	인천종합버스터미널, 롯데백화점 인천점
	도화동	인천대학교 제물포캠퍼스, 중부지방고용노동청, 인천보훈지청, 청운대학교 인천캠퍼스, 인천대학교 제물포캠퍼스, 인천광역시 선거관리위원회, 인천광역시 상수도사업본부, 도화역, 제물포역
	숭의동	미추홀구청, 현대유비스병원
	용현동	인하대학교 용현캠퍼스, 옹진군청, 인하공업전문대학
	주안동	한국폴리텍대학 남인천캠퍼스, 인천고등학교, 인천미추홀소방서, 인천광역시 여성복지관, 인천사랑병원
	학익동	인천미추홀경찰서, 인천지방검찰청, 인천지방법원, 경인방송, TBN경인교통방송, 인천병무지청

소 재 지		명 칭
남동구	간석동	인천교통공사, 인천교통정보센터, 한국교통안전공단 인천본부
	고잔동	인천운전면허시험장, 인천공단소방서
	구월동	인천광역시교육청, 인천광역시청, 인천경찰청, 인천남동경찰서, 택시운송사업조합, 가천대 길병원, 남동세무서, 인천남동소방서, 인천문화예술회관, 한국방송통신대학교 인천지역대학
	논현동	인천상공회의소
	만수동	남동구청, 인천광역시 동부교육지원청, 인천도시공사
동 구	창영동	인천세무서
	송림동	인천광역시의료원, 인천백병원, 동구청, 인천재능대학교, 인천광역시 동구청소년상담복지센터, 송림동우체국
부평구	갈산동	인천부평소방서
	구산동	한국산업안전보건공단 인천광역본부, 근로복지공단인천병원, 한국폴리텍대학 인천캠퍼스
	부개동	부개역
	부평동	인천광역시 북부교육지원청, 부평구청, 부평세무서, 가톨릭대학교 인천성모병원, 북인천우체국, 부평고등학교, 부평역, 동수역
	삼산동	인천삼산경찰서
	십정동	백운역, 동암역
	청천동	인천부평경찰서, 부평세림병원, 부평구청역
서 구	가좌동	나은병원
	공촌동	인천광역시 서부교육지원청
	석남동	서부여성회관, 인천보건고등학교, 뉴성민병원
	심곡동	서구청, 인천서부경찰서, 인천서부소방서, 은혜병원, 인천연구원, 인천광역시 인재개발원
	왕길동	온누리병원
	연희동	인천시설공단
	청라동	서인천세무서

소재지		명칭
연수구	동춘동	연수구청, 인천뷰티예술고등학교, 인천환경공단, 나사렛국제병원, 인천여성의광장
	송도동	인천대학교 송도캠퍼스, 인천항만공사, 인천관광공사, 인천항국제여객터미널, 연세대학교 국제캠퍼스, 인천가톨릭대학교 송도국제캠퍼스, 중부지방해양경찰청, 연수세무서, 인천경제자유구역청
	연수동	인천연수경찰서, 가천대학교 메디컬캠퍼스, 인천적십자병원, 인천여자고등학교
	옥련동	도로교통공단 인천광역시지부, 인천해양경찰서
중구	관동1가	인천중구청
	북성동	인천역
	신흥동	인하대병원, 인천중구문화원, 인천광역시 보건환경연구원
	송학동1가	인천광역시 남부교육지원청
	운서동	인천국제공항경찰단, 인천국제공항공사, 인천영종소방서, 인천국제공항여객터미널
	율목동	인천기독병원
	인현동	인천광역시교육청 학생교육문화회관, 동인천역
	전동	인천기상대, 재물포고등학교
	항동	인천중부경찰서, 인천지방해양수산청, 국립인천검역소, 인천일보, 인천출입국외국인청, 인천항연안여객터미널

02. 문화유적·관광지·호텔

소재지	명칭
강화군	정족산, 마니산, 주문도, 석모도, 강화도, 우도, 전등사, 정수사, 교동향교, 보문사, 강화산성, 교동읍성, 강화고려궁지, 강화향교, 강화고인돌유적, 강화대산리고인돌, 마니산참성단, 강화성당, 동막해변, 대빈창해수욕장, 오읍약수터, 교동대룡시장, 스카이랜드카라반리조트
계양구	계양산, 부평향교, 부평도호부관아, 계양산성, 작전체육공원, 계양산장미원, 캐피탈관광호텔, 호텔카리스, 반도관광호텔
남동구	약사사, 논현포대, 장도포대지, 소래포구, 구월로데오음식문화거리, 인천문화예술회관, 인천대공원, 약사공원, 베스트웨스턴 인천로얄호텔, 라마다 인천호텔, 남촌농수산물도매시장
동구	물치도, 화도진지, 인천해관문서, 배다리성냥마을박물관, 수도국산달동네박물관, 도깨비시장
미추홀구	문학산, 경인불교대학 수미정사, 인천향교, 인천도호부관아, 송암미술관, 인천문학경기장, 수봉공원, 관교공원
부평구	부평역사박물관, 인천삼산월드체육관, 백운공원, 부평공원, 인천나비공원, 인천가족공원
서구	심즙신도비, 콜롬비아군참전기념비, 인천광역시 검단선사박물관, 인천아시아드주경기장, 청라호수공원, 인천환경공단청라생태공원, 아라인천여객터미널
연수구	청량산, 관음좌상, 흥륜사, 호불사, 건칠여래좌상, 인천도시역사관, 인천상륙작전기념관, 인천시립박물관, 아암도해안공원, 능허대공원, 라마다송도호텔, 홀리데이인 인천송도, 오라카이 송도파크호텔, 쉐라톤그랜드 인천호텔
옹진군	백령도, 연평도, 대청도, 자월도, 모도, 두무진, 아이스크림바위, 망향비, 통일기원탑, 등대공원, 배미꾸미조각공원, 사곶해수욕장, 콩돌해수욕장, 십리포해수욕장, 지두리해수욕장, 농여해변, 진모래해변, 장골해수욕장
중구	월미도, 영종도, 실미도, 홍예문, 용궁사, 제물포구락부, 한국이민사박물관, 답동성당, 신포국제시장, 차이나타운, 송월동동화마을, 자유공원, 월미테마파크, 을왕리해수욕장, 왕산해수욕장, 그랜드하얏트 인천웨스트타워, 호텔에어스테이, 더호텔 영종, 네스트호텔, 호텔휴 인천에어포트, 파라다이스시티, 베스트웨스턴 인천에어포트호텔, 베니키아월미도더블리스호텔, 호텔월미도, 마이랜드, 인천비치호텔, 워너스호텔, 베스트에스턴 하버파크호텔, 더위크앤리조트

03. 주요 도로명

명칭	구간
경명대로	청라동 ~ 박촌교삼거리(경기도 부천시)
경원대로	외암도사거리 ~ 굴다리오거리
경인로	숭의로터리 ~ 서울교(서울특별시 영등포구)
계양대로	부평IC ~ 계산삼거리
구월로	석바위사거리 ~ 만수주공사거리
길주로	석남동 ~ 작동터널
남동대로	외암사거리 ~ 간석오거리
동산로	박문삼거리 ~ 송림오거리
로봇랜드로	정서진 ~ 원창동
미추홀대로	컨벤시아대로 ~ 주안역삼거리
봉오대로	청라지하차도 ~ 고강동(경기도 부천시)
부평대로	부평역사거리 ~ 부평IC
서곶로	가정동 ~ 불로동
서해대로	인천항물류센터 ~ 유동삼거리
영종해안북로	을왕동 ~ 공항입구JC
인중로	숭의로터리 ~ 송림삼거리
인천대로	인천IC ~ 서인천IC
장제로	부평동 ~ 유현사거리
중봉대로	송현사거리 ~ 금곡동
호구포로	해안지하차도 ~ 동수지하차도

04. 주요 교량

명칭	구간
강화대교	강화군(강화읍) ~ 김포시(월곶면)
교동대교	강화군(교동도) ~ 강화군(강화도)
무의대교	중구(무의도) ~ 중구(잠진도)
영종대교	중구(운북동) ~ 서구(경서동)
영흥대교	옹진군(영흥도) ~ 옹진군(선재도)
인천대교	중구(운서동) ~ 연수구(송도동)
초지대교	강화군(길상면) ~ 김포시(대곶면)

05. 주요 터널

명칭	구간
만월산터널	부평구 부평6동 ~ 남동구 간석3동
문학터널	연수구 청학동 ~ 미추홀구 학익동
원적산터널	서구 석남동 ~ 부평구 산곡동
인천북항터널	남항IC ~ 남청라IC

1 강화군청이 위치하고 있는 곳은?

① 화도면　　　　　② 강화읍
③ 교동면　　　　　④ 삼산면

2 강화군에 속한 섬이 아닌 것은?

① 교동도　　　　　② 우도
③ 주문도　　　　　④ 석모도

3 강화군에 소재한 사찰이 아닌 것은?

① 정수사　　　　　② 전등사
③ 보문사　　　　　④ 호불사

4 강화군과 경기도 김포시가 연결되는 교량은?

① 김포대교　　　　② 초지대교
③ 가양대교　　　　④ 일산대교

5 인천광역시청이 소재한 곳은?

① 미추홀구 도화동　② 서구 가좌동
③ 남동구 논현동　　④ 남동구 구월동

6 인천광역시 동부교육지원청이 위치한 곳은?

① 미추홀구 도화동　② 연수구 연수동
③ 남동구 간석동　　④ 남동구 만수동

7 경인교육대학교 인천캠퍼스가 위치한 곳은?

① 계양구 계산동　　② 미추홀구 숭의동
③ 미추홀구 도화동　④ 서구 가좌동

8 경찰서와 소재지가 잘못 연결된 것은?

① 인천삼산경찰서 – 부평구　② 인천서부경찰서 – 서구
③ 인천중부경찰서 – 중구　　④ 인천해양경찰서 – 남동구

9 인천역에서 가장 가까운 경찰서는?

① 인천미추홀경찰서　② 인천서부경찰서
③ 인천중부경찰서　　④ 인천해양경찰서

10 계양구 계산동에 위치한 것이 아닌 것은?

① 경인교육대학교 인천캠퍼스
② 교통연수원
③ 경인여자대학교
④ 가천대학교 메디컬캠퍼스

11 계산동에 위치한 교통연수원 앞을 지나는 도로명은?

① 경명대로　　　　② 청천로
③ 계양대로　　　　④ 남동대로

12 동구청이 위치한 곳은?

① 가좌동　　　　　② 송림동
③ 작전동　　　　　④ 가정동

13 미추홀구에 위치하지 않는 것은?

① 인하대학교 용현캠퍼스　② 인천대학교 제물포캠퍼스
③ 인하공업전문대학　　　④ 인천가톨릭대학교

14 인천상륙작전을 지휘했던 맥아더 장군의 동상이 있는 공원은 어디인가?

① 인천나비공원　　② 백운공원
③ 부평공원　　　　④ 자유공원

15 미추홀구 학익동에 위치하는 것은?

① 경인방송　　　　② 미추홀구청
③ 인천종합버스터미널　④ 인하대학교

16 미추홀구 학익동 소재 미추홀경찰서 인근에 있는 것은?

① 인천지방검찰청　　② TBN경인교통방송
③ 경인방송　　　　　④ 인천병무지청

17 남동구에 위치하지 않는 것은?

① 남동세무서　　　② 가천대 길병원
③ 인천대공원　　　④ 인하대학교 용현캠퍼스

18 남동구 고잔동에 위치하는 것은?

① 북인천세무서　　② 인천가톨릭대학교
③ 인천운전면허시험장　④ 인천체육고등학교

19 남동구 구월동에 위치한 것이 아닌 것은?

① 로데오거리
② 인천종합버스터미널
③ 인천광역시교육청
④ 농수산물도매시장

20 남동구 만수동에 위치하는 것은?

① 남동구청
② 인천광역시청
③ 인천관광공사
④ 중부고용노동청

21 한국산업안전보건공단 인천광역본부가 소재한 곳은?

① 서구 심곡동
② 부평구 갈산동
③ 부평구 구산동
④ 연수구 연수동

22 북부교육지원청이 위치한 곳은?

① 부평구 부개동
② 부평구 부평동
③ 서구 석남동
④ 서구 가좌동

23 인천대학교 송도캠퍼스가 있는 곳은?

① 중구 운서동
② 연수구 송도동
③ 동구 만석동
④ 미추홀구 주안동

24 외암사거리 ~ 간석오거리에 이르는 도로는 무엇인가?

① 중봉대로
② 인주대로
③ 주안로
④ 남동대로

25 동구에 위치하는 것은?

① 신트리공원
② 물치도
③ 인천상륙작전기념관
④ 인천향교

26 동구 송림동에 위치하는 것은?

① 인천백병원
② 인천지방법원
③ 인천교통공사
④ 롯데백화점

27 배다리사거리에서 가장 가까운 경인선 전철역은?

① 인천역
② 동인천역
③ 도화역
④ 제물포역

28 백령도가 속해 있는 행정구역은?

① 중구
② 연수구
③ 강화군
④ 옹진군

29 숭의로터리 ~ 서울교에 이르는 도로의 이름은 무엇인가?

① 계양대로
② 경명대로
③ 부평대로
④ 경인로

30 부평구에 소재하지 않는 동은?

① 구산동
② 부평동
③ 만수동
④ 삼산동

31 부평구에 위치하지 않는 것은?

① 인천삼산경찰서
② 근로복지공단 인천병원
③ 인천성모병원
④ 인천지방해양수산청

32 인천부평경찰서가 위치하는 곳은?

① 갈산동
② 삼산동
③ 청천동
④ 부개동

33 부평역사거리에서 부평 IC로 연결되는 도로명은?

① 동수로
② 경원대로
③ 장제로
④ 부평대로

34 부평구와 인접하지 않는 행정구역은?

① 계양구
② 남동구
③ 서구
④ 연수구

35 북인천IC가 위치하는 행정구역은 어느 곳인가?

① 연수구
② 계양구
③ 서구
④ 남동구

36 인천뷰티예술고등학교가 위치하는 곳은?

① 서구
② 북구
③ 연수구
④ 미추홀구

37 보물 제178호 전등사가 있는 곳은?

① 강화군
② 계양구
③ 중구
④ 남동구

38 연결이 바르지 않은 것은?

① 인천국제공항공사 – 운서동
② 인천항만공사 – 송도동
③ 인천지방해양수산청 – 항동
④ 남동세무서 – 수산동

39 연결이 옳지 않은 것은?

① 인천중부경찰서 – 항동
② 인천삼산경찰서 – 삼산동
③ 인천계양경찰서 – 계산동
④ 인천시설공단 – 학익동

정답

19 ② 　 20 ① 　 21 ③ 　 22 ② 　 23 ② 　 24 ④ 　 25 ② 　 26 ① 　 27 ② 　 28 ④ 　 29 ④ 　 30 ③ 　 31 ④ 　 32 ③
33 ④ 　 34 ④ 　 35 ③ 　 36 ③ 　 37 ① 　 38 ④ 　 39 ④

40 연결이 옳지 않은 것은?
① 송림동 – 동구
② 도화동 – 미추홀구
③ 구월동 – 남동구
④ 청학동 – 서구

41 인천삼산경찰서가 위치한 구는?
① 중구
② 부평구
③ 남동구
④ 연수구

42 서구청이 위치한 동은?
① 가정동
② 석남동
③ 심곡동
④ 가좌동

43 을왕동 ~ 공항입구JC에 이르는 도로는?
① 백범로
② 경인로
③ 영종해안북로
④ 경원대로

44 차이나타운이 위치한 곳은?
① 미추홀구
② 중구
③ 남동구
④ 부평구

45 소래포구가 있는 곳은?
① 옹진군
② 남동구
③ 연수구
④ 강화군

46 보기 중 송내 IC에서 가장 가까운 경인선 전철역은?
① 백운역
② 동암역
③ 부개역
④ 부평역

47 아암도해안공원이 위치한 구는?
① 중구
② 동구
③ 미추홀구
④ 연수구

48 인천문화예술회관이 위치한 곳은?
① 강화군
② 남동구
③ 중구
④ 미추홀구

49 수도권 지하철 1호선과 연결되는 역은?
① 부평구청역
② 동수역
③ 귤현역
④ 부평역

50 운서동과와 송도동을 잇는 다리는?
① 영종대교
② 인천대교
③ 초지대교
④ 강화대교

51 연수구청이 위치한 동은?
① 동춘동
② 옥련동
③ 연수동
④ 송도동

52 연수구에 위치하지 않는 것은?
① 인천대공원
② 청량산
③ 아암도해안공원
④ 능허대공원

53 연수구 동춘동에 소재하고 있는 것은?
① 인천상륙작전기념관
② 능허대공원
③ 연수구청
④ 가천대학교 메디컬캠퍼스

54 연수구 청학동에서 미추홀구 학익동을 잇는 터널은?
① 만월산터널
② 동춘터널
③ 문학터널
④ 원적산터널

55 청라국제도시 방면에서 영종도로 연결되는 고속도로는?
① 경인고속도로
② 서울외곽순환고속도로
③ 인천국제공항고속도로
④ 제2경인고속도로

56 옹진군청이 있는 곳은?
① 계양구 계산동
② 부평구 삼산동
③ 미추홀구 용현동
④ 미추홀구 주안동

57 월미테마파크가 위치한 곳은?
① 중구
② 부평구
③ 남동구
④ 서구

58 인천광역시 행정구역을 구성하는 군과 구는?
① 6구 2군
② 7구 2군
③ 8구 2군
④ 8구 3군

59 인천광역시청 인근에 있는 종합병원은?
① 인천사랑병원
② 가천대 길병원
③ 메디플렉스세종병원
④ 나은병원

60 인천광역시 인천세무서가 소재한 곳은?
① 미추홀구 용현동
② 남동구 만수동
③ 중구 전동
④ 동구 창영동

정답 40 ④ 41 ② 42 ③ 43 ③ 44 ② 45 ② 46 ③ 47 ④ 48 ② 49 ④ 50 ② 51 ① 52 ① 53 ③
54 ③ 55 ③ 56 ③ 57 ① 58 ③ 59 ② 60 ④

61 인천출입국외국인청이 소재한 곳은?

① 남동구　　　　　　② 미추홀구
③ 중구　　　　　　　④ 동구

62 인천광역시 중구에 위치하지 않는 것은?

① 인천지방해양수산청　② 인천국제공항공사
③ 차이나타운　　　　　④ 경인교육대학교 인천캠퍼스

63 중부지방고용노동청이 위치한 곳은?

① 미추홀구 도화동　　② 중구 항동
③ 미추홀구 구월동　　④ 연수구 옥련동

64 택시운송사업조합이 위치하는 곳은?

① 남구 간석동　　　　② 남동구 만수동
③ 남동구 고잔동　　　④ 남동구 구월동

65 인천경찰청은 어느 동에 있는가?

① 관교동　　　　　　② 만수동
③ 연수동　　　　　　④ 구월동

66 인천광역시에 위치하지 않는 경찰서는?

① 부천경찰서　　　　② 미추홀경찰서
③ 강화경찰서　　　　④ 인천국제공항경찰단

67 인천문화예술회관이 소재한 곳은?

① 연수구　　　　　　② 동구
③ 남동구　　　　　　④ 미추홀구

68 인천광역시 상공회의소의 위치는?

① 연수구 동춘동　　　② 미추홀구 학익동
③ 남동구 논현동　　　④ 남동구 고잔동

69 인천운전면허시험장이 위치한 곳은?

① 연수동　　　　　　② 동춘동
③ 논현동　　　　　　④ 고잔동

70 인천병무지청이 소재한 곳은?

① 미추홀구 숭의동　　② 미추홀구 학익동
③ 남동구 만수동　　　④ 남동구 구월동

71 경인교육대학교 인천캠퍼스가 위치한 곳은?

① 남동구　　　　　　② 부평구
③ 계양구　　　　　　④ 중구

72 인천종합버스터미널이 있는 곳은?

① 남동구 만수동　　　② 연수구 연수동
③ 남동구 구월동　　　④ 미추홀구 관교동

73 TBN경인교통방송이 소재한 곳은?

① 연수구 옥련동　　　② 동구 송림동
③ 서구 가좌동　　　　④ 미추홀구 학익동

74 동막해변과 같은 지역이 아닌 것은?

① 백운공원　　　　　② 강화고려궁지
③ 보문사　　　　　　④ 교동향교

75 인천광역시 주요 도로망을 올바르게 나열한 것은?

① 경원대로 : 숭의로터리~서울교차로
② 서해대로 : 유동삼거리~송현사거리
③ 구월로 : 석바위사거리 ~ 만수주공사거리
④ 미추홀대로 : 부평역~부평I.C

76 인천시 미추홀구 도화동에 위치한 것은?

① 인천세무서
② 인천대학교 제물포캠퍼스
③ 인하대학교
④ 롯데백화점 인천점

77 인천시 미추홀구 용현동에 소재한 학교는?

① 인하대학교
② 인천대학교
③ 연세대학교 국제캠퍼스
④ 가천대학교 메디컬캠퍼스

78 인천광역시에 위치하지 않은 대학교는?

① 경기과학기술대학교
② 경인교육대학교
③ 가천대학교
④ 안양대학교

79 연세대학교 국제캠퍼스가 위치하는 곳은?

① 미추홀구 용현동　　② 계양구 계산동
③ 연수구 연수동　　　④ 연수구 송도동

80 인천광역시 유형문화재 제17호로 지정된 제물포구락부회관이라고 하는 인천문화원이 위치한 곳은?

① 계양구　　　　　　② 부평구
③ 중구　　　　　　　④ 서구

정답 　61 ③　62 ④　63 ①　64 ④　65 ④　66 ①　67 ④　68 ③　69 ④　70 ②　71 ④　72 ④　73 ④　74 ①
75 ③　76 ②　77 ①　78 ①　79 ④　80 ③

한번에 끝내주기
택시운전 자격시험 총정리문제
(서울·경기·인천)

발 행 일 2025년 1월 05일 개정4판 1쇄 인쇄
2025년 1월 10일 개정4판 1쇄 발행

저 자 대한교통안전연구회

발 행 처 크라운출판사
http://www.crownbook.com

발 행 인 李尙原
신고번호 제 300-2007-143호
주 소 서울시 종로구 율곡로13길 21
공 급 처 02) 765-4787, 1566-5937
전 화 02) 745-0311~3
팩 스 02) 743-2688, (02) 741-3231
홈페이지 www.crownbook.co.kr
I S B N 978-89-406-4921-3 / 13550

특별판매정가 12,000원